北京园林绿化发展战略

——生态园林、科技园林、人文园林

董瑞龙　主编

中 国 林 业 出 版 社

图书在版编目（CIP）数据

北京园林绿化发展战略：生态园林、科技园林、人文园林/董瑞龙 主编. —北京：中国林业出版社，2011.6

ISBN 978-7-5038-6239-7

Ⅰ.①北⋯　Ⅱ.①董⋯　Ⅲ.①园林－绿化－发展战略－北京市　Ⅳ.①S732.1

中国版本图书馆 CIP 数据核字（2011）第 124217 号

中国林业出版社·环境景观与园林园艺图书出版中心
责任编辑：于界芬　张　华
电话：83229512　　传真：83227584

出版　中国林业出版社（100009　北京西城区刘海胡同 7 号）
发行　新华书店北京发行所
印刷　北京顺诚彩色印刷有限公司
版次　2011 年 7 月第 1 版
印次　2011 年 7 月第 1 次
开本　787mm×1092mm　1/16
印张　19
字数　381 千字

定价　68.00 元

编 委 会

主　　编：董瑞龙

执行主编：李智勇　王　军

副 主 编：樊宝敏　刘军朝　王登举

编　　委(按姓氏笔画排序)：

于天飞　王　军　王　成　王登举　包英爽

叶　兵　刘军朝　刘　畅　刘　勇　何友均

吴水荣　张建华　张德成　李智勇　郗金标

董瑞龙　蔡登谷　樊宝敏

前　言

　　皇家园林为千年古都增添了东方神韵，现代园林绿化为中华人民共和国首都注入了生命华彩。尤其是以森林和园林为主体的"绿色奥运"，更是给世人留下了美好而难忘的记忆。在成功举办 2008 年奥运会之后，北京市委、市政府围绕深入学习实践科学发展观，继承和发展"绿色奥运、科技奥运、人文奥运"三大理念，结合新的发展形势，进一步提出了以世界城市标准建设"人文北京、科技北京、绿色北京"的发展战略，这标志着北京迈入全面建设现代化国际大都市的新阶段。

　　园林绿化是社会重要的公益事业，是城市唯一有生命的基础设施建设，也是促进人与自然和谐的桥梁和纽带，在首都经济建设和社会发展中发挥着不可替代的重要作用。新中国成立以来特别是改革开放以来，经过几代人的不懈努力，首都园林绿化建设取得了巨大成就。尤其是"十一五"时期，在奥运和国庆庆典的强力推动下，首都园林绿化建设达到了前所未有的新高度，取得了世人瞩目的重大成就。但是，面对推进生态文明、应对气候变化的新形势，面对建设"三个北京"和"世界城市"的新任务，面对城乡统筹发展、市民生活多样提质的新需求，面对首都人口资源环境压力日益加剧的新挑战，首都园林绿化在规划、建设、管理、服务等方面都还面临着一些突出矛盾，总体上发展还不够协调、不够平衡、不够科学。目前，全市园林绿化建设已进入从追求数量增长向注重质量提升转变、从追求规模建设向强化集约管理转变的新阶段，迫切需要以世界城市的标准进一步创新思路，明确目标，瞄准前沿，跨越发展。

　　北京市园林绿化局围绕上述面临的新形势、新任务、新需求、新挑战，在广泛调研、凝聚共识的基础上，提出了建设"生态园林、科技园林、人文园林"的发展理念。为深入研究和丰富完善"三个园林"建设的理论基础和实践导向，确立今后十年乃至更长时期首都园林绿化发展战略，北京市园林绿化局与中国林业科学研究院联合组织开展了北京市"生态园林、科技园林、人文园林"发展战略课题研究。

　　中国林业科学研究院林业科技信息研究所组织了精干的研究团队，开展了深入系统的研究。项目组以"世界眼光、国际标准、全国一流、首都特色"为取向，在全面总结北京园林绿化现状、经验的基础上，深入分析了发展中所存在的问题，以及面临的机遇和挑战，充分借鉴国内外园林绿化和林业发展的理念和实践经验，研究提出了北京市推进"三个园林"建设的功能定位、战略目标、发展思路、重点任务和政策措施等内容。这项研究的成果集中体现在本书当中。

　　本书第一章导论，由董瑞龙、李智勇、王军编写。第二章由王登举、于天飞、刘勇、刘军朝编写；第三章由樊宝敏、张德成、刘畅编写；第四章由樊宝敏编写；第五章由蔡登谷、王登举、叶兵编写；第六章由郗金标、张建华编写；第七章由何友均、吴水荣、叶兵、王成、王登举、樊宝敏、刘勇编写；第八章由包英爽、刘军朝编写。附录由张德成编写。

本书的出版得到北京市园林绿化局与中国林业科学研究院林业科技信息研究所合作课题"北京市'生态园林、科技园林、人文园林'发展战略研究"和国家林业局公益性行业科研专项"多功能林业发展模式与监测评价体系研究"（200904005）项目的资助。

项目取得了阶段性成果后，曾于2010年7月21日召开研究报告纲要的汇报研讨会，参加会议的北京市园林绿化局的局领导以及局内各部门、各区县园林绿化局的负责同志对此项研究提出了许多参考性的意见和建议。研究报告初稿完成后，于2011年1月19日召开了专家评审会。来自北京林业大学、中国林业科学研究院、国家林业局经济发展研究中心、北京市园林绿化局的知名专家对项目成果进行了评审。评审专家组认为，该项研究在理论上有创新、有发展，在以大都市为单元进行园林绿化城乡一体化建设发展方面为国内首创，提出的园林绿化实现生态、科技、人文有机结合，和谐统一的发展思路达到国际先进水平。同时，对研究成果提出了进一步修改完善的建议。在此谨向北京市园林绿化局的各位领导以及各位评审专家表示衷心感谢。

实现城乡统筹发展的首都园林绿化建设，是一项新的伟大事业，衷心希望本书的出版能对北京市今后一个时期的园林绿化事业，尤其是在建设世界城市和绿色北京的进程中坚持以人为本、共建共享、城乡统筹、科学发展方面，能起到一定的积极作用。同时，由于北京"三个园林"战略研究包含的领域较广，需要探索的问题很多，加之我们水平有限，书中难免存在疏漏和不足之处，欢迎读者批评指正。

编　者

2011 年 3 月

目 录

第一章 导 论

面对建设"人文北京、科技北京、绿色北京"和中国特色世界城市的新形势，面对首都人口资源环境压力日益加剧的新挑战，面对建设生态文明、促进绿色发展的新任务，北京市园林绿化局在广泛调研、凝聚共识的基础上，科学地提出了建设"生态园林、科技园林、人文园林"（以下简称"三个园林"）的发展战略。深入研究"三个园林"的内涵外延和实施路径，对于确定"十二五"期间首都园林绿化发展战略，努力实现更高水平科学发展具有重大意义。本书重点论述了建设"三个园林"的战略意义、机遇和挑战、理论内涵、战略框架、战略措施和支撑保障等重要研究成果。

一、建设"三个园林"是首都园林绿化落实科学发展观的重大举措

（一）"三个园林"是推进生态文明的重要支撑

园林绿化是生态环境建设的主体，在首都生态文明建设中处于首要地位。建设具有鲜明的生态、科技和人文特征的园林绿化，符合绿色发展、创新驱动、文化引领的时代潮流，符合首都的城市功能定位，符合人民群众对园林绿化建设的新期待。生态文明是指人类自觉遵循自然、经济和社会规律，在改造客观物质世界的过程中，通过采取生态化的生产方式和生活方式，改善和优化人与自然、人与人关系所取得的物质、精神、制度成果的总和，包括生态环境文明、生态物质文明、生态行为文明、生态制度文明和生态精神文明等方面。园林绿化事业承担着建设森林生态系统、恢复湿地生态系统、治理沙化生态系统、优化绿地生态系统，为广大市民提供生态产品、物质产品和文化产品，维护生物多样性的艰巨任务，对保持生态系统功能、维护生态平衡起着重要的中枢和杠杆作用，是促进人与自然和谐的桥梁和纽带，也是推动生态文明建设的先锋队和主力军。建设生态园林把增强生态功能、提升生态价值作为首要任务，建设科技园林把完善生态制度、利用生态技术作为重要支撑，建设人文园林把发展生态产业、繁荣生态文化作为发展目的，这与生态文明建设所要求的走生产发展、生活富裕、生态良好的文明发展道路的内涵完全一致，一脉相承，最终目的都是为了实现人与自然和谐发展。研究表明，全市森林资源总价值已达到 5881.81 亿元，其中林地资产价值

为 432 亿元，林木资产价值为 261 亿元，生态服务价值为 5187.96 亿元。园林绿化所产生的巨大生态价值，为首都加快推进生态文明建设，实现绿色发展、低碳发展、集约发展提供了有力支撑。

(二)"三个园林"是建设世界城市的重要组成

园林绿化建设是一个城市重要的底色和名片，是体现一个城市国际化水平、现代化特征和宜居化程度的生命符号和时代印记，在建设中国特色世界城市的过程中，发挥着重要的标志性和基础性作用。

一是具有生态、科技、人文特征的园林绿化是世界城市建设的重要组成。综观纽约、伦敦等国际公认世界城市的发展历程，都把园林绿化建设作为一项具有特殊功能的公益事业、城市唯一有生命的基础设施来推进，都把生态优先、科技支撑、文化引领的理念贯穿于园林绿化建设的始终，既重视生态效益，也重视社会效益和文化效益。世界城市作为国际城市的高端形态，要求我们必须按照国际惯例，始终把园林绿化作为世界城市不可或缺的重要组成体系，作为衡量一个城市国际化程度的重要评价标准来大力推进。

二是园林绿化应对气候变化是世界城市关注的重要内容。应对气候变化是人类共同面临的严峻挑战，也是世界城市关注的热点和发展的重点。森林、湿地、绿地是陆地上最大的储碳库和最经济的吸碳器，发挥着固碳释氧、降温增湿、减排增汇、节能降耗等重要功能，在应对气候变化中具有特殊地位，是北京建设绿色低碳城市的有力支撑，也是提高国际影响力、维护首都形象的新的战略制高点。据联合国政府间气候变化专门委员会估算：全球陆地生态系统中约储存了 2.48 万亿 t 碳，其中 1.15 万亿 t 碳储存在森林生态系统中。据测算，到 2008 年年底，北京市森林资源总碳储量约为 1.1 亿 t，年吸收固定二氧化碳量约为 972 万 t，年释放氧气量约为 710 万 t。

三是林业与园林一体化发展是世界城市建设的重要启示。伦敦、纽约、东京和广州、成都等国内外大城市园林和林业建设的发展经验表明，坚持林业园林机构整合、经营融合发展，广泛应用生态系统经营、近自然经营和植物造景等理论，推进城乡绿化一体化发展，对于加快城市林业和现代园林向生态化、人本化、集约化方向发展具有重要作用。北京在 2006 年建立了林业和园林城乡统筹发展的管理体制，充分体现了林园一体的发展趋势，也为传统意义上的单纯城市园林赋予了"大园林、大绿化"的新内涵。

(三)"三个园林"是建设绿色北京的重要基础

建设"三个园林"是全面落实"人文北京、科技北京、绿色北京"战略的具体体现。一是"三个园林"彰显了绿色北京的发展内涵。以森林为主体的园林绿化是"绿色北京"的重要基础、"人文北京"的重要内涵、"科技北京"的重要组成。

它把园林绿化的生态、科技、人文特征全面融入到首都城市建设、经济建设、文化建设的方方面面，把生态优先、保护自然，科技支撑、创新驱动、文化引领、提质增效作为发展重点，充分体现了绿色北京所倡导的绿色生产、绿色消费、绿色环境三大理念。二是"三个园林"丰富了绿色北京的发展路径。建设"人文北京、科技北京、绿色北京"是首都建设中国特色世界城市的重大举措。建设"三个园林"突出强调以科技为支撑的园林绿化要着力实现生态效益、经济效益、社会效益和文化效益的协调发挥，突出强调园林绿化事业的发展要把握时代发展潮流、服务首都经济社会发展，是对"人文北京、科技北京、绿色北京"发展路径的丰富和完善，体现了国际导向、首都特征、园林特色。三是"三个园林"夯实了绿色北京的发展基础。建设"三个园林"坚持以促进人与自然和谐、实现可持续发展为最终目标，特别是随着社会对园林绿化的需求日趋多样，传统的园林绿化正在向生态旅游、绿色食品、生物质能源等制高点迈进，向森林固碳、物种保护、康体休闲等新领域延伸，向改善民生、传承文化、提升形象等高层次推进，园林绿化的新功能、新作用必将为"人文北京、科技北京、绿色北京"建设注入新的活力。

二、首都园林绿化事业具备了向更高层次发展的坚实基础

"十一五"时期是北京市园林绿化管理体制实现城乡统筹发展的第一个五年，也是新体制接受新考验、新队伍迎接新挑战的关键五年。北京市园林绿化系统紧紧围绕"办绿色奥运、创生态城市、迎六十大庆、建绿色北京"的目标，坚持科学发展，实施精品战略，大力推进"生态园林、科技园林、人文园林"建设，使首都园林绿化实现了历史性跨越。

（一）城乡生态体系功能大幅提升

经过五年大规模生态建设，北京市形成了山区、平原、城市三道生态屏障，呈现出"城市青山环抱、市区森林环绕、郊区绿海田园"的优美景观。实施了京津风沙源治理、太行山绿化等一批森林健康经营工程，三北防护林、重点绿色通道建设等一批平原绿化工程，郊野公园环、新城滨河森林公园、城市休闲公园等一批城市绿量增加工程。北京市森林覆盖率由"十五"末的35.47%提高到37%，林木绿化率由50.5%提高到53%；城市绿化覆盖率由42%提高到45%，人均公共绿地由12.66m² 提高到15m²。

（二）森林资源保护管理全面加强

通过完善航空护林、区域联防、长效保障和生态管护"四个机制"，大力加强预警监测、应急通讯、消防队伍和机具装备"四项建设"，使北京市森林火灾综合防控能力全面提升，专业扑火队伍达到99支、2844人，基本保证了"发生

火情,30分钟赶到火场"的要求。全市森林火灾发生率和森林受害率均降到历史最低水平,创造了连续5年未发生重大森林火灾和人员伤亡的显著业绩。同时,以美国白蛾为重点的危险性林木有害生物防控全面加强。依法严格征占用林地和林木采伐管理,通过优化重点工程方案审核。强化重点公园安全技防设施建设,历史名园的古建筑实现了避雷设备全覆盖,建立了现代化安全管理系统,公园安全保障能力得到显著提高。

(三)绿色产业质量效益显著提高

始终把发展都市型现代绿色产业作为促进郊区农民就业增收的重要途径,提升城市居民生活品质的重要载体,繁荣首都旅游产业发展的重要支撑,推进首都经济社会和谐发展的重要组成,不断转变发展方式,调整产业结构,加快产业融合。绿色产业取得了显著的经济效益,解决农民就业100多万人,2009年花卉、果树、蜂业、种苗、林下经济等五大产业总产值84.3亿元,占全市农业总产值(315.3亿元)的26.7%,园林绿化产业总值突破200亿元(含十大公园和森林旅游)。

(四)生态园林文化建设成果丰硕

生态文化建设内涵不断丰富、外延不断拓展、载体不断创新。北京市公园数量从"十五"末的190个增加到339个,城市公园总面积由6300hm²增加至10063hm²,其中注册公园达到313个,免费开放比例达到85.6%,初步形成综合公园、专类公园、街区公园构成的公园管理体系,各级公园风景区年接待游客量达2.2亿人次。成功举办了一届高水平、有特点的花卉博览盛会,成功获得第九届中国国际园林博览会的举办权,圆满完成了新中国建国60周年庆典"十方乐奏、百园展示、千园添彩"的国庆游园活动。

(五)基础管理工作实现重大突破

全面理顺了市、区县、乡镇(街道)三级绿化管理体制,在全国率先形成绿化资源城乡统筹管理的发展格局。集体林权制度改革全面推开,主体改革取得重大进展。制定出台了《北京市绿化条例》、《北京市实施<种子法>条例》和《北京市林业植物检疫办法》、《北京市重点陆生野生动物造成损失补偿办法》等重要地方性法规和行政规章。不断完善政策支撑体系,制定出台了山区公益林生态效益促进发展机制、停止征收林木采伐育林基金等重要政策,健全完善了"五河十路"、绿隔地区建设、山区生态林补偿等政策。大力推进规划建绿,网格化管理、资源动态监测和信息化建设等取得重大进展。

北京市园林绿化建设面临许多难得的发展机遇。推动科学发展、建设生态文明,为园林绿化赋予了新使命;应对气候变化、建设低碳社会,为园林绿化增添了新内涵；打造世界城市、建设"三个北京"，为园林绿化创造了新契机；建设宜居城市、提高生活品质，为园林绿化增添了新动力；发展绿色经济、促进富民增收，为园林绿化提出了新要求。

与新形势、新任务、新要求、新期待相比，北京市园林绿化建设仍然面临着一些突出的矛盾和问题：

1. 森林质量不高与发挥固碳增汇功能还不适应

森林、湿地是陆地生态系统的主体，具有固碳释氧、减排增汇、保持水土、涵养水源、防风固沙等多种功能，对保障首都生态环境发挥着不可替代的作用。但全市山区森林质量还不高，结构不尽合理，生物多样性不够丰富，碳汇能力不够强。纯林占80%，中幼林占81.7%，亟待抚育的有600万亩*，低质低效林达300万亩，每公顷森林蓄积量仅为27.88m³，是全国平均水平的40.1%，世界平均水平的28.6%。平原林网还存在一定数量的残网断带，防护效益较低，湿地面积缩减，生态功能下降，保护与恢复力度不够。提升森林碳汇和多种功能效益已成为山区绿色生态屏障建设的重要任务。

2. 城市绿量不足与建设和谐宜居城市还不适应

城市绿地总体上发展不平衡、空间分布不合理，核心问题是总量不足，不能满足市民休闲、游憩、健身、应急等多样化需求，同建设和谐宜居城市不适应。据调查，核心区人均绿地面积只有9m²、人均公共绿地4.4m²；与居民生活密切相关的服务半径约500m的中小型公共绿地仅覆盖64.6%的居住区；三环内绿地率不足25%，居住小区绿地率仅为13.37%。目前城市绿地的增量主要来自实现规划绿地拆迁建绿，而规划建绿的落实、代征绿地的收回、拆迁建绿的实施，成本高、难度大。如何采取屋顶绿化、桥区绿化、阳台绿化、垂直绿化等多种形式，千方百计大幅度增加城市绿量，建立补绿、增绿、延绿、扩绿的长效政策与促进机制已成为城市绿化建设的重要课题。

3. 基础管理不强与转变政府职能还不适应

北京市园林绿化管理体制虽然初步实现了城乡统筹管理，但与"大园林、大绿化"的发展趋势和国家提倡的大部门管理体制的要求相比仍存在不少差距。目前全市涉林、涉绿、涉园方面的职能还分散在不同的部门，没有完全形成合力，不利于集中统一监督管理。特别是城市园林绿化执法、风景名胜区管理等方面仍存在多部门管理、职责不清、职能交叉问题。园林绿化基础管理工作还存在薄弱环节，政策法规还不够健全，人才队伍结构还不够合理，行业的管理和服务能力亟需进一步加强。

4. 支撑保障不够与提升一流水平还不适应

郊区森林经营管理投资标准和城市公园绿地建设养护标准偏低，城区与郊区

---

* 1亩＝1/15hm²。

林木绿地资源建设管护标准还不统一，园林绿化的投入力度、发展水平与人民群众日益强烈的生态服务需求之间还存在着较大距离，资金缺口很大。如何在保障持续稳定加大政府公共财政投入力度的基础上，通过政策支持，尽快建立与公益性事业相适应的多元化投融资机制，积极鼓励企业、社会采取多种形式参与首都园林绿化建设，是在世界城市建设的全新背景下全面提升首都园林绿化建设整体水平的当务之急和重大任务。

三、科学把握"三个园林"的丰富内涵

"生态园林、科技园林、人文园林"的思路把科学发展观的理论要求与首都园林绿化的发展实践紧密结合起来，是对国际国内林业、园林建设先进理念的继承和发展，也是紧密联系、相互统一、相互促进的有机整体。"三个园林"集中体现了生态优先、创新驱动、文化引领的发展理念。生态园林是发展的首要任务和根本要求，科技园林是发展的基本途径和支撑手段，人文园林是发展的出发点和落脚点。

1. 生态园林

生态优先是园林绿化的本质属性。建设生态园林，突出强调了本真自然、保护自然、师法自然、融入自然的发展理念。生态园林建设以维护首都生态安全、满足社会生态需求、改善人居环境质量、提升城市可持续发展能力为目标。加强生态园林建设是加快首都生态文明建设、打造绿色北京的首要任务，也是实现首都可持续发展的必由之路。

建设生态园林，充分体现了生态优先发展的理念，要求把保护生态环境、提升生态功能、强化生态效益作为园林绿化建设的首要任务，山区重在发挥生态屏障功能、平原重在发挥生态防护功能，城市重在发挥生态宜居功能，大力推进首都生态文明建设；充分体现了整体协调发展的理念，要求将林地、绿地、湿地和生物多样性保护进行统筹规划、合理配置、协同推进，做到本真自然、保护自然、师法自然、融入自然，实现人与自然的完美结合；充分体现了全面持续发展的理念，要求将营造观赏型、保健型、环保型、功能型的生态景观作为目标，确立科学合理的发展指标体系，努力构建结构布局合理、生态协调稳定、景观环境优美、功能完备高效的市域生态系统，实现园林绿化多种功能效益协调发挥。

2. 科技园林

科技进步是园林绿化的强大支撑。建设科技园林，突出强调了尊重知识、鼓励创新、集约发展、提质增效的理念。科技园林要求充分发挥首都的科技智力优势，加快推进园林绿化发展结构调整和管理方式转变，切实增强自主创新能力，推动科技创新和改革创新，提高科技成果转化应用贡献率，让新理念、新技术、新要素和新手段全面渗透到园林绿化各领域、各环节、各节点，努力构建充满活力、富有效率、更加开放、有利于园林绿化科学发展的体制机制和政策环境。

建设科技园林，充分体现了创新的理念，要求把理论创新、技术创新、应用创新和管理创新贯穿到园林绿化规划、建设、管理的全过程，通过开展关键技术攻关，加强国内外交流与合作，引进先进的新理念、新模式、新材料、新技术，不断发挥创新在园林绿化发展中的重要驱动作用；充分体现了效益的理念，要求必须着眼于转变发展方式、提升质量效益，在绿化美化、产业发展等各个方面，正确处理好重点与常规、速度与质量、外延与内涵、粗放与集约的关系，加快实现从重建设向强管理、从重规模向创精品、从重质量向出效益转变，着力提升整体水平和综合效益；充分体现了节约的理念，要求必须立足于建设节约型园林绿化，始终坚持高标准规划、高起点设计、高质量建设、高效能管理，着力向成本控制、工程管理、内部挖潜、资源节约要效益。

3. 人文园林

共建共享是园林绿化的根本目的。建设人文园林突出强调了服务社会大众、彰显人文关怀、弘扬园林文化、促进生态文明的理念。人文园林要求以满足人们的生态、物质和精神文化需求为导向，坚持以人为本、共建共享，着力繁荣生态文化、发展绿色产业、提升城市品质、激发社会活力、服务民生福祉，着力提升绿色亲民、文化惠民、产业富民能力。

建设人文园林，充分体现了以人为本发展的理念，要求园林绿化在制定政策、作出决策、推动发展的各个方面，都要从人民的根本利益出发，真正做到发展为了人民、发展依靠人民、发展成果由人民共享，切实关心人们的生态价值取向，满足人们的生态文化需求，改善人们的生态宜居质量，更好地促进人与自然和谐；充分体现了彰显文化魅力的理念，要求充分发挥文化的引领和旗帜作用，通过多种方式，深入挖掘和释放园林绿化资源生动而丰富的文化内涵，大力繁荣和发展生态文化，不断把皇家园林文化、历史名园文化、山野森林文化、生态科普文化、风景名胜文化、绿色休闲文化等发扬光大，着力丰富、扩大和提升首都园林绿化的人文功能；充分体现了激发社会活力的理念，要求建立全社会参与园林绿化建设的新机制，营造有利的政策环境、社会氛围，推动生态道德建设，弘扬生态文明，推动全社会办园林，全民搞绿化。

四、建设"三个园林"的战略框架

(一)明晰发展思路

站在建设中国特色世界城市的高度，紧紧围绕"人文北京、科技北京、绿色北京"建设，坚持"城乡统筹、科学发展、以人为本、共建共享"的总方针，把握"世界眼光、国际标准、国内一流、首都特色"的大方向，树立"营绿增汇、扩绿添彩、亲绿惠民、固绿强基"的新理念，大力实施"生态园林、科技园林、人文园林"行动计划，加快转变发展方式，强化经营管理，提升质量效益，推动城乡绿化向景观美化、生态保障向宜居环境、区域突破向整体提升、外延发展向集约经营升级，加快建设高标准生态屏障体系、高水平森林安全体系、高效益绿色产业体系、高品位园林文化体系和高效率管理服务体系，构建功能化大生态景观格局、社会化大绿化共建格局、科学化大管理服务格局，努力使首都园林绿化成为展示中华文明的示范窗口，代表首都形象的魅力舞台，彰显东方园林的文化标志，具有世界影响的绿色典范，为建设生态良好、环境优美、人居和谐的世界城市奠定坚实基础。

（二）明确发展目标

进一步提升城市生态功能，进一步增强资源保障能力，进一步优化绿色产业结构，进一步弘扬生态园林文化，进一步提高管理服务效能，力争到 2015 年，全市森林覆盖率达到 40%，林木绿化率达到 57%；城市绿化覆盖率达到 48%，基本建成功能完备的"山区绿屏、平原绿网、城市绿景"三道生态屏障，全市呈现出"城市青山环抱、市区森林环绕、郊区绿海田园"的优美景观，努力把北京建成"林园一体、人文魅力的生态园林城市，山清水秀、幸福舒适的生态宜居城市，自然和谐、绿色低碳的生态文明城市"，着力打造绿色低碳之都、东方园林之都、生态文明之都。

（三）确立四个定位

北京"三个园林"建设要紧紧围绕建设"人文北京、科技北京、绿色北京"这一主题，从建设世界城市的战略高度，突出园林绿化在北京生态文明建设中的基础地位，在首都世界城市建设中的重要地位，在区域生态环境建设中的关键地位，在全国现代园林建设中的引领地位，统筹思考和谋划后奥运时期北京园林绿化的发展，努力使首都园林绿化成为展示中华文明的示范窗口、代表首都形象的魅力舞台、彰显东方园林的文化标志、具有世界影响的绿色典范。

（四）把握发展原则

实施"生态园林、科技园林、人文园林"发展战略，是一项关系到维护首都生态安全、拓展首都发展空间、丰富首都人民生活、提升首都文化品位、促进首都社会和谐、实现首都科学发展的大事。在实际工作中，必须遵循以下六项基本原则：国际标准、首都特色；生态优先、景观优化；科技引领、提质增效；文化驱动、以人为本；依法治绿、城乡统筹；政府主导、全民参与。

（五）优化布局结构

进一步优化北京市园林绿地系统"一城二区三带多点"的景观格局。"一城"是在中心城区建设以观赏、休闲、文化、防灾避灾为主要目的，多种绿地形式相互搭配的绿地结构。"二区"是在北京西部和北部山区建设以水源涵养、水土保持、生物多样性保护和游憩观赏为主要目的，块状森林绿地与带状森林廊道相结合的绿地景观格局；在北京东部、南部及北部平原建设以防风固沙、保护农田、景观观赏游憩等为主要目的，点、块、线、带、网结合的绿地景观格局。"三带"是建设和完善西部生态屏障带、东部生态景观保障带、环状城市绿色隔离带。"多点"是强化各新城、小城镇、建制镇和村庄的绿地系统建设。整体上打造布局合理、结构优化、功能完善的首都园林绿化体系。

五、建设"三个园林"的战略措施

1. 实施生态园林行动，绿色提升发展

当前和今后一个时期，生态园林建设的目标是：建设"三大屏障"即山区绿屏、平原绿网、城市绿荫；完善"三大系统"即功能突出的森林生态系统、结构科学的绿地生态系统、发展协调的湿地生态系统；形成"四大特色"即"山地景观林、田园防护网、居民休闲地、世界林荫城"。

生态园林建设的重点任务是"提升四大水平"。一是提升城区宜居环境水平，建设森林环绕、绿岛相嵌、水清木华、鲜花吐艳的生态休闲空间。围绕缩小与世界绿色城市的绿量差距，大力完善市民绿色福利空间，在城市社区、老旧小区、屋顶阳台、停车场等场所大幅度增加绿量，构建布局合理、绿量适宜、生物多样、景观优美、特色鲜明、功能完善的城市绿地系统，重点完成 100 万 m² 城市立体绿化，建设百余处精品休闲绿地，实现公共绿地 500 米服务半径提高到 80%；围绕缩小与欧洲滨河城市的水岸绿化差距，打造多功能滨河森林景观，重点加快 11 个新城万亩滨河森林公园建设，推进永定河"五园一带"和雁栖湖生态示范区建设，在通惠河、凉水河、亮马河、坝河、清河等城市河湖水系推进十大滨水绿线和十条楔形绿色通风走廊建设；围绕缩小与美洲花园城市的沿街景观差距，构建多彩立体景观绿道，在城市道路两侧增绿添彩，打造百条特色行道树大街，增加大规格彩叶树、常绿树和新优特色花卉，丰富城市秋冬季景观。二是提升平原绿网防护水平，建设绿道纵横、水系交织、林水互养、果硕粮丰的优美碧海田园。对新建京台、京沪等 16 条重要道路 3.5 万亩实施高标准绿化；对京平、京石等"五河十路" 6.5 万亩进行改造提升；对 16 万亩平原防护林实施更新改造，提高平原地区林网化率。按照"动脉贯通、多线辐射、点线联结"的格局，构建以"两环、八射"为骨架、独立于城市机动交通网络、链接三大城市功能区、覆盖城乡的森林健康绿道网络，使市民走进森林，走出健康。三是提升山区生态涵养水平，建设森林繁茂、山川灵秀、四时花香、万壑鸟鸣的绿色丹青世界。以国家"京津风沙源治理工程、三北防护林工程、太行山绿化工程"为骨架，大力加强森林健康经营，实施绿化攻坚，对 40 万亩宜林荒山全部绿化，完成 150 万亩低效林改造、300 万亩中幼林抚育、5.5 万亩关停废弃矿山植被恢复，着力提高

森林质量，增强固碳能力。加强区域生态合作，建设优势互补、资源共享、互利互惠、一体发展的环京绿色屏障。重点推进京冀、京蒙生态建设合作，打造环京绿带。四是提升城市生态平衡水平，建设生物多样、功能突出、景观优美、和谐发展的强大城市绿肾。大力加强湿地保护和恢复，新建20处湿地公园和10处湿地自然保护小区，努力形成大小结合、块状与带状结合、山区与平原结合的复合湿地生态系统，力争到2020年，使全市湿地数量和功能下降的趋势得到根本扭转，重点湿地区域得到合理保护。加强自然保护区建设和野生动植物保护，到"十二五"末自然保护区总面积占市域面积的8%以上。

2. 实施科技园林行动，创新引领发展

推进"科技园林"建设的目标是：围绕建设资源节约型、环境友好型社会，以提高改革创新能力和强化质量效益为中心，加快转变发展方式和管理模式，坚持高标准规划、高起点设计、高质量建设、高效能管理，实现从重建设向强管理、从重规模向创精品、从重质量向出效益"三个转变"，处理好重点与常规、速度与质量、外延与内涵、粗放与集约"四大关系"，形成一流创新研发、严密安全监管、现代基础设施、科学资源管理、高效集约发展"五大系统"。

科技园林建设的重点任务是"提升四个能力"。一是打造森林绿盾，提升资源保护能力。应用现代科技手段，不断提升森林火灾综合防控能力，使森林火灾瞭望监测范围达到85%，重点区域视频监测率达到100%，通讯覆盖率达到100%，森林火灾受害率低于0.2‰；加强以监测预警、检疫御灾、应急防治和服务保障体系为主体的林木有害生物防控能力建设，使有害生物成灾率控制在1‰以下；完善野生动物疫源疫病监测和沙尘暴预警监测系统，强化公共绿地应急避险设施建设；加强园林绿化资源的动态监测和综合管理。二是完善基础设施，提升装备保障能力。大力推进"引水上山"工程，提高绿化质量和水平；加强重点林区水电气路等基础设施建设，改善生产生活条件；加强基层林业站、森林公安派出所、林保站、监测站和公园景区管理机构建设，夯实发展基础；加强园林绿化机械化、信息化建设，加快建设以园林绿化数据中心、移动办公平台等为主体的高效信息服务硬件设施。加强场圃建设，发挥示范辐射作用。加强场圃基础设施建设，积极推进国有林场改革，大力推进"场园一体化"建设，努力把国有场圃建设成为重要的研究实验基地、示范辐射窗口和科技成果转化平台。三是强化科技攻关，提升技术支撑能力。大力加强林业碳汇与应对气候变化、生物技术与良种选育、自然保护区与湿地恢复等领域的重大基础性课题研究；加强抗旱节水、森林健康经营、立体绿化、森林绿地系统减排增汇、园林绿化废弃物资源化利用等关键技术的集成推广；加强标准化与质量监督体系建设，突破重点领域，支撑未来发展。四是积极应对气候变化，提升绿色减排增汇能力。加强与世界城市和北京友好城市在园林绿化方面的交流合作，建立体现国际化水平的对外合作平台。进一步拓展国际合作领域，重点加强在林业碳汇、森林多功能经营、城市绿化生态景观系统和公众环境教育等领域的国际合作，积极引进项目、资金、技术和先进理念、管理方式。

3. 实施人文园林行动，全民共享发展

人文园林建设的目标是：以建设生态文明、传承园林文化为着眼点，以满足市民需求、促进共建共享为出发点，以发挥游憩功能、丰富文化内涵为侧重点，以推出文化产品、倡导生态道德为落脚点，大力推进绿色亲民、文化惠民、产业富民，着力提升文化凝聚、产业促进、绿色休闲、科普教育功能，努力打造低碳宜居之城、园林文化之城、生态文明之城、绿色幸福之城。

人文园林建设的重点任务是"打造四大品牌"。一是打造现代高效"京林名产"品牌。要顺应都市发展特性，体现绿色精品特征，满足高端消费特点，加快发展壮大果品、花卉、种苗、蜂业和森林旅游、林下经济、沟域经济和园林文化创意产业，不断延长产业链条，推动绿色休闲产业向更高层次迈进，着力打造"服务高效型、人文功能型、特色精品型"绿色产业。二是打造世界城市精品园林品牌。加强历史名园保护，对历史名园主要古建筑、标志性建筑进行保护和修缮；加快大型公园绿地建设，按照"一环六区百园"的布局，基本完成城市绿化隔离地区公园环建设，积极启动二道绿隔功能提升工程，有序推进四大郊野公园建设，11 个新城滨河森林公园全部建成开放，加强 42 个小城镇园林绿化建设；全面加强全市公园和风景名胜区的分级分类管理。三是打造首都特色生态文化品牌。完善生态文化协会、志愿者队伍等组织体系；加强现代园林建设，高标准、高质量举办好第九届中国国际园林博览会，重点建设园博园、中国园林博物馆，积极推进国家植物园、中国生态博物馆建设，努力建设一批生态文化示范区、试验园；大力推进创意文化传播，深入挖掘皇家园林文化、历史名园文化和郊野田园文化、游园休闲文化、森林康体文化、绿色科普文化的丰富内涵，组织策划影视传媒、网络动漫、书画摄影、科普读物、文艺演出等不同形式、各具特色的文化创作活动，大力发展园林文化创意产业。四是打造全民践行绿色低碳品牌。大力开展首都绿化美化花园式单位、花园式社区和园林小城镇、首都绿色村庄等群众性创建活动，积极推进林业碳汇行动计划，鼓励党政机关、企事业单位积极参与碳补偿，消除碳足迹，实现碳中和；引导广大市民以购买碳汇的形式自觉履行植树义务，大力提倡绿色生产、绿色生活和绿色消费方式。

六、强化"三个园林"建设的支撑保障

1. 完善制度保障机制

坚持依法治绿，建立健全法规体系，加快制订《北京市湿地保护条例》、《北京市实施国务院＜森林防火条例＞办法》、《北京市实施〈风景名胜区条例〉办法》等法规规章，进一步强化法律法规的执行力度，建立权责明确、行为规范、监督有效、保障有力的行政执法体系。坚持规划建绿，落实《全国林地保护利用规划

纲要（2010～2020年）》，编制完成市、区县两级林地保护利用规划；严格执行《北京市绿化条例》和《北京市绿地系统规划》，编制完成新城绿地系统规划和建制镇绿地系统规划，形成完善的市、区县、乡镇绿地系统规划体系；推进绿线划定、绿地确权和钉桩绿地建档立卡等工作；加快屋顶绿化、森林健康经营等专项规划编制。坚持生态用地、用水优先供给原则，妥善处理好绿化建设与土地管理和节约水资源的关系，提高生态用地比重，保障生态用水，确保林地、绿地、湿地规划建设任务落到实处，实现资源持续增长。

2. 完善政策支撑机制

进一步加大对园林绿化事业的公共财政投入，逐步建立动态增长、长效稳定的财政投入保障机制。进一步提高和规范一二道绿隔地区绿化带、屋顶绿化、重点绿色通道、低效林改造等项目的建设养护投资标准，加大财政对林业产业发展的政策扶持力度，完善生态公益林保护和管理机制，探索建立有利于城乡一体化发展的平原集体公益林、湿地、自然保护区等大生态补偿政策。完善园林绿化工程管护机制，加强林木绿地资源养护管理标准的政策研究，健全郊野公园、滨河森林公园等全市新建大型公园绿地的后期管护体制，完善配套服务设施，纳入统一管理体系，巩固绿化建设成果。深入推进集体林权制度改革，研究制定改革后产业扶持、林权流转、抵押贷款和社会化服务等相关的配套政策，加快建立现代林业产权制度。建立多元化融资机制，完善财政贷款贴息政策，鼓励金融机构开发与园林绿化多种功能相适应的金融产品，充分发挥金融在支持园林绿化建设中的杠杆作用；按照"谁受益，谁补偿"的原则，大力开展碳汇融资；加强外援项目的资金引进，鼓励民营企业、社会团体和个人投资造林绿化、开展义务植树，努力建立多元化融资格局。

3. 完善人才培养机制

强化人力资源优化配置，整合园林、林业方面分散的科技教育资源，着力加强科技创新平台和教育培训基地建设，适时成立园林绿化科学研究院和职业学院，构建人才优先发展的资源开发体系，创新人才优先发展的制度支持体系，建设人才优先发展的环境保障体系。结合首都园林绿化的发展需求，强化人才的引进、培养和储备，建设数量充足的专业人才库。围绕用好、用活人才，建立不同学历层次与教育培养方式协调配套的灵活人才培养机制，充分发挥高层次人才在推动首都园林绿化事业发展中的引领作用。加强园林绿化领域各类行业学会、协会、研究会的建设和管理，充分发挥社团组织在科学研究、学术交流、人才培养、智力支持等方面的独特作用，为首都园林绿化事业健康发展提供坚强保障。

4. 完善管理服务机制

按照"大园林、大绿化"的要求，加快转变政府职能，积极探索市域范围内所有涉林、涉绿、涉园事务统筹由一个部门监督管理的"大部门"体制，提高政府对公共事业的管理效能。理顺城市园林绿化执法等体制机制，建立有利于转变经济增长方式、有利于加强资源统一管理、有利于提升综合管理水平的管理服务体系，强化园林绿化部门在政策研究、决策管理、标准制定、执法监督、公共服务等方面的核心职能。建立健全全市动员、全民动手、全社会参与绿化建设的体制机制，努力形成政府倡导、广泛宣传、社会参与、自觉自愿的良性发展机制。加强市场化机制运作，健全完善项目建设招投标制、监理制、政府采购制等制度，鼓励林木绿地资源市场化和社会化养护；加强市场流通服务体系建设，建立果品、花卉等林产品交易市场，积极推行林产品招标拍卖、远程交易等现代交易模式。

第二章 北京市园林绿化发展现状与态势

园林绿化事业承担着建设森林生态系统、恢复湿地生态系统、治理沙化生态系统、优化绿地生态系统，为广大市民提供生态产品、物质产品和文化产品的艰巨任务，是促进人与自然和谐的桥梁和纽带，也是推动生态文明建设的先锋队和主力军。园林绿化建设是一个城市的底色和名片，是体现一个城市国际化水平、现代化特征和宜居化程度的重要标志，在建设"人文北京、科技北京、绿色北京"，打造世界城市的进程中发挥着基础性的作用。站在经济社会可持续发展的高度，深入分析北京市园林绿化的成就、经验、问题和未来发展趋势，对于确立新时期北京市园林绿化发展的新理念、新思路、新目标，具有极其重要的意义。

第一节 自然经济社会概况

北京是中华人民共和国的首都，是全国的政治中心、文化中心和国际交往中心，是世界著名古都和现代化国际城市之一。

到 2010 年年末，全市辖 16 个区县，其中，城区 2 个（东城、西城），近郊区 4 个（朝阳、海淀、丰台、石景山），远郊区县 10 个（门头沟、房山、昌平、顺义、大兴、通州、怀柔、平谷、密云、延庆），共有 135 个街道办事处，142 个建制镇，40 个建制乡。

一、自然地理

北京市位于华北大平原的北端，北以燕山山地与内蒙古高原接壤，西以太行山与山西高原毗连，东北与松辽大平原相通，东南距渤海约 150km，往南与黄淮海平原连片。北京傍山面海，幅员辽阔，自然条件优越，地理位置极为重要。

北京的地理坐标为北纬 39°28′～41°05′，东经 115°25′～117°30′，南北纬度相间 1°37′，约 176km，东西经度横跨 2°05′，约 160km，总面积 1.64 万 km²。

北京市全市土地面积 16808km²。其中，山地面积 10417.5km²，占总面积的 62%；平原面积 6390.3 km²，占总面积的 38%；市区面积 1040km²。

北京市地势西北高、东南低，西北部群山环绕，东南部是华北平原的一部分。西面为太行山山系，北面和东北面为燕山山脉。西部山地南起拒马河，北至南口镇附近的关沟，总称西山，是一系列东北—西南走向、大致平行排列的褶皱山脉；北部的山地称军都山，其间分布着若干山间盆地和断块山地。环绕北京市北部和西部半圆形的山地，包围着北京东南部的平原，平原和山区交界地区有海拔200m以下的丘陵地带，并由西北向东南形成平缓降落的坡度。

北京市有大小河流200多条，分属于海河流域的永定河、潮白河、北运河、蓟运河、大清河五大水系。其中，北运河水系发源于本市，其余四个水系为发源于河北省或山西省的过境河流，绝大部分河流由西北流向东南，在天津注入渤海。山前迎风坡为全市多雨地区，山区坡陡流急，蕴藏着比较丰富的水利及水能资源。全市年均降水总量为105亿m³，河川径流量为25.99亿m³。全市有大、中、小型水库85座，总库容约74亿m³，大型引水渠4条。

北京市的气候具有明显的暖温带半湿润大陆性季风型气候特点，四季分明，春季干旱多风，夏季炎热多雨，秋季凉爽湿润，冬季寒冷干燥，春、秋短促。年平均气温10～12℃，平原地区年平均气温为11.5℃，西北部山区年平均气温8℃左右，全年无霜期5～6个月。多年平均降水量为585mm，山区的降水量沿山势形成东北—西南向的多雨中心，可达700mm左右。降水季节分配很不均匀，夏季降水量约占全年降水量的74%，在7月和8月常有暴雨。

北京地区的土壤，受地带性和垂直带性因素的影响，从山地到平原的分布，有一定的规律性，同时又受地貌和水热条件的影响。山区土壤垂直分布从高到低是山地草甸土（个别山顶局部地带）、山地棕壤和山地褐土；由山麓至冲积平原，其土壤类型变化是褐土、碳酸盐褐土和潮土类及部分水稻土，局部区域又有盐碱土和沼泽类型的土壤。

北京受暖温带大陆性季风气候的影响，形成的地带性植被类型为暖温带落叶阔叶林，由于境内地形复杂，生态环境多样化，致使北京植被种类组成丰富，植被类型多样，并且有明显的垂直分布规律。由于北京的开发历史悠久，人类的生产活动频繁，对植被的结构和分布有着巨大的影响。北京的植被主要表现为植被种类组成比较丰富，区系成分复杂、类型多样、次生植物群落占优势、山地植被具有明显的垂直分异等特点。

二、经济发展

改革开放以来，特别是"十一五"时期，北京市经济进入了稳定较快的发展阶段。2009年，全年实现地区生产总值12153亿元，比2005年6969.5亿元增长74.37%。其中，第一产业值118.3亿元，比2005年88.7亿元增长33.37%；第二产业值2855.5亿元，比2005年2026.5亿元增长40.9%；第三产业值9179.2亿元，比2005年4854.3亿元增长89.09%。全市人均地区生产总值（GDP）达到70452元，比2005年45993元增长53.17%。居民消费价格指数为105.1%，低于全国平均水平。2009年地方财政收入达到2678.77亿元，比2005年1007.35

亿元增长一倍。全社会固定资产投资完成 4858.8 亿元；社会消费品零售额超过 4500 亿元，增长 20% 以上，消费对经济增长的拉动作用显著增强。通过促进金融业、旅游业发展，加快高端产业功能区建设，现代服务业得到较快发展。首都经济继续保持"增长较快、结构优化、效益提高"的良好势头。

三、社会文化

北京有着 3000 余年的悠久历史和 850 多年的建都史，是世界历史文化名城和中国四大古都之一。其地理位置优越，是全国政治中心的理想所在。早在 70 万年前，北京周口店地区就出现了原始人群落"北京人"，北京最初见于记载的名字为"蓟"。

公元前 1045 年北京成为蓟、燕等诸侯国的都城；公元前 221 年秦始皇统一中国以来，北京一直是中国北方重镇和地方中心；自公元 938 年以来，北京又先后成为辽陪都、金上都、元大都、明清国都。在从辽朝起的 800 多年里，建造了许多宏伟壮丽的宫廷建筑，使北京成为我国拥有帝王宫殿、园林、庙坛和陵墓数量最多、内容最丰富的城市。

1949 年 10 月 1 日正式定为中华人民共和国首都，成为全国政治和科学文化的中心，国内国际交往的中心之一，也是中国历史文化名城和古都之一，亚欧大陆最大的交通枢纽。到 2009 年年末，全市常住人口 1755 万人，比 2008 年年末增加 60 万人。其中，外来人口 509.2 万人，占常住人口的 29%。常住人口中，城镇人口 1491.8 万人，占常住人口的 85%。

北京市是中国第一个齐聚 56 个民族的城市，其中少数民族人口约 48 万人，占全市总人口数的 3.84%（2007 年）。全市 95.69% 人口为汉族，除汉族外，回族、满族、蒙古族、朝鲜族人口均超过万人。此外，人口在千人以上的还有壮族、维吾尔族、苗族、土家族、藏族。

北京科技发展取得重大成就，创业服务体系不断完善，大量服务完善的孵化器吸引众多创业企业入驻；四大创新基地建设高效推进，八个产业化示范工程逐一推进，促进、改善和提升了区域创新能力，区域创新体系框架初步形成。中关村科技园区高新技术产业基地的地位更加突出。原始性创新能力不断增强，研发成果占据全国首位。全市开展科技活动的单位 7500 个，拥有科技活动人员 45 万人，R&D（研发与开发）人员达 20 万人，比 2005 年分别增加 6.7 万人、2.2 万人，总量位居全国前列。发布实施中长期科学和技术发展规划纲要，"科技奥运"取得一批重大创新成果，全市专利申请数量、技术交易额保持较快增长。

全市共有公共图书馆 25 个，总藏书量达 3719 万册。北京地区出版的报纸、期刊和图书分别达到 255 种、2809 种和 12.5 万种。全市拥有全国重点文物保护单位 98 处，市级文物保护单位 224 处。北京地区注册登记的博物馆达到 133 座，馆藏文物 323.8 万件。

北京对外开放的旅游景点达 200 多处,有世界上最大的皇宫紫禁城、祭天神庙天坛、皇家花园北海、皇家园林颐和园,还有八达岭、慕田峪、司马台长城以及世界上最大的四合院恭王府等名胜古迹。全市共有文物古迹 7309 项,其中国家文物保护单位 42 个,市级文物保护单位 222 个。

全市共有卫生机构 4810 个,其中,医院 536 个,卫生院 152 个。医疗卫生机构共有床位 8.1 万张,其中医院 7.5 万张。全市卫生技术人员达到 12.3 万人,平均每万人拥有执业医师 4.39 人,平均每千人拥有注册护士 3.72 人。推出了一批方便群众看病就医的新措施,政府出资为农民统一购买村级医疗卫生服务,解决了乡村医生基本待遇和养老保障问题。

第二节　园林绿化的资源禀赋

"十一五"期间,北京市园林绿化部门紧紧围绕"办绿色奥运、创生态城市、迎六十大庆、建绿色北京"的目标,坚持科学发展,实施精品战略,开展了一系列卓有成效的工作,取得了巨大成就,积累了宝贵经验和财富,为首都生态环境建设做出了突出贡献。

一、森林资源

至 2010 年,全市林地面积 1046096.37hm²,全市的林木绿化率为 53.64%,森林覆盖率为 36.75%。从现有林地资源现状来看(表 2-1),有林地的面积658914.08hm²,占林地面积的 63.75%;灌木林地 305808.43hm²,占林地面积18.63%;疏林地 5576.31hm²,占林地面积 0.34%;未成林地 21103.88hm²,占林地面积 1.29%;苗圃地 16900.89hm²,占林地面积 1.03%;无立木林地4836.40hm²,占林地面积 0.29%;宜林地 32757.76hm²,占林地面积 2.00%;林业辅助生产用地 198.62hm²。

在有林地中,林分面积 504343.48hm²,占有林地面积 76.54%;经济林面积154570.60hm²,占全市有林地面积 23.46%。

宜林地面积 32757.76hm²。其中宜林荒山荒地 31753.32hm²,占 96.93%;宜林沙荒地 911.43hm²,占 2.78%;其他宜林地 93.01hm²,占 0.28%。

表 2-1　北京市森林面积统计

区、县	合计		其中:经济林	
	面积(hm²)	百分比(%)	面积(hm²)	百分比(%)
北京市	658 914.08	100.00	15 4570.60	100.00
中心四城区	984.14	0.15		
朝阳区	8 264.59	1.25	222.06	0.14
丰台区	7 738.52	1.17	865.30	0.56

（续）

区、县	合计		其中：经济林	
	面积（hm²）	百分比（%）	面积（hm²）	百分比（%）
石景山区	2 333.72	0.35	109.31	0.07
海淀区	15 223.51	2.31	3 218.36	2.08
门头沟区	51 494.01	7.82	7 355.87	4.76
房山区	51 209.50	7.77	13 591.22	8.79
通州区	17 369.35	2.64	4 229.94	2.74
顺义区	21 458.68	3.26	5 060.17	3.27
昌平区	52 192.33	7.92	15 219.36	9.85
大兴区	24 054.21	3.65	10 710.35	6.93
怀柔区	112 654.43	17.10	24 373.94	15.77
平谷区	59 582.41	9.04	27 708.54	17.93
密云县	127 476.36	19.35	30 232.26	19.56
延庆县	106 878.32	16.22	11 673.90	7.55

全市活立木总蓄积量 18103003.02m³。其中林分蓄积 14061398.18m³，占全市活立木总蓄积量的 77.67%；疏林蓄积 44110.27m³，占全市活立木总蓄积量的 0.24%；散生木蓄积 1141709.49m³，占全市活立木总蓄积的 6.31%；四旁树蓄积 2855785.08m³，占全市活立木总蓄积的 15.78%。

森林按照分类经营的原则，可分为公益林和商品林两大类。其中，公益林 480701.19hm²，占全市森林面积的 72.95%；商品林面积 178212.89hm²，占全市森林面积的 27.05%。公益林和商品林面积之比约为 7：3。

从森林资源的空间格局看，山区林地面积 880768.90hm²，占林地总面积的 84.20%，山区的森林覆盖率为 50.97%，林木绿化率为 71.35%。平原林地面积 165327.47hm²，占林地总面积的 15.80%，平原区森林覆盖率 14.85%，林木绿化率 26.36%。

从森林起源看，天然林面积 200103.52hm²，蓄积 3588335.42m³，单位面积蓄积 17.93m³/hm²；人工林面积 285518.42hm²，蓄积 10288807.10m³，单位面积蓄积 36.03m³/hm²；飞播林面积 18721.54hm²，蓄积 184255.66m³，单位面积蓄积 9.84m³/hm²。

从林龄结构看，幼龄林面积 288656.95hm²，蓄积 4137182.77m³，单位蓄积为 14.33m³/hm²；中龄林 123299.00hm²，蓄积 4214993.26m³，单位蓄积为 34.19m³/hm²；近熟林 44507.53hm²，蓄积 1948922.50m³，单位蓄积为 43.79m³/hm²；成熟林 37193.72hm²，蓄积 2371153.29m³，单位蓄积为 63.75m³/hm²；过熟林 10686.28hm²，蓄积 1389146.36m³，单位蓄积为 129.99m³/hm²。

从树种结构看，柞树面积 124364.15hm²，占林分面积的 24.66%；侧柏面积 116373.08hm²，占林分面积的 23.07%；油松面积 84549.51hm²，占林分面积的

16. 76%；杨树面积 63886. 75hm²，占林分面积 12. 67%；其余依次是阔叶树、刺槐、山杨、桦树和落叶松。

从森林权属看，全市国有林面积为 63193. 44hm²，蓄积为 2418380. 57m³，分别占林分面积、蓄积的 12. 48% 和 17. 18%；集体林面积为 420704. 44hm²，蓄积为 10434945. 22m³，分别占林分面积、蓄积的 83. 46% 和 74. 23%；个人及其他所有形态的森林面积为 20229. 82hm²，蓄积为 1199600. 09m³，分别占林分面积、蓄积的 4. 05% 和 8. 59%。

二、城市绿地资源

城市园林绿地是指城市中各类绿地的总称，它用以改善和提高城市环境质量，为居民提供游憩环境，满足居民的精神需要。北京市城市绿地按照功能可划分为公共绿地、生产绿地、防护绿地和附属绿地四大类。

全市园林绿地共计 61695. 35hm²，其中公共绿地 18069. 74hm²、生产绿地 1223. 66hm²、防护绿地 14870. 59hm²、附属绿地 15404. 44hm²、道路（河岸）绿地 12126. 92hm²。在全市公共绿地构成中，主要包括综合公园 9857. 36hm²、社区公园 691. 58hm²、专类公园 2301. 57hm²、带状公园 235. 30hm²、街旁绿地 2145. 40hm²、隔离地区生态景观绿地 367. 73hm²、其他公园绿地 2470. 78hm²。绿地率为 42. 63%；绿化覆盖面积 63152. 90hm²，绿化覆盖率（不含水面）为 43. 63%，含水面绿化覆盖率为 44. 40%。

全市共计 1691 个公园，分别归属 7 个种类。其中综合公园 252 个，社区公园 211 个，专类公园 65 个，带状公园 31 个，街旁绿地 889 个，隔离地区生态景观绿地 15 个，其他公园绿地 228 个。全市风景名胜区达到 27 个，面积 2200km²（其中国家级 2 处，面积 400 km²；市级 8 处，面积 1800 km²）。

截至 2009 年，全市户籍人口共计 1245. 83 万人，人均绿地面积 49. 50m²，人均公共绿地面积 14. 50m²。

三、湿地资源

调查结果显示，北京市湿地总面积 51434. 1hm²，占全市总面积的 3. 13%，湿地面积比重较全国湿地（面积在 100hm² 以上，且不包括水稻田湿地）占国土面积的 3. 77%，全球湿地面积占 6. 0% 的比重均低。湿地的生物多样性较为丰富。

按照北京市湿地分类的技术标准，全市的湿地分为天然湿地和人工湿地两大类，共 11 个湿地型。调查结果表明，天然湿地面积 23852. 1hm²，占湿地总面积的 46. 4%；人工湿地面积 27582. 0hm²，占湿地总面积的 53. 6%。各种湿地类型面积详见表 2-2。

表2-2　北京市湿地类型面积统计表

湿　地　类　型			面积（hm²）	比　例（%）
合　　计			51434.1	100.0
天然湿地	小　　计		23852.1	46.4
	河　　流		22988.1	44.7
	沼　　泽		864.0	1.7
人工湿地	小　　计		27582.0	53.6
	蓄　水　区		15711.5	30.6
	运河输水河		1274.2	2.5
	城市景观和娱乐水面		1044.8	2.0
	水产池塘		5511.8	10.7
	水　　塘		351.7	0.7
	灌溉用沟渠		1248.3	2.4
	水　　田		2180.5	4.2
	采掘区		172.1	0.3
	废水处理场所		87.1	0.2

　　根据湿地功能和效益的重要性，将湿地分为重要湿地和一般湿地两类。调查结果显示，全市重要湿地面积19525.0hm²，占湿地总面积的38.0%，一般湿地面积31909.1hm²，占湿地总面积的62.0%。

　　全市18个区县均有湿地分布，其中湿地面积最大的为密云县，湿地面积10914.0hm²，占全市湿地总面积的21.2%；其次是通州区，湿地面积为7910.3hm²，占全市湿地总面积的15.4%；湿地面积最小的是宣武区，面积为36.3hm²，占全市湿地总面积的0.07%。

　　目前，北京市湿地的经营管理部门为园林绿化、农业、水务、国土及其他部门。湿地属园林绿化部门经营管理的面积为1044.8hm²，占湿地总面积的2.0%。主要包括颐和园、奥运公园人工湖、玉渊潭公园、红领巾公园湖、紫竹院公园、莲花池等公园内的城市景观水面和娱乐水面等湿地。

　　调查显示，湿地内共有植物127科503属1017种，占全市植物种数的48.7%，其中，湿地植物（湿生、水生植物）66科195属369种，占全市植物种数的17.6%。在这些植物中，国家二级保护植物1种，为野大豆；北京市一级保护植物2种，分别是槭叶铁线莲和北京水毛茛；北京市二级保护植物22种，分别是山丹、黄精、黄芩、知母、宽苞水柏枝、丹参、膜荚黄耆、黑三棱、胡桃楸、花蔺、红景天、桔梗、二色补血草、白首乌、草麻黄、流苏树、中华秋海棠、芡、辽东栎木、刺五加、崖椒、绶草。全市湿地内有动物共36目89科393种，种数占全市动物种数的75.6%。在各类动物中，鸟类的种数最多，哺乳类的种数相对较少。

四、野生动植物及自然保护区

(一)野生植物

北京地区地形、气候、土壤多样,为野生植物生长发育提供了良好条件,形成了丰富的植被类型和复杂的物种构成。据统计,北京地区有维管束植物169科898属2088种。其中,属于国家二级重点保护野生植物有3种,包括:椴树科椴树属的紫椴、芸香科黄檗属的黄檗及野大豆。北京市人民政府于2008年2月15日批准公布了《北京市重点保护野生植物名录》,录入重点保护野生植物共计80种(类)。其中,扇羽阴地蕨、槭叶铁线莲、北京水毛茛、轮叶贝母、杓兰等8种列为一级保护,小叶中国蕨、球子蕨、白杆、青杆、华北落叶松、杜松等72种(类)列为二级保护。

(二)野生动物

据统计,北京地区的陆生脊椎动物分布有89科460余种。两栖类5科10种,爬行类8科23种,鸟类58科375种,兽类18科53种。其中,国家重点保护野生动物61种。国家一级重点保护的有金钱豹、褐马鸡、黑鹳、白鹳、金雕等10种,国家二级重点保护的有斑羚、灰鹤、白枕鹤、大天鹅、鹰隼类、雕鸮类等51种。列入本市重点保护野生动物222种。截至目前,全市共建立野生动物疫源疫病监测站(点)108个,其中:国家级9个、市级21个、区县级78个,配备了必要设施和监管人员,基本形成了覆盖全市重点地区的野生动物疫源疫病监测网络。全市108个监测站点年均监测野生鸟类2000余万只。

(三)自然保护区

北京市已建立各级各类自然保护区20个,总面积13.42万hm²,自然保护区面积占全市国土面积的8.18%。按级别划分,国家级自然保护区2个,市级自然保护区12个,县级自然保护区6个。按类型划分,森林生态系统和野生生物类型自然保护区12个,面积10.74万hm²;湿地生态系统自然保护区6个,面积2.11万hm²;地质遗迹类型自然保护区2个,面积0.57万hm²。环绕北京、覆盖大部分生物多样性中心的自然保护区网络体系已基本形成。其中,山区主要以松山、百花山、四座楼等森林生态系统和野生生物保护类型自然保护区为代表,平原则以野鸭湖、汉石桥等湿地类型自然保护区为代表。

近年来,通过开展自然保护区科学考察,编制自然保护区总体规划,加强自然保护区建设,规范生态旅游行为,提高有效性管理水平,加大科普宣教力度,协调社区共管关系等措施,自然保护区整体水平有所提升,市民保护意识逐渐增强,全市90%以上的国家和地方重点保护野生动植物物种及栖息地得到保护。

自然保护区已成为北京市生物多样性最丰富、自然历史价值最高、生态效益最好、自然景观最美、维护生态安全最重要的自然资源和生态系统区域，是应对气候变化危机的有效解决途径。

五、古树名木

据调查统计，全市 16 个区县均有分布，共有古树名木 40721 株，其中古树39408 株，占全市古树名木总株数的 96.8%，其中一级古树 6122 株，占古树总株数的 15.5%，二级古树 33286 株，占古树总株数 84.5%；名木 1313 株，占全市古树名木总株数的 3.2%。

从统计结果看，一级古树与名木所占的比例均较小，全市二级古树数量最大。其中古树数量最多的区县是海淀区，共计 14835 株，主要分布在西山林场、香山公园、颐和园等单位。名木数量最多的区县是昌平区，主要集中在十三陵地区。

第三节　首都园林绿化的地位和作用

加强生态环境建设，实现经济社会可持续发展，是关系中华民族生存发展的根本大计。新中国成立特别是改革开放以来，党中央、国务院高度重视和大力推进我国的林业生态建设及城市园林绿化建设，党的十七大首次把"建设生态文明"写入政治报告，并明确提出要使我国成为生态环境良好的国家。党和国家领导人更是身体力行、率先垂范。特别是在新的历史时期，党和国家明确赋予了林业"四个地位"即：林业在贯彻可持续发展战略中具有重要地位，在生态建设中具有首要地位，在西部大开发中具有基础地位，在应对气候变化中具有特殊地位；"四大使命"即：实现科学发展，必须把发展林业作为重大举措；建设生态文明，必须把发展林业作为首要任务；应对气候变化，必须把发展林业作为战略选择；解决"三农"问题，必须把发展林业作为重要途径。这充分体现了党和国家对生态建设的高度重视和对全球生态问题的高度负责，具有重大而深远的影响。

北京作为中国的首都，生态环境问题举国关注、举世瞩目。长期以来，在中央的直接关怀和北京市委、市政府的高度重视下，首都园林绿化事业发展迅速，取得了令人瞩目的巨大成就，有力提升了城市生态环境质量，改善了城乡人居环境。特别是北京成功举办奥运会后，市委、市政府进一步将"绿色奥运、人文奥运、科技奥运"三大理念转化为"人文北京、科技北京、绿色北京"三大建设，更加致力于强化城乡绿化美化的基础地位，大力推动生态文明建设，使园林绿化在推动首都经济社会全面协调可持续发展中发挥着日益突出的重要功能作用。

一、在生态文明建设中具有首要地位

党的十七大明确提出"建设生态文明"的重大决策。生态文明是指人类遵循人、自然、社会和谐发展这一客观规律而取得的物质与精神成果的总和，是人与自然、人与人、人与社会和谐共生、良性循环、全面发展、持续繁荣为基本宗旨的文化伦理形态。广义上是人类社会的一个发展阶段。人类至今已经历了原始文明、农业文明、工业文明三个阶段，在对自身发展与自然关系深刻反思的基础上，人类即将迈入生态文明阶段。狭义上是社会文明的一个方面。生态文明是继物质文明、精神文明、政治文明之后的第四种文明。这"四个文明"一起，共同支撑和谐社会大厦。其中，物质文明为和谐社会奠定雄厚的物质保障，政治文明为和谐社会提供良好的社会环境，精神文明为和谐社会提供智力支持，生态文明是现代社会文明体系的基础。建设生态文明，不同于传统意义上的污染控制和生态恢复，而是克服工业文明弊端，探索资源节约型、环境友好型发展道路的过程。生态文明建设的基本任务包括生态环境、经济、政治、文化、社会等多个层面的建设内容。园林绿化作为城市中唯一有生命的基础设施，作为改善城市生态环境的主要载体，在生态文明建设中具有首要地位。

（一）生态文明的重要标志

园林绿化具有巨大的生态、经济和社会功能，是维护首都生态安全的桥头堡、实现人与自然和谐的纽带、发展生态文化的源泉，在生态文明建设中的作用越来越重要。大力发展园林绿化事业，是加强生态文明建设的必然要求，是加快推进北京市"两型社会"建设的重要内容，也是营造良好人居环境、提升和完善城市功能的迫切需要。

第一，实现首都人与自然和谐，核心在于发展园林绿化事业。建设生态文明、实现人与自然和谐，是城市发展和文明进步的重要标志，也是国际发达城市普遍追求的最高价值取向。生态文明作为继工业文明之后形成的新文明形态，核心是确立人与自然和谐、平等的关系，反对人类破坏、征服和主宰自然，倡导尊重自然、保护自然、合理利用自然的理念和行动。从国际上看，随着气候变暖、土地沙化、干旱缺水和物种灭绝等生态危机日益严重，生态问题成为人类生存与发展的最大威胁，建设生态文明成为延续人类文明的必由之路；从国内看，我国森林稀少、土地沙化、水土流失、湿地破坏、干旱缺水、物种濒危等生态问题也日益严峻，生态问题成为制约经济社会可持续发展的最大瓶颈，建设生态文明成为实现科学发展的紧迫任务。森林和绿地是陆地生态系统的主体，是现代城市不可或缺的、唯一有生命的绿色基础设施，也是自然界功能最完善的资源库、生物库、蓄水库和能源库，具有调节气候、涵养水源、防风固沙、降低污染等多种功能。大力植树造林，增加林草植被，建立以森林植被为主体、乔灌草相结合的国土安全体系，是有效减缓温室效应，减少水土流失，保持生物多样性，维护生态平衡的治本之策。改善首都的生态环境，治理空气污染、风沙危害和山区水土流失等很多突出的环境问题，都需要通过加快绿化建设、扩大森林覆盖才能解决。国内外经验表明，只有具备良好完善的森林生态系统的城市，才称得上是生态优美的城市，才是真正具备可持续发展能力和宜居的城市。发达国家城市的一个共同特点就是森林与城市融为一体，城在林中，人在景中。在北京林业大学发布的最新省级生态文明评价成果中，森林覆盖率、建成区绿化覆盖率和自然保护区的有效保护程度作为二级指标生态活力的三个核心指标，重点突出了园林绿化在生态文明建设中的首要地位。由此可见，园林绿化是推动北京生态文明建设和反映生态文明建设进程的重要指标，对保持生态系统功能、维护生态平衡起着重要的中枢和杠杆作用，是促进人与自然和谐的重要桥梁和纽带，也是推动生态文明建设的重要载体。

第二，促进首都城乡社会进步，基础在于发展园林绿化事业。城乡环境没有城乡之界，建立城乡一体的森林生态系统，改变城乡二元的生态建设格局，有助于提升北京社会主义新农村建设的整体水平。园林绿化是首都新农村建设不可或缺的重要组成部分，是推动农业发展、农村进步、农民致富的重要载体和依托。绿色代表希望、代表活力，更是促进发展的生产力。园林绿化特别是林业，是大农业的重要组成部分，夯实新农村的产业支撑，促进生产发展，需要大力发展林业；使林果、花卉、旅游等绿色产业成为农民就业增收的主要来源，促进生活宽裕，需要大力发展林业；提高农民的现代文明素质，增强他们的生态意识和环境意识，促进乡风文明，需要大力发展林业；改善农村人居环境，建设优美和谐的生态环境，促进村容整洁，也需要发展林业。特别是对占北京市域面积62%的广大山区而言，最大的潜力在山，最大的希望在林。根本的出路还在于走养山就业、兴绿富民的路子。只有山区绿起来，才能把优良的投资环境营造出来，把各种急需的生产要素吸引进来，把带动农民就业增收的产业培育起来。从近些年的发展看，正因为广大山区变绿了、变美了，才使京郊民俗旅游、森林科普、沟域经济、绿色休闲、观光采摘等第三产业迅猛发展，更多的山区人民依靠发展绿色产业吃上生态饭、旅游饭，有力推动了城乡一体化进程。

第三，发展首都先进生态文化，重点在于发展园林绿化事业。文化是一个城市的灵魂。在文化因素影响越来越深的今天，没有文化品位的城市，是没有生命力的，更是没有竞争力的。特别是北京作为全国文化中心，更加需要大力发展先进文化。生态文化作为首都先进文化的重要组成部分，是人与自然和谐相处、协同发展的文化，它既是中华传统文化的历史积淀，又是社会文明进步的客观反映。园林绿化是生态文化的重要符号，森林文化和园林文化是人类文明的重要内容。我国渊源流长、博大精深的生态文化极大地丰富了生态环境建设的人文内涵。北京是世界闻名的历史文化名城，荟萃了中国光辉灿烂的皇家园林艺术，蕴涵着深厚的古典园林文化。以北京深厚的历史文化底蕴为依托，融入生态文明的理念，发挥森林、公园、绿地的多种文化功能，提高人们的生态意识和审美能力，构建历史文化与现代文明交相辉映的新型绿色生态文化，是传承北京历史文化遗产的重要组成部分，也是建设生态文明社会的必然要求。同时，通过园林绿化建设，也可以进一步提升新时代城市文化的内涵和影响力。特别是在参与以森林为背景题材的自然保护区、森林公园、湿地公园以及各类纪念林、古树名木、森林古道等生态文化载体的过程中，有助于树立尊重自然、热爱自然、善待自然的生态道德观、价值观、政绩观和消费观，使每个公民都自觉地投身生态文明建设，让生态融入生活，用文化凝聚力量。

（二）低碳城市的重要载体

发展绿色经济、循环经济，努力建设低碳城市、绿色城市，是推进生态文明建设的迫切需要，也是世界城市的战略选择。园林绿化在这一进程中，发挥着极为特殊的重要作用。

第一，应对气候变化，推进园林绿化建设是战略选择。为减少大气中二氧化碳等温室气体的浓度，国际社会正在采取两项战略措施：一是减少温室气体排放源，即减排，具体通过减少能耗、提高能效以及能源替代等途径来实现；二是增加温室气体吸收汇，即增汇或碳汇，具体通过植树造林、植被恢复、湿地保护、森林经营和林地管理等途径来实现。直接减排固然十分重要，而通过森林、绿地、湿地等生态系统来实现间接减排，成本低、易施行、综合效益大，是目前应对气候变化最经济、最现实、最有效的重要途径。

森林是陆地上最大的储碳库，因其具有吸收二氧化碳、放出氧气的特殊功能，而被称为"地球之肺"。据联合国政府间气候变化专门委员会估算：全球陆地生态系统中约储存了 2.48 万亿 t 碳，其中 1.15 万亿 t 碳储存在森林生态系统中。科学研究表明：林木每生长 $1m^3$，平均吸收 1.83t 二氧化碳，放出 1.62t 氧气。全球森林对碳的吸收和储量占全球每年大气和地表碳流动量的 90%。国内专家研究指出，在中国种植 $1hm^2$ 森林，每储存 1t 二氧化碳的成本约为 122 元人民币，这与非碳汇措施减排每吨碳成本高达数百美元形成了鲜明反差。森林还是地球上最大的资源库、能源库、基因库、绿色水库等，对涵养水源、防风固沙、保护物种、调节温湿度、改善小气候、维护生态平衡具有不可替代的作用，还能为人类提供众多的林产品和林副产品，增加社会就业，促进经济发展。

同时，城市绿地在降温增湿、缓解城市热岛效应方面也发挥着强大的功能。城市绿地中的植物冠层可以反射太阳辐射，从而减少热量的积累，并且植物通过蒸腾作用，不断从大气中吸收大量的热量，增加区域环境的湿度。研究表明，每公顷绿地可以从周围环境中吸收 81.8J 的热量，大约相当于 189 台 1kW 的空调的作用。而且城市绿化覆盖率与热岛强度成反比，绿化覆盖率越高，则热岛强度越低，当覆盖率大于 30% 后，热岛效应得到明显的削弱；覆盖率大于 50%，绿地对热岛的削减作用极其明显。规模大于 3hm^2 且绿化覆盖率达到 60% 以上的集中绿地，基本上与郊区自然下垫面的温度相当，即消除了热岛现象，在城市中形成了以绿地为中心的低温区域，成为人们户外游憩活动的优良环境。充分发挥首都森林、绿地的增汇功能，必将改善城市热场分布格局和减弱热场强度，改善城市局域温湿环境，有助于进一步增加首都的蓝天指数，提高空气清新度，改善北京局地小气候。

第二，实现绿色发展，推进园林绿化建设是战略支撑。一个国家和一个城市经济增长的空间有多大，根本上取决于它的生态为经济增长提供的容量有多大。而发展林业和园林绿化事业就是保护和扩大城市生态容量的最主要、最有效途径。推动绿色转型发展是我国"十二五"乃至今后较长一段时期内经济社会可持续发展的重要方向。林业作为推动城市绿色转型发展的支撑力量，作用日益突出。据专家研究，中国森林在未来 50 年里，具有很大的碳汇潜力。在面积不变，碳密度增加的情况下，能够再增加 22 亿 t 碳；在森林发展面积计划的前提下，到 2050 年中国森林碳汇可以再增加 30 亿 t 碳。可见，林业在推动绿色转型发展的作用将更加突出。随着北京经济社会快速发展和资源环境承载力的逐渐饱和，只有建立一个资源环境低负荷的社会消费体系，走循环经济道路，才能实现首都生态文明的具体目标。从北京园林绿化业的基本属性来看，它本身就是巨大的循环经济体，能够促进整个社会、经济和生态复合系统实现"减量化、再利用和资源化"，从而推动北京循环经济发展，从而加快生态文明建设的进程。

第三，提高碳汇储备，推进园林绿化建设是战略途径。城市的碳汇能力是城市发展的重要支撑，城市的碳汇储备是关系城市未来的战略储备。在高二氧化碳浓度的城市地区，开展园林绿化建设是增强城市碳汇能力，提高城市碳汇储备的重要途径。据研究，11 亩树林能完全吸收一辆中级轿车一年排放的二氧化碳；48 万亩树林能全部吸收一座 20 万 kW 的燃煤发电厂一年排放的二氧化碳；夏天浓密的树荫能降低室内空调用电量的 40%；完整的城市森林体系可以降低城市综合能耗的 10%~15%。联合国政府间气候变化专门委员会（IPCC）的评估报告就此专门指出，发展林业是未来 30~50 年增加碳汇、减少排放成本较低、经济可行的重要措施。北京是一个人口众多、资源相对短缺的特大城市。2010 年北京常住人口已达 2200 万人，并已大大超过 2020 年的规划人口规模水平，随着城市化进程加快，还会有更多的人选择在北京工作、生活。要把北京建设成为名副其实的低碳城市，我们绕不过经济发展中的能耗排放等问题，只有大力加强园林绿化建设，通过提升北京森林、绿地的生态功能和固碳能力，才能更有效地提升首都低碳城市的建设水平，从而为北京经济社会发展提供更大的生态容量。目前，北京的森林资源资产总价值达到 5881 亿元，生态服务价值达到 5188 亿元，总碳储量 1.1 亿 t，年吸收固定二氧化碳 972 万 t，年释放氧气 710 万 t；全市城镇绿地每年最高可固碳 192.2 万 t/a、年释氧量约 513.1 万 t/a，年固碳释氧、降温增湿产生的总经济价值达 6065 亿元。园林绿化的生态效益日益凸显，对首都经济社会发展的支撑作用日益突出。

(三) 市民幸福的重要途径

北京的园林中包含了大量的古建、文物、古树等历史文化资源，以及多样性的特种资源和不同的景观特色，是物质文明和精神文明的集中体现，也是展示城市生态文明的重要窗口。随着北京市经济社会的快速发展，人们的生活水平不断提高，广大市民对良好生态环境的需求越来越迫切，更渴望呼吸上清新的空气、喝上纯净充足的水、吃上绿色的食品、拥有健康优美的自然景观和人居环境。城市园林绿化建设与城市居民的身心健康、生命安全紧密相关，完善的城市森林和绿地系统可以发挥巨大的社会效益。对促进中老年人娱乐健身、能量再生，青少年综合能力培养、陶冶情操等各方面将起到积极作用。

第一，园林绿化促进身心健康。森林、绿地、公园就像保健品一样，长期促进居民的身体健康。健康长寿是千百年来人类永恒的梦想，随着人们温饱问题的解决，健康长寿越来越受到重视。人的健康长寿，遗传只占到 20% 左右，最主要的是食物、水和空气的质量。城市森林、绿地不仅具有净化水质和改善空气质量的功能，而且可以释放大量的负氧离子。负氧离子能调节人体的生理机能，改善呼吸和血液循环，减缓人体器官衰竭，对多种疾病有辅助治疗作用，延年益寿。研究表明，长期生活在城市环境中的人，在森林自然保护区生活 1 周后，其神经系统、呼吸系统、心血管系统功能都有明显的改善作用，机体非特异免疫能力有所提高，抗病能力明显增强。城市公园绿地是广大市民户外休闲娱乐的主要活动场所，在调节生活、放松心情、消除疲劳、恢复健康等方面发挥着重要作用，极大地提升了广大市民的幸福指数。

第二，园林绿化促进舒身减压。森林植物种类繁多，形态、色彩、风韵、芳香变化创造出赏心悦目、千姿百态的艺术境界，在体现着自然节律的同时，为城市带来生命的气息，也为人们提供走进自然、亲近自然、人与人轻松交流的场所。国外大量的研究结果表明，城市森林、绿地可以在 3 个方面对人体心理和生理健康起到良好的作用。一是可以在较短时间内有效地缓减压力或心理疲劳。二是疾病恢复或自我报告减轻病症。三是长期的行为效果或对人们健康状态的总体改善。据测定，人在林区比在城市每分钟脉搏可减少跳动 4~8 次，皮肤温度降低 1~2℃。在人的视野中，绿色达到 25% 时，就能消除眼睛和心理的疲劳，使人的精神和心理最舒适。城市森林、绿地不仅从质量和数量上改变了城市冰冷的钢筋水泥外貌，而且舒缓了人们在紧张工作和生活快节奏中形成的疲劳情绪，并对人们的审美意识、道德情操起到了潜移默化的作用。

第三，园林绿化促进城乡融合。按照科学发展观的要求，统筹城乡协调发展是建设社会主义和谐社会的一项重要内容。推进园林绿化建设，不仅可以改善城乡生态环境，而且能够促进城乡文化交融。这是因为：一是在城市森林建设和管护过程中，会有许多农民工走进城市，进而增加他们对城市文化的了解，有助于把城市文化引入乡村。二是城市居民在走进森林公园、自然保护区、湿地等进行生态旅游时，不仅将城市文化带到乡村来，同时也受到乡村文化的影响。三是有些城市职工离退休之后，更倾向于在一年之中选择到生态环境优雅、森林绿色食品丰富的乡村生活一段时间，这样也促进了城乡文化的交融。城乡文化的交融，从总体上说是一种互惠共赢的关系，有利于增进了解，加深友谊，提高全社会的和谐文明程度。

第四，园林绿化促进防灾避险。城市绿地作为城市唯一有生命力的基础设施，是城市防灾体系的重要组成部分，具有重要的防灾避险功能。一是作为紧急避难场所，能在灾情发生的第一时间确保城市居民的生命安全；二是作为安全通道，能使市民顺利转移，过渡到安全地区；三是作为过渡安置地，为城市居民提供短期避难居住的基本生活条件；四是作为灾害隔离带，能有效减轻爆炸产生的破坏和冲击，防止火灾、毒气等蔓延；五是作为救灾基地，开展救援和恢复重建活动；六是作为防灾教育基地，平时进行防灾演习和防灾知识教育；七是作为灾后心灵疗养场，通过园艺疗法开展心理治疗。北京作为一个政治地位特殊、城市人口庞大、地理条件脆弱的现代化国际大都市，近些年来高度重视城市的防灾避险工作，在这个过程中，园林绿化建设地位重要，作用凸显。

二、在世界城市建设中具有重要地位

"世界城市"（world city）指在社会、经济、文化或政治层面直接影响全球事务的城市。伴随着经济全球化的进程，20 世纪 70 年代，世界上出现了全球化格局中的现代"世界城市"，或称全球城市，其中顶级的"世界城市"纽约、伦敦、东京成为世界经济的中心，受到世界各国的瞩目。世界城市是城市发展的高级阶段，是国际城市的高端形态。其明显标志在于，它是全球经济系统的中枢或世界城市网络体系中的组织结点；对全球政治、经济、文化具有控制力与影响力两大功能；拥有雄厚的经济实力、巨大的国际高端资源流量与交易和强大的全球影响力 3 个特征。

建设世界城市是国务院 2005 年批准的《北京城市总体规划（2004～2020 年）》提出的要求。即第一步是构建现代国际城市的基本构架，第二步到 2020 年全面建成现代化国际城市，第三步到 2050 年成为世界城市。北京城市总体规划实施 5 年来，首都的建设管理水平极大提升，很多规划指标提前实现。在这样的背景下，2009 年年底召开的北京市委十届七次全会提出要从建设世界城市的高度，审视首都的发展建设，提高科学发展的水平、规划建设的档次和服务管理的水准。提出要按照世界城市的标准推动首都建设，目的就是在更高水平上贯彻落实国务院批复的城市总体规划。建设世界城市，不是简单地模仿复制已有世界城市的形态和发展路径，而是要按照科学发展观的要求，大力实施"人文北京、科技北京、绿色北京"发展战略，在提高全球影响力的同时凸显中国特色、首都特点。这是一个长远的任务，需要锲而不舍、艰苦奋斗。

（一）城市环境的核心要素

良好的生态环境、和谐的宜居环境既是发展先进生产力的重要条件，也是吸引国际高端要素聚集的重要基础；既是一个城市迈向国际化、全球化的重要衡量指标和组成体系，也是体现世界城市国际化水平的重要标志。当今世界各国之间的竞争越来越表现为良好生态环境的竞争。国际大都市的发展轨迹表明，世界城市同时也是一个"绿色之都"，森林、绿地在城市面积中的比例和格局配置是世界城市的重要考核指标。园林绿化作为体现一个城市国际化水平、现代化特征和宜居化程度的生命符号和时代印记，是首都推进世界城市建设不可或缺的重要组成部分，发挥着重要的标志性、引领性、基础性和保障性作用。

第一，园林绿化是城市唯一具有生命的生态基础设施。园林绿化具有改善生态、保护环境、传承文化、美化景观、游览观赏、休憩健身、防灾避险等综合功能，是承担城市多种功能的绿色平台，是改善北京城市人居环境质量的重要因素和保证城市可持续发展的基本条件，在首都建设世界城市中具有重要地位。由公园绿地、森林植物、果园农田、绿色路网和河流水系等基本要素构成的城市环境体系，是维护公众健康和优化城市环境的重要载体，发挥着改善生态环境、美化景观环境、优化居住环境、丰富人文环境、提升投资环境的显著作用。回顾纽约、伦敦等城市建设发展的历程，均伴随着大规模的城市生态体系建设。19世纪初，由于对自然资源的无序性、掠夺式开发，纽约的森林覆盖率一度降低到20%，由此引发了水土流失、自然灾害频繁发生等一系列环境问题。《休依特法案》的颁布，把大片耕种的山地尤其是陡坡耕地变成了森林，使纽约州的森林覆盖率高达65%，城市绿化覆盖率达到70%，人均绿地面积达19.6m^2。20世纪50年代，伦敦尝到了工业化的恶果，英国政府从生态建设、能源结构、产业布局等方面综合考虑，经过半个多世纪的不懈努力，终于摘除了"雾都"的帽子，使伦敦市森林覆盖率达到34.8%，城市绿化覆盖率达到58%，人均公园绿地面积高达25.4m^2。世界城市的发展历程告诉我们，园林绿化建设始终是构建城市绿色环境体系的核心要素，是经济社会发展的重要基础。

第二，园林绿化有效遏制城市土地超强度开发。改革开放以来的20多年，北京取得了持续高速经济增长和大规模城市化的辉煌成就，城市化水平不断提高，工业建设用地迅速扩张，土地开发强度越来越大。然而，土地开发的强度也并非越高越好，建筑密度和容积率指标亦并越高效益越佳，土地超强度开发造成空间结构的不合理，人与自然进一步隔离，并带来一些城市环境问题，使城市热岛效应加剧。合理的土地开发既要注意提高土地利用的效率，又要重视提升人居环境品质，以求得土地经济效益、生态效益和社会效益的动态平衡。通过制定和完善建设用地定额指标和土地集约利用评价指标体系，合理确定各项建设建筑密度、容积率、绿地率，严格按国家标准进行各项市政基础设施和生态绿化建设，促进城市的集约化发展是解决未来城市人地矛盾的关键。经济社会快速发展对于土地资源的需求与城市绿地的尖锐矛盾是影响绿地总量的关键所在。由于历史上城市基础设施和公共服务设施欠账太多，城市经济社会的快速发展必然带来土地需求的急剧膨胀。而城市中心地区土地资源是有限的，已经被各类建筑占用的土地很难进行调整，所以在万不得已的情况下，只好占用绿地，从而造成绿地的流失。因此，在土地开发中根据资源环境条件，坚持实现绿地指标的要求，在城市发展中确保一定面积的绿化用地，把提高绿地率作为城市环境建设的首要任务，保护已有绿化成果，能够有效遏制城市土地的超强度开发，避免出现城市拥挤、生态失衡、环境恶化。

第三，园林绿化推动城市生态系统良性循环。园林绿地作为城市中具有生命力的基础设施，能保持大地机体的连续性和完整性，完善水分、空气、物种和营养的流动和循环等自然过程，避免城市与自然的完全隔离。而且园林绿化建设以植物作为重要的元素，强调增加生态系统的自我修复能力，因此，园林绿化建设可以促进城市生态系统的良性循环。在当前的城市建设中，应按照客观规律把保护自然资源、改善生态环境的指标列入经济社会发展的指标体系中去，坚持人与自然和谐的价值观导向，从传统的城市发展战略转向城市经济社会与生态环境协调发展的战略，促进良性的生态城市建设运行机制形成。

第四，园林绿化促进环境友好型社会发展。园林绿化倡导崇尚自然、师法自然、自然优先的城市发展模式和建设理念，不仅有效保护、合理使用、优化配置不可再生的原有自然资源，更在城市这个人工环境中对自然环境进行再创造，因此是对园林植被（花、草、树木）这种能够塑造自然空间的资源在城市人工环境中的合理再生、扩大积蓄和持续利用。园林绿地能维持城市与自然环境的水、气等自然过程的循环流动，而这是一个长期的过程，不能要求一步到位。在城市发展中通过稳步开展景观恢复，湿地保护，转变园林绿化建设和发展模式，构建近自然植物群落，能够显著抑制环境恶化，保持生态平衡，促进城市与自然环境和谐发展。城市是人类、经济、社会、活动最为集中的区域，解决当前存在的城市环境问题，不能靠单一的绿化手段和造林措施，也不是放任不管，杂草丛生，追求完全的自然，而是要在人为适当干预下，充分尊重自然规律，综合考虑人与自然的关系。园林绿化建设能协调经济建设与保护资源的关系，对自然资源进行合理利用，因而能使城市理性地回归自然。

（二）城市文化的魅力画卷

在全球视野下，增强文化实力已成为转变发展方式、增强竞争实力的战略选择。作为世界城市，纽约、伦敦等城市的竞争实力不是单一地体现在经济实力上，而是充分体现在经济、社会、文化等综合实力上。随着国际化、现代化水平的不断提高，全球文化发展日益呈现出"休闲化"、"人本化"、"生态化"的趋势，特别是国际城市的文化发展，更加注重居民休闲生活如何顺应文化全球化发展的特点，不断提升居民生活品质；更加关注城市的人文品位、人文魅力、人文精神，不断提升文化引领地位；更加注重保护自然遗产的保护和利用，倡导回归自然的人本发展理念。因此，随着绿色低碳、亲近自然成为世界性潮流，随着人们对生态问题普遍关注和对生态消费需求的日益迫切，生态文化在城市文化建设中的地位和作用越来越突出。园林绿化在生态文化建设中发挥着重要的引领和支撑作用。北京作为首都，既是全国的政治中心，也是文化中心。因此，在建设世界城市的过程中，不仅要创造世界一流的经济力量，更要打造独特的人文环境和文化软实力，彰显东方文化和历史古都的无穷魅力。

第一，展示首都特色，弘扬历史文明。在城市建设与发展中，园林绿化的功能与作用已经由最初的改善生态环境、控制无序扩张等方面，逐渐延伸到提升生活品质、引领发展理念、增强城市魅力、丰富城市文化等领域。园林是社会文化在某特定区域的集中汇聚和展示，城市绿地对城市景观的形成和塑造具有重要作用。园林绿化作为北京历史文化名城的延伸与发展，对于保护历史文化遗迹、烘托中华文明内涵、弘扬中华文明精神具有重要意义。北京作为历史文化名城和著名古都，是世界上现存规模宏大的完整古城，不仅以她雄伟壮丽的殿堂、宫室、坛庙、陵寝闻名于世，而且她依山傍水的地理位置，正好赋予她发展园林风景的优越条件，同样创造了极为突出的成就。皇家园林以其独特的风采更成为中国古典园林的集大成者，成为举世闻名的游览胜地，吸引着国内外游客，展示着历史文化名城灿烂的文化。而这正是北京建设中国特色世界城市的最大优势和亮点。

第二，传承东方文化，展示地域特色。古建园林在北京乃至中国的现实地位和历史地位十分突出，是北京独有的、最具代表性的文化，也是东方园林的代表。京华古建园林的浩瀚与深邃，使它表达的城市文化在世界上具有唯一性。其独特的园林风貌、建筑形式以及城市格局成了北京的"地域标识"，打下了地方文化的深刻印记。顺应北京地域文化特色的园林绿地建设既是对历史的尊重，也是对传统文化的延续和发展。园林绿化具有鲜明的地域特色，符合北京城市发展的独特要求，具有重要的战略意义。城市公园绿地与当地的历史、文化氛围相和谐，更是今天人们寻求地方特色、多样化生活的内容之一。在提倡多样性文化、强调地域特色的今天，创造的园林城市也需要考虑地区的特点。依据当地的风土特征、遵循居民的文化传统和审美心理，对公园绿地进行精心的设计则是"以人为本"的具体体现。园林绿地本身所具有的空间和地域特性，兼有生态和景观的功能，并依托北京灿烂的园林文化，使其能够以多种方式满足广大游人和市民的文化需求，充分发挥爱国主义和科普教育基地的作用，为培养市民的生态文明意识和提高未成年人的道德教育水平做出重要贡献，从而成为城市生态文明的靓丽名片。

第三，搭建沟通桥梁，彰显中华文明。坚持走经济、社会、资源、人口、环境相互友好的道路是建设一流世界城市的应有之意。例如伦敦、纽约、东京和巴黎等公认的世界城市都把园林绿化建设作为城市发展的重要组成元素和评价标准。北京园林绿化建设能为整个城市的生态环境、资源可持续发展提供坚实基础，在提升东方文化和体现古都特色等软实力方面具有独特优势，在世界城市建设中处于重要地位。园林是社会文化在特定区域的集中汇聚和展示，能够为举办丰富多彩社会文化活动提供场所，是很好的文化载体和沟通的桥梁，对于保护历史文化遗迹、弘扬中华文明具有重要作用。北京作为世界历史文化名城和著名古都，是人类发源地之一和中国六大古都之一，也是世界各大都市中皇家园林含量最多的城市。今日之北京历经数朝经营，积淀下煌煌帝都景观和淳厚文化神韵，成为对游人最为独特的吸引。北京皇家园林以其独特的风采成为中国古典园林的集大成者，同时也是中华民族传统灿烂文化和东方文化的传播者，是体现世界城市软实力的重要元素。

第四，激发创意活力，发展文化产业。文化创意产业是文化的外延和扩展。开展以园林绿化为主体的文化创意产业，充分发掘首都优秀的园林文化，深度挖掘京华古建园林的内涵、外延，将成为北京文化创意产业的新亮点，必将取得绿色环保、园林艺术与经济收益的双赢。首先，提升文化创意产业发展理念。园林绿化符合发展文化创意产业的基本要求，其中所蕴涵的生态理念和环保理念，本身就是文化的突出价值。在构建和谐社会的国家战略中，统筹城乡、统筹人与自然协调发展是其重要内容，而园林艺术强调的"天人合一、师法自然"的核心价值理念与之不谋而合，深入人心。在继承的基础上如何自主地创中国风景园林之新，使之与时俱进并持续发展，应该是园林绿化深层次的功能和要求。其次，拓展文化创意产业发展空间。加快城乡生态建设，创造城市优美环境，是提升城市对外形象、优化投资环境的现实需要，也是城市现代化的重要标志。园林绿化是提升城市形象和提高城市品位的基本条件，只有加快城市建设和绿化美化建设，全面提升城乡环境的容量和质量，营造优良的人居环境，才能吸引更多的人流和企业到北京投资兴业，发展文化创意产业。再次，加快文化创意产业发展步伐。应该说，园林绿化管理的资源最绿色，营造的环境最宜居，发展的产业最生态，产生的效益最低碳，在壮大观光旅游、刺激娱乐消费、促进商业餐饮、带动地产增值、繁荣城乡市场、拓展就业渠道等方面发挥着重要作用，是促进首都服务业发展的重要基础，也是发展旅游经济和都市型现代农业、提升人民生活品质的重要动力引擎。据不完全统计，到 2009 年，北京市园林绿化系统第三产业已实现总产值达 120 多亿元，其中各大公园和森林旅游的产值 70 多亿元。如算上全市其他各类与园林绿化有关的经济社会发展活动，园林绿化所发挥的直接和间接效益将是难以估量的。按照建设世界城市的标准进一步释放园林绿化资源的多种功能，有助于进一步提高首都第三产业尤其是旅游产业的综合影响力、竞争力、辐射力和控制力。

三、在区域生态建设中具有关键地位

北京作为中国的首都，是全国的政治、文化和国际交往中心，是一座拥有 3000 多年建城史和 850 多年建都史的世界历史文化名城，是一个充满了东方神韵与时代风采的现代化国际大都市。北京傍山面海，腹地辽阔，自然条件优越，地理位置极为重要。北京在环渤海经济圈中居于首要位置。环渤海经济圈是保证我国政治和经济稳定的核心地区，现已成为我国经济发展的第三大增长极。环渤海经济圈不仅是"三北"地区发展的引擎，更是东北亚地区国际经济合作的前沿。环渤海经济圈要大发展，需要区域内的多座城市携手推动。同时，北京在京津冀经济圈中位于核心位置。京津冀经济圈是我国北方经济密集度和投资强度最高、交通网络最发达的地区之一。在环渤海经济圈特别是京津冀都市圈的发展，包括区域生态环境建设中，北京都起着举足轻重的辐射、示范、引领、带动作用，是推动环京生态一体化建设的核心城市、领军城市和协调城市。

（一）本地生态建设的主体

北京园林绿化建设不仅是京津风沙源治理工程和国家有关首都生态圈建设的重要组成部分，同时还是以北京为中心城市，包括辽东半岛、山东半岛、京津冀在内的环渤海经济圈生态环境建设的重要内容。因此，北京园林绿化建设在改善区域生态环境中的使命重大，地位关键。

构筑平原绿色生态网络，优化生态系统功能。通过水系林网、农田林网和道路林网建设，可以形成绿色廊道，构建网状生态系统，为动植物迁移和传播提供有效通道，提高生态系统服务功能。加强第二道隔离地区生态屏障建设，不仅可以起到沟通中心城与外围绿色空间的联系，还可以起到城市扩张缓冲带的作用，从而防止城市用地扩张，提高环境承载力。

强化山区生态屏障建设，提升生态服务价值。依托"三北"防护林体系，可以加快燕山地区水源保护林和太行山地区水土保持林建设，形成防御首都风沙入侵的生态屏障。通过实施荒山绿化和森林健康经营工程，可以大力推进岩石裸露地区植被恢复，提高森林资源质量，充分发挥森林在涵养水源、净化水质、减少水土流失等方面的重要功能；通过加强废弃矿山生态修复和环境治理，严格控制浅山区开发建设，可以推动退化生态景观恢复，不断提升山区的生态服务价值。

加强野生动植物资源保护，保护生物多样性。园林绿化是保护自然资源、保护生物多样性的物质载体，而丰富的生物多样性是城市乃至人类赖以生存的基础。生物多样性还有美学价值，可以陶冶人们的情操，美化人们的生活。园林绿化中的林地、绿地、湿地等能为野生生物提供生境，而野生生物之间具有相互依存和相互制约的关系，它们共同维系着生态系统的结构和功能。野生生物的多样性一旦破坏了，生态系统的稳定性就要遭到破坏，人类的生存环境也就要受到影响。城市化快速扩张和生境退化是造成北京区域生物多样性减少的重要原因。通过与周边环京省市合作，大力加强对北京自然保护区、湿地资源的规划、建设和管理，可以有效保护生物多样性，降低物种受威胁程度，为野生动植物提供良好的生境和栖息地，恢复退化生境，改善生态环境的质量。

(二)区域生态合作的主力

推进森林资源保护合作，联手打造环京绿圈。近些年，为促进京津冀都市圈的一体化发展，北京每年都要与环京省市尤其是河北省启动实施一批经济社会发展包括生态建设合作项目。特别是在张家口、承德等地区先后实施了生态水源保护林建设、森林防火基础设施建设和林木有害生物联防联控项目，京津冀联手构筑绿色生态屏障，有力推动了区域合作，保障了首都森林资源安全。实践证明，北京的发展离不开全国人民的支持，离不开周边兄弟省市的合作。尤其是在生态建设方面，资源有界、安全无界，区域有界、发展无界，北京作为国家的首都，理应在环京生态一体化建设方面承担起更大的责任，充分发挥好引领、示范和带动作用。

由于受人口快速增长、工业发展和脆弱生态区位等因素影响，风沙危害已成为严重的区域生态环境问题，并成为制约北京可持续发展的突出问题之一。园林绿化在防风固沙，推动区域生态环境合作中具有重要地位。

遏制土地沙化。根据相关报道，北京周边山区过度旅游开发加速草原沙化，北京附近的沙漠以每年 3.5km 的速度向南推进，使城市生态系统遭受破坏的威胁，并严重影响城乡居民的生活质量。经过多年治理，北京市沙化土地逐渐减少。但近年来，北京受沙尘天气影响仍旧严重，沙尘天气成因复杂，北京沙尘(暴)天气的兴衰既与大气环流变化和气候波动有关，也与周边地区人类经济活动对自然环境的压力密切相关。根据 2009 年北京市第四次土地荒漠化和沙化监测结果，北京沙化土地分布广，沙尘危害较严重。据统计，导致北京近年风沙天气的沙尘源，有 80% 来自外地，20% 属于就地起沙。为此，加强区域合作，联合治沙十分必要。植被建设是生态改善的基础，植被保护是生态建设长远发展的需要。通过加强与环京地区和华北五省市的生态合作，大力推进以园林绿化为主的生态建设，启动实施一批重点防沙治沙工程，能够保护和拯救现有天然荒漠植被和绿洲，有效减少水土流失，遏制沙漠化土地扩展。

抑制扬尘污染。降尘是在春季和冬季对北京环境最大的环境因素，直接影响了居民的生活质量。北京的降尘可以从标本两方面入手。治本则尽量减少扬尘面积，治标则尽量扩大有滞尘作用的植被的面积。但由于受华北平原大气候和北京城区小气候的影响，治本的作用是有一定限度的。因此，通过改善绿化生态环境，改变城区小气候和滞尘条件是一个非常重要的方面。增加城市绿地的绿量，对地面用绿色地被进行覆盖，做到黄土不露天，可有效地杜绝二次扬尘，进一步降低大气含尘量。2001～2003 年，北京市园林科学研究所对不同绿地类型降低 PM10 的效果进行了跟踪测定。结果表明，绿化覆盖率每增加 10%，可使空气中 PM10 的含量降低 3% 左右，这一结果充分说明了园林绿化对城市大气污染具有巨大的治理作用。

四、在全国现代园林建设中具有引领地位

北京是中国区位优势最明显的城市，产业基础雄厚、资源丰富、科技创新力强、市场潜力巨大，是我国未来经济发展最活跃、最具发展潜力的区域之一，在全国具有十分明显的引领、辐射和示范作用。北京园林绿化建设是北京市经济社会发展的重要组成部分，能够充分利用首都的智力技术人才密集的资源优势，在全国现代园林建设中发挥理念引领、科技引领和文化引领作用。

(一)理念引领作用

思路决定出路，创新决定命运。园林绿化的发展建设水平怎么样，取决于多方面的条件，但是清晰的发展思路、先进的发展理念和有力的管理支撑是其重要的先决条件。在这方面，北京有得天独厚的巨大优势。

一是北京在体制机制方面发挥着引领作用。体制机制建设是园林绿化事业的坚强保障。2006 年，根据北京市委、市政府的重大决策，市园林局与首都绿化办(市林业局)合并，正式组建市园林绿化局，从而拉开了市级林业、园林、绿化资源城乡统筹发展的序幕；2009 年全市又进一步理顺了区县一级的园林绿化管理体制，16 个区县全部成立了园林绿化局。这一重大改革，使北京在全国率先实现了省级绿化资源城乡统筹。尽管对这一改革众说纷纭，但我们不得不承认，从国家推进城乡统筹、科学发展、以人为本的大背景来看，这一体制确实具有很大优势，有利于城市林业生态建设与城市园林绿化建设互相借鉴、优势互补、共同提高，有利于城乡人民共建绿色家园、共享绿化成果。目前，全国先后有上海、成都、广州等市也先后进行了改革。再如，北京为积极应对气候变化，率先在全国成立了专门的林业碳汇工作办公室，统筹负责全市的林业碳汇工作，在全国开了先河。

二是北京在改革创新方面发挥着引领作用。改革创新是园林绿化事业的力量源泉。北京作为首都，是最具创新活力、创新成果最多的城市。在园林绿化领

域，国家最权威的林业、园林大专院校、科研院所和知名专家教授云集，国际上先进的新技术、新理念、新管理在这里集中和传播，每年都产生大量的园林绿化最新创新成果。而且近些年北京市园林绿化工作在政策法规、管理服务等方面也都涌现出了大量先进成果。如在政策创新方面，先后出台了"五河十路"补偿、绿化隔离地区补偿、退耕还林等一批政策，特别是在2004年市委书记刘淇七进山区调研的基础上，出台了山区生态林管护补偿机制，每年投资2亿元，使4.6万山区农民上岗护林，实现了山区农民由"靠山吃山"向"养山就业"的转变。2009年又结合推进集体林权制度改革，提出了"均股不分山、均利不分林"的思路，并建立了山区生态效益补偿机制，对完成明晰产权工作的山区县，按照每年每亩40元标准给予生态效益补偿，每5年调整一次。这一政策的实行，必将极大地调动广大农民造林、营林、护林的积极性。

三是北京在先进理念方面发挥着引领作用。先进理念是园林绿化事业的强大动力。北京的特殊地位，决定了它是全国的决策中心、创新中心和先进理念的传播中心。国家对林业和园林绿化建设的一系列重大决策部署从这里发出，国际上先进的发展理念和管理经验这里可以先行先试。如在发展思路方面，北京结合城乡统筹发展的实际，提出了"大园林、大绿化、大产业、新水平"的理念，提出了树立"世界眼光、国际标准、全国一流、首都特色"的目标，提出了建设高标准生态、高水平安全、高效益产业、高品位文化、高效率服务五大体系的任务等，并在工作中积累总结了从规划设计、建设施工到养护管理、部门协调等各方面的丰富经验。再如在对外交流合作方面，近些年北京市园林绿化部门大力加强与有关国家和国际组织的合作，先后引进了近自然经营、森林健康经营、低碳林业等一批先进的发展理念和成熟技术，有力提升了首都园林绿化事业的国际化、现代化水平。

（二）科技引领作用

北京园林绿化在科技方面的引领作用，按领域而言，除林业生态建设之外，更多、更集中、更直观地体现在都市园林的设计理念和设计手法上，这是它最大的优势。北京古典园林一般以自然山水作为景观构图的主题，建筑只为观赏风景和点缀风景而设置。园林建筑是人工因素，它与自然因素之间似有对立的一面，但如果处理得当，也可统一起来，可以在自然环境中增添情趣，增添生活气息。园林建筑只是整体环境中的一个协调、有机的组成部分，它的责任只能是突出自然的美，增添自然环境的美。这种自然美和人工美的高度统一，正是中国人在园林艺术上不断追求的境界。

一是北京园林内涵博大精深。园林建筑是与园林环境及自然景致充分结合的建筑，它可以最大限度地利用自然地形及环境的有利条件。任何建筑设计时都应考虑环境，而园林建筑更甚，建筑在环境中的比重及分量应按环境构图要求权衡确定，环境是建筑创作的出发点。在北京园林中为满足可行、可观、可居、可游的要求，需配置相应的廊、亭、堂、榭、阁等建筑。从北京园林建筑发展史来看，园林中建筑密度越来越高，生活居住气息越来越浓。当然建筑也不纯粹作为居民的生活需要来设置，它本身也是供人欣赏的景物之组成部分，融合在园林的自然景色中。自然景色若有人工建筑做适当的点缀，可现出神采而富有魅力，为景观添色。北京园林建筑与环境的结合体现因地制宜，力求与基址的地形、地势、地貌结合，做到总体布局上依形就势，并充分利用自然地形、地貌。

二是北京园林设计布局精妙。北京园林建筑体体量宁小毋大。因为自然山水中，山水为主，建筑是从。与大自然相比，建筑物的相对体量和绝对尺度以及景物构成上所占的比重都是很小的。北京园林建筑在平面布局与空间处理上都力求活泼，富于变化。设计中推敲园林建筑的空间序列和组织好观景路线格外突出。建筑的内外空间交汇地带，常常是最能吸引人的地方，也常是人感情转移的地方。虚与实、明与暗、人工与自然的相互转移、依次过度空间等特点非常明显。

三是北京园林科技优势突出。北京是全国智力资源聚集地，具有极其丰富的科研资源、完善的科技基础设施，能够为现代园林建设提供优质的科技支撑。北京完全有条件加强与首都著名高校、科研院所、科技创业园区等优势力量的横向联合与交流，在基础研究、科技攻关、成果转化等方面实现优势互补。同时，可以引进、消化和吸收国际现代园林科技，率先在全国范围内建立先进的园林绿化科技创新体系，充分发挥园林绿化科技在新兴领域、重要方向上的引领作用，在发展建设全过程、全方位的支撑作用，在重大关键技术、重点难点问题上的突破作用，在产业结构调整、新兴产业培育中的带动作用，从而对全国现代园林建设起到科技引领作用。

（三）文化引领作用

北京作为全国的文化中心，文化事业繁荣发达是它的先天优势。生态文化作为其重要组成部分，近些年越来越引起市委、市政府的高度关注和重视。凭借特殊的区位条件、丰富的生态资源、深厚的文化底蕴，北京完全有条件建成生态文化之都、东方园林之都，在全国甚至世界起到引领和示范作用。

一是引导市民休闲生活方式的健康趋向。长期居住在现代化高密度、高层建筑区，成天被钢筋水泥所包围和困扰的现代都市人群，有着强烈的"与自然和谐"的心理愿望和"回归自然"的野趣追求。而园林绿化就为他们创造了一个可以放飞心情的广阔舞台，他们可以通过走进公园、走进森林、拥抱自然、拥抱绿色等多种方式，去亲身体验生态文化的无穷魅力，缓解紧张工作带来的精神压力和抑郁，提高身体素质和生活质量，得到回归自然的精神享受。

园林绿地不同于单一的林地，除了发挥生态功能、改善人居环境外，还配有游憩设施，方便人们在其中进行休闲、健身等活动，具有服务和游憩的功能。它能够适应居民的出行游憩需求，满足广大居民的日常生活需要，充分提高市民的生活质量。特别是通过推进"森林进城、园林下乡"，合理规划绿地系统，大力推进集中公共绿地建设，完善游憩设施，塑造开放空间，构建城市健康游憩体系，可以使更多的城乡人民特别是农民、社会低收入者、外来务工人员等进入公园康体休闲，充分体现"以人为本、共建共享"和人与自然和谐相处的发展理念。

通过精心建设和免费开放各级城市公园，可以为城乡居民提供更加优质的服务，使市民方便地享受到绿化成果。公园、风景区、森林公园等通过人性化的措施改造游憩设施，尤其是无障碍设施改造升级后，可为残障人士、老年人、儿童等弱势群体提供更好的游憩服务，能够切实提高他们的生活质量。通过连接城乡的绿色道路建设，遍布整个市域的综合公园，完善绿色空间网络体系，能够为城乡居民提供游憩保障，提供遮荫减少夏季的暴晒，从而方便市民出行，提供一种回归自然的健康生活方式。

二是满足老龄化社会发展的需要。随着社会的发展，北京已经逐渐进入老龄化社会。截至 2006 年年底，北京市户籍总人口为 1197.6 万人。其中 60 岁及以上的老年人口为 202.4 万人，占总人口的 16.9%；65 岁及以上的老年人口为 152.9 万人，占总人口的 12.8%；80 岁及以上的老年人口为 25.8 万人，占总人口的 2.2%。近几年来这个数字肯定还要迅速增加。为满足如此数量的老年人的需求，大力加快公园绿地建设，为北京市的老年人提供老有所乐的健身休闲场所，是尊老敬老、构建和谐社会的保证，同时也是体现社会主义优越性的重要举措。在这方面，园林绿化建设的发展潜力很大，发展功能日益丰富。

三是提升大众休闲娱乐的品位。北京近年来旅游接待游客数量在城近郊 6 区县基本上处于比较稳定状态，上升十分缓慢，而相反，远郊区县的旅游接待人数却逐年稳步上升。这与他们的旅游客源有密切关系。城近郊区的主要旅游客源为外地游客，而远郊区县则主要为北京市民。这充分表明了城市居民旅游休闲的内容发生深刻变化，居民的旅游兴趣正在向亲近自然山水发展。郊区具有得天独厚的自然资源和优美的环境。通过在郊区实施园林绿化建设，可以最大限度地充分利用这种纯天然、无污染或少污染的生态环境，吸引城市居民观光旅游、放松心情。同时，通过城市旅游业向农业延伸，大力开发观光采摘、休闲旅游、森林疗养等旅游项目，可以有效提高都市居民休闲生活的意境和档次，不断改善投资环境，使农村成为"设施城市化、村庄景点化、生产园艺化、田园园林化"的都市生态园，从而推动社会主义新农村建设。

四是传播北京园林绿化的价值观。作为首都，北京是一座拥有 3000 多年建城史和 850 年建都史的历史文化名城，是一个充满了东方神韵与现代风采的国际化大都市。同时，北京拥有许多历史久远、文化深厚、气势辉煌的皇家园林，以及代表东方文化、体现世界和谐的现代园林。因此，从某种意义上讲，文化是园林建设的灵魂，园林是文化的载体，二者相互依存。当园林建设发展到最高境界，园林本身就是文化。北京园林绿化建设完全有条件将其文化软实力与传统园林和现代园林完美结合起来，坚持以城市为载体，以文化为引领，对外大力传播自己独特的生态价值观和园林审美观，着力打造园林文化名城，提升首都的文化竞争力和影响力。

第四节　园林绿化建设的成就与经验

经过多年的建设和发展，北京市园林绿化取得了举世瞩目的成就。特别是"十一五"以来，以北京市园林绿化局（首都绿化办）正式组建为标志，首都园林绿化事业开创了城乡统筹大发展的新篇章，实现了新的历史性跨越。

一、主要成就

"十一五"时期，北京园林绿化系统紧紧围绕"办绿色奥运、创生态城市、迎六十大庆、建绿色北京"的目标，在改革中起步、在实践中探索、在发展中前进、在创新中突破，不断创新体制机制，完善惠民政策，明确发展思路，全面推进生态、产业、安全、文化、服务五大体系建设，启动实施了一大批绿化美化和生态建设工程，全面兑现了奥运绿化7项承诺指标，圆满完成了奥运会、建国60周年城市环境布置和奥运会服务接待、国庆游园活动服务保障任务，加大了历史名园保护和环境景观建设力度，成功举办了一届"高水平，有特色"的中国花卉博览会，呈现出大工程带动、大投入驱动、大手笔拉动、大力度推动的良好态势，打造了一批世纪精品，形成了一批绿色典范，首都园林绿化事业实现了新的历史性跨越。全市森林覆盖率由35.47%提高到37%，林木绿化率由50.5%提高到53.64%；城市绿化覆盖率由42%提高到45%，人均公共绿地由12.66m² 提高到15m²（见图2-1）。

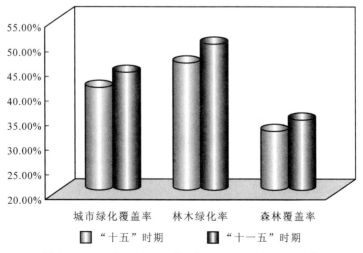

图2-1　"十五"、"十一五"时期园林绿化主要指标变化

（一）盛事庆典铸就绿色丰碑

园林绿化作为"绿色奥运"最直接、最添彩的元素，在奥运期间为首都描绘出色彩斑斓、气势恢弘的瑰丽画卷，带给各国友人以强烈的心灵震撼，实现了"高水平、有特色"的目标，真正做到了使国际社会满意、使各国运动员满意、使人民群众满意，得到了国内外的广泛赞誉和高度评价；随后进行的"建国六十周年大庆"和第七届中国花卉博览会活动又将园林绿化建设推向了新的高度。奥运盛事和六十庆典，使首都园林绿化在发展建设史上树立了新的绿色丰碑。

一是高标准完成奥运绿化美化环境保障任务。完成了奥运场馆及相关配套的150多项奥运绿化重点工程任务，完成绿化面积 1026hm²，栽植乔木 39 万余株，灌木 210 万株，地被 460 余 hm²。完成 680hm² 奥林匹克森林公园绿化建设任务。完成奥运会 31 个比赛场馆和 45 个训练场馆红线内现状和规划绿地的绿化建设和改造。完成从奥运村到比赛训练场馆的 40 余条道路所属绿地及外围绿地的建设和改造提高工作。以奥林匹克森林公园、奥林匹克中心区、民族大道、北二环等为代表的一大批精品绿化工程成为新时期首都园林绿化建设的重要典范。

二是高品位做好奥运服务保障。为营造和谐优美的城市环境，规划实施了"两区花港、三线花廊、五环花带、六类花境、百座花园"的赛时花卉布局，在天安门广场、奥林匹克公园中心区、奥运场馆周边、主要联络线和重要节点共栽摆 4600 余万株（盆）鲜花扮靓京城，喜迎奥运。奥运期间，全市各类公园、风景名胜区共接待涉奥人员 4 万人次、外国政要 300 人次、游人 1300 万人次，充分展示了北京厚重的文化底蕴和蓬勃向上的古都风貌。

三是高水平完成了国庆庆典景观布置和服务保障工作。精心制定实施了"广场敬献花篮、轴线立体装扮、节点花岛呈现、环线花带成链、绿地鲜花不断、社区芬芳吐艳、七博花海成片、千园添彩无限"的花卉布置格局，在"一区"、"一线"、"一轴"、"一中心"和城市重要景观节点、主要联络线共建设立体花坛 260 多处，栽摆 4000 余万株（盆）鲜花。建设和改造长安街沿线绿地 4 万多平方米，使十里长街景观环境全面提升。规划实施了"十方乐奏、百园展示、千园添彩"的国庆游园活动，全市各类公园共接待游人达 1308 万人次，营造了隆重热烈、喜庆祥和的节日氛围。

四是高质量举办第七届中国花卉博览会。在市委、市政府的正确领导下，在各省市区积极参与和市有关部门、区县的通力配合下，北京成功举办了一届"高水平、有特点"的花卉博览会（顺义展区）。本届花博会吸引了来自 30 个国家的104 家知名花卉企业；全国 31 个省市区、港澳台地区以及深圳市组团参展；参展单位共 3398 家，展出展品 37.4 万件，展品数量、展品质量、参展单位均属历届之最。首次组织市 11 个区县参展，奉献了各具特色的花卉精品。花博会举办 10天，共接待观众 180 万人次，成为盛况空前的一次国际性花事盛会，突破了历届花博会之最，受到社会各界的广泛赞誉。

（二）生态建设实现历史突破

首都生态建设坚持以大工程带动大发展，先后实施了国家三北防护林、太行山绿化、京津风沙源治理工程和城市公园绿地、重点绿色通道、两道绿隔建设、郊野公园、新城万亩滨河森林公园、废弃矿山生态恢复等 10 余项重点建设工程，取得了历史性的突破。

一是城乡绿化美化水平显著提升。城市园林绿化对改善城市景观环境、提升城市品位、提高市民工作生活质量具有重要作用。城市绿化建设紧密结合城市建设、环境整治、城中村改造、代征绿地建设和历史文化街区保护等工作，不断加大资金投入和建设力度，加快大型公园绿地建设，取得了显著成效。全市共新建大型公园绿地 100 余处、1700 余公顷，涌现出仰山休闲公园、老山城市休闲公园、金源娱乐园、东南二环护城河休闲公园等一大批精品公园绿地。11 个新城滨河森林公园建设全面推进，通州一期率先开园，大兴南海子郊野公园一期建成开园，永定河生态走廊"五园一带"建设全面启动。为缓解城市热岛效应，累计完成 860 余条道路绿化，500 余个老旧小区绿化改造，建设绿荫停车场 52 处，实施屋顶绿化 50 万 m^2。10 个远郊区县全部建成园林卫星城，北京市被原建设部评为第一批国家园林城市，并于 2009 年顺利通过复查。目前全市基本建成了以城市公园、公共绿地、道路水系绿化带以及单位和居住区绿地为主，点、线、面、带、环相结合的城市绿地系统，形成了乔灌结合、花草并举，三季有花、四季常青，错落有致、景观优美的城市环境。

二是绿色生态屏障初步建成。2000 年市政府决定建设城市绿化隔离地区、平原、山区 3 道绿色生态屏障，经过多年的努力，目前 3 道生态屏障基本建成，呈现出城市青山环抱、市区森林环绕、郊区绿海田园的优美景观，在改善环境、美化空间、净化空气、聚碳释氧、防尘降噪、涵养水源、防风固沙、缓解城市热岛效应等方面发挥了巨大作用（见彩图 2）。第一道城市绿化隔离地区生态屏障 156 km^2，累计完成绿化面积 12808 hm^2，栽植各类苗木 52.47 万株，并按照"一环、六区、百园"的思路，全面启动了城市绿化隔离地区郊野公园环建设工程，到 2010 年全市累计新建郊野公园 42 处，面积达 2607 hm^2，使第一道绿化隔离地区公园数已经累计达到 71 处，并全部免费开放，使广大市民直接享受到了绿化建设成果。第二道绿化隔离地区规划 163 km^2 已完成，栽植各类苗木 572 万株。

以"五河十路"为主体的平原绿色生态屏障建设工程基本完成，共实现绿化面积 2.57 万 hm^2。市、区（县）级公路、河道绿化长度达到 1100 km，京津高速、京平高速、京包高速、西六环等 11 条重点通道实现绿化 400.37 km、4252.23 hm^2，平原地区形成了以绿色生态走廊为骨架，点、线、面、带、网、片相结合，色彩浓重、气势浑厚的高标准防护林体系。

山区生态屏障建设步伐明显加快。京津风沙源治理、太行山绿化、"三北"防护林等重点工程全面推进，以营造水源保护林和水土保持林为重点，飞、封、造并举，郊区新增造林面积 4.5 万 hm²，累计栽植各类苗木 1 亿株，完成废弃矿山生态修复 3580hm²，山区林地面积达到 90.71 万 hm²，林木覆盖率达到 70.49%，90% 以上的宜林荒山实现了绿化。实施彩叶树种造林工程，营造彩叶林 5333.3hm²。开展森林健康经营，完成中幼林抚育 9.3 万 hm²。启动实施了京冀生态水源保护林建设合作项目，完成造林 5333.3hm²，栽植各类苗木 800 余万株，形成了林木葱翠、绿绕京城的多层次、多色彩、多品种的 3 道绿色生态屏障。

三是新农村绿化美化扎实推进。"创绿色家园，建富裕新村"和"城乡手拉手、共建新农村"等创建活动取得明显成效。47 个中央单位、201 个市属单位、597 个区属单位和 56 个驻京部队与 682 个村结成对子，积极支持新农村绿化和产业发展。各区县创建园林小城镇 38 个、首都绿色村庄 260 个。实施新农村五项基础设施建设工程，累计完成了 3500 个村的绿化美化，新增绿化面积 4000 万 m²。

四是义务植树活动成绩斐然。每年义务植树日，胡锦涛等党和国家领导人都要以身作则，率先垂范，与首都各界群众一起参加义务植树劳动。全国人大、全国政协领导，驻京解放军、武警部队的 100 多位将军，中直机关、中央国家机关的 100 多位部长，市级四套班子的领导都带头参加首都义务植树劳动。2006 年以来，全市共组织 1600 万人次参加义务植树活动，义务植树 2600 万株，抚育树木 3040 万株，栽植纪念林 636.5hm²；首都地区各单位一手抓庭院绿化，一手抓郊区义务植树，累计创建首都绿化美化花园式单位 1397 个、花园式街道办事处 13 个、花园式社区 67 个。

(三)绿色产业促进就业增收

推进园林绿化建设的根本出发点和落脚点在于兴绿富民。大力发展唯一性、特色性、功能性绿色林产品，推动绿色产业从数量规模型向质量效益型、从一般大路型向唯一特色型、从粗放管理型向集约经营型转变，与二、三产业更紧密融合。

一是果品产业结构不断优化。2009 年全市果品产量达到 9.78 亿 kg，较 2005 年增长了 1.51%；30 万户果农户均果品收入首次突破万元，达到 10648.8 元，较 2005 年(3471.8 元)增长了 48%。大力引进名特优新品种，平谷的大桃、昌平的苹果、怀柔密云的板栗、大兴的梨、房山的柿子等五大特色果品产业基地基本建成。通过举办"百万市民观光采摘"、"春华秋实"等特色果品文化节活动，不断提高了产品附加值，共建成各类主题园、采摘园 600 余处、49 万亩，年接待观光采摘游人已达到 500 万人次，取得了显著的经济、社会效益。

二是花卉种苗蜂产业迅速壮大。以成功举办第七届中国花卉博览会为契机，全市花卉产业发展迅速，年总产值达到 50 多亿元，带动 100 多万人就业。目前全市花卉生产面积达 4700 hm²，年销售收入超过 14 亿元，分别比"十五"末增长了 51.4% 和 93%；花卉消费额达到 100 亿元，较"十五"末增长了 92.7%，北京已成为全国三大花卉消费中心之一。其中智能温室面积达到 114 万 m²，是 2005 年底的 2.4 倍，全市从事生产经营的企业 5000 余家，花卉园艺中心等新型市场业态悄然兴起，花卉市场交易额达到 100 亿元。

全市苗木生产面积发展到 9800hm²，苗圃数量由 1775 个优化到 1103 个，国家级无检疫对象苗圃 12 个，市级无检疫对象苗圃 35 个，优质苗木年生产能力达到 2.43 亿株，优良穗条能力达到 700 万条(根)，累计出圃 1.996 亿株，重点工程苗木良种使用率达到 97% 以上；全市优质特色种苗和乡土植物大量繁育，通过审定的良种数量达到 117 个。全市蜜蜂饲养量由 2005 年的 17.5 万群增加到 26 万群，比"十五"增长 45.5%，年加工销售产值达 10.7 亿元，出口创汇超过 1000 万美元。

三是林下经济蓬勃发展。大力推广林菌、林禽、林药、林花、林桑、林草、林粮、林蔬、林瓜、林油等 10 种林下经济建设模式，累计达到 1.27 万 hm²，带动农民就业 8 万户、24 万人，为郊区农民年增收 13 亿元。

(四)科学防控确保生态安全

资源安全是生态安全的根本。近年来北京市大力加强园林绿化"三防"能力建设，森林防火、林木有害生物防治和森林湿地资源保护水平大幅度增强，初步形成了科学防控、高效处置的良好格局。

一是全力提升森林火灾综合防控能力。完善了航空护林、省市联防、长效保障和生态管护"四个机制"，大力加强预警监测、应急通讯、消防队伍和机具装备"四项建设"。《北京市森林防火基础设施建设总体规划(2007~2010 年)》得到市政府正式批复。全市专业队伍达到 104 支、2800 人，防火瞭望塔达到 143 座、视频监测设施 54 套、林火气象站总数达到 21 座。目前，全市瞭望监测范围已达到 60%，视频监测覆盖率达到 43%，森林防火通信覆盖率达到 70%，基本达到"发生火情，30 分钟赶到火场"的要求，为森林火灾的科学防控和高效处置提供了有力保障。

二是大力加强以美国白蛾为重点的危险性林木有害生物防控工作。全市各级监测测报点已达到 2341 个，全面实现了对主要林木有害生物发生情况的动态监测。全市林木有害生物无公害防治率和种苗产地检疫率分别达到了 100%，测报准确率达到了 99.75%，成灾率仅为 0.03‰。生物防治和无公害防治率达到 95%，防控有效率达到 99% 以上，保障了首都森林资源的安全。

三是森林资源保护工作成效明显。进一步严格林政资源管理，征占用林地和树木伐移管理程序更加规范。通过优化重点工程方案审核，"十一五"期间全市累计减少占用林地265.2hm²，减少移伐林木31.15万株，有效保护了林地资源。全市对4万多株古树名木进行了GPS定位，实施了统一核查挂牌，并制定了详细复壮计划。加强自然保护区和湿地的建设管理，全市共建立自然保护区20个（2个国家级），总面积13.42万hm²；恢复建设了野鸭湖、汉石桥、拒马河、怀沙怀九河和金牛湖、白河堡水库等6个湿地自然保护区（市级4个，县级2个），总面积2.1万hm²。

（五）科技文化增强发展活力

科技进步是园林绿化的强大支撑，共建共享是园林绿化的根本目的。近年来，北京市坚持科技兴绿的指导思想，把科技创新贯穿于园林绿化规划、建设、管理的全过程，以满足人们的生态、物质和精神文化需求为导向，坚持以人为本、共建共享，着力繁荣生态文化、发展绿色产业、提升城市品质、激发社会活力、服务民生福祉，取得了显著成效。

一是科技支撑力度不断加大。按照《北京市园林绿化科技中长期规划（2009~2020年）》，充分借助首都大专院校、科研院所众多的优势，加大对宜居城市、湿地管理、森林健康和林业碳汇经营等对首都生态环境建设有重大影响的基础课题研究，园林绿化重大科技攻关取得新进展。"十一五"期间累计完成国家级、市级科技成果转化和集成推广项目113项，制定完善城市绿地养护费用定额、森林生态系统监测指标和古树名木评价、奥运用花等北京市园林绿化地方标准72项。通过大力开展技术培训，提高科技服务水平，使新成果、新技术、新品种、新材料在园林绿化建设中得到应用。与美国、英国、德国、日本等17个国家和世界自然基金会等3个国际组织开展了22个项目的合作，与50多个国家和地区、1300多人次进行了交流，在森林认证、森林健康经营、森林近自然经营、林业碳汇、生物质能源等新理念、新模式、新技术的引进与应用方面取得了可喜的进展。

二是生态文化建设扎实推进。深入挖掘北京市园林绿化资源的优势，着力打造具有首都特色的生态园林文化体系。第一，大力发展都市园林文化。加强文化遗产保护，整合文化资源，办好文化活动，优化文化陈展，以市属公园为代表的一大批历史名园得到有效保护，大幅度提升了首都园林文化内涵和品质。第二，大力发展山野森林文化。以林场、苗圃、果园、湿地、自然保护区和各类绿色产业基地为载体，大力加强了民俗旅游文化园、果品观光采摘园、观花赏花休闲园等一批主题文化公园建设，推出了"两节一展"等花事活动，深入挖掘郊野田园文化、游园休闲文化、森林康体文化的内涵，培育果品采摘、休闲游憩、森林旅游、花卉博览等森林文化产业，促进了生态文化与绿色产业的有机结合和良性发展，取得显著的经济社会效益和生态效益。第三，大力发展生态科普文化。不断创新宣传形式，拓展宣传途径，开展了林业碳汇、科普教育、防沙治沙、野生动植物保护等一系列大型宣传教育活动，大力普及园林绿化知识和生态文明理念，引导全社会牢固树立生态道德观、生态价值观和生态消费观，不断增强了广大市民的生态意识、环境意识。

（六）改革创新夯实管理基础

围绕建设服务型政府，不断建立健全以管理、执法和服务为主的园林绿化行政管理机制，推动首都园林绿化从微观管理向宏观指导、从行政审批向行业监管、从事务管理向公共服务转变，在改革创新、政策法规、规划管理和公共服务等方面取得明显进展。

一是体制机制创新取得重大突破。2006 年 3 月，北京市委、市政府决定将原北京市园林局和首都绿化委员会办公室（北京市林业局）合并，组建北京市园林绿化局（首都绿化办），统筹管理城乡绿化资源。几年来的实践证明，这一决策对推动首都园林绿化高速发展发挥了重大作用。2009 年以政府机构改革为契机，又全面理顺了 18 区县园林绿化管理体制，使北京在全国率先形成了绿化资源城乡统筹的发展格局。

二是规划管理工作更加规范。坚持规划建绿，不断健全完善园林绿化发展规划体系，编制完成了一批专项规划和事业发展规划。《北京市绿地系统规划》、《森林防火基础设施建设规划》和《北京市"十一五"防沙治沙规划》、《北京市林木种苗"十一五"发展规划》获市政府批准。全市《林地保护利用规划》和《森林经营方案》编制工作扎实推进；《八达岭—十三陵国家级风景名胜区总体规划》已由市政府上报国务院；石花洞风景名胜区详细规划编制工作正式启动。

三是政策法规体系不断完善。"十一五"期间促成市政府颁布实施了《北京市实施〈中华人民共和国种子法〉办法》、《北京市林业植物检疫办法》、《北京市重点保护陆生野生动物造成损失补偿办法》等重要法规规章。特别是经过不懈努力，《北京市绿化条例》颁布实施。

四是深入推动集体林权制度改革。围绕落实中央林业工作会议精神，市委、市政府颁发了《关于推进集体林权制度改革的意见》，并于 2009 年召开了全市林业工作会议，对全市集体林权制度改革工作进行了全面部署。出台了《北京市集体林权制度改革工作指导方案》，在 12 个郊区县确定了 22 个改革试点乡镇。在总结推广试点经验的基础上，全市集体林权制度改革已全面铺开，将于 2011 年基本完成主体改革任务。

五是理顺了园林绿化管理服务机制。高效推进扩大内需重大项目绿色通道审批工作，进一步完善了重大项目统筹协调、联审联批机制，缩短了审批流程和办理时间，有效降低了行政成本，提高了服务水平和行政效能。结合全市分税制财政管理体制改革，大力加强园林绿化资金监管，严格规范资金使用程序，把财务监督贯穿于财务收支活动的全过程；建立了市与区县的协调沟通机制，确保了重点绿化工程财政转移支付资金落实到位。

二、基本经验

在总结回顾首都园林绿化事业实现新的历史跨越所取得成绩的基础上，我们将取得的成功经验主要归结为以下几点。

（一）坚持与时俱进、改革创新，明晰发展思路

按照新形势、新任务、新体制的要求，坚持把首都园林绿化放到建设生态文明、构建首善之区的大局中去思考，放到实施"新北京、新奥运"战略构想的全局中去谋划，放到以世界城市标准建设"人文北京、科技北京、绿色北京"的高度去推动。以改革的思路、创新的精神、开放的眼光、务实的作风，不断深化了对首都园林绿化发展规律的认识。科学提出了"一二三四五"的发展思路，即实施精品战略，统筹城乡发展和区域发展两大领域，坚持"规划建绿、科技兴绿、依法治绿"三个原则，树立"大园林、大绿化、大产业、新水平"四大理念，构建高标准生态、高水平安全、高效益产业、高品位文化和高效率服务五大体系，有力推动了首都园林绿化事业持续健康发展。结合市委、市政府提出的全面实施"人文北京、科技北京、绿色北京"发展战略，加快建设世界城市的新目标，北京市园林绿化系统在科学分析和把握形势的基础上，进一步深刻把握园林绿化的政治服务性、社会公益性、文化游憩性和高端消费性特征，做到大背景站位，拓展功能，主动发展；大视野谋划，瞄准一流、跨越发展；大生态统筹，科学规划，协调发展；大服务尽责，以人为本、和谐发展；大格局推动，共建共享，统筹发展，努力形成与世界城市建设相适应的人与自然和谐发展、城乡一体统筹推进、全民参与共建共享、管理服务优质高效的发展格局，从而使全市园林绿化工作更加符合首都发展实际。

（二）坚持科学发展、创建精品，提高发展质量

首都园林绿化在发展理念上，明确提出要大力实施精品战略，把握"世界眼光、国际标准、全国一流、首都特色"的要求，坚持"依靠科技、优化结构、注重景观、突出特色、以人为本、共建共享"的原则，加快实现从追求景观塑造向强调生态优先、从追求以景唯美向坚持以人为本、从追求自成体系向融入城市环境、从追求人工雕琢向崇尚简约自然、从追求外延增长向强化精细管理转变，努力提高精品建设能力。在园林绿化工程规划设计和建设施工中，始终坚持世界眼光、一流标准，树立精品意识，严把设计、施工、验收等关键环节，建立了园林绿化建设管理、质量监督、协调配合等工作机制，涌现出一大批体现新时期绿化建设最高水平的典范和经得起历史检验的精品工程、亮点工程，使首都园林绿化

建设实现了跨越式发展和历史性突破。

（三）坚持城乡统筹、协同推进，转变发展理念

推进城乡统筹、促进协调发展，始终是贯穿首都园林绿化工作全过程的鲜明特点和宝贵经验。在发展理念、体制机制和建设管理等各个方面，加快转变与科学发展观要求不符合、不适应、不协调的传统发展方式，形成了城乡一体、统筹兼顾、协同推进的均等化发展格局，极大地拓展了园林绿化事业的发展空间。转变城市绿化发展理念，全力做好共同进步的文章，通过拉练观摩、互帮互助等形式，大力开展"城乡手拉手、共建新农村"创建活动，极大地促进了城市与农村的绿化建设资源整合、优势互补、共同进步，努力提高协调发展能力；转变郊区绿化发展理念，全力做好兴绿富民的文章，把绿化工作与绿色产业发展和推进社会主义新农村建设紧密结合起来，加快实现从单一功能型向都市精品型、从数量规模型向质量效益型、从粗放生产型向集约经营型、从外延建设型向内涵管理型转变，努力提高提质增效能力；转变山区生态建设发展理念，全力做好结构调整的文章，加快实现从重建设向强管理、从重规模向创精品、从重质量向出效益转变，努力提升生态涵养能力。在制定政策和做出决策时，优先考虑城市与农村、山区与平原、区县与直属、首都与周边的均衡发展；在安排资金和布置项目时，优先向生态建设的重点地区、改革发展的关键领域、基础管理的薄弱环节倾斜，不断完善以生态补偿为核心、以政策扶持为支撑、以产业发展为重点的园林绿化惠民富民机制，有力推动了城乡协调发展。

（四）坚持以人为本、惠民富民，共享发展成果

园林绿化是惠及全民的社会公益性事业。在发展中，首都园林绿化建设始终坚持以人为本、共建共享，把"发展为了人民，发展依靠人民，发展成果由人民共享"作为各项工作的根本出发点和落脚点。在发展建设上，按照"公园下乡、森林进城"的思路，以大工程带动大发展，大力推进山区、平原、绿化隔离地区三道绿色生态屏障建设，启动实施并建成了一大批生态建设工程和公园绿地，新建的大型公园绿地和郊野公园全部免费向社会公众开放；在管理服务上，深入推动集体林权制度改革，并先后制定出台了一大批惠民富民政策，使城乡人民直接享受到了绿化建设成果。特别是市属公园作为首都的文明窗口，坚持把市民和游人满意作为衡量工作成绩的标准，作为改进工作的出发点和落脚点，牢固树立"以游客为中心、以服务为宗旨"的理念，瞄准"服务奥运、面向全国、走向世界"的目标，不断提高"四个服务"能力，实现了综合管理和服务水平质的飞跃；在产业富民上，通过全面实施林业产业结构调整、提质增效工程，全市果品、花卉、种苗、蜂业、林下经济、森林旅游等林业产业初具规模，正在成为郊区特别是山区经济发展的重要支柱和促进农民就业增收的重要渠道，越来越多的农民依

托秀美山川实现增收致富，越来越多的市民走进碧水青山，感受自然魅力。

（五）坚持高位推动、全民参与，形成发展合力

长期以来，首都绿化美化建设始终得到各级领导的高度重视。党中央、国务院对首都的生态环境建设给予亲切关怀，中央领导同志率先垂范，坚持每年参加首都的全民义务植树活动，并多次视察指导首都生态环境建设和奥运绿化美化工作；驻京解放军、武警部队官兵和中直机关、中央国家机关的各级领导，全力支持并积极参与首都的绿化美化建设；市委、市政府领导坚持把绿化美化工作作为落实科学发展观的具体行动，作为改善区域生态环境的重要载体，始终高度重视，不断加大投入，市委、市政府领导同志多次对奥运绿化美化、林业碳汇等重点工作进行视察，并做出重要指示，为首都园林绿化事业的快速发展营造了良好环境。市政府有关部门在园林绿化项目立项、资金投入、政策扶持等方面给予大力支持；各区县党委、政府不断加大生态环境建设投入，大力推进园林绿化建设；全市各级园林绿化部门在规划、建设、管理的各个环节，不断加大与有关部门的协调配合力度，提高了协同作战能力。

（六）坚持奥运精神、务实作风，服务发展大局

伟大的事业孕育伟大的精神，伟大的精神推动伟大的事业。在首都绿化美化特别是奥运绿化建设的实践中，全市园林绿化系统广大干部职工以"迎奥运、讲文明、树新风——我参与、我奉献、我快乐"活动为载体，向世人展示了为国争光、不辱使命的爱国精神，艰苦奋斗、脚踏实地的奉献精神，精益求精、一丝不苟的敬业精神，勇攀高峰、百折不挠的创新精神，团结协作、同心协力的团队精神；充分展现了首都园林绿化工作者顾全大局、勇挑重担、求真务实、攻坚克难和争创一流的过硬作风。这"五种精神"和"五大作风"，是确保出色完成奥运绿化美化服务保障工作的强大精神支撑，也是推动今后一个时期首都园林绿化事业又好又快发展的强大精神动力。

第五节　园林绿化发展态势分析

当前，我国正处于实现全面建设小康社会宏伟目标的关键时期，实施可持续发展战略，转变经济增长方式，建设资源节约型、环境友好型社会，将是今后一个时期经济社会发展的主旋律。首都正处于发展大提速、城乡大统筹、环境大提升的重要转折期，经济社会大环境越来越有利于园林绿化事业的发展。与此同时，人口、资源、环境矛盾加剧，资金、科技等要素供给不足，将成为北京园林绿化发展的重要限制因素。因此，北京园林绿化建设的总体形势是：机遇与挑战并存，希望与压力同在。这就需要用全局眼光和战略思维，科学审视和把握发展

态势，紧抓机遇，发挥优势，明确思路，应对挑战，努力实现北京市园林绿化的又好又快发展。

一、发展优势

作为国家首都，北京具有重要的政治地位；作为历史名城，她具有深厚的文化底蕴；作为国际化大都市，她具有雄厚的经济实力；作为国家园林城市，她具有良好的生态基础。这些都是北京园林绿化事业发展的得天独厚的优势。

（一）政治地位突出

北京是中华人民共和国的首都，是全国的政治中心、文化中心和国际交往中心，北京的园林绿化是展示首都风采、国家形象的窗口。特殊的政治地位，是北京园林绿化发展的重要优势。

长期以来，党中央、国务院十分关心首都的园林绿化建设，每年义务植树日，党和国家领导人都要以身作则，率先垂范，与首都各界群众一起参加义务植树劳动。全国人大、全国政协领导，驻京解放军、武警部队的100多位将军，中直机关、中央国家机关的100多位部长，市级四套班子的领导都带头参加首都义务植树劳动。自2006年以来，全市共有1600多万人次参加义务植树活动，完成义务植树2591万株，抚育树木3215万株，栽植纪念林636.5hm²。

市委、市政府从贯彻落实科学发展观的高度，把园林绿化作为建设生态文明的重要载体、举办"绿色奥运"的重要体现、构建宜居城市的重要支撑和建设"绿色北京"的重要基础。在修订城市总体规划中，明确提出了到2010年城市绿化覆盖率达到45%、人均公共绿地面积达到15m²的城市绿化目标。在申办奥运时，围绕"绿色奥运"提出了与园林绿化有关的7项重要指标；在筹办奥运过程中，制定了绿色奥运行动计划，围绕城市公园绿地、道路水系绿化、居住区绿化等开展了大规模的绿化美化建设。成功举办奥运会后，市委、市政府又提出了建设"人文北京、科技北京、绿色北京"的新时期发展战略，出台了绿色北京行动计划，强力推动了全市的园林绿化建设。每年年初，首都绿化委员会专门召开全市绿化美化工作动员大会，对园林绿化工作进行总结、表彰和部署。在市政府每年为群众办实事、折子工程的项目中，都把园林绿化作为一项重要内容给予统筹安排。市委、市政府领导坚持每年对园林绿化工作进行经常性的检查指导，并提出明确要求；市有关部门不断加大支持力度。中央的直接关怀、政府的高度重视、社会的广泛参与，使首都的园林绿化具有不可比拟的重要政治优势。

（二）经济实力雄厚

从世界现代化历史进程看，一般可以划分为三个阶段：人均GDP在300～4000美元之间为现代化初级阶段，4000～15000美元为中等发达现代化阶段，

15000 美元以上为发达现代化阶段。一个国家或地区的人均 GDP 超过 4000 美元，经济发展将迎来黄金时期；超过 8000 美元，就意味着已经达到中上等发达国家水平。改革开放以来，北京市国民经济持续快速健康增长，综合经济实力保持在全国前列。2008 年，北京市地区生产总值（GDP）首次突破了万亿元大关；2009 年，北京市人均地区生产总值又首次突破 1 万美元大关。

园林绿化是一项重要的公益事业，持续稳定的财政支持是园林绿化事业发展的首要条件。近年来，市政府对园林绿化建设的资金投入逐年增加。2006～2008 年，全市各级财政的园林绿化建设投入总计达 104.8 亿元，同时，动员社会力量广泛参与绿化美化建设，全市绿地认建认养总面积达到 1115hm²，社会投入资金达 1.78 亿元。在城市绿化方面，结合老城区改造，投入巨额资金进行拆迁建绿。经济的持续快速发展，综合实力的不断增强，为园林绿化事业的发展提供了有力的保障，注入了新的动力。

（三）文化底蕴深厚

北京是世界闻名的历史文化名城，曾经是历史上蓟、燕、辽、金、元、明、清等古国或朝代的都城。这里荟萃了灿烂的中华文化艺术，保留着众多的名胜古迹和人文景观，具有深厚的历史文化底蕴。众多的古典园林、名胜古迹，为北京现代园林绿化建设提供了丰富的物质与精神财富，在古老文明与现代文明交相辉映的"三个北京"建设实践中，深厚的文化底蕴将会显现出更加特殊的价值。

北京古典园林与北京城市的发展一脉相承，距今有 2300 多年的历史。丰富的园林遗产是北京历史文化名城的重要特色，极大地丰富了北京现代园林绿化的内涵。古代园林一直是以皇家宫苑建设为主线而不断发展，与其相随的是坛庙园林、陵园、宅院、寺观园林以及名胜风景区的出现。战国时期，燕昭王在燕都蓟城西郊营建园林风景区，这是北京地区园林的最初形式。魏晋时期，莲花池、玉渊潭、紫竹院一带以及万泉庄、什刹海等地区，就是士大夫举行活动和宴集的优美风景区。金代的中都，是有史以来第一个在北京地区建立的国都，形成了北京园林史上第二次造园高峰，是北京地区园林发展奠定基础的时代。如香山、玉泉山、莲花池以及金中都皇城西部宫城内园林建设，金章宗对"燕京八景"的定名，一直流传至今，并对全国各地"八景"造成影响。明、清两代约 500 年时间，园林规划建设被成功地组合到城市总体规划中，形成了完整的体系，今天提到的"北京古典园林"多是这一时期的遗存。元明清时期，北京城曾是一个园林化的生态城市，生态结构维持了近 700 年的相对稳定，这其中园林绿地系统发挥的生产、生活和还原功能起着关键作用。

悠久的历史，众多名胜遗迹，传承着中华民族的古老文化。距今 6000 年的转山会遗址，记录了新石器中晚期密云先民的生活，白龙潭元代石刻壁画栩栩如生，古北口瘟神庙明代彩绘精美绝伦，被称为"番字天书"的番字牌石刻蜚声中外，以惊、险、奇著称的司马台长城，被长城专家罗哲文教授誉为"中国长城之最"和长城博物馆，被联合国教科文组织列为"世界人类文化遗产"。康熙、乾隆、苏辙、戚继光、康有为等众多历史人物的遗迹和故事，为北京增添了神秘的色彩。北京古树名木资源丰富，全市目前共有古树名木4万余株，这些古树大多种植在辽金至明清时期，最早可以追溯到汉唐以前，每一颗古树名木背后都蕴藏着丰富的历史文化典故，与长城、故宫一样，是十分珍贵的"国之瑰宝"。

（四）智力资源丰富

科技水平对园林绿化事业发展起着决定性作用。北京作为国家首都，集中了大批国家级科研机构和高等院校，是全国人才智力资源的首富，集中了全国最多最优秀的人才，具有雄厚的科技资源和强大的科技实力，园林绿化发展有着无与伦比的技术和人才优势。

北京地区集中了包括全国最负盛名的清华大学、北京大学在内的60多所高等院校和以中国科学院为首的200多家国家级科研院所，拥有20多万科研人员，北京地区每年开展科研课题3万多项，获国家级奖项约占全国的1/3；北京地区每年承担的国家级科技计划项目数量占全国总量的1/3强；在北京地区工作的两院院士数量占全国总量的一半左右。在林业、园林领域，有中国林业科学研究院、中国科学院植物研究所、中国农业大学、北京林业大学等国家级科研机构和国内一流的大学都坐落在北京，拥有孟兆祯院士、蒋有绪院士等一大批国内顶尖的专家学者，这也是北京园林绿化事业发展的重要支撑。同时，借助北京作为我国对外交往中心的优势，近年来先后与美国、德国、日本、韩国等17个国家和世界自然基金会（WWF）、世界自然保护联盟（IUCN）等国际组织合作开展了22个国际合作项目，这些都为北京建设国际一流的园林绿化提供了坚强有力的技术支撑和智力保障。

（五）生态基础良好

经过长期不懈的大规模植树造林、资源保护和绿化美化，北京的园林绿化建设取得了举世瞩目的重大成就，是第一批国家园林城市。特别是进入新世纪以来，以绿色奥运为契机，北京的园林绿化事业进入了前所未有的快速发展期。森林资源总量持续增长，生态服务价值显著提升。截至2010年，过去5年间，北京市增加森林面积4万 hm^2。全市林地面积达到104.6万 hm^2（其中森林面积65.89万 hm^2），蓄积量1810.32万 m^3；城市绿地面积达到6.17万 hm^2（其中公共绿地1.8万 hm^2）。全市森林覆盖率达到36.75%；林木绿化率达到53.64%，城市绿化覆盖率达到44.4%，人均绿地达到49.5 m^2，人均公园绿地达到14.5 m^2。

从2006年开始，北京市园林绿化局和中国科学院地理科学与资源研究所合作，组织了近20名专家和学者，根据北京市森林资源调查数据，对全市森林资源的28项生态服务价值和经济价值进行了系统研究。该项研究表明：北京市森林资源总价值为5881.81亿元，其中林地资产价值为432亿元，林木资产价值为261亿元，生态服务价值为5187.96亿元。北京市森林的生态服务年价值为310.8亿元。在生态服务功能价值中，大气调节价值为1344.76亿元，年价值为64.04亿元。其中森林的年碳汇量为972万t，森林调节二氧化碳的年价值为37.25亿元；森林的年释氧量为710万t，森林调节氧气的年价值为26.79亿元。在全市农林水的生态服务价值中，园林绿化占到了近80%。

目前，北京已经基本形成了以绿色生态走廊为骨架，点、线、面、带、网、片相结合，色彩浓重、气势浑厚的高标准防护林体系；以城市公园、公共绿地、道路水系绿化带以及单位和居住区绿地为主，乔灌结合、花草并举，三季有花、四季常青的城市绿地格局，展现出城市青山环抱、市区森林环绕、郊区绿海田园的优美景观。这些建设成就，为新时期北京市园林绿化的进一步发展奠定了坚实的生态基础。

二、主要问题

北京市委、市政府提出了要建设"世界城市"的更高标准，落实"人文北京、科技北京、绿色北京"的具体要求，也为首都园林绿化建设提出了新的更高的标准和要求。但从目前情况看，首都园林绿化还面临着一些突出矛盾和问题。

(一)城市绿地总体布局不够合理，中心城区绿量不足

北京的绿地分布主要集中在北部的山区，核心城区内的绿地规模较小，且多集中在四环之外。老城区的绿地多为小型绿地，南部的绿地多以农田和果园为主，各级公共绿地分布、服务半径均等，与世界城市和宜居城市的要求仍有很大差距(表2-3)。尽管全市城市绿化覆盖率达到了45%，人均公园绿地达到15m²，但与居民生活密切相关的服务半径约500m的中小型公共绿地仅覆盖64.6%的居住区，三环内绿地率不足25%，四环内绿化覆盖率仅有30%左右，城市核心区的人均绿地面积只有9m²，人均公共绿地4.4m²，居住小区绿地率仅为13.37%，绿地体系不能满足城市防灾避险的公共安全需要和市民快速增长的多方面生态文化需求。隔离地区绿地和几处插入城市中心的楔形绿地没有得到很好的实施，城市中心区已逐渐失去与自然空间的联系和沟通。城乡之间、区县之间、镇村(社区)之间绿化建设发展不均衡，城市的边角地带、老旧小区、历史文化保护街区，特别是城乡结合部地区绿地系统建设滞后，改造提升任务艰巨。与此同时，城市中心区规划绿地建设与经济发展需求的矛盾日益突出。由于城市绿地的增量主要来自实现规划绿地拆迁建绿，而规划建绿的落实、代征绿地的收回、拆迁建绿的实施，成本高、难度大，致使"不建、少建、占建"现象严重，城市绿线难以划定，规划绿地不能落实。由此造成绿地总量严重不足，人均占有率低，500m服

务半径不到位。如何采取屋顶绿化、桥区绿化、阳台绿化、垂直绿化等多种形式，千方百计大幅度增加城市绿量，建立补绿、增绿、延绿、扩绿的长效政策促进机制已成为城市绿化建设的重要课题。

表2-3　不同层次国际城市园林绿化主要指标

内容	全球性			区域性		国家性	
	纽约	伦敦	东京	巴黎	新加坡	上海	北京
人口（万）	1800	756	1400	1007	500	1888	1755
人均公共绿地面积（m^2）	19.6	25.4	9	24.7	25	12.5	15
城市绿化覆盖率（%）	70	58	64.5	47	70	38	45
森林覆盖率（%）	65	34.8	37.8	24	30	11.4	37

（二）郊区森林资源质量较差，生态功能不强

森林、湿地是陆地生态系统的主体，具有固碳释氧、减排增汇、保持水土、涵养水源、防风固沙等多种功能，对保障首都生态环境发挥着不可替代的作用。但全市山区森林质量还不高，结构不尽合理，生物多样性不够丰富，碳汇能力不够强。从2004～2009年，北京市的活立木蓄积量增加了289万 m^3、森林蓄积量增加了110.8万 m^3，但单位面积蓄积量仅为每公顷27.88m^3、碳储量仅为每公顷21t，分别是全国平均水平的40.1%和46.8%，是世界平均水平的28.6%和29.4%（见表2-4）。全市人工造林的面积约占森林面积的54%，且为20世纪五六十年代营造的人工纯林，种类相对单一、结构较为简单、林木长势衰弱、抗逆性差，存在严重的火灾、虫害隐患，而且灌木林比重大，占30.5%，森林生态防护能力低。中幼林比重大，约为600多万亩，占森林总面积的81.7%（图2-2）。有350万亩低效林、残次林急需改造提升；山区森林中有超过20万 hm^2 的低效林亟待改造。全市森林70%的林分处于功能亚健康或不健康状态，严重影响了森

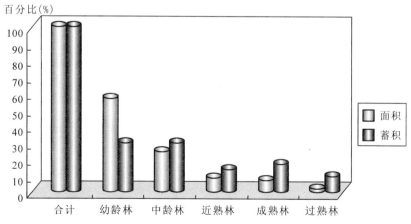

图2-2　林分资源各龄组面积、蓄积对比图

林生态服务功能的发挥。同时，平原林网还存在一定数量的残网断带，防护效益较低；湿地面积缩减，生态功能下降，保护与恢复力度不够。提升森林碳汇和多种功能效益已成为山区绿色生态屏障建设的重要任务。

表2-4 森林资源单位蓄积量和碳储量的差距

	单位蓄积量（m^3/hm^2）	单位碳储量（t/hm^2）
北京平均	27.88	21
全国平均	71.21	44.9
世界平均	99.85	71.5

（三）绿色产业发展规模不大，经济效益不高

"十二五"期间，中国经济面临着转变增长方式、调整产业结构的巨大压力，需要通过工业化、集约化的生产经营方式大力推进绿色经济、低碳经济、循环经济建设，把绿色资源优势转化为经济发展、农民增收的产业优势。与新形势、新任务、新要求相比，北京市绿色产业特别是林业、园林产业的发展规模还不大、不精、不强，与所拥有的丰富资源优势和首都所处的特殊区位优势、巨大市场优势不相匹配，产业经济支撑作用不够强劲，产业结构和产品结构不尽合理，均衡发展与集约发展的结合还不够紧密，尤其是由于林业产业的政策支撑力度明显不足，致使全市缺乏有规模、影响大、含量高、带动能力强的大型骨干林业产业的龙头企业，对全国的辐射、引领和示范作用有限。

（四）科技创新能力不强，支撑力度不够

与行业发展的进程和需要相比，目前，北京市园林绿化科技工作尚存在一些问题亟待解决。一是在科技创新上，后劲不足、攻关能力不强，特别是总结探索适合首都园林绿化发展的新理念，从高端角度把握当前乃至未来科技发展的方向方面始终缺乏创新。二是在科技成果推广应用上，服务体系不够完善，技术转化市场和中介机构发展相对缓慢，推广力度尚需不断加大。三是在科技管理和人才培养上，创新奖励、激励机制不够健全，特别是作为市级园林绿化行政主管部门，没有本系统直接管理的科学研究和职业教育院所，林业、园林相关的科教机构分散在农业系统和市属公园管理机构，不利于整合资源，形成合力。四是在科技投入上，科技经费不足，投入渠道不稳定，社会融资渠道不畅，研发转化资金吸引不足，未能形成有效的创新产业化链条。

（五）体制机制尚待完善，管理手段亟需加强

随着北京市森林资源、湿地、绿地总量的迅速增加，保护和经营管理的任务日益繁重，责任重大。现阶段的管理手段和技术与建设世界城市的要求相比还有

很大差距，规划、建设、管理、服务水平都有待于进一步提高。一是有关法规、规章和规范性文件不完善。对公园绿地、风景名胜区、湿地、森林保护、林地林木管理等方面的法规条例还不够完善，致使建设和管理还比较粗放，特别是由于有关代征绿地收缴工作的相关法规文件对责任主体和程序规定还不够明确等原因，有关部门关系不清、监督职责不清，造成代征城市绿化用地回收难，开发商无限期拖延代征绿地的征用拆迁和移交，致使城市绿地总量难以有大的突破。二是园林绿化管理体制机制还相对滞后。在行政管理体制方面，北京市园林绿化管理体制虽然已经初步实现了城乡统筹，但目前对涉林、涉绿特别是涉及全市公园和历史名园管理等方面的职能还分散在不同的部门，没有完全由一个部门进行管理。在森林资源保护方面，森林公安队伍力量还比较薄弱，市与区县的执法体制条块分割，使行政执法难于形成合力。三是多元化投融资机制尚未形成，投入不够均衡。尽管近年来北京市园林绿化的公共财政投入不断增加，但与建设规模、建设质量和建设难度相比，仍然存在投入总量不足、结构不均的问题。由于郊区森林经营管理投资标准和城市公园绿地建设养护标准偏低、城区与郊区林木绿地资源建设管护标准不统一等因素，致使园林绿化的投入力度、发展水平与人民群众日益强烈的生态服务需求之间存在着较大距离，资金缺口很大。如何在保障持续稳定加大政府公共财政投入力度的基础上，通过政策支持，尽快建立与公益性事业相适应的多元化投融资机制，积极鼓励企业、社会采取多种形式参与首都园林绿化建设，是在世界城市建设的全新背景下全面提升首都园林绿化建设整体水平的当务之急和重大任务。四是历史名园资源管理分散，不能发挥合力。北京目前共有 21 处历史名园，她们是古都 3000 年历史底蕴的核心载体，而且随着今后的发展，历史名园还将呈不断增加的趋势。而目前历史名园分散在园林、公园等不同的部门分别管理。如何加强政府主管部门对历史名园的统一规划、建设和管理，并出台统一的管理标准加以制度规范，需要全面整合资源，使园林文化真正成为北京这座历史文化名城的厚重依托。

三、发展机遇

园林绿化事业的发展与区域经济社会发展、国家乃至国际大环境都有着密切的关系。日益增长的市民生态需求、建设世界城市的北京发展战略、推动科学发展的国家主题、应对气候变化的全球行动，都为北京园林绿化事业提供了良好的机遇。

（一）推动科学发展，建设生态文明，为园林绿化赋予了新的使命

坚持以人为本，全面、协调、可持续的科学发展观，着力构建生态文明社会，是党中央从发展全局出发做出的重大战略决策。《中共中央关于制定国民经济和社会发展第十二个五年规划的建议》明确提出，要"以科学发展为主题"，

"更加注重以人为本，更加注重全面协调可持续发展，更加注重统筹兼顾，更加注重保障和改善民生"；要"加快建设资源节约型、环境友好型社会，提高生态文明水平"。

科学发展的核心是可持续发展，生态文明的核心是人与自然和谐。按照生态经济学的观点，经济再生产的基础和前提是自然再生产。因此，要实现经济社会的可持续发展，就必须保护自然再生产的能力，确保自然生态系统结构的完整性，保证其自我恢复和调节的能力。森林、绿地是陆地生态系统的主体，是城市唯一有生命的基础设施。在城市高楼、大厦、道路、桥梁等基础设施建设中，大量地使用了钢筋、水泥、化学合成材料等难以降解的物质，它们是没有生命的、不可再生的，而森林、草原、湿地等自然生态系统是有生命的、可再生的。在人类以往的发展历程中，尤其是工业化以来，通过技术进步大量开发和消耗自然资源，创造了工业文明和后工业文明，给我们的生活带来了极大的物质上的便利，但与此同时也付出了巨大而沉重的生存环境代价，带来了全球性的影响人类生存和发展的种种环境问题。因此，要把园林绿化建设提高到生命基础设施建设的高度来看待。大力推进生命基础设施建设，可以最大限度地使生态系统的熵减过程抵消熵增过程，使整个生态系统的总熵不再增加，从而逐步向可持续发展迈进。

园林绿化事业承担着建设森林生态系统、恢复湿地生态系统、治理沙化生态系统、改善绿地生态系统、维持生物多样性的艰巨任务，对保持生态系统功能、维护生态平衡起着重要的中枢和杠杆作用，是促进人与自然和谐的桥梁和纽带，是生态文明建设不可或缺的重要组成部分。园林绿化的本质属性是生态，它的核心内涵是推进生态建设、提供生态产品、弘扬生态文化，这与生态文明建设所彰显的"生产发展、生活富裕、生态良好"的内涵一脉相承，目的完全一致，都是为了实现人与自然相和谐。尊重自然规律，协调人与自然的关系，立足于科技创新进行绿化建设，通过保护自然环境和发展城市园林绿化，形成山、水、林、城在空间布局融生态、景观、文化为一体的现代化城市生态，是北京可持续发展的根本要求。因此，在全面落实科学发展观、建设生态文明社会的进程中，园林绿化发挥着不可替代的独特功能和重要的基础性作用，承担着为广大市民提供更多更好的生态产品、物质产品和文化产品的历史重任。

（二）应对气候变化，建设低碳社会，为园林绿化增添了新的内涵

随着世界工业化进程的加快，人类向大气中排放的二氧化碳等温室气体不断增加，导致全球性气候逐渐变暖，对人类自身的生存造成了严重的威胁。为减少大气中二氧化碳等温室气体的浓度，一方面要通过减少能耗、提高能效以及能源替代等途径，减少温室气体排放源，实现减排目标；另一方面要通过植树造林、植被恢复、湿地保护、森林经营和林地管理等途径，增加温室气体吸收，实现增汇目标。自从《京都议定书》提出清洁发展机制（CDM）以来，森林的固碳功能受

到了广泛而高度的关注。通过碳汇造林、减少毁林和提高森林质量（REDD）增加森林的二氧化碳吸收能力，或通过购买碳汇获得温室气体排放权，成为世界各国保持经济发展、实现减排目标的重要途径。在哥本哈根气候变化大会上，虽然不同国家、不同利益集团之间的谈判异常艰难，但参会各方在森林应对气候变化方面却达成了高度共识，并写入了《哥本哈根协议》。这就进一步使增加森林碳汇成为各国应对气候变化、争取发展空间和维护国家形象的战略制高点。

气候变化是人类社会面临的重大挑战，需要国际社会合作应对。加大应对气候变化工作力度，是推动科学发展的必然要求。2009 年，我国提出了到 2020 年单位 GDP 二氧化碳排放量比 2005 年降低 40% ~45% 的目标。胡锦涛主席在联合国气候变化峰会上做出了"争取到 2020 年森林面积比 2005 年增加 4000 万 hm^2，森林蓄积量比 2005 年增加 13 亿 m^3"的郑重承诺。温家宝总理在首次中央林业工作会议上明确指出："林业在应对气候变化中具有特殊地位"。在《中共中央关于制定国民经济和社会发展第十二个五年规划的建议》中明确提出，要把大幅降低能源消耗强度和二氧化碳排放强度作为约束性指标，有效控制温室气体排放。目前，国家发展改革委员会正在制定"十二五"期间应对气候变化的国家方案，单位 GDP 的能耗、碳排放强度、可再生能源比重以及森林碳汇都将纳入"十二五"规划。

近年来，北京市积极推动绿色发展建设，取得了巨大成效。市委、市政府制定了"绿色北京行动计划"，明确提出将城市发展建设与生态环境改善紧密结合，把发展绿色经济、循环经济、建设低碳城市作为首都未来发展的目标，要全力打造绿色生态体系，积极创建绿色消费体系，加快完善绿色环境体系。最新公布的《2010 中国绿色发展指数年度报告——省际比较》显示，北京在反映绿色发展状况的 55 项指标中综合排名第一。绿色发展指标体系由经济增长绿化度、资源环境承载能力和政府政策支持度三部分构成，北京的经济增长绿化度和政府政策支持度均位居全国各省（自治区、直辖市）之首。在低碳城市建设方面，北京市设立了以增加碳汇、应对气候变化为目的的公益性专项基金——中国绿色碳基金北京专项，为"参与碳补偿、消除碳足迹"的个人及企业搭建了开放的投融资平台；确立了以森林碳汇效益为切入点的北京山区生态补偿机制，为大力推进全市林业碳汇工作的发展提供了重大的机遇。

总之，应对气候变化，建设低碳社会，既是对全国林业的新要求，也为北京园林绿化增添了新的内涵，拓展了新的领域。

（三）打造世界城市，建设"三个北京"，为园林绿化创造了新的契机

园林绿化是一个城市重要的底色和名片，也是世界城市建设中不可缺少的重要组成部分。2005 年，国务院批复的北京城市总体规划中，明确提出了"国家首都，国际城市，文化名城，宜居城市"的功能定位。市委、市政府将建设世界城

市定为北京未来的发展方向，明确提出要瞄准世界城市的标准，坚持把推进城市环境建设与完善城市功能和改善居民生活紧密结合起来，持续加大人居环境的改善力度，不断创新体制机制和工作推进方式，突出解决好城市环境中热点和难点问题，努力提升城市环境建设水平，提高社会各界对城市环境的满意度。

北京是世界著名古都和现代化国际城市，在打造世界城市，加快建设"人文北京、科技北京、绿色北京"的新形势下，园林绿化部门肩负着优化环境、推动发展、服务民生、促进和谐的重要使命，发挥着显著的生态保障功能、产品供给功能、社会调节功能和文化服务功能。以森林为主体的园林绿化是"人文北京"的重要内涵，"科技北京"的重要组成，"绿色北京"的重要基础。建设"人文北京"，要求必须充分发挥好园林绿化在首都社会建设、文化建设中的显著优势和巨大潜力，努力为北京构建和谐社会首善之区做出新贡献；建设"科技北京"，要求必须充分发挥好科技、人才和智力资源对园林绿化建设重要的驱动和支撑作用，努力为北京建设创新型城市增添新动力；建设"绿色北京"，要求必须充分发挥好园林绿化在首都生态环境建设中不可替代的独特地位和基础作用。

这三大建设，对园林绿化事业发展提出了新的要求，为园林绿化带来了新的发展契机。特别是随着北京市绿色北京行动计划的全面启动，城乡结合部改造、城市南部地区和新城发展、永定河生态走廊等一批重点项目的实施，使首都园林绿化进入了新一轮快速发展期。

（四）提高生活品质，建设宜居城市，为园林绿化提出了新的需求

美国社会心理学家马斯洛在 20 世纪 40 年代发表的《人的动机理论》一文中，将人的基本需求划分为生理需求、安全需求、社交需求、尊重需求和自我价值实现需求 5 个层次，而且这 5 个需求是一个由低向高排列的金字塔结构，是一个由物质需求向精神需求发展的过程。当某一个低层次的需求得到满足后，便会向更高层次的需求发展。当人们解决了温饱问题以后，必然会将追求目标转向生活质量的提高。生活质量和生活水平是两个不同的概念，生活水平主要是通过收入水平和消费水平来衡量的，而生活质量还包括安全、卫生、环境、文化、娱乐等要素，这些要素都与园林绿化有着密不可分的联系。森林和绿地可以为人们提供绿色空间，改善生活环境，促进人们身心健康。良好的生态环境既是人类生存和发展的基础，又是人类向往和追求的目标。环境状况直接决定着人的生存质量，左右着百姓的幸福程度。

改革开放以来，我国经济实现了快速持续发展，人民生活水平不断提高，特别是率先步入小康的北京市民，追求优美环境和良好生态的愿望越来越强烈，生态需求已经成为主要需求之一。园林绿化不仅可以生产出经济建设所必需的物质产品，而且能够为我们提供大量的生态产品和文化产品。森林通过光合作用吸收二氧化碳，放出氧气，可以涵养水源，保持水土，防风固沙，调节气候，保护物

种基因，减少噪音，减轻光辐射等。在人的视野中，绿色达到 25% 以上时，能消除眼睛和心理的疲劳，使人的精神和心理压力得到释放，居民每周进入森林绿地休闲的次数越多，其心理压力指数就越低。中国生态文明建设促进会与北京大学生态文明研究中心联合开展的城市居民生态需求调查结果显示，城市居民的生活质量、品位及生态环境意识逐步提高，特别是城市生态环境问题已成为城市居民时刻关注的热点，关注的总比例近 75%，有的城市甚至达到了 90% 以上。

根据国际经验，当人们的收入达到小康水平以上时，就会产生旅游的冲动。我国在改革开放以前，旅游业几乎是专为外国游客设立的，因为当时的中国人连吃饱穿暖的问题还未解决，根本谈不上旅游休闲。如今，人们的生活水平提高了，旅游休闲已经成为城市人的新时尚。近年来，北京市生态旅游业蓬勃发展，越来越多的市民走进郊野田园，享受自然风光，品味绿色文化，郊野休闲、康体健身、观光采摘等新兴产业在旅游市场中所占份额越来越高，已成为市民对园林绿化的需求热点。全市森林公园和森林旅游区每年接待游客达 1000 万人次。日趋多样化、高层次的社会生态需求，为北京园林绿化建设引入了新的活力。

四、面临挑战

随着北京经济社会发展形势的不断变化，市民的生态需求越来越强烈，城市发展定位对园林绿化的要求越来越高，北京园林绿化事业仍然面临着巨大的挑战。

(一)城市化进程不断加快，资源环境压力越来越大

近年来，北京的人口城市化、经济城市化和空间城市化都呈现快速发展局面，给自然资源和生态环境带来了巨大的压力，从而导致城市自我调节能力下降，生态系统弹性度下降。据统计，到 2009 年年底，北京市的常住人口已经达到 1755 万人，流动人口 509 万人，成为名副其实的大都市。常住人口规模的迅速膨胀严重考验着北京市的区域承载能力，尤其是土地资源、水资源的供需矛盾将更加突出。土地是人类生存的基础，是人类社会经济活动的载体，也是园林绿化建设的首要条件。作为国家首都，全国政治、经济、文化中心，北京市各类公共设施建设和生产性建设用地需求急剧增加；作为拥有 2000 多万人口的大都市，北京房地产业不断升温，居民生活用地需求也越来越大。因而，基本农田保护形势严峻，基本生态用地保障也越来越困难。水是生命之源，也是开展园林绿化必不可少的重要条件。北京是世界上严重缺水的大城市之一，全市人均水资源拥有量不足 300m^3，是全国人均的 1/8，世界人均的 1/30。受自然地理和气候条件的影响，北京的降水具有时空分布不均、丰枯交替甚至连丰连枯的特点，这就更增加了水资源利用的难度。在这种情况下，城市用水、农业用水与生态用水之间的矛盾就表现得更为突出。因此，生态用地、生态用水供给不足，将成为制约北京

市园林绿化发展的重要瓶颈。

（二）生态建设难度日益加大，园林绿化成本越来越高

经过多年的努力，北京市园林绿化建设取得了举世瞩目的成就，但是必须看到，生态建设是一项长期而复杂的系统工程，特别是林业生态建设已经进入了攻坚阶段，难度越来越大。经过多年的发展，原有的相对优越的立地已经基本绿化完毕，目前尚未造林绿化的土地主要集中在相对干旱的土壤瘠薄的裸岩、沙荒地等立地条件差、造林绿化非常困难地带。另一方面，北京是经济相对发达的地区，生产资料和劳动成本都相对较高，而且随着森林和绿地面积的不断增加，后期管理和维护的任务也将越来越重。因此，今后园林绿化建设成本也将越来越高，对资金投入的需求更加迫切。尽管近年来北京市对园林绿化的投入不断增加，但仍然不能满足园林绿化发展的需要。从投入标准看，目前的造林补助资金和公益林管理补助资金还远远低于实际成本，郊区农民造林、护林积极性难以调动；市区园林绿地的建设和管护费用远远不能满足现实需求。因此，如何保证巨大的资金投入，仍将是对北京园林绿化发展的考验。

（三）世界城市提出更高标准，支撑保障需求越来越强

在世界城市评价的指标中，生态环境指标尤为重要。美国科学家西蒙在对于弗里德曼世界城市假说的修正性研究中（Simon，D.，1995）就专门提出，实现世界城市目标，除了考虑金融和服务集群、要素和信息网络枢纽外，还要考虑塑造物质和审美意义上的高质量生活环境，以吸引高技能的移民。现有的研究和实践都将改善生态环境作为世界城市建设的重要指标和手段，在城市建设中采取"绿色建筑、科技建筑、人文建筑"的"生态化"建设手段，尽可能"节约资源、保护环境"，营建出新型的"资源节约型、环境友好型、人文关怀型"城市。以迎接奥运为契机，北京市大幅度加快园林绿化建设步伐，园林绿化事业实现了新的历史跨越，但与建设世界城市的要求和首都城市的功能定位相比，还有一定的差距。如果仅从森林、绿地的总量上来看，北京已经在世界主要发达国家首都中处于中等偏上的水平，但如果从人均水平看，则远远低于纽约、巴黎、伦敦等城市（图2-3，图2-4）。与此同时，在森林和绿地的结构、质量、分布均衡性等方面，特别是在园林绿化建设的精细化水平、人性化管理上，北京还存在不小的差距，需要做的工作还很多。世界城市对园林绿化不仅要求数量，更加注重生态质量、文化品位、科技含量以及能否体现区域自然、人文、历史特点。因此，北京的园林绿化，不仅需要自然科学方面的技术支撑，还需要人文科学方面的文化支撑；不仅需要传统的林业和园林技术，还需要与现代新材料、新技术、新理念相结合。要通过不断的科技创新和吸收、引进、消化、应用国内外高新技术成果，有效解决制约发展的技术瓶颈，大幅度提升北京园林绿化的质量和水平。

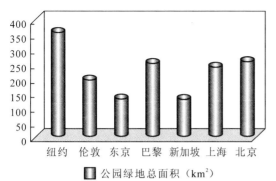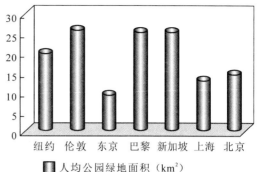

图 2-3 公园绿地总面积及人均公园绿地面积

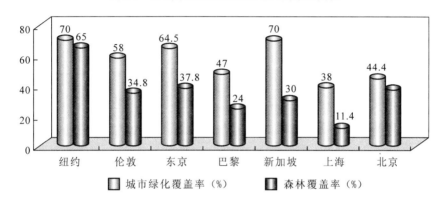

图 2-4 城市绿化覆盖率和森林覆盖率

（四）城乡一体化迅速推进，统筹协调任务越来越重

近年来，北京市在城乡一体化建设方面进行了创新性的探索与实践，率先理顺了城乡统筹发展的管理体制。2006 年组建了北京市园林绿化局(首都绿化办)，实现了城乡绿化资源的统筹管理，对推动首都园林绿化高速发展发挥了重大作用。2009 年以政府机构改革为契机，全面理顺了 18 区县园林绿化管理体制，使北京在全国率先形成了绿化资源城乡统筹的发展格局。与此同时，扎实推进乡镇、街道设立绿化委员会和基层林业站改革工作，市、区县、乡镇(街道)三级绿化工作管理体制进一步完善。但是也必须看到，在推进城乡一体化的园林绿化建设，要求在规划、建设、管理等各个环节形成统筹兼顾、全面协调的均等化发展格局这一过程，不仅要求园林绿化部门内部的协调，更需要与建设、规划、土地、农业、水利、环保、交通等所有行业和部门之间建立高效、顺畅的协调机制，还需要北京市与中央国家机关的协调、市与各区县的协调，只有这样才能解决园林绿化建设中的各种问题。

第三章 国内外园林绿化发展与借鉴

西方园林自远古的美索不达米亚庭院和古希腊、古罗马的柱廊式庭院开始，历经了西班牙的伊斯兰庭院、意大利的台地园、法国宫苑式古典园林、英国的自然风景园、美国现代园林的演变过程（毛巧丽，1999），历经了理论与实践上的跌宕替兴，留下许多宝贵的物质文化遗产。世界林业同样经过了数百年的发展，森林经营理念逐步更新，不断适应社会经济发展的需要，更好地满足人类生存和发展需要，在林业发展中出现的近自然经营、生态系统经营、多功能经营、可持续森林经营等发展理念和方法非常值得借鉴。对西方园林和世界林业演变历程及其理论发展进行回顾，分析其现代发展脉络与模式，将加深我们对于西方现代园林和林业理念及趋势的认识，以借鉴其经验为我所用，这对确立北京三个园林建设的发展理念，促进北京园林绿化事业具有重要意义。

第一节 世界园林发展理念与趋势

一、西方现代园林发展的主要理念

在人类社会发展的历史进程中，创造出了丰富多彩的园林艺术。园林作为一种经济和社会发展的标志，同时也是文化的标志。西方园林发展具有明显的阶段性，西方现代园林的发展在不同历史时期有着不同的时代内涵和时代价值，表达着人对自然和社会的思考。西方现代园林与传统园林具有较大差异，主要表现在现代艺术的采用、科学化的设计手法、生态化的功能诉求（王占伟，2009）。西方现代园林体现出了立体主义、极简主义、结构主义、生态主义、功能主义等，这些方面都体现出与西方思想文化相对应的独特科学价值取向和理性思维方式（李飞，2005）。

（一）立体主义园林

立体主义（cubism）是西方现代艺术史上的一个运动和流派，追求碎裂、解析、重新组合的艺术形式（江晨，2010）。立体主义园林吸收立体主义的构图思想，在设计中吸取立体主义风格绘画的精神，强调园林设计的空间概念，充分利用地面三维空间的构图设计，园林中着重表现了无生命的物质如墙、铺地等，充分体现人文风格（张丽军，2004），这与以往植物占主导的传统园林有很大不同，随之而来的关于园林设计风格新颖与否的争论继续推动着现代园林的发展。

（二）极简主义园林

极简主义（minimalism）是一种感官上简约整洁，品味和思想上更为优雅的设计风格，其简洁现代的布置形式、古典的元素营造出浓重的原始气息、神秘的氛围。它是在早期的结构主义的基础上发展而来的一种艺术门类，又称最低限度艺术。最初，它主要通过一些绘画和雕塑作品得以表现（董瑜，2009）。很快，极简主义艺术就被彼得·沃克（Peter Walker）、玛萨·舒瓦茨（Martha Schwartz）等先锋园林设计师运用到他们的设计作品中去，并在当时社会引起了很大的反响和争议。如今，随着时间的推移，极简主义园林已经日益为人们了解和认可。彼德·沃克是当今美国最具影响的园林设计师之一，由于他的作品带有强烈的极简主义色彩，他也被人们认为是极简主义园林的代表者。

（三）结构主义园林

结构主义园林摒弃了一向用于表现个人情感的绘画颜料，改用与时代需要和人民生活有密切关系的非传统性的绘画材料，如铁丝、金属、玻璃、木材、石材等（刘赟硕，2008），提倡把现实物构成现实空间，在园林设计中抛弃一切已有的比例，从中性的数字构行或理想的拓扑构成着手，使其成为未来转换的出发点，设计出3个自律性的抽象系统：点系统（物象系统）、线系统（运动系统）、面系统（空间系统），使3个中性的系统相互叠合起来，形成相互冲突，最终从这种叠合冲突中得到一种程序、一种形式（琼·希利尔，2010）。结构主义园林设计特点鲜明并且逻辑紧凑。

（四）生态主义园林

生态主义园林理论是将风景园林提高到一个科学的高度，将整个景观作为一个生态系统进行规划设计（斯震，2009）。在这个系统中，把地形、水资源、土地利用、植物、野生动物等作为重要的生态因子进行综合分析，设计充分体现自然化、生态化手法，凸显森林在城市园林规划中的功能地位，将湿地景观、植物造景、乡土植物等相互融合配置，用以提升园林的生态功能。

（五）现代功能主义园林

现代功能主义园林强调人的需要、自然环境条件及两者结合的重要性，倡导"形式追随功能"的理念，摒弃了园林单一追求审美的设计观念，强调功能性和舒适性（罗枫，2005）。现代主义集成了生态主义、人文主义、大地艺术设计以及环境艺术运动的特点，寻求新的设计中的物质元素和外在的流露形式，形成了一定的设计定式，是各种风格的综合体现（张丽军，2004），不体现任何国家和民族的特色。

二、西方现代园林的发展趋势

当代园林绿化已成为社会文明的标志、科学文化发展的象征，是现代城市文明的"窗口"。园林产业与文化的发展与互动，无疑将加速其现代化的进程。主要表现为风格多样化、形式自然化、功能生态化、建设科技化的趋势。

（一）园林风格多样化

园林艺术风格是体现世界文化发展的主要表现（王全德，1997）。东西方理念发生碰撞和交融，现代园林以简洁流畅的曲线为主，但也不排斥直线与折线，它从西方规则式园林中吸取其简洁明快的画面，又从我国传统园林中提炼出流畅的曲线，在整体上灵活多变，轻松活泼；强调抽象性、寓意性，具有意境，求神似而不求形似。形成了异彩纷呈的多样化态势，它不脱离具体物象，也不脱离群众的审美情趣，把中国园林中的山石、瀑布、流水等自然界景物抽象化，使它带有较强的规律性和较浓的装饰性，在寓意性方面延续中国古典园林的传统，讲究大效果，注重大块空间，大块色彩的对比，从而达到简洁明快，施工完毕后即可取得立竿见影的效果，其形式新颖，构思独特，具有独创性，与传统园林绝无雷同。

（二）园林形式自然化

在城市化加速发展的大背景下，经济与科技的飞速发展，导致生活方式的改变，进而人们价值观念的改变，城市居民的环境意识、生态意识日益增强，给城市绿地也提出了更高的要求。强调开放性与外向性，与城市景观相互协调并融为一体，便于公众游览，使形式适合于现代人的生活、行为和心理，体现鲜明的时代感；重视植物造景，充分利用自然形和几何形的植物进行构图，通过平面与立面的变化，造成抽象的图形美与色彩美，使作品具有精致的舞台效果；以生态学的理论，模拟再现自然山林景观，为人们提供接近自然的园林（张云，2004）。以万紫千红的植物造景为主，以生态学理论建造人工的植物群落，通过植物的色彩、香味、风韵创造不同意境，造园要充分利用地形，要求公园开敞、简洁、明快，讲究大效果、大手笔，适应现代人快节奏、高效率、开朗而潇洒的审美情趣和时代气息。

（三）园林功能生态化

园林功能的生态化是指园林植物在城市环境中合理再生、增加积蓄和持续利用，形成城市生态系统的自然调节能力，使园林起到改善城市环境，维护生态平衡，保证城市可持续发展的作用。生态园林设计理念是人类价值观念的转变。建设生态园林不同于以观赏为主的古典园林，也不同于文化娱乐游憩为主的文化公园，生态园林要求景观设计必须满足人类生产生活、生理和心理需求（斯震，2009）。园林规划设计强调应用生态学理论剖析风景园林对人居环境的作用，充分挖掘园林的生态属性，尊重自然的固有价值和生态物质循环能量流动过程，城市建设中多留开阔的空间和绿地，郊区建设生态景观防护林带，将大自然的新鲜空气和景观引入城市，突出地方特色和乡土气息。

（四）园林建设科技化

现代科学技术正广泛应用于园林之中，为园林事业的发展起到了非常积极的作用。各种计算机软件的使用，使园林设计速度和设计质量发生质的飞跃。新材料、新结构、新设备、新设施的应用也让园林创意、设计、施工管理发生了重大变化。现代园林科学多元化和综合性并存与交融：现代园林学已取得新突破，环境科学、生态学、社会学、行为科学、经济学、心理学等学科的渗透，使园林学的研究对象和范围，产生了多元化发展的趋向。同时，高新技术、新材料、新工艺的应用，雕琢出许多综合性巨型园林和各类专题性园林，大大丰富了人们可视、可听、可闻、可触、可游、可思的空间（陆楣，2007）。多种既定的学科如土地规划学、城市学、生态学、林学、土壤学等专业知识也被纳入到园林的设计，植物生化、植物与植物生理、植物遗传育种、土壤学等理论知识丰富了园林设计内涵，"3S"技术、园林测量、园林绘画、计算机辅助设计等提升了园林的设计手段，同时大量的声光电设施也在园林设计中被采用。

第二节　世界林业发展理念与趋势

一、国外现代林业的发展理念

从世界林业的发展历程看，主要经历了原始利用、低水平侵占利用、采伐利用和多效利用、可持续利用这五个阶段。在发展理念方面，从17世纪德国创立的森林永续利用理论开始，逐步演变为森林多效益功能论、林业分工论、新林业、近自然林业、生态林业及森林可持续经营等理论和学说，特别是森林可持续经营理论，现在已成为世界各国林业发展的主要指导思想和原则（江泽慧，2008）。

（一）森林多功能论

第二次世界大战以后，德国著名林学家尤代希提出了著名的林业政策效益论，首次对森林与其他经济和社会状况的关系做了系统的阐述，以后逐渐演变成森林多功能理论。森林多功能理论强调，在继承森林永续利用理论的前提下，在同一块林地上既发挥木材生产功能，同时又发挥生态、社会、文化等多种功能，努力实现林地综合功能的最大化（张德成，2011）。要求改变传统的以木材生产为主的经营方式，变单一树种纯林为乡土多树种混交林，变皆伐为择伐，使采伐量低于生长量，从而使林分的生长量和蓄积量都不断增长，进而为木材生产提供更大的潜力。同时森林质量逐渐提高，生物多样性日益丰富，生态功能稳步提升，相应的森林游憩、美学等价值也得到改善，形成永久性、多用途、可持续利用的森林。拓宽林业追求经济单一的经营方式，转变为生态保护、木材和其他森林产品生产、森林旅游等相结合的经营方式，为社会提供更全面、更高效的服务。

（二）林业分工论

20世纪70年代，美国林业经济学专家 M. 克劳森和 R. 塞乔博士等人进行了林业分工论的研究，提出了森林多效益主导利用的经营指导思想，向森林永续利用理论提出了新的挑战。20世纪70年代后期，W. 海蒂对各种不同的理论进行了分析，他根据"效益标准"提出，对所有林地不能采用相同的集约经营水平，只能在优质林地上进行集约化经营，同时使优质林地的集约经营趋向单一化，导致经营目标的分工。林业分工论强调，全球森林是朝着各种功能不同的专用森林—森林多效益主导利用方向发展，而不是走向森林三大效益一体化（Bowes，1989）。为此，世界各国的森林经营模式也有很大差异。如中欧国家强调森林多效益利用，而北欧国家偏重集约经营人工林；美国落基山区以森林多效益利用为主，而南部和太平洋西北部地区偏重于集约经营人工林。

（三）新林业理论

20世纪80年代，美国林学家 J. F. 福兰克林教授提出了新林业理论（生态系统经营理论）。这一理论的特点是把所有森林资源视为一个不可分割的整体，不但强调木材生产，而且极为重视森林生态效益和社会效益（Franklin，1989）。因此，在林业生产实践中，主张把森林生产和保护融为一体，既要真正满足社会对木材等林产品的需要，又要满足对改善生态环境和保护生物多样性的要求，特别是保持和改善林分和景观结构的多样性。新林业理论的主要框架是由林分和景观两个层次的经营策略所组成。林分层次的总经营目标是保护或再建不仅能够永续生产各种林产品，而且也能够持续发展森林生态系统的多种效益。景观层次的总经营目标是，创造森林镶嵌体数量多、分布合理，并能永续提供多种林产品和其他各种价值的森林景观。该理论最重要的一点是，把森林生产和保护视为一体，促进森林经营者和环境保护者携手合作。

（四）近自然林业理论

近自然林业理论是由德国林学家盖耶（Gayer）于1898年创建的。近年来，近自然林业理论发展很快，欧洲等国家已普遍接受了近自然林业的经营思想，北美洲、日本等国也给予了广泛的重视。近自然林业理论已是当代世界林业发展理论的重要组成部分，至今仍然兴盛不衰。所谓"近自然林业"，就是在经营中使地区群的主要本源树种得到明显表现，它不是回归到天然的森林类型，而是尽可能使林分建立、抚育、采伐的方式同潜在的天然森林植被的自然关系相接近，使林分能够进行接近生态的自然发生，达到森林生物群落的动态平衡，并在人工辅助下，使天然物质得到复苏（许新桥，2006）。近自然林业理论基于利用森林的自然动力，也就是生态机制。其操作原则是尽量不违背自然的发展规律。近自然林业是持久不懈探索的结果，是顺应自然管理森林的一种模式。

（五）森林可持续经营理论

森林可持续经营理论是在可持续发展理论形成的基础上逐步发展起来的，这一理论的核心是指森林生态系统的生产力、物种、遗传多样性及再生能力的持续发展，以保证有丰富的森林资源与健康的环境，满足当代和子孙后代的需要。森林可持续经营是林业可持续发展的核心。森林可持续经营是以某种方式，一定的速度在现在和将来保持森林生物多样性、生产力、更新能力、活力和实现自我恢复的潜力；在地区、国家和全球水平上保护森林生态、经济和社会功能，不损害其他生态系统。从世界总的发展趋势看，森林可持续经营理论已是世界各国制定21世纪林业发展战略的理论基础和基本原则。

二、国外现代林业的发展趋势

森林和湿地的减少，以及荒漠化增加等问题，加之应对气候变化的全球行动，引起了世界人民对林业前所未有的关注。全球经济动荡，林产品加工业螺旋式发展，国际争端不断显现，森林在改善人类福利方面的功能更加突出。在这种复杂局面下，各国政府和国际社会将更加重视林业，世界林业将仍然以营林造林改善生态环境为主要任务，多功能经营理念将得到认同，关系重大民生问题的生物能源和木本粮油将得到发展，同时，森林将更加贴近人类的精神生活，在林业发展的过程中，科技将发挥重要的推动作用。

（一）各国政府和国际社会更加重视林业发展

最近20多年来，森林问题已经成为国际社会关注的焦点。由于人们认识到森林与人类居住环境、社会发展、地球生态安全等问题的密切关系，国际森林问题的讨论远远超出了森林的自然属性范畴，已带有强烈的社会和政治色彩。1992

年联合国环境和发展大会将森林问题列为全球首脑讨论的重要议题，将森林问题的讨论推向一个高潮。虽然各国在涉及森林的许多重大问题上存在分歧，但是，国际社会也广泛认识到，在充分尊重森林主权原则的联合国框架下，逐步采取联合行动来讨论有关森林的问题(FAO，2007)，通过广泛接受的合作机制和具有战略指导意义的全球框架，将有助于促进世界各国保护森林，实施森林的可持续经营和林业的可持续发展，为全球环境保护与可持续发展做出重要贡献。全球应对气候变化引发了林业碳汇热点，使森林生态问题越来越得到国际社会的关注，成为国际政治的热点领域。国际非政府组织积极促进生态环境的改善，各个国家也纷纷设立生态建设项目，以期改善生态环境。世界粮农组织、世界银行、世界自然基金会、国际热带木材组织在内的国际组织积极讨论森林问题。随着气候变化问题的升温，林业受到前所未有的关注，正在成为各个国家发展战略的重要组成部分和实现可持续发展的重要指标(IPCC，2007)，英国、美国、澳大利亚、日本、芬兰等国家在可持续发展的评价指标中都大比例地吸纳了林业相关的指标。

(二)营造林仍将是林业的主要任务

随着经济社会的快速发展，生态保护与经济社会发展的矛盾日益突出。目前，地球上10% ~30%的珍稀野生动物濒临灭绝；24个生态系统中的15个正在持续恶化。大约60%的人类赖以生存的生态服务行业，如饮用水供应、渔业、区域性气候调节以及自然灾害和病虫害控制等，正在退化或以非理性方式开发，无法进行可持续性生产，前景每况愈下(赵士洞，2004)。与此同时，一方面国际市场对林产品需求攀升，另一方面公众强烈要求保护天然林，天然林供材压力加大，使得人们的目光更多地转向了人工林。世界主要国家制定政策限制天然林的采伐，积极推动人工林的利用，采取措施提高国内林产工业的集约程度，增加林产品的附加价值同时，通过相关措施促进实现林产品消费的生态化，今后出自天然林的木材将会越来越少。联合国森林论坛拟于2020年通过全球禁止天然林木材贸易议案(FAO，2009)，如果该议案顺利通过并实施，届时来自天然林的木材几乎为零。显然，今后天然林资源的供给将受到越来越多的限制。因此，人工林的发展就成为解决木材供求矛盾的重要途径。在此背景下，近年来各国工业人工林培育迅速发展，木材资源供应来源正在逐渐从天然林转向人工林。大力植树造林是全球生态建设的必然选择，近20年来，世界人工林面积仍在持续增加，阿根廷、巴西、中国、智利、印度、越南等许多国家都制定了长期的造林计划。

(三)涉及重大民生问题的林业产业迅猛发展

生态与人类的福利息息相关，为人类提供食品、安全、娱乐、环境及景观服务。联合国粮农组织的预测表明，由于诸如中国、印度等新兴经济体需求的快速增长，亚洲和太平洋地区木材产品的生产和消费将会出现较快增长。

林业生物质能源产业发展前景乐观。许多国家出台政策鼓励更多地使用可再生能源，从而使得作为能源来源的木材利用将快速增加，尤其是在欧洲。然而对于人口密度大、土地利用紧张的亚洲和太平洋地区而言，薪材尤为重要，森林用于能源利用，尤其是大规模商业化生产纤维素生物燃料的潜力，将会给林业带来前所未有的影响。

木本粮油产业发展潜力巨大。由于木本粮油林在社会、经济及生态环境方面也有着非常重要的作用，特别是在山区农民脱贫致富、保护生态环境和促进林业可持续发展方面起着特殊重要的作用，各个国家都在努力推进木本粮油产业发展，在提供政策和财政支持的时候给予木本粮油生产部门与农业同等的地位，制定发展规划，建立健全发展机制，使全球木本粮油呈现迅速发展的趋势。

（四）森林更加贴近人们的精神文化生活

随着人们生活水平的提高，参与森林游憩活动已成为现代生活方式的一个重要特征（郑小贤，2001）。森林旅游是以良好的森林景观和生态环境为主要旅游资源，利用森林及其环境的多种功能开展的旅游活动，如观光、度假、避暑、保健疗养、登山、漫步健身、森林浴、露营、烧烤、探奇、文艺、科普教育等，森林旅游业与林业产业体系一、二、三产业之间具有较强的融合能力，从而成为21世纪林业的主导产业，许多国家都把森林旅游经济培育为新的经济增长点。

城市森林将得到迅速发展。随着城市化的进程，大气污染、水体污染、噪声、热岛效应等城市生态环境问题日益突出，影响着人居环境和人类健康。森林对人的身心健康、疾病康复、工作状态、文化休闲、社会交往等都有着非常积极的作用。发展城市林业是解决因城市化而引发的人类生存环境恶化的有效途径。充分发挥森林和树木在改善城市光、热、气、水、土等方面的巨大功能，对于城市居民喝上干净的水，呼吸上清洁的空气，吃上放心的食物，享受舒适的环境具有不可替代的作用，与城市居民的健康福祉密切相关。城市森林建设将成为改善人居环境的重要因素。

（五）科技将成为林业发展强大的推动力

林业科技创新作为社会科技创新的有机组成部分，作用于林业经济生产、再生产的全过程，是动态连续的创新过程。林业科技创新是指在林业生产经营中，采用新的高效、安全的生态科学知识和技术手段及相应的生态经营管理方式，实现持续增长的生产率、持续提高的林业生态环境以及持续利用的林业自然资源，实现林业的高产、优质、高效、低耗，保持人、环境、自然与经济的和谐统一，把林业发展建立在自然环境良性循环的基础之上，从而实现林业可持续发展的过程。根据FAO的分类，林业科学技术体系包括基础和战略研究、应用和适用性研究、成果的采用（FAO，2005）。林业科技创新追求经济、社会发展与良好的生态环境相统一，使经济、社会、生态效益全面提高。各国林业科学研究都将环境和生态问题置于优先地位，如森林生物多样性，水质、土壤生产力和气候变化的关系，退化生态系统恢复和对环境友好技术等，为解决人类面临的全球性问题提供了理论和技术支撑。同时，与国际贸易相关领域的林业应对技术和国际规则研究也得到了长足发展，如国际知识产权规则、基因安全管理、新品种保护的技术性规则、信息技术产品贸易规则等，建立和完善了林产品进出口标准和许可制度。

（六）多功能林业将成为重要的发展理念

改善世界的生态环境需要森林发挥生态功能，生态保护成为各国政府首脑所关注的大事。世界各国普遍把保护森林、发展林业作为从根本上改善生态环境、减少各种自然灾害、控制温室效应、应对气候变暖的一个重要措施。当前，生态保护问题已成为一个重要的国家战略问题。世界经济发展需要森林作为支撑，森林产品是世界商品的重要组成部分，对于改善人民福利、提高经济活力具有重要作用，特别是对于能源和粮油安全的作用更不能小觑，缓解山区贫困、增加就业、满足文化休闲需求等也需要林业来解决。总的来说，发展多功能林业，提供多效益，是未来林业发展的重要方向和要解决的重大问题。多功能林业就是保证一定区域内的森林能够同时发挥多种功能的一种森林经营方式，它代表着当今世界林业发展的最新方向，是林业发展理念的又一次升华，林业先进国家多已步入多功能林业发展时代。

第三节　中国园林发展理论与实践

城市的出现必然伴随着人与大自然环境的相对隔离。城市的规模越大，相对隔离的程度就越高。园林是为了补偿人们与大自然环境相对隔离而创设的"第二自然"。它们在一定程度上能够代替大自然环境来满足人们的生理和心理方面的各种需求。随着社会的不断发展进步，人们的这些需求势必相应地从单一到多样、从简单到复杂、从低级到高级，这就形成了园林发展的最基本的推动力量。

一、中国园林的发展历程

我国的园林发展历史悠久，源远流长，博大精深。如果从商朝的"囿"开始，至今已有三千多年的历史。按照其发展的历史阶段可以分为两大阶段，即古典园林阶段及近现代园林阶段。

（一）中国古典园林

中国古典园林比起世界上同一阶段上的其他园林体系，历史最长、持续时间最长、分布范围最广，是一个博大精深而又源远流长的风景式园林体系。

按照园林基址的选址和开发方式的不同，中国古典园林可分为人工山水园和天然山水园两大类型（李静，2009）。如果按照园林的隶属关系来加以分类，中国古典园林也可以归纳为若干个类型。其中的主要类型有3个：皇家园林、私家园林、寺观园林。除以上3种类型，也还有一些并非主体亦非主流的园林类型，如祠堂园林、书院园林等。此外，还有古代的"陵园"、坛庙和风景名胜区。

1. 发展历程

中国古典园林是在漫长的历史进程中自我完善的，外来的影响甚微。表现为极缓慢的、持续不断的演进过程（张健，2009），并在世界上独树一帜。其全部发展历史可分为5个时期：

（1）生成时期。殷、周、秦、汉时期，这个时期的园林发展虽然尚处在比较幼稚的初级阶段，但却经历了奴隶社会末期和封建社会初期的1200多年的漫长岁月。最早见于文字记载的园林形式是"囿"，时间在公元前11世纪，也就是奴隶社会后期的殷末商初。通常认为，囿的建置与帝王的狩猎活动有着直接的关系；其另一个源头为"台"，即建筑物，关涉通神、望天，还可远眺观景；第三个源头为"园圃"，起初仅为人工栽植蔬菜的场地，百姓更多地在房前屋后开辟园圃，既是经济活动，还兼有观赏目的。囿、台、园圃本身已经包含着园林的物质因素，可以视为中国古典园林的原始雏形。而促成其生成的社会因素则是人们对自然环境的生态美的认识，即山水审美观念的确立。

（2）转折时期。魏晋南北朝时期是中国历史上的一个大动乱时期，也是思想十分活跃的时期。儒、道、佛、玄诸家争鸣。以皇权为首的封建官僚机构的统治在一定程度上被削弱，使民间的私家园林异军突起；佛教和道教的流行，使得寺观园林也开始兴盛起来。这些变化，促成了造园活动从产生到全盛的转折，初步确立了园林美学思想，中国古典园林开始形成皇家、私家、寺观这三大类型并行发展的局面和略带雏形的园林体系，为中国风景式园林发展打下了基础。

（3）全盛时期。中国园林的全盛时期在隋唐时期。唐王朝的建立，开创了中国历史上一个充满活力的全盛时代。从这个时代，可以看到中国传统文化从未有过的宏放风度和旺盛生命力。园林的发展也相应地进入了它的全盛期，作为一个园林体系，其所具有的风格特征也已经基本形成。无论造园技巧还是手法都跨入了一个新的境界，在精致的艺术经营上都取得了辉煌的成就，并开始向中国古典园林的成熟时期迈进。如皇家园林的"皇家气派"已经完全形成，私家园林的艺术性较之上代又有所升华，寺观园林得到了长足发展。除此之外，其他园林包括公共园林，一些小型园林以及街道绿化也都十分出色。

（4）成熟时期。两宋到清初时期，继隋唐盛世之后，园林的发展亦由盛年时期升华至富于创造进取的境地。主要有两个阶段。第一阶段，为两宋时期。其特点是规划设计精致，更多地接近于私家园林。第二阶段，为元、明、清初期。这一时期的皇家园林的规模趋于宏大，皇家气派又见浓郁，并同时吸收了江南私家园林的养分，也为成熟后期的皇家园林建设高潮打下了基础。

（5）成熟后期。清中叶到清末，封建社会由盛而衰，西方文化大量涌入，中国园林的发展亦相应地发生了根本性的变化，结束了它的古典时代。此时园林的发展，一方面继承前一时期的成熟传统而更趋于精致，表现了中国古典园林的辉煌成就；另一方面则暴露出某些衰颓的倾向，已多少丧失前一时期的积极、创新精神。这个时期的园林实物大量完整地保留下来，大多数都是经过修整开放作为公众观光旅游的场所。因此，一般人们所了解的"中国古典园林"，其实就是成熟后期的中国园林。

2. 主要特点

中国古典园林与世界其他园林体系相比，具有鲜明的个性（周维权，1999）。

（1）本于自然、高于自然。这是中国古典园林创造的主旨，目的在于求得一个概括、精炼、典型而又不失其自然生态的山水环境。这个特点在人工山水园的筑山、理水、植物配置方面表现得尤为突出。

（2）建筑美与自然美的融糅。中国古典园林中，建筑无论多寡，性质、功能如何，都力求与山、水、花木这三个造园的要素有机地组织在一系列风景面中，达到建筑美与自然美的融糅，即一种人工与自然高度协调的境界——天人谐和的境界。

（3）诗画的情趣。园林的景物既需"静观"，也要"动观"，即在游动、行进中领略观赏。中国古典园林的创作，能充分地把握这一特性，运用各个艺术门类之间的触类旁通，镕铸诗画艺术于园林艺术，使得园林从总体到局部都包含着浓郁的"诗情画意"。

（4）意境的蕴涵。意境是中国艺术的创作和鉴赏方面的一个极重要的美学范畴。正由于园林内的意境蕴涵深广，中国古典园林所达到的情景交融的境界，也就远非其他的园林体系所能企及。虽然其他园林体系如英国、日本园林，也具有不同程度的意境内蕴，但其深度、广度则远不及中国古典园林。

这四大美学特征是中国古典园林在世界上独树一帜的主要标志，从根本上来说与中国传统的天人合一的哲理以及重整体观照、重直觉感知、重综合推衍的思维方式的主导有着直接关系。

（二）中国近现代园林

中国近现代园林从古典园林的开放和公共园林的建造开始。1840 年是中国从封建社会到半封建半殖民地的转折点，也是我国造园史由古代到近代的转折，公园的出现是明显的标志（张健，2009）。人们把 1840 年以前的园林称为古典园林，而 1840 年以后，则称为近现代园林。

1. 发展历程

（1）鸦片战争后半封建与半殖民地园林。清末上海的外租地，由外商于1868年建造了中国境内第一家所谓的公园——上海外滩公园，但仅仅是对外侨开放，而不许中国人进入游览。1897年，由当时的中国政府在齐齐哈尔市首建沙龙公园。

（2）民国时期园林。民国时期的中国，由于连年战乱，国势不稳定，所以中国城市建设的发展也受到了比较大的影响。尽管这段时期中国的园林事业惨淡，但中国园林受同期西方园林影响，终于由古典园林向现代园林进行转化，这个时期也成为中国园林史中重要的转折期，其新园建设和旧园恢复也有新特点（刘庭风，2005）。

（3）新中国园林发展与建设。1949年，新中国成立后，中国的园林有了新的发展，公共园林成为主流。中国现代园林的发展大致经历了国民经济恢复、"一五"计划、"大跃进"、"文革"和改革开放5个阶段。特别是改革开放以后，随着中国政治、经济、社会、文化的发展，园林事业也得到长足发展（李颖琴，2004）。城市绿地的建设向着个性化、系统化、人性化、规范化的方向发展，规划布局从僵化、单一逐级变得灵活多样，植物种类也从少到多，绿地类型也得到了极大的丰富。

2. 主要特点

（1）私人园林已不占主导地位，城市公共园林、绿地不断扩大，"城市在园林中"已变为广泛的现实（李永雄，1999）。传统园林以封闭性的园为主要形式，现代园林则以开敞的公共园林、城市绿化为主要特征。园林的范畴随着人类对自然认识的加深而不断扩大。

（2）现代园林已不仅仅包括微观的园林设计，如街头绿地、小品等，中观的场地规划，如城市公园、旅游度假区等，而还包括大地景观、大尺度的景观工程等（陈向远，2008）。园林绿化以创造合理的城市生态系统为根本目的，广泛利用生态学、环境科学及各种先进的技术，由城市延展到郊外，与城市外围营造的防护林带、森林公园联系为一个有机整体，甚至向更广泛国土范围延展。

（3）世界各国的造园艺术不断交流与融合，逐渐形成新的园林风格（马浩雷，2010）。园林的生态设计思想促使各地园林更为个性化，园林设计具有更大的灵活性。世界美学规律表明，越是民族的，就越是世界的。中国园林的发展也正体现这一特点，越来越重视本民族园林个性的弘扬和发展，并结合各城市、地区优势打造地方特色园林。

二、中国现代园林的重要思想

1. "中而新"

在1958年建设国庆"十大工程"之际，由梁思成先生提出了"中而新"这一短语，是指设计既要体现中国文化的特色，又要表达新时代的精神，实际上说的是"传统"与"现代"的关系。其本质上关注传统的现代化，是关于中国现代化的大课题，园林的发展也不能脱离这个主旋律（赵纪军，2009）。新中国成立以来，尽管方针政策多有变化，在风景园林的发展中，对"中而新"却有着不懈的追求。改革开放后，在建筑与园林规划设计中发展"中而新"的风格、探索"民族传统"、寻求"文化认同"等等又提上日程。实际上，在新的建设中全然摒弃文化根基，通常不能得到认可。因此虽然这个口号现在已不多见，但是其精神实质，即在新的创造中保有中国自己的文化特色，至今都是各设计行业关注的问题。

2. 大地园林化

1958 年 8 月，毛泽东同志在北戴河提出："要使我们祖国的山河全部绿化起来，要达到园林化，到处都很美丽，自然面貌要改变过来"。同年，党的八届六中全会指出"根据地方条件，都可以大种万紫千红的观赏植物，实现大地园林化"。大地园林化，是指在全国范围内，根据全面规划，在一切必要和可能的城乡土地上，因地制宜地植树造林种草栽花，并结合其他措施逐步改造荒山荒地、治理沙漠戈壁，从而减少自然灾害、调节气候、美化环境，建立起既有利于生产又有益于人民生活的环境。实现大地园林化，既要保护自然、美化大地，又要兴山川草木之利发展生产，提高人民生活水平。绿化是大地园林化的基础，大地园林化是绿化的进一步发展和提高。大地园林化的内容比绿化更丰富多彩，是绿化祖国的高级阶段，其规模和形式是多种多样的，但总的内容是以林木为主体，组成既有色有香、有花有果、有山有水、有丰富生产内容，又有诸多美景的大花园。大地园林化是祖国林业和环境建设的宏伟目标（占磊，2010）。尽管由于历史条件的限制，不可能在短期内在全国实现，但它所具有的科学内涵仍有重要的现实意义和深远的历史意义。

3. 生态园林

生态园林主要是指以生态学原理为指导所建设的园林绿地系统。在这个系统中，乔木、灌木、草本、藤本植物构成的群落，种群间相互协调，有复合的层次和相宜的季相色彩，具有不同生态特性的植物能各得其所，充分利用阳光、空气、土地、养分、水分等，构成一个和谐有序、稳定的群落（陈向远，2008）。从我国生态园林概念的产生和表述可以看出，生态园林至少应包含 3 个方面的内涵：一是具有观赏性和艺术美，能够美化环境，创造宜人自然景观，为城市人们提供游览、休憩的娱乐场所；二是具有改善环境的生态作用；三是依靠科学的配置，建立具备合理的时间结构、空间结构和营养结构的人工植物群落，为人们提供一个赖以生存的生态良性循环的生活环境。生态园林是城市园林绿化工作最高层次的体现，是人类物质和精神文明发展的必然结果。生态园林是继承和发展传统园林的经验，遵循生态学的原理，建设多层次、多结构、多功能、科学的植物群落，建立人类、动物、植物相联系的新秩序，达到生态美、科学美、文化美和艺术美。应用系统工程发展园林，使生态、社会和经济效益同步发展，实现良性循环，为人类创造清洁、优美、文明的生态环境。

4. 低碳园林

哥本哈根气候大会之后，低碳的理念在中国越来越深入人心。低碳经济是一种以低能耗、低污染、低排放为特点的发展模式，是以低碳产业、低碳技术、低碳能源、低碳生活、低碳管理、低碳城市等为表征的经济形态，其核心是提高能源利用效率和创建洁净能源结构。低碳城市已经成为继环保模范城、绿色城市、生态城市、宜居城市等之后的新的发展目标。低碳园林在这一背景下，作为现代园林的新的发展理念应运而生。

低碳园林是资源节约型园林(俞浩萍，2010)，反对园林建设过程中的浪费资源。低碳园林是环境友好型园林，即在创造城市良好环境过程中，更加注重对于场地的重视，注重保护原生自然资源、减少开发对自然状况的影响和恢复场地的自然技能；同时通过增加城市的园林绿地面积，降低城市绿岛效应，有效减缓和适应气候变化带来的危机。尊重自然发展过程，将倡导能源与物质的循环利用和场地的自我维持、发展可持续的处理技术等思想贯穿于景观设计、建造和管理的始终。低碳园林是生态文明时代背景下的新体现。正确处理保护和建设之间的矛盾、强化地域文化和乡土景观特征、发挥园林在快速城镇化进程中的生态平衡作用，低碳园林的建设则可以通过增加绿化面积，提高城市绿化率；减少园林耗能，发展节约型园林；合理选择树种，提高绿化碳汇等方法来实现。

5. 现代大园林理论

我国现代园林的大园林理论是经过传统园林到城市园林绿地系统，再进一步发展而来，经历了园林与城市建筑和城市设施从混合到磨合再到融合3个阶段，逐渐达成了一些共识，孕育了大园林理论。

大园林理论的实质是园林内涵的扩大，使园林从狭隘的造园转入整个区域或城市乃至大地的园林化，是园林与城市的融合，是由园林绿地系统向系统化城市大园林的转化(陈向远，2008)。大园林理论认为，园林应当是对一个区域或城市人居环境(包括自然的和人工的环境)整体的规划和设计，并将重点放在城市开放空间上，用建筑、山系、水体和植物等园林要素，构建具有生态、艺术和使用三大功能的城市大园林。

大园林理论的宗旨是园林生态功能、艺术功能和使用功能的和谐统一，城市建筑、城市设施与园林艺术的和谐统一，人与自然的和谐统一。建立有中国特色的大园林理论，就是要在具有丰富内涵和文化的基础上，研究城市生态和城市开放空间的规划与建设，达到城市规划、建筑设计和园林设计三位一体，创造人性化的、生态的、艺术的人居环境。

三、中国现代园林发展趋势

原始社会的园林雏形是以生产为目的；奴隶社会的园林则是农业活动的产物；封建社会的园林被视为是统治阶级的享乐空间；近代的城市园林特别是西方园林是工业社会的环境改良；我国现代园林的发展经历了曲折的历程，从绿化、美化、系统绿化到现代城市大园林。我国的城市园林已由独立于城市之中、与城市建设逐步渗透，发展到与城市建设相互结合、相互融合的高度。无论是园林的功能、造园思想及手法都有了较大的改变。现代的城市园林表现出更多是大众休闲的公共空间；当前，城市建设的新阶段，则提倡大地园林化、园林城市和生态园林城市等理念。园林的发展将随着社会经济、制度以及人们的意识形态而发展的，表现出人们对物质的需求和精神世界的追求，以及二者统一的趋势理念。

1. 服务功能全面化

园林功能的改变主要表现在其服务对象主要以公众为其服务核心，强调生态功能、景观功能、社会功能兼顾。总体来说，园林的发展趋势便是一个人们由单纯满足物质需求上升到精神享受，再升华到满足人类物质和精神追求、内部与外部环境相协调、人与自然和谐共处的过程。

2. 造园思想生态化

在造园思想认识上，人们对园林绿地系统的认识已从过去把园林绿化当作单纯供游览观赏和作为城市景观的装饰和点缀，向着改善人类生态环境、促进生态平衡的高度转化，向着城乡一体化和大环境绿化建设的方向转化；从过去单纯应用观赏植物，向着综合利用各类植物资源的方向转化。

3. 园林设计人性化

在园林设计方面，现代园林是一个大的综合性的艺术，包括视觉景观形象、环境生态绿化、大众行为心理三大方面的内容。从美学观点出发，依据人类的视觉形象感受要求，根据美学规律，利用空间实体景物创作出赏心悦目的环境形象。强调环境生态，建设足够的绿地和充分绿化，根据自然界生物学原理，利用各种自然及人工材料，创造出令人舒适的良好物理环境。满足大众行为心理的需求，根据人类在环境中的行为心理乃至精神活动的规律，利用心理、文化的引导，创作出使人赏心悦目、积极向上的精神环境。

4. 造园手法综合化

造园艺术和手法上由继承各国传统到艺术交流融合，吸收其他国家园林艺术的精髓，并更多地运用科技元素，体现时代特征。发展模式是一种五结合的发展模式，即传统与现代相结合、科学与艺术相结合、宏观与微观相结合、效益与功能相结合、园林规划与城市规划相结合的新的发展模式。而这一新模式的首要任务是以人为本，为人服务，必须围绕人这个中心来发展建设。建立科学合理的、人与自然的"共生"关系才能获得人类的永存。另外，由于园林已成为城市建设的一个战略重点，所以这一新模式下的城市园林绿地规划及设计应以保护和发展城市的自然资源、改善城市生态环境作为城市园林规划的重点。

第四节　中国林业发展理论与实践

在漫长的历史进程中，中国古代和近代积累了丰富的森林经营思想。与农业文明阶段相适应，中国古代的森林经营思想，主要体现在"天人合一"的森林哲学观，"种树农桑"的森林价值观，"立虞修宪"的森林保护观，"任地养材"的森林培育观，"以时禁发"的森林利用观，这些思想具有生态保护和生态破坏两面性。近代林业思想主要有：晚清时期发展林业以兴实业的思想，民国时期大规模造林以济民生的思想。由于社会不安定、经济落后等原因，近代许多林业思想很难实现。新中国成立后，林业发展理论处在不断地探索和创新之中。从 2003 年至今，以生态建设为主的林业多功能可持续发展理论逐渐成为指导现代林业发展的理论。

一、古代森林经营思想

中国古代是一个很长的历史时期，这里主要指有文字记载以来至公元 1840 年鸦片战争的这段时期。在这段时期，社会经过了奴隶社会和封建社会。人口由夏代的 100 余万左右增至清代道光二十年(1840)的 41281 万余人。森林资源也由远古时期的约 64% 的覆盖率下降到 17%。生态环境也发生了深刻的变化。在长期的生产实践活动中，勤劳智慧的中国人民创造性地提出了内涵丰富而独具东方特色的关于人与自然的关系，以及森林资源保护与经营利用的思想和理论。人们一方面在这些思想和理论的支配和指导之下，从事实践活动，另一方面又在新的实践活动中不断地丰富和修正原有的理论。

(一)"天人合一"的森林哲学观

在林业思想当中，最根本的是森林哲学思想，它涉及人们对森林的基本看法和态度，主要包括回答森林是什么、森林在自然界中的地位怎样、森林与人类是何关系等一系列基本问题。森林哲学观包括在阴阳、五行、儒家、道家等学说之中。

关于森林本体。一种观点认为，森林是神灵。远古时代，由于生产力和科学水平相对低下，人们对自然界的认识和改造能力都是比较有限的。面对五彩缤纷的大千世界，在人们的头脑中产生了对自然现象和超自然力量的崇拜，以及对征服自然的幻想，认为万物皆有神灵主宰。所以，一切自然现象都被人们奉为神灵，原始自然宗教十分盛行。森林资源是人们赖以生存的自然条件，作为森林资源的动植物也被奉为神灵，于是产生了对森林动植物的图腾崇拜。另一种观点认为，森林是自然、是道的体现。这种观点集中见于道家学说中。老子认为："道生一，一生二，二生三，三生万物"（《老子·第四十二章》）。森林属于万物的一种，是由"道"所生的，森林本身体现了"道"。

关于森林在自然界中的地位。在中国传统思想中，自古就把天地万物看成是一个整体，而将人和万物都看作是天地的衍生。森林作为万物之一，在自然万物中占有重要位置，这主要体现在五行学说中。五行学说是从整体上说明世界上各种物质相互制约、相互转化的关系。五行说把世界看作一个复杂的相互联系的整体。战国时期的五行思想，不仅把"木"作为五行之一，而且将"木"列为五行之首。认为木主生，代表生命，与四时、五方联系起来时，木属东方，属春季。由于日出东方，故把东方作为五行之首，如同东岳属于五岳之首一样。因此，木在五行之中居于首要的地位。成熟的五行说，实际上是以木为核心的和谐宇宙生态系统。

关于森林与人类关系。世界万物之间的关系，不仅是一种五行关系，更是一种阴阳关系。人的作用是认识并维护好这种关系，使自然万物"和实生物"、"阴阳和谐"。中国传统的"天人合一"思想，则直接阐明了人与自然界的关系，主张人与自然和谐发展。"天人合一"是我国古代哲学思想的精华，反映了我国古代人民对自然界的根本认识。基于这种认识，儒家提倡伦理道德中的孝道，不局限于人伦，进一步将自然生态保护也纳入其中。在《礼记·月令》中，有许多保护生态的思想，且有一系列制度性的规定，成为指导人们行为的道德规范，对后世产生了重要影响。

(二)"种树农桑"的森林价值观

我国自古以来主张农为邦本，将"农桑"并称、"种树"齐举。古人并非只认识到森林的物质生产功能，而且对森林的生态功能、社会文化功能也有认识。

对森林经济效益的认识。森林和经济林木能持续不断地生产和提供木材、桑蚕、薪柴、果实、野生动物等多种林产品。古代对森林效益的认识主要集中在经济效益方面，在这方面有比较多的论述。管仲认为："山林、菹泽、草莱者，薪蒸之所出，牺牲之所起也。""万乘之国，千乘之国，不能无薪而炊"。这里可以看出管子把山林看作物质财富的来源，它能提供建筑宫室和制作器械的木材、生活中不可缺少的薪炭材以及供祭祀用的野生动物。清代杨屾《豳风广义》："农非一端，耕、桑、树、畜，四者备而农道全矣；若缺其一，终属不足。"这很类似于现代"大农业"的思想，把林业看作大农业的一方面。

对森林生态效益的认识。《管子·度地》提出在堤防上"树以荆棘，以固其地，杂之以柏杨，以备决水。"这是将植树造林与巩固堤防、水土保持联系起来的较早论述。到汉代，人们已经认识到森林具有防水旱灾害的功能，知道了破坏森林会导致自然灾害。贡禹认为"斩伐林木亡有时禁，水旱之灾未必不繇此也"

（《汉书·贡禹传》）。清赵仁基（1834 年）已经正确地认识到长江"水溢"与山林被开垦的密切关系："水溢由于沙积，沙积由于山垦。"关于森林增加多物多样性的功能，古人也很了解。《荀子·致士》："川渊深而鱼鳖归之，山林茂而禽兽归之。"古代虽然没有"生态"一词，但确实已经对森林所具有的多种生态功能有了深刻认识。

对森林社会效益的认识。古人明白，森林有益于人的身心健康。希望健康长寿是人之常情，道教为了寻找人的长寿之道，将寺庙建在林丰水美的"风水"之乡。在风水思想中，强调保护林木，认为"草木郁茂，生气相随"。在"草木繁茂，流泉甘洌"的龙脉保护之下，人们就可以平安长寿，多子多福。中国森林旅游文化传统悠久。春秋时代孔子周游列国，喜欢旅游，认为"仁者乐山，智者乐水。"森林的社会效益还包括，森林树木可以发挥道路标志，田地分界，衬托建筑，表达礼仪，寄托感情，见证历史等社会文化功能和作用。此外，人们在长期与森林树木相依共生的实践中，逐渐形成丰富多彩的具有民族特色的园林文化。

（三）"立虞修宪"的森林保护观

我国历代王朝都很重视山林的保护，不仅设置了相应的机构，配置了专职的官员负责森林的管理，而且还制定了很多法律法规。早在 4000 年前的尧舜时期，我国就出现了最早的林业管理机构——虞。虞的出现对历代政府机构设置产生了深远的影响，直至清朝末年仍被沿用。周代成王时期周公（姬旦）实行官制并制定了各项典章制度，林业管理机构趋于完备。春秋时期管子主张建立山林川泽的管理机构，设置官员，提出"泽立三虞，山立三衡"。秦代在少府下设"林苑"，汉代在少府下设"上林苑"。隋朝在工部之下设虞部，掌管山林川泽的政令。宋朝也是在工部下设虞部，虞部官员为郎中、员外郎等。金元时期未设虞部，山林川泽由工部直接管理。明清时期恢复了虞衡官制，在工部下设虞衡清吏司，并分为水课、陆课。

中国的林业法制思想由来久远。管子是最早主张依法治林的学者之一，他说："山林不救于火，草木不殖成，国之贫也"（《管子·立政》）。因此，他主张"修火宪，敬敬山泽林薮积草"。"修火宪"即加强山林防火的立法，实行警戒。秦代《田律》中记载："春二月，毋敢伐林木山林及雍堤水。不夏月，毋敢夜草为灰，取生荔"。规定了春天二月，不准到山林中砍伐木材，不准堵塞水道。不到夏季，不准烧草作为肥料，不准采取刚发芽的植物等。中国具有森林防火的传统。对火的禁令为古之明训。春秋时期，人们认识到火灾是山林的大敌，将山林田野的禁火作为国策。历代王朝都很重视森林防火，并制定了相应法令予以防范。古代强调野生动植物保护。夏代就有"春三月，山林不登斧斤，以成草木之长；夏三月，川泽不入网略，以成鱼鳖之长"的规定。明清时期在一些特定的地区也实行禁猎政策。保护野生动植物资源是历代王朝自然保护政策的重要内容。

（四）"任地养材"的森林培育观

我国人工植树造林的传统由来久远，《史记·五帝本纪》载：黄帝"时播百谷草木"，帝颛顼则"养材以任地"。我国人民在长期的生产实践中积累了大量的树木分类和植树造林的知识，逐步形成了比较完整的森林培育技术体系。

首先是树木的基础理论得到较大发展。中国第一部诗歌集《诗经》，汇集了西周初期到春秋末期的许多诗篇，其中提到的树木名称有50余种。表明当时已能识别很多种树木，并分类命名。西汉问世的《尔雅》是中国最早的词典，其中有《释草》篇和《释木》篇，明确地把植物分为木本和草本两大类。

其次是林木栽培技术得到较大提高。战国时期的《周礼》强调在生产中贯彻"土宜之法"。这就相当于今天的"适地适树"，采用乡土树种造林。南北朝时北魏末年的《齐民要术》是我国最早的农业百科全书，其中关于林业的篇幅占全书四分之一，可谓中国第一部"造林学"。所记的造林方法有直播法、植苗法、埋条法、插条法、分蘖法等，并首次提出了农林间作法。明清农书对针、阔叶树栽培的理论和技术都做了总结性的论述。《群芳谱》、《农政全书》、《三农纪》等所记杉、柏、油桐、乌桕等栽培法细致而科学，一直流传至今。

古代的人工林经营内容非常广泛，既有公益林建设，又有用材林经营；既有经济林栽培，又有农林牧复合经营，几乎涉及现代人工林经营的全部范围。古代重视公益林的建设。河堤造林是古代公益林的重要形式之一。明代治理黄河专家刘天和所著《问水集》总结了卧柳、低柳、编柳、深柳、漫柳、高柳6种栽植方法。行道树是又一重要形式。周代种植行道树已成为国家制度，《国语·周语》称："周制有之曰：'列树以表道，立鄙食以守路'"。清代总督左宗棠在修筑通往新疆大道的同时，东起潼关，西迄乌鲁木齐，沿途种植柳树，成为史传佳话。贾思勰在《齐民要术》中，首次提出了轮伐法，即"周而复始，永世无穷"。

（五）"以时禁发"的森林利用观

我国人民很早就对自然有了深刻的认识，提倡顺应自然规律，保护自然资源，实现人与自然的和谐。关于森林资源的合理利用，管仲提出："山泽林薮积草，天财之所出，以时禁发焉"（《管子·立政》）。认为："山林虽近，草木虽美，宫室必有度，禁发必有时"（《管子·八观》）。管子主张管制山林，并不是一味追求封禁，而是按照规定的时令开放，让老百姓利用。同时他还以经济手段来保障"以时禁发"政策的推行。

关于自然资源利用的思想，南宋哲学家朱熹将这些思想归纳为"取之有时，用之有节"。所谓"取之有时"就是开发和利用自然资源必须符合时令，尊重动植物生长的客观规律。为此，我国在很早以前就注意到了物候现象，并据此提出了农时律令。《礼记·祭义》记载："树木以时伐焉，禽兽以时杀焉"。说的也是按照时令合理利用自然资源。所谓"用之有节"是指开发和利用自然资源必须要有节制，不能采取掠夺式的行为。《吕氏春秋·义赏》记载："竭泽而渔，岂不获得？而明年无鱼；焚薮而田，岂不获得？而明年无兽。"这种资源利用思想，对后世产生了深远影响，"竭泽而渔"成为脍炙人口的谚语。

二、近代森林经营思想

鸦片战争以后，中国一步步沦落为半殖民地半封建社会。由于帝国主义掠夺和战争毁林，森林资源破坏达到有史以来的最高峰，覆盖率约由 17% 下降为 12.5%，生态环境继续恶化。同时，西方林业思想逐渐渗透到我国，与传统林业思想相结合，对我国林业发展日益发挥重要作用。

（一）倡导发展林业实业

魏源在晚清国内严重危机的形势下，提出了"师夷长技以制夷"的口号，提倡"实学"、"实业"（即农工商业）。在林业方面，他注重研究和介绍国外的森林资源和林业发展情况，开创了学习外国林业的先河。魏源主张学习外国先进林业技术；发展我国的用材林、经济林、花卉业，开展野生动物资源的保护和利用；燃料上的以煤代木；加强林产品加工利用，提高林业经济水平。

近代维新派领袖康有为的《大同书》中含有林业思想。他主张林地的公有制、管理的统筹计划性。他把林业视为农业的一个组成部分。主张全地球的政府设农部，下设农曹、农局、农分局，设置官吏掌管。农分局下设农场，直接从事农林牧渔生产，有计划地科学经营。他强调因地制宜选用优良品种发展生产。他主张发展农林教育，未取得农校考验证书而年逾 20 岁的人不能担任农林官吏和技术员。他强调合理利用山林资源，发展林业，改造沙漠。

（二）重视发挥林业多种效益

在孙中山先生的三民主义理论中包含着深刻的林业思想。1918 年，孙中山写成《实业计划》。他基于对森林重要作用的认识，将发展林业列入他的"实业计划"，主张大规模地造林。他分析中国森林的分布情况，发现北部和中部最缺少森林，水旱灾害严重，提出"于中国北部及中部建造森林"。孙中山先生认为大规模造林是防止水灾和旱灾的根本方法。他指出："我们研究到防止水灾与旱灾的根本方法，都是要造森林，要造全国大规模的森林。"主张发展林业应该进行科学的规划，合理利用土地资源，农林牧矿全面发展。

学术界认为，森林经营管理对于一个国家非常重要，对增加财政、提供工业原料、利用土地、改善生计、获得间接利益等方面有重要关系，振兴林政是中国的当务之急。因为，振兴林政可以减少木料进口，节约银币，且为发展工业提供原材料。振兴林政，可以充分利用荒废的土地资源，增加国家财政。振兴林政，可以扩大就业，解决国民的生计问题。振兴林政，不仅有上述之直接利益，而且森林具有巨大的间接利益。中国发展林业的主要任务就是造林。"我国荒山遍地，极应兼重林业，以利用荒地造林，增加生产，而为复兴农村之一大助力焉。"因此，"提倡造林为当前要政，……造林应以县为单位，连络各乡，使全民参加。"在造林树种选择上，根据中国的国情，主张优先选用经济生态效益兼备的树种。姚传法1944年撰文"《森林法》之重要性"，论述"以法治林"问题。郝景盛1947年著《森林万能论》，论述森林与木材对国家的重要性。

三、新中国林业发展理论与实践

新中国成立后，党和国家领导人对林业和城市园林绿化工作十分重视。毛泽东同志认为："要发展林业，林业是个很了不起的事业。同志们，你们不要看不起林业。""要使我们祖国的河山全部绿化起来，要达到大地园林化，到处都很美丽，自然面貌要改变过来。""一切能够植树造林的地方都要努力植树造林，逐步绿化我们的国家，美化我国人民劳动、工作、学习和生活的环境。"邓小平同志认为林业是一件为子孙后代造福的大事，并倡议发起了影响深远的全民义务植树运动。江泽民同志提出"再造一个山川秀美的西北地区"的宏伟设想。胡锦涛同志说："要牢固树立人与自然相和谐的观念。自然界是包括人类在内的一切生物的摇篮，是人类赖以生存和发展的基本条件。保护自然就是保护人类，建设自然就是造福人类。要倍加爱护和保护自然，尊重自然规律。对自然界不能只讲索取不讲投入、只讲利用不讲建设。"在党的十七大报告中，胡锦涛同志提出建设生态文明，将生态文明作为全面建设小康社会的奋斗目标之一，提出到2020年生态环境质量明显改善。

下面结合新中国成立以来林业发展的三个阶段，分别对相对应的主导理论作简要论述。

（一）以木材永续利用为主的林业

从1949年新中国成立到1978年"三北"防护林工程启动，是以木材生产为主的林业发展时期。在这个时期，林业发展理论从总体上是以强调木材永续利用为主的理论。

新中国成立初期，国家林垦部（后为林业部）领导提出"黄河流碧水，赤地变青山"的奋斗目标。同时强调按照施业案合理经营森林，护林造林育林并举。永续利用森林，造林与伐木保持平衡。此外，还强调发挥优势，发展特种林木；节约木材，合理利用木材。1951年，新中国的林业提出："四大任务：护林、造林、森林经理、森林利用。一条光明的大道：群众路线。一个美丽的远景：无山不绿，有水皆青，四时花香，万籁鸟鸣，替河山装成锦绣，把国土绘成丹青"。全国林业建设的总方针是："普遍护林，重点造林，合理采伐与利用。"

为适应当时国家对木材需要的形势，林业部门领导相继提出了"采育兼顾"的林业思想。认为："正确地在国有林区贯彻社会主义的营林方针，使采伐为森林更新积极创造条件，并尽可能地扩大木材资源利用，这就是党的总路线、总方针在林业事业中的具体实现。"在西北、华北地区，主要任务是"广泛动员和组织全国青年带头开展大规模的造林、育林、护林运动"。在大兴安岭林区，应以木材生产为主。1960年，《关于大兴安岭林区几个问题的报告》说："今后必须坚决贯彻以木材生产为主，适当发展综合利用、多种经营的方针，不能几条战线齐头并进，不能因为搞综合利用多种经营而削弱木材生产战线。"后来，有领导强调："开发大兴安岭林区，不但要把铁路修好，把木材采运出来，还要把育林工作搞好。林木的更新是一个重要问题，要吸取过去的经验教训，采伐方式，应以渐伐为主。"积极提倡"实行采育兼顾伐"。

（二）木材生产与生态功能兼顾的林业

从1978年"三北"防护林工程启动到2003年《中共中央国务院关于加快林业发展的决定》中将以生态建设为主确立为林业发展战略，为木材生产与生态建设并重的林业发展时期。

在20世纪80年代初，学术界曾展开了一次关于森林作用的大讨论。一种观点认为要"确切估计森林的作用"，反对"森林万能论"，承认森林在防止土壤侵蚀、调节河流水量、提供木材和其他林产品等方面的直接作用，而否认森林的另一些作用。另一种观点认为森林在发挥生态功能的同时，还对农业生产、对国土安全、对气象变化、对美化环境等具有多方面的间接保障作用。

在20世纪90年代，林业理论方面相继提出了"生态林业论"、"林业分工论"和"林业两大体系"理论。"生态林业论"认为："生态林业是以生态经济学原理为指导，遵循生态经济复合系统的规律，实施林业综合经营，以发挥森林的多种功能，使生态效益、经济效益、社会效益同步发展，提高林业生产力，达到生态经济总体效益最高，实现资源永续利用的林业"（董智勇，1990）。

"林业分工论"可以概括为"局部上分而治之，整体上合而为一"。具体来说，就是拿出少量的林业用地，搞木材培育，承担起生产全国所需的大部分木材的任务，从而把其余大部分的森林，从沉重的木材生产负担中解脱出来，保持其稳定性，发挥其生态作用。由此，按森林的用途和生产目的，把林业划分为商品林业、公益林业和兼容性林业三大类。这一思想中核心问题是通过专业化分工协作提高林业经营的效率。

林业"两大体系"理论，核心是建立比较完备的林业生态体系和比较发达的林业产业体系。"所谓比较完备的林业生态体系，就是要突破目前我国林业生态环境建设局部，分散整体效益不高的状况，实现我国林业生态体系的系统化、配套化，做到覆盖普及，布局合理，结构稳定，功能齐全，整体效益最佳。""所谓比较发达的林业产业体系，必须是产业门类和产品数量与森林资源的多样性和丰富程度相称的；既有数量又有质量，数量和质量并重、产业规模和产业素质并重的；与市场紧密联结，对内、对外高度开放的；产业结构和产业的组织结构合理有效，能够体现多项目增收，多层次增值的；坚持多产业、多渠道、多形式、多成分开发，一、二、三产业全面发展的；以林产工业为龙头的，以科技为依托的，以效益为前提的；能够持续发展的，富有生命力和竞争力的林业产业体系"（徐有芳，1995）。

（三）以生态建设为主的现代林业

2003 年 6 月，以《中共中央国务院关于加快林业发展的决定》颁布为标志，我国林业发展进入以生态建设为主的现代林业发展新阶段。与此相对应的指导理论是现代林业理论。现代林业是在现代科学认识的基础上，用现代技术装备武装、用现代工艺方法生产、用现代科学管理方法经营管理并可持续发展的林业；是多功能多效益可持续的林业；还有的学者认为，是充分利用现代科学技术和手段，全社会广泛参与保护和培育森林资源，高效发挥森林的多种功能和多重价值，以满足人类日益增长的生态、经济和社会需求的林业。

面对新形势、新任务，国家林业局提出现代林业建设的目标是构建三大体系，即完善的林业生态体系，发达的林业产业体系和繁荣的生态文化体系。认为，现代林业是在科学发展观的指导下，体现现代社会主要特征，具有较高生产力发展水平，能够最大限度拓展林业多种功能，满足社会多样化需求的林业。其总体要求是，用现代发展理念引领林业，用多目标经营做大林业，用现代科学技术提升林业，用现代物质条件装备林业，用现代信息手段管理林业，用现代市场机制发展林业，用现代法律制度保障林业，用扩大对外开放拓展林业，用培育新型务林人推进林业，努力提高林业科学化、机械化和信息化水平，提高林地产出率、资源利用率和劳动生产率，提高林业发展的质量、素质和效益（江泽慧，2008）。要坚持把生态文明作为现代林业建设的战略目标；坚持把解放思想作为现代林业建设的重要前提；坚持把深化改革作为现代林业建设的根本动力；坚持把加强森林经营作为现代林业建设的永恒主题；坚持把兴林富民作为现代林业建设的根本宗旨。

"森林进城"是现代林业发展的一个重要标志。随着城市化进程的加速，现代城市森林文化表现出方兴未艾之势。城市林业是以城市的快速发展及其所衍生的经济、社会、生态现象为背景和动因的。林业作为生态建设的主体进入城市，是中国城市建设者的理性选择。改革开放以来，伴随着我国经济的迅速发展和农村城市化进程的不断加快，传统城市的规模不断扩大而成为大城市或超大城市，黄河三角洲、长江三角洲、珠江三角洲的城市群逐步形成，中国迎来了历史上最大的城市化发展新时期。城市化为中国的城市林业建设提供了前所未有的挑战和机遇。

城市森林研究取得可喜进展，提出了"一个理念、三个转变"的发展设想。"一个理念"就是城市要"林网化和水网化"。实际上这也是继承和发展我们国家过去的"山水园林"。"三个转变"：一是由注重视觉效果、美学效果转变到注重人的身心健康这个轨道上来。二是要从过去注重绿化建设用地面积的增加向提高土地空间利用率转变。三是要从集中在建成区的内部绿化美化向建立城乡一体的城市森林生态系统的转变。

到目前，我国不少城市对城市森林建设的重要性、紧迫性有了空前高度的认识和重视。从 2004 年开始我国已经连续举办了四届"中国城市森林论坛"，目前已有 6 个城市获得了"国家森林城市"的称号，越来越多的城市正积极加入创建行列。2005 年，北京将城市发展目标确定为"国家首都、世界城市、文化名城和宜居城市"，在"宜居城市"理念的指导下，加快了城市森林建设步伐。2007 年，杭州市也提出了充分考虑环境生活品质的"生活品质之城"目标。上海市投巨资实施"大树引进工程"，对城市生态环境进行改造，在宽阔的外环路外侧建设 500m 宽的外环林带，市中心集中建 3000m^2 以上的街头绿地和以高大乔木为主的绿化大道，并同步建设沿海防护林，开展滩涂和河道绿化。长沙市发挥文化优势，按照"两轴、两圈、四带、五廊、五楔、八园"的工程规划，投巨资打造森林城市，充分体现了"山水洲城"和"西文东市"的特色布局。当然，在城市林业迅速发展的同时，抑制和阻碍中国城市林业发展的因素仍然存在。

中国城市林业政策法规建设取得显著进展。目前，中国城市森林建设和城市绿化相关政策法律主要有：《中华人民共和国森林法》、《中华人民共和国环境保护法》、《城市规划法》、《城市绿化条例》（1992）、《城市古树名木保护管理办法》、《国务院关于加强城市绿化建设的通知》（2001）等。此外，还有许多地方性的城市绿化法律法规，比较典型的如：北京的《城市绿地植物种植的若干意见》、《北京市绿化补偿费缴纳办法》；《上海市闲置土地临时绿化管理暂行办法》、《上海市环城绿带管理办法》、《天津树木移栽审批规定》等，这些法规对于加强城市绿化建设起到促进作用。

第五节　国内外园林绿化发展对北京的借鉴与启示

经过对国际、国内园林和林业发展理论、发展模式与发展趋势的分析，结合北京市园林绿化发展实际和需要，认为国内外的城市园林绿化在强调林园一体化发展、重视生态功能、发挥科技支撑作用、增进人文服务功能等方面对北京市园林绿化事业有着重要的借鉴和启示作用。

一、推进林园一体，满足城市发展对园林绿化的新需求

随着市民需求的日益多样化，林业和园林一体化发展正在成为国内外发达城市园林绿化和生态建设的共同趋势。

传统的园林以城区为主战场，通过运用工程技术和艺术手段，采取改造地形（或进一步筑山、叠石、理水）、种植树木花草、营造建筑和布置园路等途径，创造人工景观和游憩境域，包括庭园、宅园、小游园、花园、公园、植物园、动物园等，是城建的重要部门之一。随着社会的进步、人们认识水平的提高，对良好生态的需求越来越强烈，林业在许多方面呈现出园林的特点，园林也体现出了林业的特点。随着园林学科的发展，森林公园、风景名胜区、自然保护区或国家公园游览区和休养胜地，也被纳入园林的范畴。园林正在从城区向城郊、乡村延伸，园林的生态化已经成为世界性的发展主流。越来越多的园林建设都要求人与大自然高度协调。生态化是现代园林进行可持续发展的根本出路，是21世纪社会发展和人类文明进步不可缺少的重要一环。强调把林业经营的思想精华纳入，体现在城市园林的创造中，满足人们的生态、休闲、游憩和观赏的需要，使人、城市和自然形成相互依存、相互影响的良好生态系统。这两个方面的变化充分说明，森林进城、园林下乡，实现林园一体化已经成为一种必然趋势。北京市作为全国较早将林业和园林系统合并的地区，在林园一体化的发展中走出了坚实的一步，这是符合全球林业和园林发展方向的重要举措。

林业的内涵和发展目标也在不断地升华。传统的林业以山区为主战场，是通过培育和保护森林，以取得木材和其他林产品的生产部门，包括造林、育林、护林、森林采伐和更新、木材和其他林产品的采集和加工等，是国民经济的重要组成部分。林业不仅担负着提供国民经济所需的多种林产品，还要发挥林木的自然特性，提供涵养水源、保持水土、防风固沙、调节气候、保护环境等生态服务。按照森林可持续经营思想的要求，在注重木材生产的同时重视发挥生态和美学效益，以园林的角度来审视和升级改造森林正在日益成为公众对林业发展的需要，这使城市林业蓬勃兴起和迅速发展。林业正在从城外逐步向城内延伸，增加城区绿量和厚度已经成为国内外城市建设的共同追求，也成为林业担负的重要任务。

森林进城、公园下乡，实现林园一体化，将是推进城乡一体化的重要形式。城乡二元结构是城乡生产和组织发展不对称的产物，是发展中国家普遍存在的一种现象。长期以来，由于计划经济体制的影响，我国的城乡二元经济结构比一般发展中国家更为突出。城乡之间不仅在经济发展、居民收入等方面存在较大的差距，而且在环境整治等社会公共事业方面也存在着不平衡、不协调。党的十七届五中全会提出，要"统筹城乡发展，积极稳妥推进城镇化，加快推进社会主义新农村建设，促进区域良性互动、协调发展"；要"加强农村基础设施建设和公共服务"，"开展农村环境综合整治"，"建设农民幸福生活的美好家园"。北京市作

为率先推进城乡一体化的地区，必须在园林绿化规划、建设、管理的各个环节加大改革力度，着力形成统筹兼顾、全面协调的均等化发展格局，全面提升城乡绿化美化水平。

推进林园一体化，首先要求从生态系统管理角度统一规划园林绿化建设。综合森林和园林的特点，在合理分工的基础上，按照园林生态化与森林景观化的要求，对森林和园林进行统一规划、建设，努力实现森林和园林的多种功能持续发挥和效益的最大化。将城市区域性生态绿地系统作为城乡一体化规划的核心内容。在规划布局上，以公共绿地、居住区绿地、防护林、生产性林地、国家森林公园、自然风景区等为主体，在市区、近郊、远郊、组团之间以及城郊结合部形成点、线、面结合的区域性城市绿地网络体系。

其次，形成统一协调的园林绿化经营技术体系。当前许多绿地形式单调、功能单一、维护投入大，而重景观、轻生态的现状却远未改变，严重影响了城市绿地系统的建设和发展。城市园林绿化和城市林业在区域性城市绿地系统的研究实施中各有所长，又有着很强的学科交叉与互补背景，将两者经营和技术上的措施相互融合，林业与园林相互吸取经验，形成分类经营的大园林经营格局。

第三，在管理体制上实现一体化管理。绿化行政部门、林业部门及相关的绿化委员会，实现城市园林绿化和城市林业的一体化，并具有顺畅高效的管理机制。正视园林与林业两个部门、两门科学、两个学科区别，以及两部门人才结构、专业知识、业务素质、思维方法、工作方式的不同之处，更好地尊重、帮助并协调专业人员，不仅仅是在管理机构上适应合并，更要在专业技术的充分发挥上、才华能力的全面施展上、人际关系的融合融洽上得到全面适应，优势互补，大大提高生产效率。

第四，探索实现园林绿化功能多样化。多功能森林经营代表着当今世界林业发展的最新方向，它要求发展林业要兼顾生态服务、景观美化、休闲娱乐等功能，这是林业发展理念的又一次升华。发达国家多已步入多功能林业发展时代，追求"模仿自然法则、加速发育进程"，按照自然规律，促进森林生态系统的发育，通过利用自然力关注乡土树种，促进形成异龄、混交、复层结构等园林绿化手段，发挥园林绿化的多种效益。对于北京而言，需要在区域层次上考虑区域特点和发展限制，统一制定园林和林业发展规划，确定发展的方向、规模、重点、途径和利用限制，形成区域性发展政策和实用技术。在经营单位(林业局、林场)层次上，要更加注重协调经济、生态和社会效益，以及近期和长远、局部和全局效益，在维持园林生态功能的前提下充分发挥生产和社会功能，在编制切实可行的发展规划和经营方案等关键环节上大胆创新。

21世纪是绿色的世纪，园林绿化在首都经济社会发展中的地位和作用越来越突出。在着力打造世界城市、建设"三个北京"的新时期，必须紧紧围绕科学发展这一主题，不断优化发展环境、促进经济增长、推进城乡统筹、建设绿色北京，更新理念，创新模式，努力推进北京园林绿化事业的又好又快发展。

二、坚持生态优先，强化园林绿化建设的生态功能

坚持以生态建设为主、全面发展多种功能的园林绿化可持续发展道路，已成为现代林业和现代园林发展理论的核心。由于理论产生的背景、服务的对象不同，古代传统林业理论一般注重解决木材生产中的可持续性和效益最大化问题，如中国传统的种树农桑、以时禁发学说，新中国成立以来的森林永续利用理论等。而近现代以来，随着生态问题的日益突出，林业发展理论除了兼顾到木材生产之外，更主要的是研究如何最大限度地发挥森林的生态、经济和社会效益。尽管各种理论的具体提法不同，但共同点是普遍强调发挥森林的生态和社会功能。

坚持生态优先，是现实的迫切需要。加强生态建设，维护生态安全，是21世纪人类面临的共同主题。全面建设小康社会，加快推进社会主义现代化，必须走生产发展、生活富裕、生态良好的文明发展道路，实现经济发展与人口、资源、环境的协调，实现人与自然的和谐相处。森林、湿地、绿地是北京市生态系统的主体，对于改善北京及周边地区生态环境具有重要作用。随着北京人口增多和人们生活水平的提高，社会经济发展与资源环境的矛盾还会更加突出。如果不能有效地保护生态环境，不仅无法实现经济社会可持续发展，而且可能引发严重的社会问题。全市人民的生态需求将日益高涨，北京园林绿化工作在生态建设方面需要进一步加强。

坚持生态优先，是世界的普遍选择。世界城市作为国际大都市的高端形态，对园林绿化不仅有量的要求，而且更加注重质的提升。当今世界一流的现代化国际大都市，无一不是森林覆盖、古树参天、环境宜人，而且都是生态型的园林城市和森林城市。美国华盛顿森林覆盖率为33%，俄罗斯莫斯科森林覆盖率为35%，日本东京的森林覆盖率为37.8%，意大利罗马的森林覆盖率为74%，加拿大渥太华的森林覆盖率为35%，瑞典斯德哥尔摩的森林覆盖率为66%，德国柏林的森林覆盖率为42%，奥地利维也纳的森林覆盖率为52%。如果仅从森林总量看，北京已经在世界主要发达国家首都中处于中等偏上的水平，但如果从森林的结构、质量、分布均衡性等方面看，特别是在园林绿化建设的精细水平上，北京还存在着不小的差距，需要做的工作还很多。

坚持生态优先，是对传统思想精华的传承。自然是园林设计取之不尽、用之不竭的源泉。中国传统园林所追求的天人合一思想，在于寻求人与自然的和谐共存。自然文化是中国园林的核心与精华所在。所谓"虽由人作、宛自天开"，就是强调按照自然的客观规律来造园，要以自然景物为主体，更要强调人对自然的深刻认识和艺术再现。这是传统园林中生态思想的体现。人类社会经过近百年来的飞速发展，对自然界破坏的后果已经越来越残酷地作用于人类自身。因此现代园林愈加注重坚持贯彻生态优先、师法自然的原则，突出强调生态效益。可持续

发展已不再仅仅是一个经济概念，更重要的是文化概念，是生态伦理概念，其核心是人与自然环境的伦理关系。特别是北京这样一个人口密集、城市化水平较发达的地区，其承载的环境压力也更加繁重。借鉴中国传统园林的生态哲学理念，北京应继续加强其生态园林建设，拓展生态文化内涵。

园林绿化建设的生态优先，其实质是更加重视城市森林建设。在城市森林建设方面，北京具有良好的基础和广阔的前景。我国城市森林建设起步较晚，基础薄弱，与发达国家相比建设水平偏低，与党中央、国务院提出的建设和谐社会与生态文明的目标以及广大人民群众的迫切需求相比还有很大差距。中国城市林业建设的战略目标是，按照建设生态文明城市的战略要求，建设以林木为主体，总量适宜、分布合理、植物多样、景观优美的城市森林生态网络体系，实现"空气清新、环境优美、生态良好、人居和谐"的战略目标。需要各级党委和政府、相关部门组织和动员广大群众扎扎实实做好各项工作，付出长期不懈的努力。

一是高度重视，建立齐抓共管的工作机制。加快城市森林建设，领导是关键，关键在认识。最重要的是，各级党委和政府领导要提高对城市森林和生态建设重要性的认识，把城市森林建设作为增强城市竞争力、提高城市宜居水平、保障市民身体健康的重要途径。将城市森林建设置于城市生态建设的首位，建立齐抓共管的新机制。林业部门在城市森林建设中要发挥主力军作用。

二是结合实际，制定科学的城市森林建设规划。城市森林建设是城市基础设施建设的重要内容，是一项复杂的系统工程。为了有效改善城市生态环境、提升居民生活品质、统筹城乡绿化协调发展，城市森林建设必须有一个科学的规划。将制定科学的城市森林建设规划作为一项重要的工作抓紧抓好。确保城市森林建设规划的科学性和实践性。规划制定之后，重在认真落实。

三是健全法规，努力使城市森林建设规范化、制度化。适应新形势下城市森林城乡一体化建设和管理的需要，建立和完善城市森林建设的政策法规，使城市森林建设逐步走上制度化、经常化和规范化的轨道。在国家层面应进一步完善关于城市森林建设的法律。国家林业主管部门要进一步完善有关城市森林建设和管理的政策规章和评定标准。各地可以根据实际情况先行制订自己的城市森林法律法规，把城市森林建设列入城市基础建设。

四是体现出继承、综合、创新。北京园林绿化建设，关键在于提高生态功能和效益。中国传统园林突出"写意"的表现手法，但基于其特定的背景，往往适合于规模相对较小的庭园，与传统建筑的体量与形式都十分协调。然而在现代城市中，不仅高楼大厦林立，而且园林绿地规模增大，传统的庭院式园林与现代城市环境显然难以协调，简单地将传统园林放大成公园，也失去了中国园林的意境和品味。在现代化城市中，随着道路、建筑和材料的现代化，中国园林也必须采用现代化的营建手段。全盘否定中国传统园林和全盘西化的态度，都是不可取的。同时，由于交通条件的改善，现代人融入真山真水比古人便利许多，而且真山真水的尺度、气势与丰富性是假山假水所无法比拟的，在传统山水园林形式的运用越来越受到限制的情况下，一味地抱着传统园林形式紧紧不放，并不利于中国现代园林的发展。需要的是从传统园林的造园思想和表现手法中汲取有益的启示和帮助。传统园林设计的要旨之一在于充分利用地域的自然景观和人文景观资源，再现地域的自然景观类型和地域文化特色。对地域性景观的深入研究，因地制宜地营造适宜大环境的景观类型，是现代风景园林设计的前提，也是体现其景观特色的所在。但关键在于继承因地制宜的思想，而不是形式本身。

北京园林绿化在提升生态功能方面有着巨大潜力。据国家林业局《中国森林资源报告——第七次全国森林资源清查》（2009），北京市的乔木林单位面积蓄积量仅有每公顷 29.2m³，远远低于每公顷 85.88m³ 的全国平均水平。《中国森林生态服务功能评估》（2010）显示，北京市单位面积森林的水源涵养能力在全国 31 个省（直辖市、自治区）中排名第 28 位，单位面积森林的保育土壤能力排名第 25 位，单位面积森林的固碳能力排名第 10 位，单位面积森林的释氧能力排名第 23 位。在园林建设方面，在城乡结合部、远郊区等仍有尚未延伸、覆盖的部分，既有的森林、湿地、绿地的经营管理相对粗放，精细程度有待提高，提升生态功能有很大空间。

三、依靠科技进步，提高园林绿化建设的质量效益

运用科技力量发挥好园林的产业功能也不容忽视。在分类经营条件下，选择适宜地区形成产业经济区和经济带，对商品性人工林采取集约经营的方式，创造适宜宽松务实灵活的政策环境，增加科技和物质投入，延长产业链，优化三次产业的结构，提高产出率和经济效益，增强产品在国际国内市场的竞争力，满足社会对木材等林产品的需求。

北京城市土地资源十分宝贵，为了在有限的城市森林建设用地上，最大限度地发挥森林的多种功能和效益，就必须以先进的科学理念为指导，充分运用现代技术手段，通过集约化经营管理等措施，努力追求城市森林生态系统质量和效益的最大化。北京市园林生产力水平有待挖掘，科技创新能力不足，生态环境压力迫切需要园林科技创新提供支撑。在系统评价现有园林科技创新体系的作用和不足的基础上，建立起符合发展现实的科技创新体系和评价指标体系，强化园林科技创新投入结构的优化，不断加强对园林绿化科技创新的资金投入，并不断完善园林绿化科技创新的机构设置，从宏观上把握全局，掌握园林绿化科技创新内在的相互联系和外在的彼此影响，便于在决策中统筹兼顾，协调发展。

有效发挥科技的作用，园林绿化有很大的潜力。世界各国普遍重视发挥科技手段在园林和林业中的作用，在理念创新、技术创新等方面做了大量的工作，全球林业和园林科技不断进步，科技进步贡献率不断提高。从森林经营的角度来看，实行森林的多目标经营、多功能综合利用必须依靠科技。尤其是森林资源的

配置，林业新品种的选育，对于天然林和各种公益林的可持续经营，人工林的培育和经营，城乡人居林的建设，自然保护区和生物多样性保护，林产品的加工利用，林业信息技术以及相关政策机制等，都是重要研究领域。在这方面，自然科学必须与社会科学相结合，提出切实可行的方法，使森林的整体效益尽可能实现最优。

科技手段将极大提升北京园林绿化建设的水平。北京市拥有 1.6 万 km² 的土地面积，常住人口达 1700 多万人。而同样作为国际大都市的东京，土地面积约为 2100 多 km²，人口 1200 多万人；纽约的总面积约为 1200 多 km²，人口 810 多万人；伦敦的面积为 1580km²，人口为 710 多万人。相比之下，北京建设世界城市的难度将会更大。因此，北京的园林绿化必须在进一步加强量的扩展的同时，以世界标准打造精品，必须始终做到"高起点规划、高标准设计、高质量建设、高效能管理"。首先，工程规划设计要体现精品意识，注重合理搭配植物材料；在建设施工中，要建立园林绿化建设管理、质量监督、协调配合等工作机制，严格加强招投标、工程监理和质量监督。同时，坚持绿化建设与养护管理"两手抓、两促进"，强化科技支撑，涌现出了一大批精品工程和亮点工程。

首先，要完善创新机制，科技武装园林。要加强多功能园林的基础和应用研究，大胆创新园林规划和功能利用技术，并注重传统经验的收集提炼和集成创新，尽快形成实用模式加以推广应用。切实加强知识产权保护，积极营造良好的知识产权法治环境、市场环境、文化环境，大幅度提升知识产权创造、运用、保护和管理能力。加快促进科技与经济的有机结合，鼓励和支持企业及生产单位与科研单位、高等院校组建利益共享、风险共担的创新战略联盟，让科技创新成果尽快地转化成现实生产力；充分发挥企业在自主创新中的主体作用，大力推动产、学、研结合，完善鼓励企业增加研发投入的机制，推进科技成果产业化；充分发挥政府在自主创新中的主导作用，加强和改进科技宏观管理体制，营造有利于科技创新和人才成长的政策环境；充分发挥市场在配置创新资源中的基础性作用，激发企业和全社会的创新活力；在森林防火、园林监控、造林技术、森林经营等方面大量使用现代科技手段和装备，为园林发展提供保障，同时在林产品加工业的发展方面，以现代信息化和自动化手段加以武装，提升产业竞争实力和经济效益。

其次，要培养园林绿化创新人才。人才资源是第一资源，培育和造就一批能够站在园林科技发展最前沿、具有独创精神的园林科技创新人才，是实现"科教兴林、人才强林"战略的关键。要加大优秀拔尖科技人才的培养力度，坚持在创新实践中发现人才、在创新活动中培育人才、在创新事业中凝聚人才，依托国家重大人才培养计划、重大科研和重大工程项目、国际学术交流和合作项目，努力培养一批德才兼备、国际一流的科技尖子人才，特别是要抓紧培养造就一批中青年高级专家。通过加强重点学科、重点实验室建设和组织实施重大项目，培养造就一批科技领军人物、战略科学家和国际知名专家。要加快培养和建立城市园林绿化建设的科研队伍，加强创新团队建设，紧密结合国家重大专项和重大或重点项目的实施，带出一批团结协作、实力强、素质高的创新团队。要切实加强基层实用人才和高技能人才队伍建设，重点加强基层园林科技骨干和从业人员专业技能培训与后备人才的培养选拔。优化学术环境，营造创新氛围。推进科技创新，需要有良好的学术环境和浓厚的学术氛围。创新需要相互交流、相互切磋，才能启发出新思维、碰撞出新火花。学术的评价、学术的标准、学术上的分歧，所有学术上的问题只有依靠学术共同体才有可能得到解决。要努力营造鼓励人才干事业、支持人才干成事业、帮助人才干好事业的社会环境，形成有利于优秀人才脱颖而出的体制机制，最大限度地激发园林科技人员的创新激情和活力，提高创新效率，特别是要为年轻人才施展才干提供更多的机会和更大的舞台。开展广泛的国际交流与合作。

第三，要在实践中注重科技运用。北京更应发挥其在科技、人才等资源的优势，运用新的技术、装备及素材，提高首都园林的质量，在园林绿化中体现科学技术的不断壮大。中国传统园林中惯用的山石、小品和木结构建筑等造园元素或因材料难觅，或因功能丧失，导致精湛的技艺大多失传。而在现代园林中，那些钢筋混凝土仿古建筑和人工塑石大多比例失调，难以乱真，显得粗制滥造。这类刻意模仿照抄古典园林的作品其实并不利于中国传统园林的传承，甚至起到相反的效果。中国传统园林虽然受到历史条件的限制，但其造园技法一直是在不断更新与进步，现代园林应借助日益先进的科技资源不断创新和提升。

四、培育绿色文化，突显园林绿化建设的人文特色

满足人类福利是世界园林和林业发展的重要目标，园林绿化通过强化绿色生态文化建设促进人与自然和谐发展。园林越来越贴近人们生活，保障居民交通的生物质能源产业、保障粮油安全的木本粮油产业、提供休闲娱乐的森林旅游产业将受到青睐，这对于世界经济的平稳发展，社会的稳定及人居环境的改善等也具有重要作用。建设完善的生态体系，发达的产业体系，繁荣的生态文化体系是现代园林的历史使命和重要任务。生态文化是解决园林绿化发展中经济与生态矛盾的需要，生态文化可以缓解社会压力，平复社会心理，弘扬社会主流思想，为园林发展提供内在动力，是强化全社会生态文明观念的主要途径，是影响政府决策和人们行动的深层次因素，也是推动园林发展的核心要素。

首先，要不断推进园林绿化理论创新。在我国历史的不同时期和全国各地都积淀形成了符合各地特点的森林文化和生态文化。森林文化在本质上体现了人们关于森林的价值观念和行为方式。林业理论是森林文化的理论表现，凡是林业发达的地区或时期，大都属于森林文化比较繁荣、林业理论比较科学并得到推行的地区或时期。因此，为了指导现代林业和园林发展，我们应该结合实际更加重视

森林文化、园林文化建设，不断推进园林绿化发展理论的创新。

其次，面向大众谋划园林绿化建设。中国传统园林是在长期封闭的社会状况下，主要是在皇家和私家领域里逐渐走向成熟和完善的，是人们在相对较小的环境中仔细把玩的园林形式之一。园林对周围环境的影响甚少，这便决定了中国古典园林的封闭性和私密性。这与时代的要求和现代人的生活方式有着较大的差距，现代园林服务的主要人群是普通的人民大众，这便要求现代的园林要具有开敞性和大众性。虽然传统园林具有其时代的局限性，但无论是皇家园林、私家园林还是寺庙园林等各种类型的园林都在极大程度上满足了其服务对象的身心需要，都体现了以人为本的设计理念。现代园林面向广大民众，自然应该更加迎合民众对园林功能的各项需求，包括其景观功能、生态功能及社会功能等。尤其北京作为中国首都在国内乃至世界的特殊位置，其在政治、经济等各方面的影响，因此首都园林更应体现以人为本的内涵。

第三，保护好珍贵的园林文化遗产。中国卓越的园林文化遗产同样是宝贵的财富。由于中国古典园林意境蕴涵深广，所达到的情景交融的境界，也就远非其他的园林体系所能企及。对于西方园林的内涵苍白这一点，在中国古典园林中表现得淋漓尽致，更值得发扬。中国园林区别于世界上其他园林体系的最大特点就在于它不以创造呈现在人们眼前的具体园林形象为最终目的。它追求的是表现形外之意，象外之象，也就是所谓意境。它通过设计者对自然景物的典型概括和提炼，赋予景象以某种精神情感的寄托及文化的体现，然后加以引导和深化，使观赏者在游览观赏这些具体的景象时，触景生情，产生共鸣，激发联想，对眼前景象进行不断的补充与拓展，感悟到景象所蕴藏的情感、观念，甚至直觉体验到某种人生哲理，从而获得精神上的一种超脱与自由，享受到审美的愉悦。现代人生活节奏快，不可能像古人一般整日赏花饮酒，闲情雅致，也不会产生那么多丰富的情感。但作为社会整体的一员，必定时刻与周围的一切产生联系。好的园林景观也应以能激发人的情感为基础，令人体会文化与哲理的审美，从而产生更多的共鸣。北京作为面向全国及全世界的国际型大都市，其园林应是世界的、是中国的，同时也应该体现北京特有的文化内涵。北京的园林绿化中应反映首都特色，体现首都文化之新、之厚、之醇、之融。

第四，北京园林绿化建设应该中西合璧、多元融合，彰显园林的东方文化魅力。建设世界城市，不仅要使北京具有世界一流的经济力量，更重要的是要打造北京独特的环境和文化软实力，彰显东方文化和古都特色的无穷魅力。北京丰富的园林文化遗产，在经历了历史上的兴衰浮沉之后，正与古都一起重新焕发出青春活力。在北京向现代化国际大都市迈进的过程中，古典园林无可替代的重要价值和社会功能日益显现。纵观世界上的现代化国际都市，大多拥有悠久的历史、灿烂的文化。北京作为具有深厚文化积淀的文明古都，更应成为弘扬中华民族优秀文化，推动中外文化的交流与融合的典范。北京古典园林既是物质财富，又是精神财富，是中国古代文化最形象的模型，它包含的内容涉及文化的所有层次——物态层的文化、制度层的文化、心态层的文化，不但鲜明地反映出中国古代宗法制度、宇宙观念、人格理想，而且其艺术方法发展、成熟、衰变的过程。北京古典园林是物化了的儒、道、佛等中国传统文化思想的总汇，涵纳了多民族文化，体现了中国自然与人文领域里的众多科学、艺术成就。改革开放三十多年来，北京与世界的距离越来越近，国际化程度越来越高，许多外来文化元素已经融入北京人的生活，在城市建设乃至园林绿化中，无不体现出中西合璧、多元融合的特色，为古老的北京增添了现代气息。2008年的奥运圣火，引领204个国家和地区的人们跨越地域、民族、宗教以及政治制度的界限相聚北京，让世界人民亲历一个热情、开放、真实的中国，一个奥林匹克文化与中华文明相互理解、相互融合的对话，同时也感受到首都北京融入世界大舞台的自信身影。园林绿化不仅是生态建设，也是一种艺术创作。既有科学的属性，同时也有文化艺术的属性。作为艺术品，艺术特色是其生命。在北京大园林建设中，要加强古典园林与现代城市绿地系统的结合，创造具有北京特色的园林绿化风格。要注重对体量、形式、风格、色彩等方面的控制，将园林绿化与自然背景和地方文化元素有机结合，形成中西合璧，古今共生，多元文化交融的城市总体风貌。

第四章 生态园林、科技园林、人文园林的发展理念

北京园林绿化事业经过"十一五"期间的跨越式发展，已基本实现了由追求数量增长向重视质量提升的历史性突破。在新的起点上推进首都园林绿化事业又好又快发展，要求谋划新思路、推出新举措、实现新发展。2009 年，北京市园林绿化局按照建设"人文北京、科技北京、绿色北京"的总体要求，紧密结合首都园林绿化工作的实际，在认真总结"绿色奥运"宝贵经验的基础上，进一步提出了"坚持科学发展，实施精品战略，努力建设生态园林、科技园林、人文园林（以下简称'三个园林'）"的发展思路。这个思路的提出，充分体现了北京园林绿化事业与当今世界林业园林发展规律和发展趋势的协同性，体现了与首都科学发展方向的一致性，体现了与以往发展思路的衔接性，也充分体现了园林绿化发展的时代性，对首都园林绿化事业的发展具有重要的指导意义。

第一节 "三个园林"理念的形成

深入了解"生态园林、科技园林、人文园林"理念的由来，是准确掌握其概念和内涵的一个重要先决条件。"三个园林"理念不是凭空产生的，而是北京市园林绿化局在全面审视国际国内普遍关注生态环境、呼唤生态文明的时代背景下，用科学发展观、可持续发展理论为指导，继承和发展 2008 年北京奥运会的"绿色奥运、科技奥运、人文奥运"的三大理念，以及奥运会之后北京市委、市政府相继提出的建设"人文北京、科技北京、绿色北京"的新时期首都发展战略，发扬与时俱进、开拓创新的精神而总结提出的。

一、国际、国内形势是"三个园林"理念形成的实践基础

北京"三个园林"理念的形成，深受国际、国内形势的影响。世界范围内经济全球化不断加深，人类可持续发展问题、生态环境问题备受关切，生态、绿化、集约、低碳成为时代主旋律等宏观形势，是该理念产生的大的时代背景。

（一）改善生态环境成为当今世界空前关注的重大问题

从国际来看，随着工业化、城市化、市场化进程的不断加快，全球生态环境

日趋恶化，引起国际社会的空前关注。特别是进入21世纪，城市规模的迅速扩大、居住人口的大量增加、生态环境的压力持续加大，成为全世界大城市面临的一个共同特点。在这个背景下，实现绿色发展、低碳发展、循环发展和可持续发展，携手应对气候变化、促进节能减排、改善生态环境等重大举措层出不穷，世界各国以前所未有的姿态强力推进在生态环境领域的全球合作。在这个进程中，加快城市森林和园林绿化建设，建设生态结构合理、生态服务功能高效的城市生态系统，推动生态化城市建设，已经成为世界城市发展的高度共识。应该说，在当今世界的发展中，谁抢占了生态环境建设的制高点，谁就更有发言权和主动权。

从国内来看，伴随着经济的快速发展，城市化、工业化进程不断加快。截至2008年年末，中国城镇化率达到45.7%，共拥有6.07亿城镇人口。人类活动对自然生态系统的压力也越来越大。尽管在生态建设方面也取得了很大进步，但是诸如水灾、旱灾、土地沙漠化、城乡人居环境质量不高等生态问题仍然突出，对国家的生态安全构成严重威胁。特别是我国经济发展方式粗放，不利于环境保护的传统生产生活方式和消费方式根深蒂固；森林资源严重不足、林业发展的质量和效益不高，所有这些成为制约中国经济社会可持续发展的重要因素。基于新的形势和需要，党的十七大提出了建设生态文明、实现科学发展的重大决策，并提出到2020年全面建设小康社会目标之时，把我国建设成为生态环境良好的国家。

从北京的情况看，作为首都，其生态安全问题举世瞩目。特别是作为一个常住人口达到1700多万人的特大型城市，长期以来，北京人口迅速扩张与资源供给乏力、环境承载力严重超负荷的矛盾极其突出，不符合建设生态文明和"资源节约型、环境友好型社会"的要求。提高生态环境的承载能力，园林绿化部门承担着重大责任。在生态建设方面，目前市区的绿地总量严重不足，与市民的强烈需求差距较大；山区的生态涵养功能发挥不充分，森林质量低下；平原地区的生态体系不完善，绿化水平还不提高；林木绿地资源的整体结构、发展质量、管理保护还相对薄弱。所有这些形势，都迫切要求首都园林绿化必须始终把提升生态功能、满足生态需求、完善生态体系、维护生态安全作为矢志不移的永恒追求目标。

（二）推动科技进步成为世界各国抢占未来发展的战略制高点

科学技术是第一生产力，也是推动经济社会发展和人类文明进步的决定性力量。当前，科学技术的作用方式已经由后台推动转为前台引领，对国家的强盛、民族的兴衰、地区的进步、行业的发展和人们的思想观念、生产生活方式等方方面面，都产生着重大而深刻的影响。科技竞争越来越成为国家之间、地区之间和行业之间面对未来挑战的必然选择。目前世界科技发展呈现以下特点：一是新技术正在推进生产力信息化。20世纪90年代以来，信息技术日新月异，信息化生产使生产各要素处于不断、及时和灵活地选取最佳组合状态。世界经济正从倚重自然资源和制造业的工业经济时代转向倚重高科技信息资源和服务业的知识经济时代。二是高新技术与传统工业、农业、运输、通讯、医药等行业的结合更加紧密。三是环保科技的地位日渐突出。四是科教兴国已成为许多国家促进经济社会发展的基本国策。五是世界间科技竞争与合作并存。世界科技开发的产业化和国际化已演变成世界性的科技竞争，美、日、欧盟之间的竞争尤为激烈。

面对科技发展突飞猛进、创新创造日新月异、科技竞争日趋激烈的新形势，我国明确提出了科教兴国、人才强国的国家发展战略，把科技、教育、人才放到前所未有的战略层面加以推动。北京市认真贯彻落实党和国家的战略部署，把科技进步放到优先发展的位置，制定发布了全市中长期科学和技术发展规划纲要，明确提出了把北京建成"创新型城市"的建设目标，确定了落实国家创新战略，以科技创新引领首都经济社会发展的战略任务。如何建设创新型城市，这对全市各行各业的科技工作都提出了新的更高的标准和要求。

奥运会的举办，使首都园林绿化工作达到了一个前所未有的较高水平。后奥运时期，特别是在当前加快建设世界城市和"人文北京、科技北京、绿色北京"的新形势下，首都园林绿化如何在较高的起点上进一步提升水平、强化管理、突出特色、建设精品；如何按照"以人为本"的要求，不断满足人民群众日益强烈的生态环境需求；如何处理好日益突出的人口资源环境的矛盾，更加充分地发挥好园林绿化"优化环境、推动发展、服务民生、促进和谐"的重要作用等等，这些都需要加快推进科技进步，着力提高自主创新能力。实践证明，只有依靠科技进步，才能大幅度提升园林绿化的生产力、资源利用率和综合效益，从根本上推动首都园林绿化事业向更高水平科学发展。

（三）发展先进文化成为推动全球发展的强大动力

先进文化是方向、是动力、是旗帜。当今世界各国都把提升文化软实力作为提高本国综合竞争力的重大战略举措。随着人类价值观的深刻变革，许多国际知名学者都充分认识到文化对于人类发展的重要性。罗马俱乐部的创始人贝切利指出："人类创造了技术圈，入侵生物圈，进行过多的榨取，从而破坏了人类自己明天的生活基础。因此如果我们想自救的话，只有进行文化价值观念的革命。"特别是随着全球范围内绿色革命的兴起，生态文化正在成为一个最具生命力、最具普遍性的文化现象被各个国家所接受。在北美、欧洲、日本、澳大利亚等许多发达国家和地区，生态伦理意识深入人心，生态制度空前完备，高度重视发挥森林、绿地的多种文化功能，使生态环境显著改善，生态文明程度明显提高。

生态文化是人与自然和谐相处、协同发展的文化，它既是中华传统文化的历史积淀，又是社会文明进步的客观反映。森林是生态文化的重要符号，森林文化是人类文明的重要内容，我国源远流长、博大精深的森林文化极大地丰富了生态环境建设的人文内涵。近些年来，我国推动生态文化建设的步伐不断加快，使生态文化建设在全国范围内蓬勃发展，方兴未艾。北京市在生态文化建设中，园林绿化行业是当之无愧的主力军、先锋队。北京作为世界闻名的历史文化名城，荟萃了中国灿烂的皇家园林艺术，蕴涵了深厚的森林文化。以深厚的历史文化底蕴为依托，融入生态文明的理念，发挥森林的文化功能，提高人们的生态意识和审美能力，构建历史文化与现代文明交相辉映的新型的绿色生态文化，是传承北京历史文化遗产的重要组成部分，也是建设生态文明社会的必然要求。全市62%的山区，1580多万亩林地、6万多 hm² 绿地，为数众多的各类公园、历史名园、风景名胜、人文遗迹和动植物资源，使发展园林文化具有得天独厚的资源优势和广阔的发展空间，这是园林绿化实现惠民富民的核心要素。牢牢把握住首都园林绿化的社会公益性、文化游憩性和科普教育性、高端消费性特征，充分发展好、利用好这些生态文化资源，就能够使更多的城乡人民共享绿化成果，共建生态文明。

综上所述，从国际国内的发展趋势和园林绿化的自身特点来看，生态优先、科技支撑、文化引领这三大特征已经成为全球发展的普遍趋势和重大行动，已经成为现代化国际性大都市的战略选择，已经成为人民群众日益强烈的迫切需要。在这三大建设中，园林绿化事业具有自己独特的先天优势。北京的园林绿化只有走生态、科技、人文三位一体的发展道路，才能积极顺应国际国内发展的潮流，才能充分发挥好自身所承担的光荣使命，才能在世界城市建设中有更大作为。

二、绿色发展理论是"三个园林"理念形成的理论基石

北京"三个园林"理念的形成，除了受到国际国内客观形势的影响外，同时还受到了科学发展观、可持续发展理论、循环经济理论等最新绿色发展理论的指导和启发。

（一）科学发展观

坚持以人为本、全面协调可持续的科学发展观，是以胡锦涛同志为总书记的党中央明确提出的，这是我们党在领导社会主义建设认识上的重大飞跃，是必须长期坚持的重要指导方针。科学发展观，第一要义是发展，核心是以人为本，基本要求是全面协调可持续，根本方法是统筹兼顾。

坚持把发展作为党执政兴国的第一要务。要牢牢抓住经济建设这个中心，坚持聚精会神搞建设、一心一意谋发展，不断解放和发展社会生产力。更好实施科教兴国战略、人才强国战略、可持续发展战略，着力把握发展规律、创新发展理念、转变发展方式、破解发展难题，提高发展质量和效益，实现又好又快发展。

坚持以人为本。要以实现人的全面发展为目标，从人民群众的根本利益出发谋发展、促发展，不断满足人民群众日益增长的物质文化健康安全需要，切实保

障人民群众的经济、政治、文化权益，发展的成果要惠及全体人民。

坚持全面协调可持续发展。全面发展，就是要以经济建设为中心，全面推进经济、政治、文化建设，实现经济持续健康发展和社会全面进步。协调发展，就是推进生产力和生产关系、经济基础和上层建筑相协调，推进经济、政治、文化的各个环节、各个方面相协调。可持续发展，就是要促进人与自然的和谐，实现经济社会发展与人口、资源、环境相协调，坚持走生产发展、生活富裕、生态良好的文明发展道路，保证一代接一代地永续发展。

坚持统筹兼顾。要正确认识和妥善处理中国特色社会主义事业中的重大关系，统筹城乡发展，统筹区域发展，统筹经济社会发展，统筹人与自然和谐发展，统筹国内发展和对外开放，统筹中央和地方关系，统筹个人利益和集体利益、局部利益和整体利益、当前利益和长远利益，充分调动各方面积极性。统筹国际、国内两个大局，树立世界眼光，加强战略思维，善于从国际形势发展变化中把握发展机遇、应对风险挑战。既要总揽全局、统筹规划，又要抓住要害、重点突破。

(二)可持续发展理论

1987 年，布伦特兰夫人主持的世界环境与发展委员会，对可持续发展给出了定义："可持续发展是指既满足当代人的需要，又不损害后代人满足需要的能力的发展"。可持续发展包括共同发展、协调发展、公平发展、高效发展、多维发展等项内涵。在内容方面，可持续发展涉及可持续经济、可持续生态和可持续社会三方面的协调统一，要求人类在发展中讲究经济效益、关注生态和谐和追求社会公平，最终达到人的全面发展。可持续发展，必须遵循公平性（fairness）、持续性（sustainability）、共同性（common）三大基本原则。

可持续发展的核心理论，目前主要包括以下几种。一是资源永续利用理论。认为人类社会能否可持续发展决定于人类社会赖以生存发展的自然资源是否可以被永远地使用下去。基于这一认识，该流派致力于探讨使自然资源得到永续利用的理论和方法。二是外部性理论。认为环境日益恶化和人类社会出现不可持续发展现象和趋势的根源，是人类迄今为止一直把自然（资源和环境）视为可以免费享用的"公共物品"，不承认自然资源具有经济学意义上的价值，并在经济生活中把自然的投入排除在经济核算体系之外。三是财富代际公平分配理论。认为人类社会出现不可持续发展现象和趋势的根源是当代人过多地占有和使用了本应属于后代人的财富，特别是自然财富。基于这一认识，该流派致力于探讨财富（包括自然财富）在代际之间能够得到公平分配的理论和方法。四是三种生产理论。认为可持续发展的物质基础在于人类社会和自然环境组成的世界系统中物质的流动是否通畅并构成良性循环。他们把人与自然组成的世界系统的物质运动分为三大"生产"活动，即人的生产、物资生产和环境生产，致力于探讨三大生产活动之间和谐运行的理论与方法。

（三）循环经济理论

该理论最早是由美国经济学家肯尼思·鲍尔丁于 1966 年提出的。他在《一门科学——生态经济学》中形象化地提出"宇宙飞船理论"，认为如果不合理开发资源、不注重保护环境，地球就会像耗尽燃料的宇宙飞船那样走向毁灭。因此，要改变传统的"消耗型经济"，使经济系统被和谐地纳入到自然生态系统循环中，建立一种新的经济形态——循环经济（cyclic economy）。

循环经济要求运用生态学规律而不是机械论规律来指导人类社会的经济活动。与传统经济相比，循环经济的不同之处在于：传统经济是一种由"资源－产品－污染排放"单向流动的线性经济，其特征是高开采、低利用、高排放。循环经济要求把经济活动组织成一个"资源－产品－再生资源"的反馈式流程，其特征是低开采、高利用、低排放。所有的物质和能源要能在这个不断进行的经济循环中得到合理和持久的利用，以把经济活动对自然环境的影响降低到尽可能小的程度。

循环经济主要有三大原则，即"减量化、再利用、资源化"原则，每一原则对循环经济的成功实施都是必不可少的。减量化原则针对的是输入端，旨在减少进入生产和消费过程中物质和能源流量。换句话说，对废弃物的产生，是通过预防的方式而不是末端治理的方式来加以避免。再利用原则属于过程性方法，目的是延长产品和服务的时间强度。也就是说，尽可能多次或多种方式地使用物品，避免物品过早地成为垃圾。资源化原则是输出端方法，能把废弃物再次变成资源以减少最终处理量，也就是我们通常所说的废品的回收利用和废物的综合利用。资源化能够减少垃圾的产生，制成使用能源较少的新产品。

上述理论都强调生态经济社会发展的全面性、人文性、可持续性，这就为北京园林绿化要实现生态、科技、人文三位一体发展，奠定了理论基础。

三、"三个北京"战略是"三个园林"理念形成的直接来源

北京"三个园林"理念的形成，不但深受国际国内绿色发展理论的影响，而且从本行业的发展实际出发，进一步创新发展了"三个北京"战略。

"三个奥运"理念的成功实践，是"三个北京"战略的重要先导。在北京 2008 年奥运会上，北京奥组委提出了"绿色奥运、科技奥运、人文奥运"三大理念，引起了世界人民广泛的关注。

"绿色奥运"是指用保护环境、保护资源、保护生态平衡的可持续发展思想筹办奥运会，广泛开展环境保护的宣传教育活动，促进北京乃至全国的环保基础设施建设和生态环境的改善，提倡绿色健康的生活方式和消费方式。"绿色奥运"的主要内容，既包括良好的自然环境和生态环境，也包括比赛场馆和交通的

建设应更加人性化、科学化和经济化，同时要充分考虑到奥运会以后的再利用。

　　"科技奥运"是指紧密结合国内外现代科技的最新进展，集成全国科技的创新成果，举办一次具有高科技含量的体育盛会；提高北京科技创新能力，推进高新技术成果的产业化和在人民生活中的广泛运用，使北京奥运会成为展示新技术和创新实力的窗口。科技奥运首先呼唤科技产业的迅速发展，通过举办奥运会带动相关技术和产品的升级换代；其次，奥运会将成为最新科技成果的展示场，如软件、计分、通讯手段的应用等；再次，奥运会将推动整个城市的现代化水平，如电子、信息、环保、旅游产业对高科技的应用。

　　"人文奥运"是指传播现代奥林匹克思想，展示中华民族的灿烂文化，展示北京历史名城的风貌和市民的良好精神风貌，推动中外文化的交流，加深各国人民之间的了解与友谊；促进人与自然、人与社会、人的精神风貌与体魄间的和谐发展；突出"以人为本"的理念，以运动员为中心，提供优质服务，努力建设使奥运参与者满意的自然和人文环境。"人文奥运"突出了以人为本的观念，倡导体育与文化、教育的有机结合。

　　"绿色奥运、人文奥运、科技奥运"三者之间有着密切的关联。从概念的狭义上讲，绿色奥运、科技奥运、人文奥运三者之间是相互独立的。绿色奥运体现了对自然的一种尊重，科技奥运则是现代化的体现，人文奥运则体现了奥运的人性化。而从广义上讲，绿色奥运、人文奥运、科技奥运三者之间又是相互交叉的。虽然各自有不同的侧重点，但并没有明显的界限。绿色奥运中体现着人文奥运、科技奥运的思想；人文奥运需要绿色奥运做基础、科技奥运做支持；科技奥运帮助人文奥运、绿色奥运的实现。

　　北京奥运会的成功是首都发展历史进程中的重要里程碑，标志着北京的发展进入了一个新的阶段。同时，奥运会的成功筹办和举办，使北京市领导对首都工作的特点与规律有了更深刻的认识：北京作为全国的政治中心，搞好服务是北京工作的基本职责；北京的稳定关系重大，任何时候都必须确保首都安全稳定；北京作为首都，必须以首善之区的高标准做好各项工作；北京地区雄厚的科技文化资源优势，是推动首都发展的重要依托；北京自然资源严重短缺，必须高度重视人口资源环境问题；北京作为区域中心城市，必须加强区域合作；北京是世界历史文化名城，必须妥善处理好古都风貌保护与城市现代化建设的关系；北京是国际大都市，必须不断提升首都各方面工作的国际化水平。

　　正是基于上述认识，北京市委、市政府在总结北京奥运会、残奥会成功经验的基础上，以科学发展观为指导，继承和发展"绿色奥运、人文奥运、科技奥运"三大理念，结合首都新的发展形势，提出了建设"人文北京、科技北京、绿色北京"的战略任务（刘淇，2010）。

　　建设"人文北京"。一是要把"以人为本"的方针贯彻到城市建设、管理、发展之中，大力推进公共服务均等化，使北京最具人文关怀等品质，成为全国社会保障体系最为完善的城市；二是精神文明建设要再上新台阶，市民文明素质要有新提高，志愿活动普及深入，使北京成为有高度文明素养等城市；三是文化教育要高度繁荣，文化中心地位凸显，文化创意产业飞速发展，历史文化名城得到出色保护；四是在和谐社会建设方面应该是首善之区，矛盾化解、信访维稳机制更加健全，手段更加先进，群众的安全感不断增强，"平安北京"更加平安，社会更加安定祥和。

建设"科技北京"。主要目的在于通过充分发挥科技创新的作用，转变发展方式，优化产业结构，加快首都经济社会发展。动员全社会的力量，围绕科技创新及其成果的有效利用，创新体制机制，优化环境氛围，实现共建共享。进一步形成尊重劳动、尊重知识、尊重人才和鼓励创新、鼓励创业、鼓励创造的城市精神，激发全社会的活力。一是北京要成为国家重要的创新城市，成为科技成果交易的中心，自主创新能力居国内前列，科技创新成为结构调整的中心环节；二是中关村科技园区要成为国家自主创新示范区。各类科研院所、科技企业的创新能力得到整合和发挥，管理体制得到进一步创新；三是要让科技渗透到经济、社会、文化各个领域之中，引领、融合、创造新的产业，生产性服务业、信息化产业、信息服务业迅猛发展，社会管理、治安、旅游、文化等方面的科技含量全面提升，让科技造福人民；四是要用科技成果解决首都的"三农"问题，推动城乡一体化发展。

建设"绿色北京"。要建设以资源环境承载能力为基础，以自然规律为准则，以可持续发展为目标的资源节约型、环境友好型社会，坚持走生产发展、生活富裕、生态良好的文明发展之路。一是发展绿色经济，如大力发展垃圾处理、可再生能源、水处理等产业；二是加强绿色环境建设，确保蓝天、绿水，整治城乡结合部，确保城市干净整洁；三是提倡绿色消费，大力发展公共交通，倡导节水节电；四是绿化美化城乡，提高公共绿地面积和山区林业发展水平。

"人文北京"、"科技北京"、"绿色北京"是科学发展的有机整体，"人文"是可持续发展的目的，"科技"是推动可持续发展的手段，"绿色"是实现可持续发展的保障。

"三个北京"建设对北京园林绿化工作提出了新的要求，也为"三个园林"理念的提出提供了直接的理论依据。"人文北京"要求将人文因素更多更好地渗透到园林绿化之中，即建设"人文园林"；"科技北京"则要求园林绿化建设更加强调科技手段，发挥现代科技的巨大威力，提升园林绿化的现代化水平，即建设"科技园林"；而"绿色北京"则要求园林绿化必须将生态功能置于更加重要的地位，建设"生态园林"。

第二节 "三个园林"的概念及内涵

在第一节中对"三个园林"理念提出的时代背景进行了阐述,本节将重点围绕其理论内涵进行剖析。首先需要弄清楚一般"园林"的概念,以及本书所说的"北京园林"的概念。在此基础上,再深入论述"三个园林"思想本身所蕴含的基本内容。

一、园林概念的发展

因为事物是发展变化的,概念作为对事物的反映,如影随形也必然处在发展变化之中。任何一个名词或概念,通常都有它比较固定的特殊含义,然而,随着时代的变化,或者语言背景的变化,一些名词或概念所包含的具体意义和内容,也可以根据实际和需要而有所变化。"园林"的概念就是这样。

何谓"园林"?《现代汉语词典》的解释是,园林是指种植花草树木供人游赏休息的风景区。据查"百度百科",在一定的地域运用工程技术和艺术手段,通过改造地形(或进一步筑山、叠石、理水)、种植树木花草、营造建筑和布置园路等途径创作而成的美的自然环境和游憩境域,就称为园林。

具体来说,园林包括庭园、宅园、小游园、花园、公园、植物园、动物园等。随着园林学科的发展,还包括森林公园、广场、街道、风景名胜区、自然保护区或国家公园的游览区以及休养胜地。园林,在中国古籍里根据不同的性质也称作园、囿、苑、园亭、庭园、园池、山池、池馆、别业、山庄等,美、英各国则称之为 garden、park、landscape garden。它们的性质、规模虽不完全一样,但都具有一个共同的特点:即在一定的地段范围内,利用并改造天然山水地貌或者人为地开辟山水地貌,结合植物的栽植和建筑的布置,从而构成一个供人们观赏、游憩、居住的环境。创造这样一个环境的全过程(包括设计和施工在内)一般称之为"造园",研究如何去创造这样一个环境的科学就是"造园学"或"园林学"。

园林建设与人们的审美观念、社会的科学技术水平相始终,它更多地凝聚了当时当地人们对正在或未来生存空间的一种向往。在当代,园林选址已不拘泥于名山大川、深宅大府,而广泛建置于街头、交通枢纽、住宅区、工业区以及大型建筑的屋顶,使用的材料也从传统的建筑用材与植物扩展到了水体、灯光、音响等综合性的技术手段。

我们归纳上述园林概念,可见有三个特点:①通常局限于一定的地域范围;②有人为的创造;③供人们游憩。在中国,包括 2006 年以前的北京,由于存在着严重的城乡二元结构,园林作为一个行业部门,通常主要管理城市建成区的绿化和公园,也包括部分郊区的公园、风景区。而相反,乡村的造林绿化活动,则由林业部门管理。

伴随着城市化进程的加快，出现了城乡一体化趋势，在客观上要求统筹城乡发展。一方面，城市在扩大，园林行业的范围理应得到扩张；另一方面，乡村的建设越来越向城市看齐，原来的造林绿化模式，明显不能满足人们的生活要求。于是在实践中，出现了"园林下乡、森林进城"的局面。

上述客观形势的变化，在学术界也有明显反映。一方面，在园林学界，传统园林向生态园林、大地园林转变。随着生态学影响力的不断加深，园林不再过分强调单一的视觉功能，而是吸收了更多生态学的知识，更加强调发挥园林的生态功能。认为，园林不只是作为游憩之用，而且具有保护和改善生态环境的功能。同时，更加注意发挥园林在人的心理上和精神上的有益作用。园林学的研究范围不断扩大，首先从传统园林学扩大到城市绿化领域；进而，受旅游事业迅速发展的影响，又扩大到风景名胜区的保护、利用、开发和规划设计领域。

另一方面，在林学界，出现了城市林业学科。城市林业最早起源于北美。1962年，美国肯尼迪政府在户外娱乐资源调查中，首次使用"城市森林"（urban forest）这一名词。1965年加拿大多伦多大学 Erik Jorgensen 教授首先提出城市林业（urban forestry）概念，并率先开设城市林业课程。1970年，美国成立 Pinchot 环境林业研究所，专门研究城市林业。我国引入和认识城市林业的时间比较晚，1984年，台湾大学高清教授出版《都市森林学》，大陆学者吴泽民等在20世纪80年代末将加拿大城市林业介绍到国内。1992年，在天津召开了首次城市森林研讨会。1995年林业部制定了《林业行动计划》，明确提出我国发展城市林业的依据、目标和行动。进入21世纪，城市林业研究蓬勃发展。城市林业学是研究林木与城市环境的关系，合理配置、培育、经营和管理城区及城近郊的森林、树木和植物，服务城市生态，调节城市气候，活化城市景观的一门学科。它重点关注充分发挥城市森林在满足城市居民生态需求中的作用。它作为边缘性科学，是由林学、园艺学、园林学、生态学、城市科学等组成的交叉学科，并且与景观建设、公园管理、城市规划等息息相关。

上述两方面的趋势表明，在城市地区，城市与乡村的界限、园林与林业的界限、园林学与城市林业学的界限都变得日益模糊，走城乡一体化发展道路已是大势所趋。

北京是中国城市化水平最发达的地区之一，实现园林与林业部门的整合有着内在的要求，加之筹办2008年奥运会的历史契机直接促成了园林部门与林业部门的系统整合。正是在这种新形势下，才催生了具有实际意义的"大园林"的概念。

本书所谓的北京园林，也即北京园林绿化，已不再是传统意义上林业与园林的狭义概念，也不是两者简单的机械组合，而是被赋予了全新的内涵，主要表现在：一是园林的经营地域大，由原来的城市建成区，扩展到全市地域；二是园林的经营内容广，由公园绿地扩展到绿地加风景名胜区、自然保护区、森林公园、城市湿地、经济林木等；三是园林的建设方法多，由强调人工改造，扩展到自然保护与人工改造相结合；四是园林的功能更加多样化，由供人们游憩，到生态、经济、社会、文化等多种功能；五是园林建设涉及的学科领域更广，包括生态学、林学、城市学、社会学、文学艺术、哲学等一系列学科群和相关学科。新时期的北京园林绿化，是顺应北京生态文明和现代化建设的新需求，瞄准国内外大都市发展的新取向，将现代园林的景观人文理念和现代林业的生态优先理念有机结合，走园林建设生态化、森林经营功能化道路，实现园林绿化事业之生态、经济、社会、文化和碳汇等多种功能的有机统一。

二、"三个园林"的内涵

2009 年 8 月，北京市园林绿化局按照科学发展观和建设"人文北京、科技北京、绿色北京"的总体要求，紧密结合首都园林绿化工作的实际，进一步提出了"坚持科学发展，实施精品战略，努力建设生态园林、科技园林、人文园林"的发展思路。"三个园林"在内容上与"三个北京"一一对应，由于园林绿化部门是北京工作的一部分，所以也可将"三个园林"看成是"三个北京"大篇文章的一个分篇。

简要地说，"生态园林、科技园林、人文园林"就是在北京的园林绿化事业发展中，按照科学发展观的要求，运用现代生态学原理、科学技术手段和人类文明成果，打造既符合自然规律又符合人的身心健康要求的东方园林精品，促进首都人与自然、经济与社会的全面协调可持续发展。

（一）生态园林

1. 生态园林的内涵

生态园林是指以生态文明建设为目标，继承和发展北京传统园林和林业发展的成功经验，遵循生态学、林学、园林学、城市学、经济学的原理，突出生态优先、强化公益，因地制宜、林水结合，采用近自然森林经营和植物造景造园技术，建设多植物、多层次、多色彩、多结构、多功能的和谐有序稳定的生态系统，形成自然与人文相协调的景观格局，实现系统功能持续发挥、人与自然和谐发展。

2. 建设生态园林的基本要求

建设生态园林，尽管其内涵丰富，但其基本要求是在园林绿化的规划、建设和管理过程中，始终要坚持贯彻生态优先、师法自然的原则，突出强调生态效益，森林、湿地、绿地和园地不仅数量充足，而且质量优良、布局合理，在空间上点状、线状、面状、立体生态用地和绿色空间有机结合，构成完整的生态网络，使有限的园林绿化用地发挥尽可能高的生态功能。

第一，山区生态建设重在发挥生态屏障功能。作为主要是成片的面状林地，以提高森林质量、强化生态系统屏障功能为主。在建设中贯彻"以野为魂、以林为体"原则，强调发挥森林固碳释氧、涵养水源、保持水土、增加生物多样性等生态保障功能，把建设近自然、健康、可持续森林作为发展目标。重点是加强对天然林、天然次生林和近自然人工林等生态公益林的保护。做好森林防火和有害生物防控工作。通过推行森林健康经营、林业碳汇、湿地保护、自然保护区等发展模式，大力提高森林经营水平和湿地生态恢复水平。把北京的广大山区建设成森林繁茂、古木参天、山泉奔流、万壑鸟鸣的绿色丹青世界。

第二，平原区生态建设重在发挥生态防护功能。以线状绿道或生态廊道为骨干，构建完善的平原生态体系，提升生态防护功能。规划和建设好宽度和规格不等的一级、二级、三级绿道，使之构成结构合理、功能强劲的绿色脉络体系。绿道建设可采取与道路、流河或沟渠相结合的方式，也可以采取线面结合的"一线穿多珠"的方式。从北京实际出发，选用乡土树种和植物，实施乔灌草复合、异龄混交配置模式。进一步完善水系林网、农田林网、道路绿化、经果林基地建设。保护和拓展湿地资源，完善龙形水系，提高湿地生态功能。把北京的广大平原区建设成绿道格局鲜明、主次搭配合理、林水结合互养、林茂果硕粮丰的秀美碧海田园。

第三，城区生态建设重在发挥生态宜居功能。以点状林地、绿地和湿地为斑块，重在提高公共绿地面积和质量，突出生态宜居功能。主城、城镇的绿化美化，要从单纯注重视觉效果向生态和视觉效果并重转变，从数量扩张向质量提升转变，从粗放经营向集约管理转变。城市中心区的园林绿化建设，同样要优先强调绿化美化对改善城市生态环境、缓解"热岛"效应的生态效果，大力推行"近自然经营"，坚决防止园林小品和硬质铺装，充分体现"自然之中见人工"的理念。解决好园林与水、电、通讯等建设的矛盾，为树木健康生长创造良好条件。在五环两侧建设宽广绿道。通过工程措施拓展湿地、完善水系、增添水景。在城区要规划出一定规模的林地，有计划地改造绿地为林地，建设多功能城市森林，让森林进城。森林应多栽植银杏、槐树、柿树、松树、柏树等乡土长寿大乔木树种。对于一些火炬树林、杨树纯林、稀树草坪等劣质、低质林或绿地，要改造为乡土大乔木多树种森林或优质生态型绿地。把北京城区建设成周边森林环绕、森林绿地相嵌、水清木华芬芳、四季鲜花吐艳的森林花园城市。

（二）科技园林

1. 科技园林的内涵

科技园林是指以提升质量和效益为目标，充分依靠和发挥首都科技、人才资源优势，将科技创新贯穿于园林绿化建设的各个方面和环节，运用现代信息、生物、新材料等技术和装备，创新经营管理模式和体制机制，提高科技含量和科技贡献率，体现当代世界科技发展水平的现代园林绿化发展模式。

2. 建设科技园林的基本要求

科技园林重在用创新支撑发展，促进发展方式转变，提高园林绿化的质量、水平和效益，增强和优化对城市发展和市民生活的服务能力。让科技理念、要素和手段全面渗透到园林绿化各领域、各环节，使生态、安全、产业、文化、管理等五大体系的科技含量全面提升，机械化、信息化程度明显提高。

一是科技园林要充分体现创新的理念。它要求我们必须把理论创新、技术创新和管理创新贯穿到园林绿化规划、建设、管理的全过程。通过大力开展关键技术攻关，大力加强国内外交流与合作，大力引进先进的新理念、新模式、新材料、新技术，不断发挥创新在园林绿化发展中的重要驱动和支撑作用。使北京园林绿化自主创新能力居国内前列，科技创新成为城市园林绿化事业的中心环节。北京园林绿化相关科研院所、科技企业的创新能力得到整合和发挥，管理体制机制得到进一步创新，政策和法制更加科学化、民主化，综合保障能力得到明显增强。

二是科技园林要充分体现效益的理念。它要求我们必须着眼于转变发展方式、提升质量效益。在绿化美化、产业发展等各项工作中，正确处理好重点与常规、速度与质量和外延与内涵、粗放与集约的关系，加快实现从重建设向强管理、从重规模向创精品、从重质量向出效益转变，着力提升整体水平和综合效益。通过科技应用，提高单位面积生态用地的生态产出、经济产出和人文产出，提高人员队伍素质，提高园林绿化事业的劳动生产率、科技贡献率和社会贡献率。

三是科技园林要充分体现节约的理念。它要求我们必须立足于建设节约型园林绿化，始终坚持高标准规划、高起点设计、高质量建设、高效能管理，着力向成本控制、工程管理、内部挖潜、资源节约要效益。大力发展高碳汇、低排放、资源化、再利用的循环经济型园林。依靠科技进步，向空间和时间要绿量和绿质，走内涵式、集约化发展之路。要用科技成果参与解决园林发展问题，推动城乡一体化发展。让科技园林为城市经济转型、绿色发展做出重要贡献。

（三）人文园林

1. 人文园林的内涵

人文园林是指遵循以人为本的原则，以满足人的生态、物质、健康和精神文化需求为目标，运用生态美学、造园学和文学艺术理论和方法，传承古都历史文化和古典园林特色，吸纳现代人类文明成果，突出自然景观魅力，彰显人与自然和谐之美，为人与人、人与社会的和谐创造条件，丰富生态文化内涵，提升市民生活品质的园林生态文化表现。

2. 建设人文园林的基本要求

建设人文园林，重在把以人为本的原则贯穿于园林建设的全过程，包括出发点、建设途径、成果利用等方面，即园林建设为人民、依靠人民，园林建设成果人民共同受益。尤其是要突出体现园林绿化的人文关怀、文化内涵、富民惠民，促进人与自然、人与人的和谐相处，协调发展。

一是坚持服务大众，突出人文关怀。在园林绿化规划、建设、管理和发展中，切实从社会各层次人民团体和广大群众的需要出发，处处都要体现方便市民生活、有益于市民健康、活跃市民精神文化。根据不同区域园林所发挥的主导功能，进行科学设计和建设，在优先满足园林主导功能的同时，兼顾相关的辅助功能。实现城区园林的合理布局，使市民出行 500m 就能见公园。园林内要建设各种配套服务设施，方便市民休闲旅游需求。大力推进园林建设的公众参与，逐步实现公园向市民免费开放，促进园林绿化成果的共建共享。

二是弘扬园林文化，彰显东方魅力。在园林建设中广泛吸收中国传统文化、现代文化及世界文化的精华创新园林艺术表现形式，建设既有东方园林风格又兼备世界园林之长的世界园林精品。基于当地的历史人文素材，在每个园林单元都尽可能塑造一定的文化主题。立足于北京作为全国政治、文化中心的城市性质，立足于园林绿化先天的文化特性，以尊重群众意愿、满足群众需求为着眼点，以发挥游憩功能、丰富文化内涵为侧重点，以推出文化产品、倡导生态道德为落脚点，着力丰富、扩大和提升园林绿化事业的文化内涵。

三是发展绿色产业，促进兴绿富民。立足于首都新农村建设的发展背景，通过深化园林产权制度改革，深入挖掘园林绿化资源的多种经济功能，提升产业富民能力。通过出台绿色产业扶持政策，促进发展各具特色的都市型园林产业、园艺产品，发挥龙头企业的产业带动作用。以生态休闲旅游、经济林果、花卉苗木、林下经济、林产精深加工、物流和产品销售等为重点，拓宽产业面、延伸产业链，提升产业的科技含量和市场竞争力，最大限度地释放发展潜力和激发经营活力，加快山区经济结构调整，促进农民就业增收。

"生态园林"、"科技园林"、"人文园林"是北京园林绿化科学发展的有机整体。三者是分别从不同角度、不同侧面，表达同一个"北京园林"所具有的内涵、功能。在园林绿化的生态效益、社会效益和经济效益这三个方面，生态效益是最基本的前提和基础，社会效益是发展的目标和落脚点，经济效益是支撑和保障条件。"生态园林"是园林发展的基础和根本要求；"科技园林"是园林发展的创新途径和支撑手段；"人文园林"是园林发展的社会属性和主要目的。北京园林要实现三者的有机融合、和谐统一。

三、"三个园林"的基本特征

"三个园林"的特征是"三个园林"内涵的具体表现形式。研究认为，"三个园林"的基本特征至少包括以下 8 个方面。

(一)发展理念的科学性

理念就是理性的观念，是人们对事物发展方向的根本思路。现代园林的发展理念，就是通过科学论证和理性思考而确立的未来园林发展的最高境界和根本观念，主要解决园林发展走什么道路、达到什么样的最终目标等根本方向问题。因此，现代园林的发展理念，必须是最科学的，既符合当今世界园林发展潮流，又符合中国的国情和林情。以人为本、全面协调、可持续的科学发展观，是现代园林的根本理念，这是现代园林的重要特征之一。党中央提出的以人为本、全面协调、可持续的科学发展观，深刻总结了国内外在发展问题上的经验教训，站在历史和时代的新高度，进一步回答了在全面建设小康社会新阶段北京必须发展和怎样发展等重大问题。科学发展观既是北京经济社会发展必须长期坚持的重要指导思想，也是解决北京当前诸多矛盾和问题必须遵循的基本原则。坚持科学发展观，就是要结合园林工作实际，认真按照中央提出的"五个统筹"的要求，正确处理好"六大关系"，对于进一步提高北京园林建设的质量和水平具有重大而深远的意义。

(二)功能效益的公益性

园林绿化既是国民经济的重要基础产业，也是社会发展中重要的公共事业，具有多种多样的功能和效益。就现阶段人类的认识水平而言，主要是生态、经济、社会三方面的功能和效益。现代园林必须是同时具有这三方面的功能，实现三方面效益最大化的高效园林。在生态方面，应该具有完善和高效的森林生态系统、湿地生态系统，充分发挥园林绿化在维护城市生态安全、改善生产生活环境、维持生物多样性、增加碳汇、减缓全球气候变暖中的重要作用。在经济方面，应该具有门类齐全、品种丰富、规模可观、布局合理、优质高效、环境友好、竞争有序、充满活力的绿色产业体系，为社会提供丰富的物质产品。在社会方面，应该具有主题突出、内容丰富、贴近生活、富有感染力的生态文化体系，充分发挥园林绿化在普及生态知识、增强生态意识、繁荣生态文化、树立生态道德、弘扬生态文明、促进人与自然和谐等方面的重要作用。

(三)发展视野的开放性

现代园林是全方位开放的园林。建设现代园林要求我们抓住机遇、迎接挑战、顺应潮流、扩大开放，以外促内、优化结构，趋利避害、稳步推进。要加强园林绿化的可持续发展能力建设，积极应对经济全球化和贸易自由化挑战；积极参与制定并遵循国际规则，转变政府职能，切实维护国家权益；认真履行国际公约，承担应有的责任和义务；扩大国际合作与交流，在国际园林事务中发挥重要作用。

(四)结构布局的前瞻性

北京园林绿化建设的总体布局是否合理，直接关系到北京现代园林建设的成败。现代园林的布局必须是科学、合理的，既能够反映不同地区的特色，具有明确的建设重点和发展方向，整体上有能够构成一个功能齐全、突出重点，因地制宜、优势互补，均衡适度、结构稳定，布局合理、协调发展的格局，从而最大限度地满足国民经济发展和人民生活的需要，实现园林生态效益、经济效益和社会效益的统一。

(五)技术装备的先进性

现代园林是能够充分体现现代社会生产力发展水平的园林。是否拥有当今时代最先进的科学和技术水平，是衡量现代园林的重要指标。建设现代园林的过程也是实现园林现代化的过程，一是实现传统技术向现代技术转变，通过品种良种化、施肥有机化、用药仿生化、手段信息化，实现良种壮苗普及、栽培技术实用、防火防虫高效、采伐全树利用、产品加工循环，使现代技术覆盖园林生产的全过程；二是实现传统装备向现代装备转变，现代园林必须彻底改变传统的生产方式，改变园林各生产环节劳动强度大、装备简陋、效率低下的状况，不断提高营林生产、采伐作业、产品加工的机械化和智能化水平，提高园林管理、公共服务和执法监管的信息化水平，实现园林生产和管理装备的现代化。

(六)人才配置的合理性

现代园林以现代发展理念为指导，以现代科学技术、现代装备和管理手段为支撑，这就要求拥有一支具有较高的科学素质的人员队伍，这也是现代园林的重要标志。从广义上讲，园林人力资源是所有从事园林生产活动的人所蕴含的劳动能力的总和。北京园林人力资源主要由公务员、专业技术人员、企业经营管理者、园林工人和林农组成。不断提高北京现代园林人力资源的数量和质量，建立和完善现代园林人力资源的流动机制和激励机制，有效配置北京现代园林人力资源，发挥北京现代园林人力资源的潜力，对于加快北京现代园林绿化建设具有十分重要的战略意义。

(七)管理体制的高效性

充满活力的高效率体制机制，是解放和发展社会生产力的必然要求，是发展现代园林的强大动力。全面推进现代园林建设的过程，实际上是一个不断深化园林绿化改革、建立新型体制机制、理顺生产关系的过程。实现陈旧管理模式向现代管理模式转变，实现管理组织现代化、管理方法现代化，是现代园林的重要标志。因此，必须按照北京经济社会转型发展的要求，不断深化园林绿化管理体制改革，努力形成符合现代园林发展要求的新型体制机制、经营形式、市场主体、动力机制、行政方式、政策措施等，构建符合现代社会发展要求的园林绿化生产关系。

（八）社会参与的广泛性

现代园林建设是一项十分复杂的系统工程，需要全社会的共同努力。全社会办园林是北京现代园林建设的重要方针。深入宣传园林在维护生态安全、实现兴绿富民、弘扬生态文明中的重要作用，大力普及生态知识和园林知识，努力传播人与自然和谐相处的生产生活方式，进一步提高全社会的生态忧患意识，动员更多的社会力量参与生态建设，为实现园林又好又快发展营造良好的社会氛围，是现代园林建设的重要组成部分。

第三节　生态园林理念

生态性是园林绿化第一位的先天属性，建设生态园林充分体现了园林绿化的本质属性。生态园林建设以维护首都生态安全、满足社会的生态需求、改善人居环境质量、提升城市可持续发展能力为目标。在新时期，加快北京生态园林建设具有独特而重要的意义。加强生态园林建设是加快首都生态文明建设、打造绿色北京的首要任务，是实现首都可持续发展的必由之路。对于推进绿色北京建设，实现天更蓝、地更绿、林更茂、水更清的良好生态环境，有效发挥园林的各种生态服务功能，促进人与自然和谐，提升生态文明建设水平具有重大意义。

一、本真自然

生态园林建设，就是用生态学原理开展园林绿化工作，使园林为首都发展发挥更大的生态效益，提供更稳固的生态安全保障，促进人与自然和谐。

园林建设的对象在很大程度上是自然界，因此了解自然界的本来面目、内在属性、运动规律十分重要。自然界，在古代又称为天，其概念有广义、狭义之分。广义的自然界指包括人类社会在内的整个客观物质世界。此物质世界是以自然的方式存在和变化着的。人的意识也是以自然方式发生的物质世界。人和人的意识是自然界发展的最高产物。物质世界具有系统性、复杂性和无穷多样性。它既包括人类已知的，也包括人类未知的物质世界。

狭义的自然界指与人类社会相区别的物质世界。即自然科学所研究的无机界和有机界。自然界是客观存在的，它是我们人类即自然界的产物本身赖以生存发展的基础。

"自然"在词意上指相对于人主观意识的客观存在。自然，属于哲学范畴。

含有产生、生长、本来就是那样的意思。罗马时代，开始使用"nature"。在中国，"自然"的最初含义亦指非人为的本然状态。如《道德经·二十五章》："人法地，地法天，天法道，道法自然"。亚里士多德认为，自己如此的事物，或自然而然的事物，其存在的根据、发展的动因必定是内在的，因此"自然"就意味着自身具有运动源泉的事物的本质，"本性就是自然万物的动变渊源"（《形而上学》），从而从原始的"自然"含义引申出作为自然物之本性和根据即"存在"本身的自然概念。在近代，"nature"则主要指存在者之整体，即自然物的总和或聚集。在这个意义上，它与"自然界"同义。如恩格斯说："整个自然界形成一个体系，即各种物体相互联系的总体。"随着人类的社会实践、工业和技术活动的深入展开，自然概念获得人与自然相互作用而产生的自然，即马克思所说的"人化的自然界"，或称第二自然这样一些新的内容。

辩证唯物主义的自然观认为：自然界是客观存在的，它是我们人类即自然界的产物本身赖以生长的基础；在自然界和人以外，不存在任何东西。整个自然界是一个普遍联系和相互作用的整体，它在永恒的流动和循环中运动着；自然界的一切现象都是矛盾的统一体，它们既是对立的，又是统一的，并且在一定条件下相互转化，由此推动着自然界的运动和发展；自然界各种运动形式的相互转化过程"是一个伟大的基本过程，对自然的全部认识都综合于对这个过程的认识中"。它的基本原理是：自然界是物质的，物质结构的层次是无限的，物质处于永恒的运动中，运动无论在量上还是在质上都是不灭的，时间和空间是物质运动的基本形式，自然界的运动是有规律的。

在现代，生态学的发展改变了人们对自然的认识。生态学（ecology）是研究生物有机体及其周围环境相互关系的科学。生物的生存、活动、繁殖需要一定的空间、物质与能量。生物在长期进化过程中，逐渐形成对周围环境某些物理条件和化学成分，如空气、光照、水分、热量和无机盐类等的特殊需要。各种生物所需要的物质、能量以及它们所适应的理化条件是不同的，这种特性称为物种的生态特性。人是生物之一种，人的生存和发展也不例外。

随着生态学的发展，哲学家和科学家都将"自然"概念，视为生态系统。生态系统是一个由相互依存的各部分组成的生命共同体。认为人类和大自然其他构成者在生态上是平等的；人类不仅要尊重生命共同体中的其他伙伴，而且要尊重共同体本身，任何一种行为，只有当它有助于保护生命共同体的和谐、稳定和美丽时，才是正当的（利奥波特《沙乡年鉴》）。所以，自然界中其实很多事物需要保持它的原来的状态，才符合自然界的规律。

大自然是美的。孔子的"仁者乐山，智者乐水"；陶渊明的"采菊东篱下，悠然见南山。山气日夕佳，飞鸟相与还"；冰心的"世界上最难忘的，是自然之美"等等，都表达了人们对大自然生态和谐之美的赞誉。生态园林建设，必须要尊重自然规律，认识自然规律，利用自然规律办事。自然界所存在的山川河流、草木鸟兽，以及人类顺乎自然规律而改造加工过的第二自然，都是生态系统的组成部分，都是园林绿化事业需要关注的对象、借助的前提、发展的基础，有许多需要保持和恢复其本来面目。

二、保护自然

保护自然是生态学的基本原理。美国科学家小米勒曾总结生态学的三定律：第一定律：我们的任何行动都不是孤立的，对自然界的任何侵犯都具有无数的效应，其中许多是不可预料的。这一定律是 G. 哈定（G. Hardin）提出的，可称为多效应原理。第二定律：每一事物无不与其他事物相互联系和相互交融，此定律又称相互联系原理。第三定律：我们所生产的任何物质均不应对地球上自然的生物地球化学循环有任何干扰，此定律可称为勿干扰原理。这第三定律，也就是告诉人类要保护自然。

保护自然是科学发展观的基本要求。2004 年 3 月，胡锦涛同志在中央人口资源环境工作座谈会上的讲话中说："要牢固树立人与自然相和谐的观念。自然界是包括人类在内的一切生物的摇篮，是人类赖以生存和发展的基本条件。保护自然就是保护人类，建设自然就是造福人类。要倍加爱护和保护自然，尊重自然规律。对自然界不能只讲索取不讲投入、只讲利用不讲建设。发展经济要充分考虑自然的承载能力和承受能力，坚决禁止过度性放牧、掠夺性采矿、毁灭性砍伐等掠夺自然、破坏自然的做法。"

在北京园林绿化建设中，保护自然主要体现在加强自然保护区建设，保护山体、森林、湿地、绿地、野生动植物等自然资源和生物资源。一是自然界本来存在的、自生的物体和资源应该得到保护。尤其是对那些具有区域本土特色、珍稀濒危的生物种类，甚至是自然地形地貌，都要重点保护。因为自然界本身是美的，是和谐的。北京的山山水水，一草一木，都是大自然的馈赠，带有北京特色，值得珍惜。二是人类根据自然规律而建设的成果，即第二自然，也应该得到保护。如园林绿化工作者栽种的花草、树木，建设的公园、绿地、水体等，也是经过付出辛勤的劳动换来的，来之不易，理应得到保护。三是在规划和建设中要故意保留不规划、不建设的空间。从景观学的角度，保留一定的天然色调本身就会增添一定的野趣。从可持续发展的角度，还能给后代留下建设和发展的空间。

目前人类对自然界的认识还是非常有限的，对许多大自然的奥秘还远不清楚。但我们认识到自然生态系统具体自组织、自完善能力。因此，在人类还拿不出更好的建设方案的时候，保护自然、保护自然生态系统的自我完善能力，维护其再生机制，不失为明智之举，而这本身就是建设自然，是通过保护自然使自然得到改善，进而惠及人类自身。这也正是道家所谓的"无为而治"，园林学家所称的"巧于因借"。

三、师法自然

在园林绿化事业中，不仅需要保护自然，还需要建设自然。今天称建设自然，或建设生态，在以往称为征服自然、改造自然，意思相近，但表明了我们人类的进步。因为纯粹自然的事物，或者经过人类破坏后的事物，有时候并不完全符合人类的需要，于是人类便运用自己的智慧、运用主观能动性对自然界的事物进行加工、改造、恢复、重建，使其更加符合人类的生存发展需要。

"生态园林"建设，就是人类对自然生态系统在认识的基础上，对其部分结构和要素进行加工、修复和建设，使生态系统结构更加完善，功能更加符合人类的目的。

"师法自然"一词，能够比较恰当地表达园林绿化建设中对自然的建设。"师法自然"就是以大自然为师、向大自然学习，并加以效法的意思。老子在《道德经》中称："人法地，地法天，天法道，道法自然"。这句话包含了认识自然规律、运用自然规律而为两层含义，体现了中国文化的核心价值。的确，自然界许多现象令人惊叹，人们总是能从大自然得到许多启示。园林绿化建设，作为生态系统建设，更应自觉地遵循和利用自然规律，师法自然、融于自然、顺应自然、表现自然。

在造园艺术上，讲究"虽由人作，宛自天开"，这是师法自然的结果。园林是在一定空间，由山、水、动植物和建筑物等共同组成的一个有机综合自然整体，是自然美与人工美高度的统一。古今中外，园林都是因地制宜，巧妙借景，使建筑具有自然风趣的环境艺术，它们是自然的艺术再现。中国古典园林是风景式园林的典型，"师法自然"的造园艺术，体现了人的自然化和自然的人化。它以自然界的山水为蓝本，由曲折之水、错落之山、迂回之径、参差之石、幽奇之洞所构成的建筑环境把自然界的景物荟萃一处，以此借景生情，托物言志。(明)计成的《园冶》，明确提出造园的基本原则是："相地合宜，构园得体"；"造园无格，必须巧于因借，精在体宜。虽由人作，宛自天开。"无论是皇家园林，如北京的"三山五园"，还是私家园林，大都遵循这些原则。一是总体布局、组合要合乎自然。山与水的关系、林网与水网的结合，以及假山中峰、涧、坡、洞各景象因素的组合，要符合自然界山水生成的客观规律。二是每个山水景象要素的形象组合要合乎自然规律。如假山峰峦是由许多小的石料拼叠合成，叠砌时要仿天然岩石的纹脉，尽量减少人工拼叠的痕迹。水池常作自然曲折、高下起伏状。花木布置应是疏密相间，形态天然。乔灌木也错杂相间，追求天然野趣。

在园林上，德国有"近自然园林"理论，也是强调师法自然、借助自然力发展园林。近自然园林是在多功能森林经营目标指导下的一种顺应自然地计划和管理森林的模式，其体系包括立足于生态学和伦理学的善待自然、善待森林的认识论，和基于原始森林的基础研究的促成森林反应能力的"抚育性经营"技术核心。

近自然园林的理论体系总体上包括善待森林的认识论基础；从整体出发观察森林，视其为永续的、多种多样功能并存的、生气勃勃的生态系统的多功能经营思想；把生态与经济要求结合起来培育近自然森林的具体目标；尝试和促成森林反应能力的技术和抚育性森林经营利用的核心思想。为实现多功能可持续园林目标，近自然园林的基本技术原则为：确保所有林地在生态和经济方面的效益和持续的木材产量同时发挥，使用技术知识和科学探索兼顾地经营森林，保持森林健康、稳定和混交的状态，适地适树地选择树种，并保护所有本土植物、动物和其他遗传变异种，除小块的特殊地区外不做清林而要让林木自然枯死和再生，保持土壤肥力并避免各类有害物质在土壤中高富集的可能性，在森林作业设计中应用可能的技术来保护土地、固定样地和自然环境，维持森林产出与人口增长水平的适应关系。

北京园林建设，作为集传统园林与园林的整体事业，应该继承和发展古今中外园林和园林建设的先进理念和宝贵经验，尤其是我国古典园林、西方现代园林建设和管理的理论和模式，综合创新，形成具有北京特色的以"师法自然"为重点的发展思路。在北京高标准生态园林建设中，森林、绿地、湿地是生态系统的主体，具有多种功能和效益，是确保首都经济社会可持续发展的重要支撑。通过林分改造提升，进一步优化林种、树种和群落结构，采取森林健康经营、近自然经营、多功能经营等多种生态经营措施，着力提高森林、林木绿地资源质量。加强野生动植物保护和自然保护区建设，保护生物多样性。加强城市中心区公园绿地建设、绿化隔离地区绿化建设，燕山太行山生态公益林建设，完善平原地区水系、道路和农田林网建设，构筑资源丰富、布局合理、功能完备、结构稳定、优质高效的森林、绿地生态网络。加大现有的河流、水库、湖泊等湿地资源保护，加强湿地自然保护区、自然保护小区和湿地公园建设。在城市周边地区，改造河道，变直为曲，变远为近，拓宽河面，人工建设线面结合的"龙形"水系，改善北京湿地和水生态环境，提高湿地资源的生态服务功能。

四、融入自然

"生态园林"理念的第三层含义，是融入自然，增进人与自然和谐。"和"是中国文化的精髓，"天人合一"是中国传统生态文化的核心价值观。所谓"和实生物"、"和而不同"、"和为贵"，都是强调和谐的重要性。今天，科学发展观强调人与自然和谐发展，强调建设社会主义和谐社会，也都把"和谐"提高到十分重要的位置。

促进人与自然和谐发展，是科学发展观的一个重要观点。2004年3月10日，胡锦涛同志在中央人口资源环境工作座谈会上的讲话中说："可持续发展，就是要促进人与自然的和谐，实现经济发展和人口、资源、环境相协调，坚持走生产发展、生活富裕、生态良好的文明发展道路，保证一代接一代地永续发展。"人与自然和谐发展，不仅是生态文明建设的核心价值观，也是社会主义和谐社会建设的重要内容。落实科学发展观、构建和谐社会、建设生态文明，都离不开统筹人与自然和谐发展，而北京的园林绿化工作是统筹人与自然和谐发展的关键。2006年4月1日，胡锦涛同志在北京奥林匹克森林公园参加首都义务植树活动时说："各级党委、政府要从全面落实科学发展观的高度，持之以恒地抓好生态环境保护和建设工作，着力解决生态环境保护和建设方面存在的突出问题，切实为人民群众创造良好的生产生活环境。要通过全社会长期不懈的努力，使我们的祖国天更蓝、地更绿、水更清、空气更洁净，人与自然的关系更和谐。"

人与自然和谐发展，是生产发展、生活富裕、生态良好。体现在北京园林绿化工作中，就是让园林绿化建设发挥更大的生态效益、经济效益和社会效益，更好地为首都经济社会发展和全体市民服务。

首先，园林绿化建设促进首都政治、经济健康发展。北京是全国的政治中心，搞好服务是北京园林工作的基本职责。包括配合举办各类庆典活动，如奥运会、国庆节等，搞好绿化美化服务。以首善之区的高标准做好各项绿化美化工作，保护好北京的古典园林，更好地体现古都风貌，建设好现代园林，提高森林和绿地质量，不断提升首都城市现代化、国际化水平。

其次，园林绿化建设促进市民生活富裕。一是为山区农民和人民群众提供就业机会，提高经济收入；二是为北京市民和来京旅游者提供优质、充足的绿色林产品，以及各类生态旅游服务。此外，还可通过改善生态环境质量，促进房地产的保值升值，改善投资环境，提升市民生活质量。

第三，园林绿化建设维护生态安全，促进生态良好。生态安全是事关北京的稳定和可持续发展的大事，要不断改善首都的生态环境质量，提升市民幸福指数，其根本前提就是要保护好首都珍贵的森林、湿地、绿地资源，维持生物多样性。

第四节　科技园林理念

科技是第一生产力，是园林绿化发展的重要支撑，建设"科技园林"对于提高北京园林的现代化水平具有重要意义。江泽民同志曾指出，"创新是一个民族进步的灵魂，是一个国家兴旺发达的不竭动力，也是一个政党永葆生机的源泉。"对于民族、国家、政党是这样，对于城市、城市中的部门也应是这样。建设科技园林，突出强调了园林绿化的支撑基础，是提高园林的生态力、生产力、人文力的重要保障。同时，科技园林又是科技北京的重要组成部分。对于发挥科技示范功能、提高富民能力和园林服务水平，体现中国和世界当代文明发展成果和进步程度都起着举足轻重的作用。

"科技园林"理念，主要包括科技创新与科技应用。科技创新是原创性科学研究和技术创新的总称，是指创造和应用新知识和新技术、新工艺，采用新的生产方式和经营管理模式，开发新产品，提高产品质量，提供新服务的过程。科技创新可以被分成 3 种类型：知识创新、技术创新和现代科技引领的管理创新。科技创新是北京建设世界城市的驱动力。有专家称，北京建设世界城市将面临诸多挑战，如全球资源配置能力、科技创新能力、文化特质和在国际事务中的话语权等。而其中增强科技创新力，是能否实现城市可持续发展，是能否走出一条超常规发展道路，能否建设一座有中国特色世界城市的关键。知识经济时代，科技创新是城市发展的灵魂和重要动力。目前，全球公认的世界城市是纽约、伦敦、东京，它们无一不是全球科技创新资源高度集聚之地。尽管北京的科技实力堪称中国之首，但是以目前的科技实力尚不足以支撑北京成为世界城市（申明，2010）。因此，建设"科技园林"，必须努力深化园林绿化的科技创新和应用。

一、知识创新

知识创新，是指通过科学研究，包括基础研究和应用研究，获得新的基础科学和技术科学知识的过程。知识创新的目的是追求新发现、探索新规律、创立新学说、创造新方法、积累新知识。知识创新是技术创新的基础，是新技术和新发明的源泉，是促进科技进步和经济增长的革命性力量。知识创新为人类认识世界、改造世界提供新理论和新方法，为人类文明进步和社会发展提供不竭动力。在钱学森的科技创新理论中，特别强调知识集成、知识管理的作用。

园林绿化的知识创新，是北京建设"科技园林"的重要内容。通过加强园林绿化知识创新体系建设，强化园林绿化科学研究，总结集成国内外尤其是北京当地的实践经验，提出新观点、新认识、新理论、新方法，从而为北京的园林绿化建设提供理论指导和科学依据。

一是加强北京园林绿化知识创新主体建设。要充分认识知识创新在推动园林绿化建设中的作用。与园林绿化相关的科研单位、大专院校、政策研究机构等是知识创新主体，应该设置和完善与新形势相适应的研究机构，加强重点学科、重点实验室、创新团队建设，加强研究人才的引进、培养和使用，调动和发挥知识创新主体的积极性、主动性和创造性。

二是完善园林绿化知识创新的基础平台和政策制度。促进园林绿化基础信息、科学知识、发展理论、学术观点的传播和交流，搭建学术交流平台，充分利用首都科技、人才资源集中的优势，加强区域、国内、国际科技研究合作与交流。建立、改革和完善促进知识创新的体制机制、政策制度，鼓励优秀人才脱颖而出，激发优质成果大量涌现。促进知识创新与技术创新的有效结合，形成两者良性互动发展机制。

三是加大对园林绿化知识创新的经费投入。知识创新涉及综合集成我国传统和现代园林绿化知识，借鉴和吸收国外先进的园林绿化知识，总结和创造有北京特点的新知识等诸多方面，应该加强相关研究领域的科技投入，开拓新的研究领域，优化科技经费管理，提高经费使用效率。

二、技术创新

技术创新的核心内容是科学技术的发明和创造和价值实现，其直接结果是推动科学技术进步与应用创新的良性互动，提高社会生产力的发展水平，进而促进社会经济的增长。为了提高北京园林技术创新水平，今后要着重从以下方面努力。

一是加强园林绿化科研机构的科技自主创新能力。在完善科研机构和科研人才队伍建设的基础上，加强自主创新能力，在拥有自主知识产权的独特的核心技术基础上实现新产品的价值形成和增长。加大园林绿化科技的原始创新、集成创新和引进技术再创新的力度，以形成更多更好的科学新发现，拥有自主知识产权的新技术、新产品、新品牌。用自主科技创新成果支撑园林绿化事业的大发展。同时要加强高新科技成果的推广与应用。

二是发挥好园林绿化企事业单位在技术创新中的主体作用。北京市园林绿化企事业单位，是技术创新的重要力量。在加快发展方式转变，站在产业发展前沿，加快实施《科技北京行动计划》，全面提升科技创新在首都社会经济发展中的战略地位和自身引领作用，把科技创新作为经济结构调整和发展方式转变的中心环节，着力提升自主创新能力。要通过转变经济发展方式，促进园林高新技术企业发展。

三是努力营造有利于园林绿化技术创新的硬件和软件环境。加大对园林绿化科技创新课题经费投入，不仅强调自然科学研究，也要加强规划社会科学研究。以鼓励多出成果、出好成果为导向，改进科研项目管理方式、运行模式。营造鼓励创新、宽容失败的科研环境。发挥和充分利用北京市丰富的科技、教育和人才资源优势，加强联合科技攻关。加强与国内、国际知名科研机构、知名园林和城市园林专家的科技合作。

三、应用创新

在知识创新、技术创新的基础上，要加强科技推广与应用。应用创新，主要包括提升产业效益和优化以循环经济为主的发展方式两方面内容。

(一)提升产业效益

通过北京"科技园林"建设，极大地提高园林生产力，发挥森林等园林资源生产生态产品、物质产品和生态文化产品的功能，显著提高园林的生态、经济、社会和文化效益，实现园林综合产出的高效性。通过园林科技创新与应用，提高单位面积生态用地的生态产出、经济产出和人文产出，提高人员队伍素质，提高园林绿化事业的劳动生产率、科技贡献率和社会贡献率。

讲究生产的高效率、高效益，是现代社会的核心价值追求之一。高效，意味着用尽可能少的人力、物力和财力的投入，获得相对多的产出和价值。只有高效，才能在有限的资源条件下较好地满足社会的需求，也只有高效才能实现各种资源的节约，也才有可能实现可持续发展。

实现北京园林的全面高效发展，要求我们改变传统园林上的以木材生产、以强调经济效益为主的森林价值观念，转变为以增加森林生态系统的绿色 GDP 为核心的森林价值观念；同时要求转变传统园林上的以强调视觉效果、绿地面积增加、城区为主的园林建设模式，调整为"林网化、水网化"的建设理念，实现视觉与生态效果并重、外延与内涵并举、城区与郊区统筹的园林建设模式。

一是强化园林绿化建设的科技创新与应用，发挥园林巨大的生态效益。把握以生态建设为主的发展方向，这是北京现代园林建设的根本任务。通过培育和发展森林、湿地、绿地资源，着力保护和建设好北京自然生态系统，在北京市可持续发展中充分发挥园林的基础性作用，努力构建布局科学、结构合理、功能协调、效益显著的园林生态体系。

二是强化绿色产业发展的科技创新与应用，发挥园林巨大的经济效益。发达的园林产业体系，事关北京经济可持续发展和郊区新农村建设。研究优化园林产业发展方向和结构布局，实现一、二、三产业协调发展，全面提升园林对现代化建设的经济贡献率。重点鼓励森林旅游、花卉园艺、森林食品、林源生物制药、生物材料、生物能源等新兴产业、高技术产业、高效产业的发展。切实加强第一产业，全面提升第二产业，大力发展第三产业，不断培育新的增长点，积极转变增长方式，努力构建门类齐全、优质高效、竞争有序、充满活力的园林产业体系。

三是强化生态文化建设的科技创新与应用，发挥园林巨大的社会文化效益。园林要做发展生态文化的先锋，尽可能多地创造出丰富的文化成果，努力推进人与自然和谐重要价值观的树立和传播，为现代文明发展做出自己独特的贡献。普及生态知识，宣传生态典型，增强生态意识，繁荣生态文化，树立生态道德，弘扬生态文明，倡导人与自然和谐的重要价值观，努力构建主题突出、内容丰富、贴近生活、富有感染力的生态文化体系。

四是强化整个行业的科技创新与应用，使北京园林总体效益最大化。园林生态、产业、文化三大建设虽然具有相对独立性，但又是一个互为补充、相互促进、密不可分的整体，我们必须坚持统筹兼顾，综合研发和应用先进的技术手段，推动园林三大效益的全面协调可持续发展，促进园林整体效益的不断优化。加强园林绿化科技支撑和基础条件能力建设，采用信息化改造传统技术装备，高科技标准强化安全防护，建立和完善林政执法，森林防火，林木有害生物防治，野生动物疫源的预测预报系统、信息管理系统和技术标准体系，维护森林绿地资源的安全，提高森林绿地资源的质量和效益。

（二）发展循环经济

建设"科技园林"，不仅实现高效，还要实现可持续性。而可持续性，要求转变发展模式，变传统的"高投入、高消耗、高污染、低效益"的"三高一低"的经济增长方式，为"低投入、低消耗、低污染、高效益"的绿色发展模式。这就需要发展模式的创新，即走低碳经济发展之路。

生态文明社会的经济形态，从根本上属于生态经济，或称为循环经济、绿色经济、低碳经济。人类经济的发展模式对应于农业、工业、生态三大文明阶段，分别是自然经济、线性经济（又称单程式经济）和循环经济。建设生态文明，必须合理利用能源资源和生态环境容量，在物质不断循环利用的基础上又好又快地发展经济，促进经济社会系统和谐地融入到自然生态系统的物质循环过程中，建立资源环境低负荷的社会消费体系，走生态、低碳、循环、绿色经济发展道路。

在人类即将开启的生态文明社会的循环经济大系统当中，现代园林和城市园林绿化是重要组成部分和运行环节。由于森林和湿地资源都是绿色的可再生资源，在科学经营、合理利用的前提下，可以有效促进经济排放的减量化、经济产品的再利用、各种废弃物的资源化，进而促进整个经济走上生态友好、循环发展的轨道。结合循环经济理论，北京园林绿化建设的低碳创新，主要包括以下内容。

一是贯彻循环经济"减量化"原则，坚持园林绿化建设中的资源节约。减量化原则针对的是输入端，旨在减少进入生产和消费过程中物质和能源流量。换句话说，对废弃物的产生，是通过预防的方式而不是末端治理的方式来加以避免。减量化原则要求园林建设中，尽可能节约土地、水、能、材料、经济等资源，减少资源消耗，减少污染物的排放。这就要求合理规划布局，实行集约化经营，选择植物材料要优先应用乡土树种和植物。

二是贯彻循环经济的"再利用"原则，保证园林绿化成果的效益持续发挥。再利用原则属于过程性方法，目的是延长产品和服务的时间强度。也就是说，尽可能多次或多种方式地使用物品，避免物品过早地成为垃圾，以此来减少资源的使用量和污染物的排放量。这要求园林绿化建设要注意保护土壤、原有植被和原生生态系统，尽量延长植物、建筑物等的使用寿命，提高森林、绿地、湿地碳汇生态服务功能。

三是贯彻循环经济的"资源化"原则，促进园林绿化废弃物的资源化利用。资源化原则是输出端方法，能把废弃物再次变成资源，即通过废品的回收利用和废物的综合利用，使废弃物转化为再生原材料，重新生产出原产品或次级产品。资源化能够减少垃圾的产生，制成使用能源较少的新产品。根据这一原理，要求一方面加强园林绿化废弃物如树木枝叶等的资源化利用，另一方面也可以通过土地利用方式的改造，使一些垃圾场、工业废弃地转化为园林绿地。北京"798"艺术区、唐山南湖公园，都是这方面的成功范例。

四、管理创新

管理创新是北京"科技园林"建设的重要组成部分。管理创新是指组织形成创造性思想并将其转换为有用的产品、服务或作业方法的过程。既包括宏观管理层面上的创新——社会政治、经济和管理等方面的制度创新，也包括微观管理层面上的创新，其核心内容是科技引领的管理变革，其直接结果是激发人们的创造性和积极性，促使所有社会资源的合理配置，最终推动社会的进步。即富有创造力的组织能够不断地将创造性思想转变为某种有用的结果。管理创新包括管理思想、管理理论、管理知识、管理方法、管理工具等的创新。按功能分为目标、计划、实行、检馈、控制、调整、领导、组织、人力等9项管理职能的创新。按业务组织的系统，分为战略创新、模式创新、流程创新、标准创新、观念创新、风气创新、结构创新、制度创新。

随着北京城市快速发展，知识经济和现代科学技术的广泛应用，以及落实北京世界城市建设战略目标，在客观上要求北京园林绿化工作必须大胆进行管理创新，进一步提高园林绿化公共服务和管理水平，建成高水平的管理服务体系。

第一，切实转变观念，加强行业管理。进一步建立健全以管理、执法和服务三大职能为主的园林绿化行政管理机制，从注重微观管理向注重宏观指导转变，从注重行政审批向注重行业监管转变，从注重事务管理向注重公共服务转变，重点在规划管理、政策研究、行业监管和公共服务等方面取得新的进展。转变管理观念，从注重建设向注重管理服务转变。一是健全运行机制，建立支撑有力、运转高效的园林绿化服务机制和平台；二是完善服务内容，推出具有园林绿化特点的高水平公共服务产品；三是提高工作水平，切实增强为社会服务的能力，提升服务品质。

第二，完善园林绿化管理运行机制。完善城市绿化法规体系和管理运行机制，为全面提升城市绿化的总体水平提供各方面保障。抓紧修订和制订有关城市绿化地方法规，为依法管理提供完善的绿化法规体系；强化市、区园林部门的政府职能，推动基层绿化管理形成适应新形势的体制和机制；大力促进管理与作业分离，推动绿化建设和养护作业的市场化，通过市场竞争形成质优价廉的运行机制。强化政策支撑，加强园林绿化建设、管理、监督方面的立法，建立健全有关法规、标准、规范和政策制度。加强园林绿化执法队伍建设，加大执法力度，完善执法监管体系，抓好各项法规的实施，确保法规赋予职责权力的全面到位，严格依法行政、依法管理。消除法定行政作为的空白和薄弱环节，不断巩固首都园林绿化成果。

第三，提高全市公园、风景名胜区服务接待水平。要加强公园环境卫生综合整治和日常管理，提高景点维护和美化水平，保持优美园容环境。高度重视展览、展示组织工作，优化各主要展区布局，及时更新和丰富展览、展示内容，扩大宣传，提高影响力。加强游人变化的研究和预测，建立协调预报机制，加强扩容能力建设。加强职工接待服务技能培训，推进接待服务标准化、规范化。不断提高服务窗口职工的外语接待能力，对全市重点公园和风景名胜区导游图册、导游讲解、电子导游机在现有语种的基础上，增加语种服务功能。加强免费开放公园的建设和管理，尽快出台相关管理办法，搞好公园基础设施建设改造和环境综合整治，保护公园各种游憩设施，维护良好游园秩序。

第四，推进集体林权制度改革。结合北京市园林实际，按照"均股不分山、均利不分林"的原则，通过改革，完善机制，实现"园林大发展、生态大改善、产品大丰富、农民大实惠"的目的。规范林地承包经营权、林木所有权流转，完善配套改革政策，建立财政支持林业、科技支撑林业、法制保障林业、金融服务林业，以及林木采伐管理制度健全、集体林权流转有序、林业社会化服务体系健全等长效机制和有利的政策环境。以集体林权制度改革为切入点，进一步完善市、区县、乡镇（街道）三级园林绿化管理体制和工作运行机制，促进林业增产增效、农民增收致富。加快国有林场改革步伐，按照"场园一体"的思路，大力发展森林生态旅游，大胆探索符合北京市情林情的发展模式，提高国有林场的经营管理水平和经济效益。

第五节　人文园林理念

建设人文园林是让园林绿化更好地服务于人民的需要。科学发展观的核心是以人为本，建设人文园林是落实科学发展观的真实体现和扎实举措。人文园林是人文北京的重要载体，是彰显东方传统和谐文化、建设中国特色世界城市的有效途径。建设人文园林也是改革以往面向少数人的落后发展方式，实现全民共建共享、顺应时代要求的明智选择。

一、以人为本

以人为本是科学发展观的核心。建设人文园林，重在把以人为本原则贯穿于园林绿化建设的全过程。具体来说，就是北京的园林绿化建设要以实现人的全面发展为目标，从人民群众的根本利益出发谋发展、促发展，不断满足广大市民日益增长的生态、物质、文化、健康、安全等需要，切实保障城乡人民的生态经济、政治、文化权益，使园林绿化建设成果惠及全体北京市民和其他来北京的旅游者。

一是以服务人民为出发点。北京作为全国的政治中心，搞好服务是北京园林绿化工作的基本职责。在园林绿化规划、建设、管理和发展中，切实从社会各层次人民团体和广大群众的实际需要出发，以充分体现方便市民生活、有益于市民健康、活跃市民精神文化为基本要求。根据不同区域园林所发挥的主导功能，进行科学设计和建设，在优先满足园林主导功能的同时，兼顾相关的辅助功能。实现城区园林的合理布局，使市民出行 500m 就能见公园。园林内要建设各种配套服务设施，方便市民休闲旅游需求。

二是以公众参与为侧重点。推进生态文明建设，是每个公民应尽的责任。园林绿化建设是一项涉及范围广、影响群体多的重要的公益事业，需要依靠全社会力量共同建设。同时，开展全民义务植树活动，提升全民绿色尽责率，是大力传播和树立生态文明观念，提高市民生态文明意识的重要途径和有效措施。要全市动员，全民动手，全社会搞绿化、办林业，不断创新全民义务植树活动，动员社会各方面力量积极投身绿化美化建设，形成"植绿、护绿、爱绿、兴绿"的良好社会风尚。根据自然社会条件和全市园林发展布局，按部门、单位划分义务植树责任区，形成造林基地和抚育基地。丰富义务植树内容，拓宽义务植树方式，除了个人直接参加植树、交纳义务植树绿化费等形式外，单位和个人还可以通过认建认养绿地、抚育树木、购买碳汇、参与绿化宣传咨询等多种形式履行植树义务。推进全社会、多部门参与首都园林绿化建设。积极组织动员水利、交通、军队、学校、厂矿、企事业单位等部门和单位开展植树造林、绿地经营管护。积极开展"首都绿化美化花园式单位"、"首都绿化美化花园式社区"和"首都绿色村庄"等创建活动。继续开展好"创绿色家园、建富裕新村"和"城乡手拉手、共建新农村"等群众性创建活动。

三是以成果共享为落脚点。进一步转变职责，加强园林绿化管理和服务。按照科学发展观和统筹城乡发展的要求，加强对全市园林绿化的科学规划、统一管理，优化资源配置，促进园林绿化事业的协调发展。按照加强社会管理和公共服务的要求，弱化微观事务管理职能，强化园林绿化发展规划、政策措施、管理标准的制订以及执法监督等职责。推进和规范有关行业协会和社会中介组织的发展，提高园林绿化方面的社会管理和公共服务水平。加快转变发展理念和发展方式，推动园林绿化经营、管理、服务体制改革，提高效率和水平，让园林绿化建设成果为全民共享。

二、以绿为体

人文园林建设理念的一个重要方面，是保护和建设自然，是保护和建设集真、善、美于一体的绿色生态系统，即专家们所称的"生境"。"生境"，被认为是中国自然山水园林建设的第一境界。只有在良好"生境"的基础上，才能进入"画境"、"意境"的第二、第三境界。之所以称"以绿为体"，是因为森林是陆地生态系统的主体，森林绿地是生态文明的载体，城市森林是城市有生命的绿色基础设施，绿色生态产业是新世纪重要的有生命力的新兴朝阳产业。

一是兴绿惠民，大力拓展绿色生活空间。各类公园、城市绿地等园林绿化建设，是广大市民工作、生活的绿色环境。北京的园林绿化建设已经取得非常显著的成效，在数量规模上已经达到很高的程度，但是从总体上而言，北京城区的园林绿化空间格局尚不够合理，绿地质量尚有待提高。虽然北京是严重缺水的城市，但是在发展上应该以建设山水园林城市为长期的努力方向，以打造龙形水系、构筑生态绿道为重点，建设林水结合、林园一体的园林绿化空间格局。在主城、新城和人口集中居住区，建设大型多功能林园一体绿地。运用科技手段和艺术手法，加强屋顶、墙壁等立体多空间绿化美化，建设一批华北乡土珍稀树木园，全面提升北京绿化水平，改善人居生活环境。

二是兴绿富民，大力发展绿色生态产业。强化园林绿地资源利用的高效化、集约化、多功能化，构建高效益的园林绿化产业体系，充分发挥园林绿化强大的经济功能。加快林果产业发展，培育名、特、优新品种，打造"京果"品牌，延伸产业链条，提高产品竞争力。积极发展森林湿地生态旅游产业，培育新的绿色经济增长点。加强花卉、林木种苗基地建设。大力发展林产品精深加工，提高综合利用水平，优化产品结构，提升产业效益。大力发展沟域生态经济，依靠科技和人文手段，全面发挥园林绿化建设在改善北京山区生态环境、提高绿色发展水平、建设低碳社会和打造绿色文化品牌中的重要作用。

三是兴绿安民，大力构筑绿色生态屏障。目前，北京的森林和绿地质量还不够高，针对这种情况，在园林绿化和森林经营建设方面，应该学习借鉴世界其他国家的先进经验。首先要借鉴以德国为代表的近自然林业理论和做法。善于向自然学习，借用自然力来发展园林。应该更加强调乡土树种，强调天然更新，强调混交林，强调择伐等。其次要学习以美国为代表的生态系统经营理论。不仅做好对树木的经营，还应该加强对水、土壤、草本植物、动物、微生物等生态因子的经营管护，维护生物多样性，使之相互配合、良性发展。第三是要学习以欧美为代表的城市森林景观建设理论和经验。在城市内部、郊区保留或建设大面积森林，提高其生态功能，又可以发挥景观、游憩作用。此外，还应借鉴以日本为代表的治山理念和森林文化。日本人口密度很大，但本国的森林覆盖率、森林质量都很高。他们很重视森林的作用，在人们的心目中森林的地位很崇高。我们也应重视近几十年来自己创造的好的经验和做法。尤其是在低质低效林改造方面，重视乡土树种应用，实施森林健康与美学合一经营，实施林园一体系统管理，提高森林质量，提升景观效果，综合发挥社会功能。

三、以史为根

北京作为一座闻名世界的历史文化名城，保留了大量宝贵的历史文化遗产，为首都的园林绿化建设奠定和提供了良好的人文资源基础，增添了许多特色和魅力。新时期的园林绿化建设，离不开对历史文物的继承与保护，离不开对历史文化的挖掘与弘扬。只有立足于北京优秀、独特、多彩的传统文化，才能在这块土地上打造出融历史与现代为一体、传统文化与现代文明交相辉映的世界城市。

一是深厚的历史文化底蕴是北京园林绿化建设的丰富内涵。北京曾经是历史上蓟、燕、辽、金、元、明、清等古国或朝代的都城。早在大约 50 万年前，北京周口店出现了最初的人类——举世闻名的"北京人"。在西周时期（公元前 1057 年）北京一带开始建立城市。元朝兴建了新都城——大都。明成祖朱棣 1421 年将国都从南京迁至北京。以后，清代相继定都北京。从 1949 年 10 月 1 日开始，北京成为中华人民共和国的首都。这里荟萃了中国灿烂的文化艺术，保留着许多名胜古迹和人文景观。作为几代帝都和今日中国首都的北京是中国历史和现状的缩影。今天，北京正朝着建设"世界城市"和"中国首都、国际城市、文化名城、宜居城市"的目标迈进。

二是众多的历史人文资源是北京园林绿化建设的重要依托。北京市共有对外开放的旅游景点达 200 多处，文物古迹 7309 项，其中国家重点文物保护单位有 42 处，居全国第二位，市级文物保护单位 222 个。有八达岭——十三陵国家重点风景名胜区。举世闻名的长城（八达岭、慕田峪、司马台）创始于战国，建于明代，蜿蜒于北方崇山峻岭之中，总长一万多华里（1 华里 ＝ 0.5km）。北京城中央的故宫（原名紫禁城），是明清二十四代帝王的皇宫，世界最大的宫殿群，我国最大的博物院。天安门原是古代帝王颁诏书的地方，1949 年中华人民共和国开国大典在此举行，被誉为新中国的象征。天安门广场是世界最大的城市中心广场。北郊十三陵是明代 13 位帝王的陵墓，其中定陵地宫已开放。西郊颐和园、市内的北海及天坛分别为古代皇家园林和帝王祭天的坛庙。北京寺庙众多，以西郊卧佛寺、潭柘寺、戒台寺、云居寺和市内雍和宫、白云观最著名。此外还有世界上最大的四合院恭王府等名胜古迹。北京的胡同、四合院，也是北京重要的历史文化。

三是辉煌的古典皇家园林是北京园林绿化建设的独特品牌。北京大规模的园林建设开始于金代。在金代营建了西苑、同乐园、太液池、南苑、广乐园、芳园、北苑、万宁宫（今北海公园地段），并在郊外建玉泉山芙蓉殿、香山行宫、樱桃沟观花台、潭柘寺附近的金章宗弹雀处、玉渊潭钓鱼台等，由此奠定了北京园林的基础。元代，大规模兴建琼华岛，以万岁山（今景山）、太液池（北海）为中心修建宫苑。将太液池南扩，使北海、中海、南海连为一体。在宫廷内建有宫后苑，宫外有东苑、西苑、北果园、南花园、玉熙宫等，近郊有猎场、南海子、上林苑、聚燕台等，形成北京皇家园林格局。明代在西郊兴建清华园、勺园等别墅，还大建祭坛园林，如圜丘坛（天坛）、方泽坛（地坛）、日坛、月坛、先农坛、社稷坛等，庙宇园林也开始盛行。清代是北京园林集大成的时代，最著名的是建设"三山五园"，即在清华园旧址上建的畅春园、万春园（含圆明园、长春园、绮春园），瓮山（万寿山）建的清漪园（颐和园），玉泉山建的静明园，香山建设的静宜园。尤其是在园林当中至今仍保存着许多古树名木，其中蕴涵着丰富的园林、树木文化。

北京深厚的历史文化底蕴，极大地丰富了都市园林的内涵。建设人文园林，要求加大对历史名园、风景名胜区的保护力度，落实好《北京市文物保护管理办法》，采取科学有效的保护、修复措施，保存好这些极其珍贵的文化遗产。北京是古老的，但同时又是一座焕发美丽青春的城市，北京正以一个雄伟、奇丽、新鲜、现代化的姿态屹立在世界城市之林。

四、以文为魂

人的全面发展需要用文化来鼓舞、来引领、来塑造。根据专家们的研究成果，北京人文园林建设，不仅要建设一种绿色的"生境"，还应该建造一种美的"画境"，有东方特色的"意境"（胡洁，2010）。这种充分体现"画境"、"意境"的东方园林文化，正是北京园林建设的精髓和灵魂。建设中国特色的东方园林，就是运用园林这种文化载体，来表达和彰显以"天人合一、道法自然"为核心的中国文化。用东方文化来增强国家和民族的软实力、生命力和凝聚力。

北京以悠久的历史、灿烂的文化和光荣的革命传统著称于世，建都文化是北京生态文化的一个特点（彭镇华等，2007）。在中国生态文化体系中，"师法自然"的城市园林艺术是其中的重要内容。我国古代国都和城市选址和规划大多依名山大川而建，充分考虑自然生态环境即所谓"风水形胜"的因素，如西安、洛阳、北京、南京、开封、杭州、安阳等古都皆是如此。许多朝代和时期在北京建都，除了有政治、军事等方面的因素外，与这里优越的地理位置和自然环境密不可分。从北京所处的地理环境来看，西、北有太行山、燕山依靠，左有潮白河、右有永定河，东南面向平原、大海，符合传统风水理论"背山面水"的城址选择标准，彰显了中国古代"左青龙、右白虎、前朱雀、后玄武"的人居生态（风水）文化，因此是理想的建都之所。宋代哲学家朱熹曾概括北京形势："冀都天地间好个大风水。山脉从云中发来，前面黄河环绕。泰山耸左为龙，华山耸右为虎。嵩山为前案，淮南诸山为第二重案，江南五岭诸山为三重案。故古今建都之地皆莫过于冀都。"而且在元、明、清等历史时期，北京森林资源、水资源都相当丰富，加之气候上四季分明，适宜人类的居住。在当代，研究并继承传统的建都文化，汲取其中的精华，并将其运用到园林建设之中，有利于在北京创造出新的宜居城市。

北京园林文化是中国园林文化的代表。中国园林文化重在体现"天人合一"的生态文明理念、"师法自然"的造园艺术。中国是一个重视和谐的国家。所谓"和实生物"、"和而不同"、"和为贵"，都是强调和谐的重要性。和谐不仅包括人与人的和谐，也包括人与自然关系的和谐，即"天人合一"。古代所谓的"天人合一"，近似于当今所说的人与自然和谐，这是中国传统生态文化的核心观点。

它反映了我国古代人民对处理人与自然关系的根本认识。这种观点表现出对生命价值的特别尊重，认为："日新之谓盛德，生生之谓易。""天地之大德曰生。"春秋战国时代，管子主张："人与天调，然后天地之美生。"老子认为人应该师法自然："人法地，地法天，天法道，道法自然。"孔子强调中和之道，认为："致中和，天地位焉，万物育焉。"基于这种认识，儒家提倡伦理道德中的孝道，不局限于人伦，进一步将自然生态保护也纳入其中。在造园艺术方面，强调"虽由人作，宛自天开"。在这方面，北京的皇家园林充分体现了这些原则。园林中独具匠心的各色建筑、匾额、对联等各种文字表达，种类多样、形态各异的众多古树名木，优雅的环境和蕴含的文化不仅有利于人们释放工作压力，而且能够陶冶人的情操，对调节身心健康发挥积极作用。

北京拥有悠久而丰厚的森林文化传统。我国人工植树造林的传统由来久远，史载黄帝"时播百谷草木"。历代王朝都重视山林保护，不仅设置相应的机构，还制定了很多法律法规。春秋时期，人们认识到火灾是山林的大敌，将山林田野的禁火作为国策。管子主张"修火宪，敬山泽林薮积草"。西周形成栽植行道树的传统。历代重视人居环境的绿化，在风水观念的主导下，古代通常在城市和村庄附近都建设和保留有成片的生长茂密的风水林。北京是世界上古树最多的城市，古树是森林文化的见证。北京市共有古树29种，22637株，其中300年以上的一级古树有3804株。北海公园画舫斋的唐槐和唐武德年间所建戒台寺内的九龙松，其树龄都已超过千年。中山公园社稷坛南门外的几株老柏，为辽代兴国寺旧物。潭柘寺毗庐阁前的"帝王树"，其树龄也已千年。其后如金代团城上的"白袍将军"、孔庙的元代古柏、天坛的明代柏林、清朝颐和园内的油松……它们都历尽了世间风云，经历了沧桑巨变。北京现存的许多古树名木，如紫禁城的"连理柏"、戒台寺的"抱塔松"、香山寺的"听法松"都各具独特风韵。北京现代园林建设需要加大古树名木和林区人文资源保护力度，保护森林文化遗产，继承和发展传统的森林文化。

园林是城市文明的载体，发展现代园林绿化是丰富北京历史与生态文化内涵的必然选择。在北京建设现代园林，应该充分发挥丰富的自然与人文资源优势，按照以人为本的科学发展观指导园林绿化建设，弘扬森林文化，改善生态环境，推进北京物质文明、政治文明和精神文明建设。以传承古典园林艺术精髓、创新生态文明成果为目标，选择重要区位，打造集中体现中华文化、现代文化、西方文化，体现中西文化交流、古今园林风采的世界城市园林文化精品。通过身边增绿、完善林水结合的城镇绿化美化建设，营造"城在林中、路在绿中、房在园中、人在景中"的优美环境，发挥窗口和示范作用。加快公园与风景名胜区建设，引领绿色消费。加强生态宣传教育，增强公众环境意识，提高生态伦理道德水平，弘扬古都绿色文明。

第五章 "三个园林"的战略框架

全面推进"生态园林、科技园林、人文园林"建设，是打造世界城市、建设"人文北京、科技北京、绿色北京"的重要举措。面对这项新任务，必须进一步确立新战略，明确新思路。根据北京市园林绿化发展现状以及经济社会发展的新需求，结合国内外园林绿化发展的新趋势，以邓小平理论和"三个代表"重要思想为指导，全面贯彻落实科学发展观，站在建设"人文北京、科技北京、绿色北京"和中国特色世界城市的高度，将"三个园林"发展的总体思路归纳为"一个目标、四个定位、六项原则、三大途径和五个重点"。

一个目标——通过不懈的努力，着力建设"林园一体、人文魅力的生态园林城市，山清水秀、幸福舒适的生态宜居城市，自然和谐、绿色低碳的生态文明城市"，使北京成为具有中国特色和国际影响力的"绿色低碳之都、东方园林之都和生态文明之都"。

四个定位——努力使北京园林绿化成为"展示中华文明的示范窗口、代表首都形象的魅力舞台、彰显东方园林的文化标志、具有世界影响的绿色典范"。

六项原则——坚持"国际标准、首都特色，生态优先、景观优化，科技引领、提质增效，文化驱动、以人为本，依法治绿、城乡统筹，政府主导、全面参与"的基本原则。

三大途径——树立"营绿增汇、亲绿惠民、固绿强基"的新理念，通过加快转变发展方式，强化经营管理，推动城乡绿化向景观美化、生态保障向宜居环境、点线突破向整体提升、外延发展向集约经营升级，构建功能化大生态景观格局、社会化大绿化共建格局、科学化大管理服务格局。

五个重点——着力建设高标准生态屏障体系、高水平森林安全体系、高效益绿色产业体系、高品位园林文化体系和高效率管理服务体系。

第一节 发展目标

北京市"三个园林"发展的总体目标是：着眼于中国特色世界城市建设，大力优化世界城市生态环境，提升世界城市科技水平，丰富世界城市文化内涵，积极推进从绿化美化外延式发展模式向自然化、生态化内涵式发展模式转变，从常规科技应用向高新科技支撑转变，从封闭式、单一性传统园林向开放式、多功能现代园林转变，建成功能完备的"山区绿屏、平原绿网、城市绿景"三道生态屏障，实现城市绿量明显增加，碳汇能力明显增强，生态价值明显提高，宜居环境明显提升，呈现"城市青山环抱、市区森林环绕、郊区绿海田园"的优美景观，让森林走进城市，让绿色覆盖城乡，让生态促进宜居，让成果惠及人民，努力把北京建成"宜居宜业、幸福舒适的绿色低碳之都，博采众长、彰显特色的东方园林之都，自然和谐、绿色发展的生态文明之都"。

实现上述总体目标，需要分三步走：

第一步，到 2015 年，建设林园一体、人文魅力的生态园林城市。全市森林面积比 2010 年增加 5 万 hm^2，森林覆盖率达到 40%，林木绿化率达到 57%。城市绿地增加 4500 hm^2，城市绿化覆盖率达到 48%，人均绿地面积 55m^2，人均公共绿地面积达到 16m^2。全市宜林荒山全部绿化，绿地布局基本健全，三大屏障不断完善，生态功能明显提升，初步形成符合世界城市标准的绿色环境体系，努力成为生态园林城市。

第二步，到 2020 年，建设山清水秀、幸福舒适的生态宜居城市。全市森林覆盖率达到 42%，林木绿化率达到 60%，城市绿化覆盖率达到 50%，人均公共绿地面积 18m^2。建成功能完备的山区、平原、城市绿化隔离地区三道绿色生态屏障，全市森林质量大幅提升，公共绿地趋于完善，绿色空间全面拓展，人居环境显著优化，幸福指数明显增强，绿色魅力充分彰显，基本确立支撑世界城市建设的绿色环境保障体系，努力成为生态宜居城市。

第三步，到 2050 年，建设自然和谐、绿色低碳的生态文明城市。基本建成完备的森林生态系统、湿地生态系统、沙化生态系统和绿地生态系统，生物多样性得到合理保护，人与自然和谐相处，生态与发展良性循环，城市与绿色有机交融，生态保障能力、绿色发展能力和环境控制能力达到世界水平，全面形成具有世界城市水平的绿色环境体系和现代园林管理体系，建成生态文明城市，使北京成为具有鲜明绿色、生态、人文特征，体现中国特色的绿色低碳之都、东方园林之都、生态文明之都。

第二节　发展定位

北京"三个园林"建设要紧紧围绕建设"人文北京、科技北京、绿色北京"这一主题，从建设世界城市的战略高度，突出园林绿化的"四个地位"——"在北京生态文明建设中的基础地位，在首都世界城市建设中的重要地位，在区域生态环境建设中的主体地位，在全国现代园林建设中的引领地位"，统筹思考和谋划后奥运时期首都园林绿化的发展定位。我们认为，北京园林绿化应当成为"展示中华文明的示范窗口、代表首都形象的魅力舞台、彰显东方园林的文化标志、具有世界影响的绿色典范"。

一、展示中华文明的示范窗口

北京作为中国首都，是国家的政治、文化和国际交往中心，具有深厚的历史文化内涵。据历史考证，近1万年前北京西部太行山中永定河谷的门头沟东胡林，北部燕山山脉中的怀柔转年，成为中国北方农业、陶器、新石器技术创新的重要发源地；近5000年前京西古涿鹿城成为中国原始国家、原始文明发源地；西周之初燕与蓟，使得北京城市连续发展了3000年；自公元938年以来，北京先后成为辽陪都、金上都、元大都和明代、清代的国都，即"六朝古都"之城，创造了无数人类文明的辉煌，留下许多人文胜迹。

北京实施"三个园林"战略是展示中华传统文化和现代生态文明的集中体现和窗口。以太行山余脉燕山为主体，军都山、海坨山、大南山、雾灵山、汗海梁等构成的山脉；以永定河为主体，北运河、潮白河、拒马河、蓟运河五大水系构成水脉；以故宫、颐和园、天坛、圆明园等皇家园林为代表的文脉，以总部经济驻在地、高新产业集群地、国际金融汇聚地、信息物流集散地、国际旅游目的地为代表的人脉，构成了展示首都中华传统文化与现代生态文明的精神、物质和文化基础。

文化与文明的基础在于生态环境。北京"三个园林"战略以促进自然生态系统和物理环境的正向演化、保护好首都丰富的自然资源、优良的生态环境和悠久的人文资源为己任，必然成为维护城市发展最重要、最基本、最核心的基础。因此，必须牢固地树立一个十分重要的观点，这就是保护好首都自然人文资源与生态环境就是保护城市发展的生产力，保护好首都自然人文资源与生态环境就是提高城市全面协调可持续发展的承载力，保护好首都自然人文资源与生态环境就是提升北京在世界城市的国际竞争力，保护好首都自然人文资源与生态环境就是增强人与自然和谐、共存共荣的亲和力。

二、代表首都形象的魅力舞台

任何一座城市给人的第一印象，在于其自然、清新、宜人的生态环境和壮观、典雅、秀美的园林绿地。尤其在生态需求逐步上升为社会第一需求的今天，首都古典皇家园林和现代公共绿地，已经成为城市展示文化魅力、体现发展活力、增强民众合力的重要窗口和舞台，成为吸引世界和国人眼光的最亮丽的风景线，成为城市经济社会可持续发展的生命线。尤其在加快发展方式转型，倡导绿色低碳生活的今天，人们正在摆脱不可持续的消费方式，取而代之的是绿色消费、低碳消费，要求在生活中多一点"自然"，加一点"野趣"。城市森林、园林、水系、绿地、湿地以其自然美与人文美的结合，为城市居民出行、度假、休闲、郊游创造了良好的场所，当之无愧地走上现代城市发展的舞台，担纲维护城市生态平衡，满足文明高尚和可持续消费的重任。城市森林与园林、自然景观与人文景观融为一体，构成了以人为中心，人与自然、人与环境、人与景观之间一种相互交融的社会关系，产生了现代人消费心理、消费行为、消费方式新的突破，即由过去传统的个人消费、家庭消费的范围，走向生态文化消费。这一趋势展示了现代城市人群的消费观念与文明风貌。

代表北京城市形象的标志性建筑和最具魅力的舞台，并不在于被称为"灰色森林"的高楼大厦，而是集建筑艺术、文化思想、园林经典和人文积淀于一身的世界文化遗产。世界遗产是指被联合国教科文组织和世界遗产委员会确认的人类罕见的目前无法替代的财富，是全人类公认的具有突出意义和普遍价值的文物古迹及自然景观。目前，中国拥有世界文化遗产29处，而首都北京因拥有故宫、颐和园、长城、天坛、周口店北京人遗址等5处世界文化遗产而独占鳌头，成为全国乃至世界文化名城中拥有世界文化遗产最多的城市之一。北京悠久的历史文化积淀和众多的世界文化遗产与周边的自然山水融为一体，构成了具有鲜明东方文化特色的皇家园林与现代近自然绿地湿地交相辉映的魅力舞台，让人们张开想象的翅膀，穿越时空的隧道，在景与物的面前去沉思、去遐想，从中享受世界文化遗产与生态园林艺术的文化大餐，感悟北京无与伦比的形象魅力。

三、彰显东方园林的文化标志

北京园林由于自身的地理条件和历史背景，形成自己的特殊风格。北京园林是北方园林的代表，也是皇家园林的代表，习惯上也称为北方皇家园林。它汇聚了道释儒文化思想与历代皇家园林建筑的精华，成为彰显东方文化的文化标志。主要表现在：

规模宏大，气势磅礴。北京园林，特别是明、清两代的园林，多属帝王宫苑，园内建筑物体高大，气势雄伟，富丽堂皇，并在全园布局上分前殿、中殿和后殿，采取中轴对称形式，以显示封建帝王的权力至高无上。这些皇家园林都属离宫别苑，有的还承担着处理朝政的功能，所以，建筑宏伟、金碧辉煌，显示出富丽豪华、赫赫无比的气派，加上北方气候和地理的因素，就形成了北京园林独特风格和特色。

名园荟萃，中外集锦。所谓集锦式的园林体系，主要是指凭借封建帝王的权势，集中全国财力、物力和能工巧匠，将国内、国外各类园林的精华，以及山水诗、山水画中所描绘的自然情致、仙居幻境，移植仿建于皇家苑囿之中，形成荟萃名园、景象万千的园林景观。这是北京乃至中国古典园林文化发展到鼎盛时期的一个显著标志。北京园林吸取西方园林文化精华，并与中国皇家园林有机结合，这也是北京园林的特色之一。

自然协调，多样布局。北京园林多为大幅度的平地造园以及相应出现的小园集群的规划布局的特点，这也是北京园林在造园艺术方面的一大特色。北京园林建筑，为了与山水地形自然协调，力求避免呆板凝滞，在原本是一片平地上，挖湖堆山，分割成不同景区，而在各组建筑群之间，则用人工自然起伏的土丘加以分隔，使其构成各自互不干扰而又协调一致的景区。

再现自然，模仿江南。北京园林在保持北方传统风格上，借鉴江南园林的造园手法，特别是清代康、乾二帝多次下江南巡视，深受南方清雅秀丽的江南园林影响，并在北京皇家园林中加以效仿，极大地丰富了北京皇家园林的内容，达到了封建帝王造园艺术水平的顶峰。

可以说，北京园林建筑规模之大、时间之久、艺术水平之高，为历朝之冠。北京园林达到了鼎盛时期。正如法国地理学家潘什美尔所说的"城市现象是一个很难下定义的现实。城市既是一种景观、一片经济空间、一种人口密度，也是一种生活中心和劳动中心。更具体一点说，也可能是一种气氛、一种特征或者一个灵魂。"以北京为代表、皇家园林正是东方园林经典杰作。

四、具有世界影响的绿色典范

一是城乡一体的典范。为加快推进北京建设世界城市的进程，全面提高北京生态园林绿化成果在国际上的影响力和吸引力，全力促进林业和园林建设的城乡统筹发展，北京市委、市政府在承办奥运前夕，及时对园林与林业两个部门进行了全面的机构职能整合，从管理体制和机构设置上，实现了城区与郊区园林绿化事业一体化协调发展和系统化调整组合。在这种新形势下，所谓北京园林，已不再是传统上林业与园林的狭义概念，也不是两者简单的机构和职能叠加，而是赋予了全新的深刻内涵。它是顺应北京生态文明和现代化建设的新需求，瞄准国际大都市和世界城市发展的新要求、新取向，将现代园林的景观人文理念和现代林业的生态优先理念有机结合，走园林建设生态化、森林经营艺术化、生态服务大众化的科学发展道路，实现园林绿化事业在生态、经济、社会、文化多种功能的有机统一。

二是天人和谐的典范。城市"生态"包括城市生物和环境演化的自然生态、城市生产和消费代谢的经济生态、城市社会和文化行为的人类生态以及城市结构与功能调控的系统生态四层耦合关系，是城市绿韵（蓝天、绿野、沃土、碧水）与红脉（产业、交通、城镇、文脉）的复合生态关联状态，是天、地、人、境间的和谐关系，而不是回归自然或城市生态环境的简单平衡。和谐的城市生态关系包括城市人类活动和区域自然环境之间的服务、胁迫、响应和建设关系，城市环境保育和经济建设之间在时、空、量、构、序范畴的耦合关系，以及城市人与人、局部与整体、眼前和长远之间的整合关系。

三是全面发展的典范。森林是陆地生态系统的主体，森林被誉为"城市之肺"，湿地被誉为"城市之肾"。园林绿化事业承担着建设森林生态系统、恢复湿地生态系统、治理沙化生态系统、改善绿地生态系统、维护生物多样性的艰巨任务，对保持生态系统功能、维护生态平衡起着重要的中枢和杠杆作用，是促进人与自然和谐、推动生态文明建设的桥梁和纽带。遍布城乡的大片山川、森林、园林绿地、湿地、林带、古树名木、古村名镇、生态沟峪以及各种配套设施，不仅反映了城市生态文明的演化过程，提升了城市发展"精气神"，而且作为城市生态环境建设的主体，促进城市循环再生功能渐进完善、自然生态和社区人文生态服务功能的渐进熟化过程。此外，发展园林绿化成为应对气候变化的重要内容。森林在应对气候变化中具有固碳释氧、减排增汇、节能降耗的重要功能。发展园林绿化成为促进农村发展的重要途径。随着社会对园林绿化的需求日趋多样，传统上以生态防护和改善环境为重点的园林绿化，正在向森林旅游、绿色食品、生物能源等制高点进军，向森林固碳、物种保护、保健休闲等新领域延伸，这使园林绿化的内涵外延更加丰富，功能作用更加凸显，为推动农村经济发展、促进农民增收致富构筑了广阔的平台和坚实的基础。

四是跨越发展的典范。目前，国际公认的世界城市仅有美国纽约、英国伦敦、日本东京。按照北京建设世界城市的三步走战略构想，北京2010年已经进入国际都市的行列，2020年建成国际大都市；而距离世界城市的距离还有40年的路程，即到2050年才能建成。世界城市是进入后工业化时代的产物。作为世界城市发展的导向，之所以对世界经济社会发展产生凝聚力和影响力，是因为它是高端的国际化人流、物流、资金流和信息流的汇聚之地。而国际金融中心则是世界城市的核心。以发展战略性主导产业、总部经济、高新产业、国际金融等为代表，集中反映了世界城市强大的国际经济实力、民众的社会文化品位、高度的社会文明程度。北京提出建设世界城市的目标，这不仅仅是一座城市发展的战略取向，而是国家的战略布局和发展定位。然而，真正显示世界城市发展生命力的是绿色生态、低碳产业、绿色生活和文化宜居环境。它所体现的是人的尊严、是"城市让生活更美好"。刚刚降下帷幕的上海世博会，让人们看到了由一座座生态之城、智慧之城、山水之城、太空之城、能源之城、低碳之城等构成的梦幻般的未来城市图景，更增添了对城市未来美好生活的憧憬和向往。

五是生态文明的典范。在建设世界城市中，北京实施"三个园林"战略，建绿色屏障、保生态安全、倡低碳生活、促社会和谐，充分显现园林绿化支撑城市科学发展的重要地位和作用。当前，首都园林绿化正面临着社会大转型、城乡大统筹、生态大发展、环境大提升的重要发展机遇期。园林绿化建设作为具有特殊功能的公益事业、城市唯一有生命的基础设施，发挥着显著的生态、文化和经济、社会功能，承担着优化环境、推动发展、服务民生、促进和谐的光荣使命。发展园林绿化成为构建绿色北京的重要基础。以森林为主体的园林绿化是"人文北京"的重要内涵、"科技北京"的重要组成、"绿色北京"的重要基础，优势突出，潜力巨大。首都园林绿化系统将按照建设世界城市的标准，坚持把改革创新作为不竭动力、把科技支撑作为根本保障、把经营管理作为永恒主题、把兴绿富民作为根本宗旨、把文化引领作为强大动力，全力开创首都园林绿化工作新局面。发展园林绿化成为建设世界城市的重要指标。园林绿化建设作为城市的绿韵底色和生态名片，是国际性大都市不可或缺、无可替代的重要组成体系，也是衡量一个城市国际化程度的重要评价标准。这使园林绿化在首都建设世界城市的进程中，承担着更加光荣的责任和使命。主要体现在两个方面：一方面独特的皇家园林可让世人共同分享人类古代园林文化的成果，具有见证历史与文化鉴赏的作用，具有适度开放性和不可复制性；另一方面开阔开放、大气大方的城乡公共休闲绿地（包括城区主题公园、郊野公园、滨河公园、湿地公园、环城绿带和郊区森林公园以及山区生态沟峪等），展示了北京城市发展坚持以人为本，让城市居民共同分享现代园林绿地建设成果，体现生态公平正义，改善城乡人居环境，丰富民众业余文化生活，在全国具有典型示范性和借鉴推广性。随着建设"三个北京"和世界城市的进程加快，目前，首都园林绿化的决策者、管理者和建设者正以强烈的政治责任感、紧迫感和使命感，努力适应城市科学发展面临的新形势、新任务，满足人民群众的新期待，对全市城乡园林绿化提出了更高要求。实施"三个园林"发展战略，必将勾画出未来北京"生态园林、科技园林、人文园林"的宏伟蓝图。

第三节　基本原则

实施"生态园林、科技园林、人文园林"发展战略，是一件关系到维护首都生态安全、拓展首都发展空间、丰富首都人民生活、提升首都文化品位、促进首都社会和谐、实现首都科学发展的大事。在实际工作中，必须遵循以下六项基本原则：

一、国际标准，首都特色

世界城市建设更加注重城市生活环境、生产环境、生态环境的改善。良好的生态环境已成为体现一个城市、区域乃至国家综合实力的重要因素。北京建设世界城市，要求各项事业的发展特别是生态环境建设要瞄准国际水平，走在全国前列。园林绿化作为世界城市绿色环境体系的核心因素，在北京建设世界城市的进程中，既要坚持首都特色，保护好光辉灿烂的皇家园林和历史古都风貌；又要瞄准一流标准，吸纳并融汇传统园林和现代园林的精髓，充分借鉴世界城市园林绿化建设的先进技术和先进理念，在继承中发展、在发展中创新，充分彰显大国首都兼收并蓄、海纳百川的国际风范，充分展现历史古都风貌与现代园林文化交相辉映的鲜明特色，努力成为传统与现代相结合、时代与特色相交融的世界大都市园林典范，为建设具有鲜明民族特色、独特人文魅力、丰富文化内涵和高尚文化品味的世界城市奠定坚实的基础。

二、生态优先，景观优化

森林、湿地、绿地是北京生态系统的主体，也是经济社会可持续发展的重要物质基础和生态保障。北京市建设世界城市，必须在发展经济的同时，始终坚持把提升生态效益放到更加突出的位置来抓，加快推进以森林、湿地、绿地为重点的生态系统建设，着力提升森林生态功能，优化公共绿地布局，强化生态资源管理，打造优良的生态环境、优美的景观环境、优异的人居环境，不断加快资源节约型、环境友好型社会建设，实现生态效益与社会效益、经济效益的相互促进、和谐统一。

三、科技引领，提质增效

建设世界城市标准的园林绿化，不仅要重视发展硬环境建设，更要注重发展理念、经营管理、人才培养等方面的软环境建设。建设"三个园林"，从根本上说要靠科学技术和人才支撑。必须始终坚持改革创新的发展导向，不断强化科技创新，优化科技、人才、信息资源配置，注重先进实用技术的集成配套、成果转化和技术推广应用，引进、吸收和消化国外高新技术成果，着力突破制约北京园林绿化事业发展的技术"瓶颈"。尤其是要把增加森林碳汇、增强生态功能作为重要切入点，组建创新团队，协同科技攻关，突破重点领域，支撑未来发展，实现森林可持续经营。要大力实施精品战略，充分运用高科技手段、现代园林艺术表现手法，精巧构思、细致塑造，打造凝结人类文明智慧之大成、融真善美于一体、具有永恒存世价值的园林精品。

四、文化驱动，以人为本

北京园林绿化建设要坚持因地制宜、合理布局，着重从改善人居环境、满足多样化生态需求、享受生态公平正义等方面体现以人为本，从拓展生态文化内涵、丰富生态文化活动、增长自然科学知识、实践知行合一标准等方面提升发展活力，在最广泛的群众参与中，实现文化驱动。尤其是在生态需求已上升为现代都市人群第一需求和第一时尚的今天，历史上以造林绿化、木材生产和主要发挥生态功能、改善人居环境为重点的传统园林绿化，正在向森林旅游、绿色食品、生物质能源等制高点迈进，向森林固碳、物种保护、康体休闲等新领域延伸，向传承文化、展示形象、自然和谐等高层次推进。因此，必须把园林绿化上升到珍惜资源、珍爱生命、保护地球环境、共建美好家园的战略高度来认识、来把握、来推进。要通过全民搞绿化、全社会办林业，促进人与自然和谐发展，推动首都经济社会科学发展，为构建绿色现代化世界城市做出独特贡献。

五、依法治绿，城乡统筹

随着城市园林内涵的丰富与发展，城郊森林、农田逐渐与传统的城市园林共同构成了"城市绿色空间"。园林绿化在推动城乡结合部改造、促进农村发展中发挥着不可替代的重要作用。要紧密结合城市中心区、新城和小城镇的园林绿化建设及经济社会发展实际，统一规划布局，分类分区施策，形成区域特色，实现均衡发展。要坚持依法治绿，健全政策法规，夯实管理基础，着力强化林木绿地资源的科学管理和保护，大力开展集约经营，努力提高单位面积土地的产出和效益，使首都园林绿化在规划建设、管理服务等各个方面同步迈向制度化、规范化和国际化、现代化。按照农民得实惠、生态受保护的总要求，全面推进集体林权制度改革，充分发挥农民群众参与林业生态建设的积极性和创造性。

六、政府主导，全民参与

园林绿化是城市生态环境的子系统，是首都绿色环境体系建设的重要基础，也是一项服务社会、服务公众的公共事业。在"三个园林"建设中，必须充分发挥政府的主导推动作用。进一步落实园林绿化建设地方各级政府和部门负责制，生态公益林建设的资金投入要坚持以公共财政为主，商品林的发展要以市场为导向，通过制定相关的政策积极引导、培育园林绿化投资市场，拓宽园林绿化建设的投融资渠道。同时，加强宣传教育，增强全民的生态意识、环保意识和低碳意识，动员各方面社会力量积极参与绿化美化建设，营造全民参与、共建共享的良好氛围。

第四节　战略途径

建设"三个园林"要树立"营绿增汇、亲绿惠民、固绿强基"的新理念，通过加快转变发展方式，强化经营管理，推动城乡绿化向景观美化、生态保障向宜居环境、点线突破向整体提升、外延发展向集约经营升级，构建功能化大生态景观格局、社会化大绿化共建格局、科学化大管理服务格局。

一、树立"营绿增汇"理念，构建功能化大生态景观格局

推进营绿增汇，就是要以建设经营好"山区绿屏、平原绿网、城市绿景"为重点，以构建功能齐全、生态宜居、景观良好的城乡一体化格局为目标，着力实现北京大规模植树绿化建设向全面加强林木绿地经营管理转变，充分发挥森林、湿地、林网、水网、农田、园林等自然与人工生态系统的多种功能，大幅度提高森林质量，增加森林碳汇，努力形成与建设"三个北京"和世界城市相适应的城市生态化、生态景观化的发展格局。

（一）建设山区绿屏

北京山区主要集中在北部郊区，约占市域国土总面积的62%，占全市森林面积的90%以上，是维系首都生态安全、涵养水源和改善人居环境的主体。以增加森林覆盖、提升森林质量、维护森林健康、发挥生态功能和保护生物多样性为内容的山区绿屏建设，应当成为改善首都生态环境，优化、美化人民生存环境和生活环境，建设"三个北京"和世界城市的增强生态承载力、扩大空间容积率的重中之重。就目前自然生态与森林质量分析，北京山区现有森林资源质量相对较低，树种结构匹配不尽合理，生态景观比较单一，至今仍有部分宜林荒山尚未绿化。这些荒山多是造林剩下的硬骨头，土层瘠薄、岩石裸露、立地条件差，尤以前山脸地区的岩石裸露地造林绿化条件最差。由于受人为因素的直接作用或自然因素的影响，使林分结构和稳定性失调，林木生长发育衰竭，系统功能退化或丧失，导致森林生态功能、林产品产量、生物量、碳汇功能显著低于同类立地条件下相同林分平均水平。北京市的森林纯林多，生物多样性差；中幼林比重大，占森林总面积的81.7%，森林的生产率低，急需加强中幼林抚育。

山区绿屏建设要立足于北部燕山和太行山地区山形地貌，通过实施宜林荒山绿化、低效林改造、森林健康经营、中幼林抚育、废弃矿山综合治理、新农村绿化美化，着力提高森林覆盖率，增强森林生态系统整体固碳能力，巩固山区绿色生态屏障，充分发挥森林的生态效益和社会效益，满足经济社会发展的生态需求。

（二）构筑平原绿网

平原地区主要集中在北京东南部的平原地区和西北部的延庆盆地，约占市域国土总面积的38%。北京平原区绿化具有形成城市开敞空间、维护城市合理空间布局、提供氧源、保护生物多样性、防风固沙、保护湿地、保护农田、景观游憩等功能。经过多年的努力，一个以农田林网、道路林网、水系林网和块状片林为主体，以干线、环线公路，主要河流两侧为主干，带、网、片相结合的平原绿色生态网络体系已经形成，对有效抵御风、沙、旱、涝、冰雹等自然灾害，改善农业生产条件，保障粮食稳产高产，特别是对遏制北京地区就地起沙发挥了重要作用，有效地改善了平原地区的生态环境。目前，北京平原区绿网建设已进入完善提高和更新改造的关键阶段。虽然取得了较大成绩，但差距也很明显。主要表现在：一是现有农田林网的树种组成较为单一、抗逆性差，生态防护效果有待进一步提高；二是部分林带已处于成熟林、过熟林，改造更新缓慢，需要加快进度。

平原绿网建设要以农田林网、道路林网、水系林网和块状片林为重点，加强道路河流沿线、基本农田保护区和城乡结合部的绿化，围绕"三网"构建平原绿色生态网络体系。主要包括：沿新建高速公路、铁路、新城间联络线等主干道路及大中河道、部分铁路，建设一批绿色生态景观走廊；继续推进第二道绿化隔离地区建设，在新城与中心城、新城之间以及新城周边地区，建设新城绿色缓冲带，形成生态走廊与城市建设互补的格局；加快建设一批连接城乡、沟通内外、覆盖平原的农田防护林网。

（三）提升城市绿景

城市园林绿化具有缓解城市热岛效应，稀释、分解、吸收、固定城市建成区空气中的浮尘和有毒有害物质，降低噪音污染，有效减少扬沙及沙尘暴天气，改善城市环境质量，保障人体健康等多种生态功能。以北京城区主题公园、公共绿地为主体的城市绿色生态景观与悠久历史人文景观交相辉映，形成了展示中国首都风采中最亮丽的绿色窗口和生态名片。按照建设"三个北京"，打造世界城市的要求，进一步完善城市绿色生态景观，已经成为加快北京科学发展、和谐发展、文明发展，提升人民幸福指数，促进经济社会可持续发展的重要标志和核心指标。功在当代，利在千秋。就目前北京城区绿色生态景观的现状分析，存在的突出问题：一是中心区绿地总量不足，布局不够合理。随着城市化进程的加速，严重影响了城市中心区绿地总量的增加。尽管全市绿化覆盖率达到了44.4%，人均绿地达到49.5m²，人均公园绿地达到14.5m²，但四环内绿化覆盖率仅有30%左右，城市核心区的人均绿地面积只有9m²，人均公共绿地只有4.4m²，造成中心城区热岛效应突出。加上全市城市绿地之间缺少必要的廊道连接，公共绿地500m覆盖区仅占64.6%，与建设宜居城市的目标有较大差距。二是园林绿化基础设施建设相对比较薄弱，支撑能力相对较弱。科技推广、资源监测和林业种苗设施建设与城市发展水平不相匹配，新技术、新品种的引进推广和实用技术开发利用缺乏广度和深度。

提升城市绿景必须以增加绿量、改善结构、扩大空间、提升品位为重点，突出抓好城市中心区公共绿地建设、道路绿化、湿地恢复重建及街区庭院绿化美化等薄弱环节，采取依法护绿、规划建绿、开发征绿、城建让绿、见缝插绿、拆墙透绿、垂直挂绿、身边增绿等多项措施，深入开展"城乡手牵手、大手拉小手、各界联起手、社会齐动手"的全民爱绿护绿活动，大幅度增加城市绿量，让市民充分享受绿色成果。落实绿线管理领导负责制，加强重点景区绿地保护，严禁随意侵占、破坏绿地的违法行为。加快大型公园绿地建设，拓展中心城区绿色空间，提升城乡结合部地区景观水平，打造新城绿色缓冲带，完善全市景观游憩绿道网络，大幅度提升城市总绿量，缓解城市热岛效应，把握优化城市园林生态景观建设的政治服务性、社会公益性、文化游憩性、科普教育性特点，全面提高规划、建设、管理和服务水平，在全国大中型城市中发挥重要的窗口和引领示范作用。

（四）增加森林碳汇

森林碳汇（forest carbon sinks）是指森林植物吸收大气中的二氧化碳并将其固定在植被或土壤中，从而减少该气体在大气中的浓度。森林是陆地生态系统中最大的碳库，在降低大气中温室气体浓度、减缓全球气候变暖中，具有十分重要的独特作用。中国绿色碳基金是我国目前唯一的非京都规则下的碳汇项目平台，由国家林业局、中国石油天然气集团公司、中国绿化基金会、美国大自然保护协会、保护国际及嘉汉公司于 2007 年 7 月共同发起成立（中石油捐赠 3 亿元）。碳基金项目主要用于开展以吸收大气中二氧化碳为目的的造林、森林经营及能源林基地建设等活动。据估算，中石油的这些捐款用于造林，今后 10 年内将吸收固定二氧化碳 500 万 ~ 1000 万 t。中国绿色碳基金北京专项成立于 2008 年 6 月，是中国绿色碳基金托管下，北京首个以增加碳汇、应对气候变化为目的的公益性专项基金，旨在引导社会企业和广大公众选择低碳生产或生活方式，承担社会责任，树立企业形象而搭建的社会参与平台。如今越来越多的北京人选择用购买碳汇的方式来消除个人"碳足迹"。据北京第三届森林论坛报道，截至 2010 年 10 月，北京已有 5 千余名市民购买了碳汇，北京碳汇基金已达到 300 余万元。这些钱将陆续用于本市 10 个区县、5 个林场的碳汇造林项目。

2010 年 4 月 24 日，"提倡绿色出行，建设绿色北京"宣传活动在西单文化广场举行，部分市领导现场购买森林碳汇，以实际行动消除碳足迹。目前，在北京开展个人认购碳汇活动尚属起步和探索阶段，应当在具有"购买意愿、购买能力和购买自愿"的个人和单位中进行，切忌攀比、炒作和一刀切。应把北京市单位和个人认购碳汇的活动与倡导绿色生活，开展低碳出行活动结合起来，并把它融入到实施"三个园林"的战略中去，努力扩大森林覆盖，提高森林质量，增加森林碳汇。让更多的人知道，除了工业节能减排以外，还有一个许多国家和国际组织优先选择的最科学、最经济、最可行的利用森林碳汇减缓气候变化的措施。

二、树立"亲绿惠民"理念，构建社会化大绿化共建格局

推进亲绿惠民，就是要以"关注森林，关注绿色，城乡互动、全民参与"为发展目标，以"在参与中体验绿色低碳生活，在体验中感悟人与自然和谐，在感悟中践行生态文明观念，在践行中共建共享惠及民生"为本质内涵，以发展绿色产业、完善公园景区建设、繁荣生态文化、开展全民义务植树、创建低碳园林、增加森林碳汇为重点方向，进一步调整城乡产业结构，加快经济发展方式转变，通过大力发展生态休闲旅游业和果园观光采摘业，大力开展全民义务植树和爱绿护绿建绿活动，让绿色覆盖城乡，让市民享受成果，努力形成园林社会化、绿色福利化的共建共享常态格局。

（一）发展绿色产业

大力发展以城区主题公园、郊区森林公园、种苗花卉园圃、山区生态庄园和林果采摘园为主体的大生态园林产业，已经成为北京"十二五"和未来加快发展低碳产业、引领城市绿色消费，倡导居民低碳生活的新兴朝阳产业和新的经济增长点。由于其以森林资源、园林资源和人文资源为依托，以提供绿色产品和生态服务，满足民众生态需求为特色，具有涵盖范围广、产业链条长、产品种类多、能源消耗低、市场需求旺等其他任何行业所无可比拟的发展优势和巨大潜力，尤其是能够有力地带动城乡交通、通讯、金融、餐饮旅店等第三产业的快速发展，加快城乡一体化进程，促进郊区、山区产业结构优化和新农村建设，推进经济社会全面协调发展和林农就业增收致富。

发展绿色产业，惠及城乡民生，必须加强统一规划，统筹协调城乡，加大基础设施投入，完善配套服务，规范技术标准，完善物流服务与市场机制，促进健康有序发展。重点依托北京现有园林绿色产业基础，加快发展以生态休闲旅游业为龙头，以森林旅游业、有机果品业、林产品加工业、观光采摘业、花卉产业、林木种苗业、蜂产业、森林食品业等为主导产品，带动山区沟域生态经济发展，建成门类齐全，一、二、三产业协调发展的综合性绿色产业体系。

（二）完善园林设施

各级各类公园和风景名胜区具有休闲、观赏、文化或者科学价值，自然景观、人文景观比较集中，环境优美，丰富人们的物质文化生活，满足走进森林，享受田园、回归自然的生态需求。根据首都公园景区多与自然文化遗产资源融合的特点，提升公园景区文化品位和服务质量的重点应放在丰富文化内涵，完善配套设施上，遵照生态优先、保护优先的原则，正确处理好资源保护与开发利用的关系。

完善首都生态园林设施，应按照"世界眼光、国际标准、国内一流、首都特色"的要求，突出首都园林和风景名胜区的政治服务性、社会公益性、文化游憩性、科普知识性和民众参与性特征，全面提高全市公园风景名胜区规划、建设、服务和管理水平。通过营建各级各类特色公园，一、二道绿化隔离区营建湿地公园、郊野公园，山区营建山地公园、森林公园，城镇及周边营建休闲绿地公园，开辟更加广阔的开放式公共绿地和休闲空间。通过加强对生态园林和风景名胜区景观的维护改造，基础服务设施配套，提升从业人员素质、提高服务和管理水平，让广大市民充分享受生态公平和首都园林绿化的成果。

（三）繁荣生态文化

生态文化是指人类社会在长期与自然和谐相处所形成的意识形态、价值取向和行为方式。"天人合一，道法自然"是中华传统文化的生态智慧和思想精髓的本质内涵。它以实现生态系统的多重价值和多种功能，满足人们多样化精神、物质和文化需求为目的，渗透于精神文化、物质文化、制度文化和行为文化之中。在北京建设繁荣的生态文化体系具有得天独厚的条件。表现为：区位优势——中国首都，国际化大都市，政治、经济、文化中心；资源优势——自然生态景观资源、文化遗产资源与历史人文景观资源精华荟萃；文化内涵——六朝古都、皇家园林、东方文化与多元文化交融汇聚。

北京园林绿化之所以成为弘扬生态文化、倡导绿色生活、建设生态文明的重要载体，是因为它承载着增强中华民族凝聚力、提高首都文化软实力、彰显世界城市生命力、体验人与自然亲和力的历史渊源和时代精神。让生态融入生活，用文化凝聚力量。通过对自然山水田园与历史人文景观的整体保护和有序开发，要进一步完善生态文化载体基础设施，建设生态博物馆，举办国际园林花卉博览会，保护古街名园、古村名镇和古树名木，开展国家生态文明教育基地、全国生态文化示范基地、生态文化村（企业、社区）、生态文化园区等创建活动，创新生态文化理论与实践研究。同时，结合"植树节"、"爱鸟周"和 世界"环境日"、"水日"、"防治荒漠化和干旱日"等国内外纪念日活动，增加生态文化科普宣传教育的知识性、趣味性和参与性，加大创意型生态休闲旅游研发和建设，让民众在参与中养成良好的生活习惯，树立生态文明观念，推动首都生态文化大繁荣、大发展。

（四）义务植树尽责

开展全民义务植树活动是每个公民应尽的法定责任和义务，也是增强公民生态意识、生态道德和生态责任的重要途径。各级政府和主管部门、各级各类机关、学校、团体、厂矿和街道社区应以提高"开展全民义务植树活动"的宣传普及率、公民参与率和尽责率，推动林木、绿地和野生动物认养、认护、认捐等全民爱绿、护绿与救助活动，开展营造各种纪念林、纪念树等公益活动为重点，利用报刊、广播电视、网络、宣传窗（栏）等新闻媒体和宣传工具，深入持久地开展"绿化祖国，人人有责"、"多栽几棵树，消除碳足迹"和"保护生态环境，共建美好家园"的公益性宣传活动。尤其要结合应对气候变化、推动科学发展这个主题，增强公民履约尽责的自觉性和积极性。

随着经济社会持续快速发展和人民生活水平的提高，公民生态意识和社会责任显著增强，参与义务植树，建绿护绿的尽责意愿、尽责能力和尽责热情日趋高涨。各级政府和主管部门应当在组织开展全民义务植树活动中，进一步转变政府职能，改善服务方式，扩大试验示范样板和先进典型的宣传，运用榜样的力量激发公民参与的热情，建立尊重公民意愿、维护公民权益、政策引导激励、完善配套服务的长效机制。尤其要将开展全民义务植树活动纳入国民经济与社会发展规划之中，选好义务植树基地、增加义务植树方式、活跃义务植树形式、丰富义务植树内容、满足义务植树需求、维护义务植树成果等方面，尊重民意，创新思路，广开言路，强化科学经营，落实管护责任。在全社会营造一个"全民参与种绿护绿，生态文明共建共享"的良好氛围。

三、树立"固绿强基"理念，构建科学化大管理服务格局

推进固绿强基，就是要以夯实基础、强化管理、科学决策、协调服务为本质内涵，以健全完善林木绿地资源可持续经营和综合管理保护机制为重点方向，通过推进社会化组织协调、人本化基础设施、集成化科技服务、智能化技术装备、立体化纵深防控，努力形成管理现代化、服务高效化的格局。

（一）社会化组织协调

实施"三个园林"战略，全面推进北京生态园林城市建设是一项周期性长、涉及面广、政策性强、工作量大的生态环境系统工程和社会公益事业。必须在市委、市政府的统一领导下，建立多部门密切配合、协调联动的工作机制，依靠全社会的力量共同参与，才能取得战略规划目标和工作预期效果。社会化组织协调的重点：一是强化首都绿化委员会办公室的职能。在实施"三个园林"战略中，市委、市政府应赋予首都绿化委员会办公室以直接承担组织、指挥、协调和检查监督的职能，明确市园林绿化、规划、城乡建设、国土资源、农业、水务、环保等相关部门、行业协会和区县应承担的责任和义务。将"三个园林"战略的各项指标和任务层层分解，落实责任，协调配合，并纳入部门和单位的年度考核，使各项工作任务和目标真正落到实处。二是纳入"十二五"城市发展规划。将建设"三个园林"纳入北京"十二五"国民经济与社会发展规划，推进"三个园林"建设规范化、社会化进程，统筹城乡园林绿化和生态环境建设，实现资源环境与经济社会全面协调发展。三是完善全民全社会共建共享机制。实施"三个园林"战略必须依靠全民全社会共同参与才能实现，要通过共建共享，实现民众的生态公平正义和参与者的利益均衡，进而保护和调动各方面参与园林绿化建设的积极性。

（二）人本化基础设施

实施"三个园林"战略，其根本目的就是为了最大限度地满足广大市民日益增长的生态需求、环境需求和绿色消费需求，提高城乡居民的幸福指数和生活质量。因此，"三个园林"建设必须坚持以人为本，加强基础设施和条件建设。在大幅度增加向公众免费开放公园绿地的基础上，突出两项重点：一是完善配套公共开放绿地基础设施。对已建的公共开放绿地，包括各类森林公园、湿地公园、郊野公园、滨河公园等，本着野趣、卫生、便捷和近自然的原则，建设道路、护栏、凉亭、凳椅等基础设施，增加公共安全、提示、卫生设施和服务项目，满足

不同人群的休闲需求。二是完善配套主题公园、森林公园基础设施。根据市级公园的自然文化主题特色，从实际出发，增设与所处自然环境和历史文化相适应的科普教育场馆，增加适合不同人群和年龄段对自然科学文化知识的需求。

(三)集成化科技服务

实施"三个园林"战略，必须依靠科技创新和先进实用技术集成配套、推广应用服务做坚强支撑，并将集成化科技服务贯穿到发展建设的全过程。所谓集成化服务是指将各种相关的先进实用技术(新技术、新材料、新手段等)组装集成，综合推广运用到某个项目或工程的过程。通过集成应用，实现集成创新。尤其要注重抗逆性林木良种选育、园林树种更新与复壮、新型种苗与花卉培育、美国白蛾等重大病虫害生物防治、科技防火、防止有害生物入侵、增加森林碳汇等技术领域的创新与研发，全面提高"三个园林"建设的质量和效益。

(四)现代化技术装备

实施"三个园林"战略，离不开现代化管理手段、基础设施和技术装备作支撑。今后几年：一是加强数字化资源管理。加快资源调查、监测及各类档案管理等设施设备建设，运用"3S"技术等高新科技在森林、湿地、园林资源的动态监测管理；二是提高办公自动化能力和水平。普及自动化、网络化数字传输，加快网络通讯设备更新、加密与升级，完善资源与管理数据库；三是加强宣教中心基础设施建设。运用数字化远程电教技术、光电技术、影像摄像技术等装备各类标本陈列馆、科普教育场馆。

(五)立体化纵深防控

实施"三个园林"战略，必须以确保生态安全、资源安全为核心，以建立对市域范围及周边地区森林及园林资源快速反应机制、预警机制和防控机制为内容的立体化纵深防控体系。重点：一是配备确保森林绿地安全的现代化技术装备。根据现代森林防火、林木病虫害发生规律以及城市绿地防灾避险的需要，配备与之相适应的监测、扑救、交通、通讯工具和仓储设施；二是加强森林防护站点建设。合理布局森林保护管理站点，配置专业防火设备，配备专业护林队伍，健全护林联防制度，落实森林防火责任。三是构建"地、空、点、网"协调配合的指挥系统。完善森林防火应急预案，健全快速预警防控机制，强化实战实兵演练，扩大森林防火、园林消防宣传与知识普及，构建由"地面人员巡护、保护站点观察、毗邻地区联防、信息遥感监测、通讯网络覆盖、总部指挥调度、部门联合会商"的监测指挥系统，形成"全天候、全覆盖、全方位"联动立体化纵深防控体系。

第五节 战略重点

建设"生态园林、科技园林、人文园林"，必须把建设生态文明和世界城市作为目标导向，按照生态良好、产业发达、文化繁荣、发展和谐的要求，从北京市社会、经济发展实际出发，以可持续发展理论、生态学理论、景观学理论等为指导，充分发挥园林绿化资源的多种功能和综合效益，着力建设高标准生态屏障体系、高水平森林安全体系、高效益绿色产业体系、高品位园林文化体系和高效率管理服务体系，不断满足城乡人民对园林绿化的多种需求。

一、建设高标准生态屏障体系

大力推进首都生态屏障体系建设，是加快首都生态文明建设、打造绿色北京的重大任务，是维护首都生态安全、提升生态承载能力的迫切需要，是改善人居环境质量、促进首都经济社会可持续发展的必由之路。对于推进绿色北京建设，实现天更蓝、地更绿、林更茂、水更清的良好生态环境，有效发挥园林绿化的多种生态服务功能，促进人与自然和谐，提升生态文明建设水平具有重大意义。要加快实现由重建设向强管理转变，全面推进生态经营。

一是以生态涵养功能为重点，全力打造山区绿屏。山区绿色屏障建设强调发挥森林固碳释氧、涵养水源、保持水土、增加生物多样性等多种生态涵养服务功能，把建设近自然、健康、可持续森林作为发展目标。通过对天然林、天然次生林和近自然人工林等生态公益林的保护，推行森林健康经营、林业碳汇、湿地保护、自然保护区等发展模式，增加森林资源面积和提高森林质量，提升生态服务功能，增加森林碳汇，提升应对气候变化能力。重点是加快实施京津风沙源治理、退耕还林、废弃矿山植被恢复、水源保护林建设、封山育林、困难立地造林、中幼林抚育、低效林改造、自然保护区和湿地建设等重点生态工程建设，把北京的广大山区建成森林繁茂、古木参天、山泉奔流、万壑鸟鸣的绿色丹青世界。

二是以生态防护功能为重点，全力打造平原绿网。平原区生态建设重在以线状绿道或生态廊道为骨干，构建完善的平原生态体系，目的是提升平原区的生态防护功能。通过进一步完善水系林网、农田林网、道路林网和经果林基地建设，深入推进绿化隔离地区、郊野公园环、绿色通道、防沙治沙和新农村村镇绿化美化等建设工程，把北京的广大平原区建成绿道格局鲜明、主次搭配合理、林水结合互养、林茂果硕粮丰的秀美碧海田园。

三是以生态宜居功能为重点，全力打造城市绿景。城区生态建设重在以点状林地、绿地和湿地为斑块，提高公共绿地面积和质量，突出城市的生态宜居功能。主城、城镇的绿化美化，要从单纯注重视觉效果向生态和视觉效果并重转变，从数量扩张向质量提升转变，从粗放经营向集约管理转变。城市中心区的园林绿化建设，同样要优先强调绿化美化对改善城市生态环境、缓解"热岛"效应的生态效果，大力推行"近自然经营"，坚决防止园林小品和硬质铺装，充分体现"自然之中见人工"的理念。要通过落实规划建绿，着力拓展宜居绿色空间，全面推进城市公园绿地建设、城市代征绿地建设、停车场绿化、老旧小区绿化、立体绿化、新城绿化以及郊区城乡结合部绿化等建设工程，把北京城区建成周边森林环绕、城中林园相嵌、水清木华芬芳、四季鲜花吐艳的森林花园城市。

二、建设高水平森林安全体系

建设高水平森林安全体系，着力增强资源保障能力，是建设"三个园林"的重要基本保障。要着眼于维护国土生态安全，按照森林防火、林木防害、绿地防灾、动物防疫、御风防沙"五防一体"的大防控思路，全面加强园林绿化资源的综合管理和基础设施建设，加快实现从时段防控向全天候监测、从全员防控向源头化控制、从常规防控向立体化建设、从应急防控向常态化管理转变，构建全方位、大密度、广覆盖的综合立体防控体系，编织世界水平的"生态安全网"。

一是建设高水平的森林火灾防控体系。按照"完善四个机制、加强四项建设"的总体思路，以实现森林防火规范化、专业化、现代化为目标，在建设森林火险监测预报系统、火情瞭望监测系统、防火阻隔系统、林火通讯指挥系统和森林火灾扑救系统等五大系统方面实现新提高，形成了市、区（县）、乡（镇）三级防火体系，切实提升森林火灾的预防、控制和扑救能力，最大限度地减少了森林火灾的发生。

二是建设高水平的林木有害生物防治体系。坚持"预防为主，综合治理"的方针，以提高防灾、控灾、减灾能力为中心，深入开展以美国白蛾为重点的危险性林木有害生物防控治理，大力加强基础设施建设，在建立现代化病虫害监测预警体系、防治检疫体系、突发有害生物应急处理体系和防治减灾体系、检疫御灾体系等方面实现新提高，实现成灾率控制在1‰以内，全市不发生美国白蛾等重大灾情、疫情。进一步完善野生动物疫源疫病监测和沙尘暴预警监测体系。

三是建设高水平的绿化资源管理监测体系。推进绿化资源管理队伍体系化、基础设施标准化、技术装备现代化和管理执法规范化建设，努力在森林资源林政管理、绿地资源管理、自然保护区、野生动植物保护、林木种苗行政执法和质量监督检验等方面实现新提高；以现代化高新技术为手段，以掌握绿化资源现状、空间布局、数量、质量及其动态变化为目的，建设一类调查、二类调查及绿化资源年度监测为核心的"三位一体"绿化资源监测体系，重点在建立和完善绿化资源调查系统、荒漠化监测系统、鉴定评估系统、效益监测系统等方面实现新提高；使森林安全保障能力大幅度提升；全面加强重点林区水电气路基础设施、基层站所队技术装备体系建设，使首都园林绿化应急管理、维护安全的能力显著增强。

三、建设高效益绿色产业体系

建设高效益的绿色产业体系，是建设"三个园林"的重要支撑，也是新农村建设的重要内容。要深刻认识北京郊区是推动生态建设的主空间，北京农民是拥有生态资本的新市民，园林绿化是链条高度融合的大产业，生态文化是拓展发展功能的原动力。围绕发展都市型现代园林产业，坚持面向市场、瞄准高端，整合资源、强强联合，创新驱动、提质增效，着力打造精品林业、高效林业、现代林业，推动绿色产业规模化、优质化、科学化，着力提高绿色产业在全市都市型农业和第三产业发展中的比重，增强对首都经济的直接贡献率。

一是发展高效益的果树产业。以"八带、百群、千园"建设为重点，着力形成产业区域化、良种化、标准化和产销一体化的发展格局。

二是发展高效益的花卉产业。加快制定完善产业规划，大力推进花卉产业的规模化、专业化和标准化建设，努力促进农民增收致富。

三是发展高效益的种苗产业。立足本市绿化美化用苗，着眼整个北方苗木市场，不断建立和完善林木良种选育推广体系、林木种苗生产供应体系、林木种苗行政执法与质量监督管理体系，健全林木种苗社会化服务体系。

四是发展高效益的林下产业。积极探索和普及推广多种林下经营模式，不断扩大规模，提高质量，富裕农民，充分挖掘和释放森林的多种功能效益。大力发展蜂产业，围绕无公害蜂产品养殖基地、蜂产品加工基地、蜜蜂授粉基地、蜂疗保健康复基地等建设重点，努力在建立市场营销体系、技术服务体系、质量监测体系等方面取得新进展。

五是发展高效益的森林旅游产业。围绕"优美环境、优秀文化、优良秩序、优质服务"的目标，大力发展生态文化休闲、园林文化创意、森林旅游观光和森林食品加工、生态疗养等新型生态旅游业，形成新的经济增长点。

四、建设高品位园林文化体系

落实党的十七大提出的"建设生态文明"的战略要求，推进高品位园林文化体系建设，是建设"三个园林"的内在要求。园林绿化是生态文明的重要底蕴、重要基础和强劲支撑，是生态文明不可或缺的重要组成部分，也是历史文化资源的重要载体，在北京具有十分突出的重要地位。繁荣生态园林文化，有助于充分发挥北京历史文化资源丰富的独特优势，彰显园林文化的核心价值和大众魅力，释放生态文化的综合功能，真正将北京建成为空气清新、环境优美、生态良好、人与自然和谐、经济社会全面协调、可持续发展的园林文化名城。

一是大力加强生态文明宣传教育。大力弘扬人与自然和谐相处的生态价值观，倡导"植绿、爱绿、护绿"意识，深入开展全民义务植树运动，让生态融入生活、用文化凝聚力量，形成尊重自然、保护自然、合理利用自然的绿色生产生活方式。按照政府引导、社会参与、典型示范、政策支持的原则，整合园林资源，挖掘文化内涵，命名推出一批有特色、有意义的生态文明教育基地，加快建设一批品位高、立意深的标志性生态文化展馆展园和示范区、试验园，策划开展一批形式新、影响大的大型生态文化系列宣传演出活动，组织创作一批讴歌绿色、文明向上的生态文化艺术精品，引导建立一批热心公益、寄情山水的生态文化学术研究组织和志愿者服务队伍，大力传播生态文明观念，倡导绿色生产、绿色消费，促进全社会共建绿色家园，着力打造具有国际影响力的首都生态园林文化品牌。

二是积极开展丰富多彩的生态文化活动。充分发挥北京的文化资源优势，最大限度释放其多种功能，大力发展生态产业文化，加强园林文化园、果品观光采摘园、观花赏花休闲园、蜜蜂文化园等一批文化公园建设，促进园林文化与绿色产业的有机结合和良性发展。促进生态文化村（社区）建设，引导和带动北京农村（社区）生态文明建设，使广大市民增强生态保护意识，珍惜自然资源，发展绿色产业，崇尚绿色生活，建设绿色家园。

三是加强对生态园林文化的研究交流。加强国内外生态园林文化交流，提高园林文化遗产、古树名木保护水平，深入挖掘园林绿化的历史文化内涵，不断丰富发展新时期园林文化内涵。园林绿化行业要做发展生态文化的先锋，尽可能多地创造出丰富的文化成果，努力推动人与自然和谐生态价值观的树立和传播，为现代社会绿色文明发展做出自己独特的贡献。

五、建设高效能管理服务体系

加快构建公益性与经营性服务相结合、专业服务与综合服务相协调的新型园林绿化管理服务体系，着力提高行政效率和服务水平，是建设服务型政府的现实需要，也是建设"三个园林"的本质要求。

一是建设高效率的行政管理服务体系。按照世界城市标准，不断推进首都园林绿化体制机制创新，加快转变政府职能，理顺运行机制，严格监管责任，强化管理服务；不断推进首都园林绿化经营管理创新，逐步实现工程规划设计、绿化资源管护、政策法规保障、科技服务支撑与国际一流标准接轨，全面形成以管理、执法、服务为主，协调统一、配置科学、运行高效的国际化新型生态管理体系。

二是建设高效率的政务信息服务体系。完善信息化服务平台，大力推广应用网格化管理信息系统，重点加快"首都园林绿化政务网站"、园林绿化数据中心、城市绿线规划监管系统、数字化公园和风景区、"一站式"园林绿化应用和信息服务窗口等方面的建设。继续完善行业电子政务系统，提高管理服务水平。

三是建设高效率的科技支撑服务体系。健全园林绿化标准化体系、工程质量监控体系、产品质量检测体系和专家支持体系。大力开展园林绿化行业培训，培养一大批技术骨干和能手，提高从业人员经营管理水平。加强技术推广服务体系建设，建立健全市、区县、乡镇(街道)三级技术服务体系。以机制创新为动力，以技术创新为途径，充分利用首都人才优势，加速科技成果转化，大力推进园林绿化科技创新，实现科技理论水平和技术水平快速提升，为生态建设和产业建设提供强有力的科技支撑。加强基础研究和重点工程建设技术研究，促进科技成果和实用技术的推广应用，为首都园林绿化事业的发展提供有力的科技支撑。

四是建设高效率的社会化服务体系。根据形势的发展，不断建立健全园林绿化专业的各种协会组织，在现有基础上，逐步发展一批新的群众性社团组织，为政府部门科学决策提供智力支撑，为园林绿化发展搭建桥梁和纽带。大力发展专业合作社、股份合作制等农村林业合作组织，大力发展园林绿化中介服务组织，加快林业服务平台、产权交易中心建设，成立市、区县二级林权服务中心，结合政企、政会分开，进一步加强对各类社团组织的支持，促进健康发展，为广大农民和园林绿化工作者提供技术支持和信息服务。

第六章 "三个园林"的战略布局

合理的城市空间结构是实现城市可持续发展的重要基础，如何进行科学的发展规划布局是事关全局性、战略性、长远性的重大问题。北京园林绿化建设布局是北京城市布局的重要组成部分，与城市建筑、交通、城镇及其他土地利用的布局有着紧密的关系。通过科学规划，实现园林绿化空间结构、类型结构、产业结构等的合理布局，对于促进首都生态经济社会全面协调可持续发展，提升广大市民生活品质具有重要意义。

第一节 城市空间布局的理论与模式

城市空间结构是城市最本质的属性。因此，长期以来人们总是不停地从城市进程、城市起源、城市结构和功能等不同角度探讨城市土地利用的理想框架，先后提出了"同心圆模式"、"扇形模式"、"多核心模式"、集中与分散相结合的"卫星城模式"、"田园城市模式"、"带型城市结构模式"（段进，2006；沈玉麟，1989）、生态城市建设等城市空间结构布局模式。在经历了长期的理论探讨和规划实践之后，形成和发展了指导城市土地功能布局和城市空间结构布局的可持续发展理论、"千层饼"理论和景观生态学理论。大量研究表明，自然、经济、社会、文化等因素是制约城市土地功能布局和城市空间结构的主要因素。城市空间结构布局模式与相关理论对于城市绿地系统布局具有重要的指导作用，是进行城市绿地系统科学布局的基础。

一、城市空间布局的主要模式

（一）同心圆模式

同心圆模式是伯吉斯 1925 年根据芝加哥土地利用的分异规律提出来的。该模式认为城市地域环绕市中心呈同心圆状的地带分异，从中心向外围依次为中央商业区、过渡带、工人阶级住宅区、中产阶级住宅区、高级或通勤人士住宅区。该模式揭示了城市土地利用的价值分带，反映了一元结构城市的特点，动态分析了城市地域结构的动态变化，但过于理想化、简单化，形状很规则，对其他城市要素(如交通运输等)考虑不周。

(二)扇形模式

扇形模式由美国城市经济学家霍伊特于 1939 年在总结了北美 142 个城市的研究资料后提出的。该模式认为社会、经济特征相类似的家庭集聚在同一扇形地带上,城市发展总是从市中心向外沿主要交通干道或沿阻碍最小的路线向外延伸。既保留了同心圆模式的圈层地域结构和地租机制,又充分考虑了交通运输的易达性,但仍没有完全摆脱城市地域的圈层分布规律。

(三)多核心模式

多核心模式是由哈里斯和厄尔曼于 1945 年提出。该模式考虑到了城市地域发展的多元结构,考虑的因素较多,比较接近实际,但缺乏对各核心之间的职能进行探讨,也没有分析不同核心之间的等级差别和在城市总体发展中的地位。

(四)带型城市与东京规划

带型城市理论由索利亚·伊·马塔于 1882 年提出,其理论核心是:在交通运输高速发展的今天,传统的同心圆模式、多核心模式、扇形模式已经过时,从核心向外一圈圈扩展的城市发展模式会使城市拥挤,环境恶化。而沿交通线布设公交系统和公共设施形成带状结构,更有利于交通运输,并可将原有的城镇连接起来。带型城市理论在东京规划中得到了较好的运用并得到发展(沈玉麟,1989)。

(五)堪培拉规划与城市生态学

20 世纪初,澳大利亚政府决定在丘陵地带的堪培拉另建首都,于是在世界范围内举办了一次城市设计大赛,最终美国著名风景设计师沃尔特·伯里·格里芬(Walter Burley Griffin)的方案获选。格里芬将山脉作为城市的背景,市内的山丘作为主建筑的基地和对景的焦点,在西部筑成一个水坝,形成一个人工湖将城市分为两部分,南部以政府机构为主,以首都山为轴心,北部以生活居住为主,以城市广场为中心,两部分用两桥相连,道路的放射骨架形成景观轴线。整个设计方案把堪培拉的自然风貌与人工建筑群体最大限度地协调、统一起来,充分体现了城市结合自然与生态环境的原则,使堪培拉获得了生态城市、花园城市的美誉(段进,2006;斯皮罗·科斯托夫著,单皓译,2005)。

二、城市空间布局的理论基础

(一)可持续发展理论

根据 1987 年世界与环境发展委员会的定义:"可持续发展是指既满足当代人

的需要，又不损害后代人满足需要的能力的发展"。其核心是谋求经济、社会、与自然环境的协调发展，要求发展要讲究实效、关注生态和谐、实现社会公平和资源的可持续利用，强调经济建设和社会发展要与自然承载能力相协调，发展的同时必须保护和改善地球生态环境，保证以可持续的方式使用自然资源和环境成本，使人类的发展控制在地球承载能力之内，同时还强调不能因为本代人的发展和需要而损害后代人的利益和需求，要给后人以公平利用自然资源和享受环境的权利。

可持续发展理论最早是源于环境问题提出的。但该理论自1987年提出以来，很快引起生态、环境、经济、社会等各行各业的重视和热烈响应。目前，可持续发展理论已不单纯是某个领域或某个行业要遵循的原则，而是渗透到了自然、经济、社会的各个领域和各个层面，成为谋求人类发展的一种理念和态度。

（二）千层饼理论

针对自然环境不断恶化的现状，1969年麦克哈格出版了他的专著《设计结合自然》。全书深刻阐述了景观设计必须遵从自然固有的价值和自然过程，即土地适宜性的思想，强调景观设计必须尊重物种多样性，减少对资源的破坏，保护植物环境和动物栖息地的质量，提出了景观是地质、地形、水文、土地利用、植物、野生动物和气候等决定性要素相互联系、相互作用所形成的整体的观点和生态规划的观念，发展了以因子分层分析和地图叠加技术为核心的规划方法，即"千层饼"模式。这种规划以景观垂直生态过程的连续性和土地适宜性分析为依据，将景观规划设计提高到一个科学的高度，标志着以生态学原理为基础的景观规划时代的到来，成为20世纪景观规划史上一次最重要的革命。

受麦克哈格设计结合自然思想的影响，尊重自然、显露自然作为生态设计的一个重要原理和生态美学原理，在现代景观设计中越来越得到重视。景观设计师不单设计景观的形式和功能，他们还应该可以给自然现象加上着重号，突显其特征，引导人们的视野和运动，设计人们的体验。

（三）景观生态学理论

景观生态学最早由德国地植物学家C. Troll于1939年提出，是一门以景观结构、景观功能、景观过程、景观变化和景观规划为主要研究内容的科学。目前景观生态学已成为理解景观生态过程和进行景观规划设计的最重要的理论依据。

景观生态学理论认为，景观是由基质、斑块、廊道等景观要素构成的异质性区域，基质—斑块—廊道格局是最常见的景观配置模式。基质的比例，斑块的大小、形状、空间分布格局，廊道的数量、宽度、连通性等都会影响景观的生态功能和艺术价值。一个能满足多种生态功能的斑块的理想形状应该是一个大的核心区域加上弯曲的边界和狭窄的指状凸起，且指状凸起的方向与周围生态流的方向相一致。圆形斑块能最大限度地提高核心区的面积，更有利于对生物和生态系统的保护，而不规则式斑块则比较有利于斑块内物质、能量的交流和生物的迁徙，有利于相邻景观生态系统的交流（李团胜、石玉琼，2009）。

景观生态学中的整体格局原理认为：含有细粒区域的粗粒景观最有利于大型斑块生态效益的获得，也有利于保护生物多样性。集中与分散相结合的景观格局被认为是生态学上最优的景观格局，该格局强调集中使用土地，保持大型植物斑块的完整性，在城镇保留一些小型植物斑块和廊道，同时沿自然植被和廊道周围地带设计一些小型人工斑块。这样的格局有利于多种生态功能的实现，同时可以增加景观的多样性和可观赏性，是理想的城市景观布局。

（四）田园城市理论

为缓解城市人口拥挤、阻止大城市无节制的发展，治理城市污染，霍华德于1898 年在其《明天——一条引向改革的和平道路》一书中提出了田园城市理论。该理论的要点是：围绕中心城市构建一个城市群，建立一种规模有限，土地共有、兼有城市和乡村一切优点及经济自治的田园城市，当这个城市达到一定规模后就要停止发展。田园城市理论实质上是对构成社会并对社会发展起关键作用的城市风貌、城市有机体的总体规划，以解决不断畸形发展的大城市带来的种种问题，阻止大城市无节制地发展（沈玉麟，1989）。

（五）卫星城理论

卫星城理论是在"花园城市"理论的基础上发展起来的，是由雷蒙·恩温（R. Unwin）提出，其理论核心是在原有的大城市周围设置许许多多卫星城，目的是吸引人口，分散中心城市的工业，疏散中心城的资源，腾空中心城空间，缓解环境压力。其特点是建筑密度低、环境质量高，在卫星城与中心城之间有绿地分隔。1944 年的大伦敦规划方案和1946 年的英国新城法相继建设了一大批新城，是对卫星城理论的良好实践（沈玉麟，1989）。

第二节　布局原则

"三个园林"建设总体布局的根本任务在于通过对资源环境的合理配置，明确绿地建设的发展方向，优化园林绿地结构，提升园林整体功能，建成国际标准、中国一流、北京特色的园林和人类宜居城市。因此，必须坚持因地制宜、林园一体、主体功能、统筹协调、林水结合等原则。

一、因地制宜原则

尊重自然、顺应自然、显示自然是古今中外城市空间结构布局和园林绿地布局遵从的非常重要的原则。我国自古以来在城市选址、布局，园林绿地布局、功能区划分等方面都非常重视"相地"技术的应用；国外很多著名城市的规划也都依据地形地势而定；麦克哈格的设计结合自然更是把土地的适宜性作为景观设计的基础。意大利的山城布局形式一直被认为是人文环境与自然地形良好结合的最佳典范，秘鲁的马丘比丘用宏大的阶梯在高耸的安第斯山脉上为自己开辟一片栖息地也是因地制宜进行城市空间布局的杰作，中国苏州、意大利威尼斯的水网城布局，重庆的山城建设等都无一不是遵从自然、因地制宜原则的应用显现。

土壤、植被、水分、热量、光照、地形等自然因素空间分布的不均衡性是客观存在的，由此导致人口、资源配置、产业结构、经济基础、文化等社会经济因素按照一定的规律存在着空间分布的变化。自然、经济、社会条件的地域分异规律，决定了环境整治的方向、园林绿地的功能、区域发展的目标、发展速度和发展重点，以及为实现这一目标所要采取的举措存在明显的地域差异。园林绿地系统空间布局必须首先尊重自然、经济、社会的这种地域分异规律，承认资源配置、经济发展的空间不平衡性，以此为基础，因地制宜，制定科学、可行的战略布局，扬长避短，实现对资源的合理配置和开发，对环境问题的有效整治，达到区域园林绿化，经济建设快速、持续、健康的发展之目的。

二、林园一体原则

随着人们对居住地环境质量要求和审美情趣的不断提高，人们已不再单纯满足于环境的清洁或单纯满足于对景观的欣赏，而是越来越重视艺术和生态的完美结合，越来越强调在生态环保的基础上提高景观的艺术观赏性。

公园下乡，森林进城，实现北京的大地园林化，体现了生态和艺术的结合，是北京市园林绿化建设布局的一项重要原则。在城区要大力构建组团式森林绿地，在郊区要大力建设公园绿地，在山区则要稳步建设自然保护区、生态旅游区和村镇绿地。郊区的植树造林，不仅要考虑其生态功能，讲究种间的科学搭配，同时还要强调森林的美化功能、景观观赏功能，吸取园林植物配置的艺术手法，既要注重植物配置的科学性，又要强调植物配置的艺术性，考虑植物配置的文化内涵，提升森林的景观观赏功能。城市公园和绿地建设，不仅要强调其景观观赏性，而且要适当增加植物组分，注重公园、绿地的环境的净化作用和生态保护功能，在植物配置上不仅要考虑配置的艺术性，更要强调配置的生态合理性和功能的多样性。通过林园一体化，实现生态与美学的交融，科学与艺术的结合，达到森林园林化、公园森林化的目的。

三、主体功能原则

主体功能优先是一切景观设计包括艺术设计都必须首先遵循的原则。园林是集生态保护、环境治理、社交礼仪、经济发展、文化传承、科技教育和艺术欣赏等功能于一体的城市公共设施。然而，受自然、社会、经济的地域分异规律支配，不同地域、不同场所、不同地点的园林尽管兼有多种功能，但其主体功能的地域差异是客观存在的。进行园林景观战略布局时必须坚持主体功能优先的原则，根据资源环境承载能力、现有开发密度和发展潜力，统筹考虑园林绿化同国土开发、环境保护、区域经济发展、人口分布等的关系，科学定位园林主体功能，实现国土空间的科学规划，防止资源浪费和造成环境污染、生态破坏，凸显园林的地域风格和功能特色。在进行全市整体布局时则要以服务世界城市建设为宗旨，创建人类宜居环境，充分体现政治、经济、环保、科技、文化建设与发展的需要，彰显大国首都风范，打造北京的园林特色，实现园林整体功能最高。

四、统筹协调原则

园林是城市中具有生命力的基础设施，是城市规划中不可分割的重要组成部分。进行战略布局时，必须将园林纳入到城市整体规划中统一考虑，园林布局要服从北京市的城市整体规划，统筹协调好山、水、建筑、植物、道路等园林要素与区域发展的关系，更好地服务区域政治、经济、生态建设和文化建设。

北京是我国的首都，是改革开放的窗口，对我国其他省份特别是周围地区起着很强的示范辐射作用。园林布局必须立足北京，着眼周边地区，放眼世界，突破行政边界，统筹协调好北京与周边地区的关系。

北京所辖各区县条件差异很大，但都是北京的一部分。园林布局要统筹协调山区与平原、城市与乡村、中心城与新城、落后地区与先进地区等各个方面，集中与分散相结合，建成覆盖城乡、功能完善、整体功能最佳的园林绿地系统。

五、林水结合原则

虽然北京的水资源相对不足，但市域范围内也不乏水库、池塘、河流等众多水系。水体与周围陆地构成的狭长的滨水地带在生态学上被称为生态脆弱带，这一地带是景观要素间物质循环、能量流动和信息传递最频繁的地带，水污染问题则是近几十年来备受社会关注的问题。因此，对水系的规划、利用历来是城市规划的重要内容，对水环境的处理一直是环境治理的重点和难点，对水陆交接地带生态系统结构与功能的研究长期以来一直是生态学领域的研究热点，鉴于滨水地带具有极高的景观观赏价值，滨水景观规划设计则是近年来景观规划、房地产开发与园林绿化的热点地带。

无论是对污染水体的治理和生态修复，还是对水陆交接地带生态系统结构和功能的研究，又或者是对滨水景观的规划设计，植物都是其中最具活力和灵性的要素，植物与水的关系问题是理解水陆地带系统变化的核心，撇开植物进行污染水体生态修复和滨水景观设计无异于水中捞月，徒劳无功。因此，在进行园林绿地布局时，必须依水定林，以林促水，水边有林，林中有水，坚持林水结合原则。

第三节 总体布局

北京市园林绿地系统的总体布局是："一城、二区、三带、多点"的景观格局。

北京市园林绿地建设的总体结构布局是在中心城区建设以休闲、游憩、文化、体育、防灾避灾、观赏为主要目的，点状绿地、块状绿地、线状绿地、带状绿地、楔形绿地、环城绿地等绿地形式相互搭配，公园绿地星罗棋布的绿地结构；在北京西部、北部山区建设以水源涵养、水土保持、生物多样性保护和游憩观赏为主要目的，块状森林绿地与带状森林廊道相结合的绿地景观格局；在北京东部、南部及北部平原建设以防风固沙、保护生物多样性、水环境治理、保护生态、景观观赏游憩等为主要目的，点、块、线、带、网结合的绿地景观格局；在市域西北部建设和完善西部生态屏障带，在市域东部、东南部建设和完善生态景观保障带，在中心城中心地区与边缘集团之间，各新城外围建设和完善环状绿色隔离带；在各新城、小城镇、建制镇和村庄建设以休闲游憩、观光旅游、生态保护和文化交流为主要目的，组团式绿地与线状、带状、环状绿地相结合的绿地结构布局。

整体上，在市域范围内形成集生态保护、文化传承、科教交流和景观观赏于一体，山区绿屏、平原绿网、城市绿景，春、夏、秋、冬四季变化明显，功能地域特色鲜明，点、线、面、带、网结合的"一城二区三带多点"式园林景观格局。

一、一城

"一城"即中心城。位于北京市中部，以天安门广场为中心，向周围辐射，包括东城区、西城区、宣武区、崇文区、丰台区、石景山区、朝阳区和海淀区东南部部分镇。

该区地处北京市中心，为中轴辐射地区，是外事活动和节日庆典最频繁地区，为北京对外交流的窗口，同时也是北京市科技文化的重心地区，是中国传统文化与现代文化集中交融的地区，区内分布有众多皇家园林、亚运村、奥运村、中关村高科技园区和众多大学。

在功能定位上，该区的园林建设以皇家园林为基础，以传承人文精神为核心，高标准、高起点建设园林绿地景观，以服务政治、服务商业、传承中国文化、展示科技成果，缓解城市热岛效应，发展旅游为主要功能；风格上要以凸显人文精神为主题，展示景观的四季变化，并以松柏等常绿树种打造"冬态"，凸显松柏的苍劲挺拔气质，以此象征中华民族不畏艰险、傲立于世的气概；建设上要重点突出一个"精"字和一个"优"字，即在保护和修复皇家园林、亚运村、奥运村等现代园林景点的基础上，提升皇家园林以及现有现代园林的综合功能，重点打造一批可以传承中国文化、展示科技成果、体现体育精神、改善生态、服务社会的精品园林。

在布局上，以南北轴和东西轴为骨架，建设好4条环状绿带、多条辐射状绿地和众多点状绿地。即以二环路、南北护城河绿地为基础，完善明清城垣"凸"字形轮廓的绿化带，带宽30～50m，强化绿化与水系的结合，延续历史文脉，体现时代特征；沿四环路、五环路营造宽100～200m的景观防护林带，突出植物造景；沿五环路、六环路建设中心城边缘郊野公园环、滨河绿带、隔离绿地、森林公园、风景名胜公园等块状和带状绿地；结合各道路、河流建设好多条放射状楔形绿地；围绕东西轴、南北轴组成的"十字"景观轴线打造若干精品园林。

全区以两轴为中心，建设众多点状绿地、公园绿地、居住绿地、附属绿地，形成系统完整、布局合理、功能健全的中心城点状绿地布局，实现居民出行500m见绿地，消除公共绿地服务盲区。重点建设好各种主题公园、专类园、城市综合公园、园林科技文化教育示范基地、重要节点绿地、街头绿地景观等，优化和完善园林内部结构，提升园林绿地的综合功能，彰显北京特色，形成精品园林星罗棋布，传统园林与现代园林有机结合，融科技、文化、教育、生态保护于一体，二环、三环、四环、五环4条环状绿带环绕，多条绿带辐射，点状、片状绿地星罗棋布的园林景观格局，缓解城市热岛效应，服务社会。

北京的南北轴线，在世界城市发展中具有独特的作用。其主导功能一是北京市城市规划的骨架，体现皇家气派、承载传统文化；二是起着空间分隔、联通和组织交通等功能，在园林绿地景观中，作为绿色廊道，贯穿、联结各园林景观节点，起着结构和功能的联结作用；三是对人流有集散功能，起着交通组织和疏导作用；四是在天安门附近地段担负着节日欢庆、形象示范作用。

南北中轴以突出文化功能为主，在园林建设上突出一个"精"字，以打造精品园林为核心，即在中部建设历史文化功能区，以保护、修复天坛、故宫、地坛等皇家园林为重点，在中轴两侧建造若干以传承中国传统文化为主要目的的主题公园，荟萃北京历史文化名城的精华；北部建设体育文化功能区，即以奥林匹克中心区为主体，建设若干体育公园、高尔夫球场、体育广场等文化娱乐场所，形成国际一流的文化、体育、会展功能区；南部建设集商业文化和行政办公职能为一体的功能区，即以新城为核心，建设若干休闲公园、社交广场、商业景观绿地等，在南北中轴线上根据地形变化和环境变化，建设数个街头绿地以缓解城市热岛效应，形成"天南—地北—人中"、中轴两侧景观错落有致的"绿宝石项链"形绿道景观格局。

东西轴以打造生态园林精品和人文园林精品为核心。沿轴线两侧建设数十米到数千米宽窄不等的森林和各种类型的绿地，在沿线的一些重要景观节点上建设若干个大型街头绿地、森林公园以及广场绿地等园林精品，在森林公园、各种绿地中设置若干水景，在植物选择和配置上，中部以松柏类和规则式配置为主，两端以自然式配置为主，增加复层景观类型的比重，森林营造要强调配置的艺术性，公园建设要增加植物组分，提升园林绿地的生态保护功能，有效降低热岛效应，提高园林景观的可观赏性。一是在中段，以长安街和天安门广场为中心，该处正是南北轴和东西轴的交汇点，是全国政治的中心，是外交活动、节日庆典最多的地方，以建设文化功能区为核心，重点是保护和修复原有的皇家园林，并建设若干个传承中国传统文化的主题公园，表现中国传统的人文精神，体现以人为本的理念，展现春夏秋冬的时序景观变化，突出园林的夏景冬态，在皇家园林、天安门广场等区域，以松柏为主，适当设置花坛、花镜，引进时令花卉，在重要节点处建设各种街头绿地，既保持天安门广场庄严肃穆的风格，又烘托热烈欢庆的气氛，同时提高皇家园林的生态保护作用。二是在东部，以通州区的梨园、潞城、张家湾等城镇为中心，建设中央商务区，园林的战略布局是本着服务商业和居民的宗旨，建设若干大型商业绿地、森林公园和景观居住区精品园林，在各类绿地中建设若干水景园、滨水绿地等，做到林中有水，水清林绿，绿地结构以复层式结构为主，提升绿地的生态保护功能，植物选择和配置以桃、杏、梨等春花植物为主，凸显园林春色，开发桃花节、杏花节、梨花节等旅游节日。三是在西部，以房山区和门头沟区接壤地带的一些城镇为节点，建设综合文化娱乐区，园林布局要重点建设文化公园、广场，开辟娱乐休息旅游景点，建设以生态防护和休闲旅游为主要目的的山区森林，植物选择上以黄栌、枫树等色叶植物和板栗、苹果等果树为主，凸显园林秋色，开发和举办山区红叶旅游节、果实采摘节等。

东西轴全线在布局上以森林绿地为主，林、水、路结合，形成东部春天观花、西部秋季观景、中部彰显人文精神的三大簇团式园林区，全线以绿色长廊连接，轴线两侧各类公园、绿地错落有致，景观层次分明，四季变化有序的园林景观格局。

在中心城的中心地区结合文物古迹保护和旧城改造等，以滨水绿地为纽带，以原有绿地的改建为重点，辟建若干城市公共绿地、街头绿地、文化公园、楔形绿地，沿路两侧的带状绿地等，同时适当发展房顶绿化和垂直绿化，消减城市热岛效应，提升绿地生态保护功能，凸显中国古典园林特色。

在中心城五环、六环及以外地区，结合城市隔离带绿化，在现有绿地的基础上，沿城市绿化隔离带加快公园绿地的规划和建设、居住区绿地建设、附属绿地和防护绿地建设，辟建若干郊游森林公园。

在整个城区内，结合道路、铁路、河流建设，加快道路绿带、地铁出入口街头绿地、滨河绿地的改建与重建工作，逐步形成点状、块状绿地和带状、环状、辐射状绿带相结合的城市绿网系统。

植物配置上，全城以松、柏、银杏等裸子植物为主体，以彰显北京市的古老文明和悠久的文化，象征中华民族历经风霜、不畏艰难、不屈不挠、傲然屹立的精神；为满足节日庆典、社交礼仪活动的需要，配以时令花卉，表现喜庆气氛；

在园林造景形式和风格上，以规则式布局为主要形式，花卉种植以花坛、花镜为主要形式，表现庄严、肃穆、热烈、欢庆的气氛。

二、二区

"二区"即山区和平原区。

（一）山区

山区是指北京市的西部和北部山区，包括延庆县、怀柔区、平谷区、密云县、门头沟区西部部分镇和房山区西部部分镇。

该区为山区集中分布地区，是北京的生态屏障和北京市的上风上水地区，又是北京市的饮用水保护区和饮用水水源基地，区内风景秀丽，生态环境优良，水资源丰富，发展观光农业得天独厚。在功能定位上，该区要突出其生态保护功能、水源涵养功能和观光旅游功能三大主导功能，同时兼顾经济生产功能。功能上突出一个"防"字和"涵"字，即以防风防沙、防治水土流失、涵养水源为建设重心，加强生物多样性保护，加快旅游资源的开发，推进风景林建设和生态经济林建设。

北部山区围绕"水"这一造园要素，以景观生态学原理为指导，坚持科学性与艺术性相结合的原则，合理配置山、水、植物、建筑等园林要素，突出展现"水景"，形成"高树临清池"、"池塘生春草"、"疏影横斜水清浅，暗香浮动月黄昏"的清秀和"北国风光"、"原驰蜡象"、"青松白雪"的壮观。

西部山区结合风景林建设，以黄栌、枫树等色叶植物为主要元素，营造"秋色"，展现"漫山红叶"和"霜叶红于二月花"的景色。布局上以北京西部生态屏障建设、水源涵养林建设、水土保持林建设、经济林建设、森林旅游景观建设为重点，结合密云水库、官厅水库等水源保护建设水源涵养林和若干高标准的滨水绿地景观区，结合长城等旅游景区开发建设若干生态风景林景点、景区，在山前冲积平原地区和局部土壤深厚地域大力发展多种类型的生态经济林，同时推进荒山裸岩绿化工程建设。全区以点状、块状绿地为主要形式，以带状绿地为纽带，形成以水土保持、水源涵养林景观为基础、滨水绿地景观为亮点、森林观光旅游为中心的，点、带、面结合的生态、滨水旅游景观格局。

全区绿地建设在风格上要以自然式配置为主要形式，体现和谐、自然的风格，树种选择依据地形、地貌和土壤等条件的变化以及绿地主导功能的差异，以油松、刺槐等水土保持树种、防风固沙树种和黄栌、枫树、柿树、板栗等色叶植物和经济林树种为主，营造"秋色"、"冬态"，展现"漫山红叶"和"霜叶红于二月花"的金秋景色和青松白雪的壮丽冬景。

（二）平原区

平原区位于北京市中心城的东部、西北部和南部，呈半环状分布，行政区划上主要包括海淀区北部、昌平、顺义、通州、平谷、丰台、门头沟东部平原、房山区东北部平原和大兴。

该区是中心城向新城的过渡，主要环境问题是风沙灾害、湿地退化和城市热岛效应。因此园林绿地的功能定位是防风固沙、保护湿地、景观游憩，同时为市区建设优质的"氧气库"、缓解城市热岛效应、创建人类宜居环境、服务经济发展。园林建设上突出一个"治"字和"整"字，即以水、土、气、生物等环境的综合规划治理为中心，以对湿地的整改为核心，综合治理水体污染，构建生态功能突出的湿地景观，努力创建人类宜居环境。

布局上，与农田林网建设、河流沿岸滨水绿地建设、道路绿带建设、居民区绿地建设、观光农业建设、森林公园建设、郊游公园建设和风景名胜区建设等项目衔接，全区建设五大风沙治理区、五河十路绿化带及其他林带和朱庄自然保护区。形成景观斑块镶嵌，形状上呈四周辐射，周边高低不齐，错落有致，景观空间有开有合、有收有放，点、线、带、面结合，水、陆统筹规划的园林景观格局。

在东部、东北部平原区，以东西生态轴为中心进行园林绿地布局。在东西生态轴两侧附近集中建设一批公共绿地、城市综合公园、专类园、体育公园、森林公园、湿地公园、儿童游乐园、居住区绿地、大型街头绿地等园林精品，环绕中心城结合道路绿化营造环城绿色隔离带，建设若干城市公园、街头绿地、楔形绿地和重要节点广场绿地等；远离中心城和东西轴两侧较远处，重点建设若干大型居住区绿地，几处观光、休闲旅游景区，开发桃花节、梨花节等特色旅游节日。

在南部和西南部平原区，结合永定河治理和南北轴精品园林建设，重点打造生态园林文化：一是以永定河生态廊道建设和南北轴人文园林建设为骨架，沿永定河两侧构建滨水绿地、湿地公园、森林绿地，在沿河的重要节点上建设湖泊、绿地游览区，主题公园、专类园等，形成溪流—湖泊—湿地相连的生态绿道，展示北京市母亲河的古老文明；二是在南北轴两侧附近建设一批公共绿地、人文主题公园、纪念性公园、儿童游乐园、湿地公园、森林公园、街头绿地等精品园林，环绕中心城建设一批楔形绿地、重要节点绿地等，完善环城绿色隔离带；三是在南北轴两侧较远处和远离永定河的片状区域，重点建设若干个湿地滨水绿地、花卉种植基地、采桑园、休闲旅游景点等园林绿地。

绿地建设的形式与风格不拘一格，东部平原以桃、杏、梨、李、牡丹、玉兰、海棠等春花植物为主，利用顺义花卉博览会，发展花卉产业，重点打造"春花"景观，形成"满园春色关不住，一枝红杏出墙来"的美丽春景；南部、西南部平原以荷花、垂柳、银杏、桑为主，创造清凉宜人的"夏景"，形成"接天莲叶无穷碧，映日荷花别样红"与"高树临清池"的自然、生态景观。

三、三带

"三带"即西部生态屏障带，东部、东南部生态景观保障带和环城绿化隔离带。

(一)西部生态屏障带

该区地处北京的西部和北部边缘，是从西部太行山脉到西北、北部、东北部燕山山脉的半环状区域。该区与山西、河北、内蒙古相邻，是北京市的上风上水区域，也是北京市风沙灾害的重要来源。因此，园林绿地的主导功能是防风固沙、保持水土、涵养水源，为北京市提供"氧源"，同时为市民提供休闲游览和观光旅游的场所。

布局上，该区的园林绿地建设要与三北防护林、太行上、燕山绿化工程等项目相衔接，与山区水源涵养林建设、水土保持林建设、经济林建设、森林旅游、河流廊道建设等融为一体；纵向上，与北京市西部、北部边缘走向基本一致，形成沿太行山山脉到燕山山脉的半环状绿色生态保护带；横向上，因地制宜、因害设防，形成从数百米到数千米宽窄不等的、与河流流水方向基本一致的指状凸起，提升水源涵养功能和水土保持功能，增强对北京市的氧气供应能力；植物选择与配置上，尽量选用乡土植物和常绿针叶乔木、乔灌藤草结合，提升林带的生态防护功能，同时适当配置黄栌、槭树、板栗、柿树、银杏、毛白杨、核桃等色叶树种和经济林树种，提高林带的景观观赏价值和经济生产功能。

(二)东部、东南部生态景观保障带

该区地处北京市的东部至南部边缘，行政区划上与河北、天津接壤，是北京与天津两大城市的过渡区。该区位于北京市的下方，地势平坦，河流众多，水网密集，主要有拒马河、永定河、北运河、潮白河、泃河等河流，但水体污染、大气污染和土壤污染严重。因此，园林绿地的主导功能是防止污染、治理环境，修复污染和退化了的水体生态系统、土壤生态系统，净化空气、消减噪音，为市民提供宁静、舒适、优美的宜居环境，同时为市民提供休闲、游憩、郊游的场所，促进同天津、河北等省市的交流，发挥北京对周边地区的辐射带动作用。

布局上，与各河流水系绿化、湿地保护、森林公园建设、居住区绿化、道路绿化等绿化项目融为一体，与天津、河北等省市的园林绿地建设衔接，形成自北京东部至东南部、南部的半环状绿色生态景观带，横向上则要结合河流两岸绿道建设、道路绿化、湿地公园建设、森林公园建设等形成数百米到数千米宽窄有序、沿河流、道路方向呈现指状凸起的、"犬牙交错"的、农林水结合的生态景观保护带，增强对周边地区的辐射带动作用；植物的选择和配置上，以桃、杏、

梨、李、牡丹、玉兰、海棠等春花植物为主,但要水生植物和中生植物并用,常绿植物、落叶植物和色叶植物兼顾,景观观赏植物、经济植物和生态保健植物合理搭配,乔灌藤草结合,不同色系植物搭配,不拘一格,提高生物的多样性,创建富于层次感和季节变化的绿地景观格局。

(三)环城绿化隔离带

该区是指中心城与新城之间、各新城之间的绿色空间。主要包括五块:一是中心城和重点新城之间的第二道绿化隔离带,二是顺义新城东北的绿色空间,三是顺义新城与通州新城之间的绿色空间,四是通州新城与亦庄新城之间的绿色空间,五是亦庄新城与大兴新城之间的绿色空间。这些城市绿色隔离带将中心城与新城、不同区新城与新城隔离开来,防止城市蔓延,有利于形成簇团式和分散式相结合的理想绿地景观空间格局,同时又将城市内外相互连通,使城市生物流和空气流得以交换,增进城市间的联系。

绿化隔离带园林绿化的功能定位是空间上起分隔与联通作用,防止城市蔓延,缓解城市热岛效应,保护生态和生物多样性,为市民提供休闲游憩和观光旅游的场所。

布局上以环状绿带为主要形式,结合地形变化,与平原区绿地建设、河流绿带建设、道路绿网建设、郊游公园建设、湿地公园建设等相衔接,沿各绿化隔离带因地制宜地发展若干大型绿地斑块、森林斑块和湿地保护区,形成宽度数百米至数千米不等的大型环状绿色走廊,在绿色走廊的不同区段,结合河流绿化和道路绿化形成多处指状凸起,提升其纽带连结功能。

在植物的选择与配置上,以北京市乡土植物为主,常绿树种与落叶树种搭配,生态保护植物、经济植物和观赏植物并用,乔灌藤草结合,时空配置有序,形成立体结构复杂、三季有花、四季有景,时序变化明显的复层林结构,提升绿地的生态保护功能和景观观赏价值。

四、多点

多点即围绕北京市总体规划中的多功能中心、新城、中心镇以及村庄进行组团式园林绿地系统战略布局。

多点在地理分布上具有不连续性,在功能上具有明显的差异性和相对独立性。园林的总体布局是依据各中心区的主体功能的不同,突出功能的差异性,风格的地方性和景观的时序变化,簇团式布局,整体上形成点、团、线、带、网结合,簇团功能相对独立,簇团间绿色廊道相连的空间格局。

(一)新城

根据北京市城市规划,新城指顺义、通州、亦庄、密云、怀柔、门头沟、大兴、房山、昌平、延庆、平谷等城，其中顺义、通州、亦庄为重点新城，其余为一般新城。新城园林绿化的主要目的是构建结构合理、功能完善、指标先进的高标准生态绿地系统，缓解城市人口、资源、环境压力，阻止新城向外蔓延，消减城市热岛效应，净化城市空气，为市民提供休闲、游憩、观光郊游的场所，创建人类宜居环境，促进区域生态平衡和经济社会的和谐发展。

由于各新城所处地理位置不同、资源环境特点迥异、城市功能定位不同，因此园林绿地布局上必须与各新城的总体规划保持一致，首先满足各新城的主要功能，体现园林景观的功能差异性和风格的地方性。

园林的战略布局是绿地系统结构布局和城市空间结构布局紧密耦合。在建成区规划布局一些可供居民开展游憩、休闲、文化、体育、交流、防灾避灾等活动的绿地，满足城市"氧源"需要，保证城市空气流、生物流的畅通，满足合理的服务半径和绿地指标的要求，重点建设一批楔形廊道绿地，环城绿地，大、中、小斑块绿地，城市绿网等；在城市外围规划和建设新城之间的绿色缓冲隔离带，防止新城连片蔓延发展，形成良好的生态环境。各新城根据自身发展的需要和自然条件，构建相对完整的城市绿地系统，突出园林的功能需要和地方特色；其绿地建设标准、布局结构和各项指标应优于中心城；建设的重点是各类道路园林网、水系园林网、新城公园、专类园、公共绿地、滨河森林公园、滨水湿地公园、郊区生态旅游区、城市绿色隔离带、居住区绿地、房顶绿化、垂直绿化等，处理好景观组团与景观廊道的关系，创建人类宜居环境，满足游憩、休闲、生态保护、服务经济、文化等的多种功能需求。园林建设方式以新城为中心组团式布局，中心城组团之间以绿色隔离缓冲绿带相连接，形成组团景观功能、风格特点突出，组团间有机相连，交通便利，城乡一体、内外相通的园林空间格局。

1. 顺义新城绿地布局

顺义新城绿地系统布局为"五环、五河、五廊和多园、多带"模式。即在新城的5个主要建设组团外围建设5条环状绿色隔离带；沿温榆河、潮白河、减河、小中河、龙道河5条河流建设5条相互连通的滨水绿化带和若干滨水绿地公园；沿六环路、京密高速路、京顺路、李天高速联络线、东部发展带联络线等5条主要城市快速路的两侧建设道路绿化走廊；在整个城市中结合居住区绿化、道路绿化、河流绿化等均匀布局若干公园、块状绿地和绿化带，形成点、块、线、环、带结合的绿地系统结构。

2. 通州新城绿地布局

河流水系是通州新城独具一格，也是最有优势的生态景观资源之一。因此，通州新城园林绿地建设应以创建滨水宜居城市为目标，以滨水绿地景观为核心，林水结合，在通州新城外围建设环城绿色隔离区；在城市西北部和南部分别建设两个大型块状的生态景观绿地，其中城市西部生态景观绿地以常绿树种为主，作为城市的冬季氧源，南部生态景观绿地以阔叶树种为主，作为城市的夏季氧源；

平行于通州新城主导风向（冬季西北、正北，夏季南）规划建设四条景观通风走廊和两条水生态绿化景观走廊，即：温榆河—北运河滨水景观通风走廊，北苑南路—九棵树东路绿带景观通风走廊，六环路隔离绿带通风走廊，南北方向的安顺路—新华路—九棵树中路绿化带通风走廊，东西方向的通惠河—运潮减河滨水景观走廊，东西方向的萧太后河滨水景观走廊；在城市生态走廊和景观廊道交汇处规划建设6处以水景为亮点的生态绿地景观，突出城市文化特色，为市民提供休闲、娱乐、郊游、锻炼的活动场所；全区范围内，根据合理的服务半径和等级配置，规划建设若干类型的城市公园绿地；加快房顶绿化和立体绿化。形成城外绿色空间环绕，点状、块状公园绿地星罗棋布，内外生态廊道穿插房顶绿化覆盖的"一环、两区、六廊、六点、多园"的绿地系统结构。

3. 亦庄新城绿地系统布局

依托新城外围的绿化隔离区和农田林网，沿六环路和京津唐高速公路规划建设两条以防护为主要目的的生态绿轴；结合凉水河、新凤河和通惠干渠的整治，规划建设三条城市滨水绿色生态休闲带；全区范围内规划建设若干街头绿地、郊游公园等点状绿地。形成"两轴三带"为主构架，点、线、面结合的园林绿地景观格局。

4. 密云新城绿地布局

在新城中心区以西结合潮河绿化，规划密云新城的中心公园，成为新城的生态"绿心"；结合白河、潮河整治规划建设两条滨河游憩绿化带；全城范围内规划建设若干点状新城公园、居住区公园、街头绿地和绿化广场；在城区东南北三面以山体为生态屏障，西面田园为面向中心城的开敞空间，规划建设一条大型环状绿带。形成"一环、一心、两带、多点"的网状绿地结构布局，规划期末，城区绿化覆盖率达到50%，新区建设用地绿地率不能低于40%，旧城改造区绿地率不能低于30%，使整个城市建造在绿色背景之中。

5. 怀柔新城绿地布局

在新城西北部的军都山山前地区，依托良好的植被条件和优美的山水林自然景观，规划发展大型块状森林绿地，绿地乔灌藤草结合，以常绿树种为主，打造新城西北方向的生态屏障和冬季"氧气库"；在新城东南部的怀河、雁栖河和沙河近代河流冲洪积扇一级阶地，以农田林网为骨架，打造新城的夏季"氧气库"，构建开敞空间；在新城以及城市组团间大片的绿色隔离地区，建设若干块状绿地、公园，形成绿块镶嵌格局；沿怀河、雁栖河及其支流、沙河、牤牛河、红螺湖下游河流及沟渠，环绕于城市组团之间，构成城市主导风向上的多条水生态廊道；全城范围内规划建设若干大、中、小结合，功能齐全的公园绿地。使整个新城形成"山田相拥、绿块镶嵌、碧水环绕、公园均布，园在城中、城在林中、林被水绕"的绿地空间结构。

6. 延庆新城绿地布局

依托延庆新城的自然生态背景，打造"三面环田、一水中流、林带交织"的良好生态背景；形成"Y字主轴、三环相扣，城乡一体、内外相通"的绿色网络；网络内构建由市级公园、居住区级公园及若干街头绿地广场、小游园等绿地共同构成的"等级配置、珠落玉盘"的绿地斑块格局。

7. 门头沟新城绿地布局

依托新城山水资源优势，构建九龙山绿色廊道，黑河沟绿色廊道，草冒山、葡萄嘴及中门寺沟绿色廊道，冯村沟和长安街西延长线绿色廊道，何各庄沟和冯村沟东段、108国道绿带及南侧山体绿廊等五条绿廊，"引山入城"，形成"城在山中、水在城中，山、城、水指状相嵌"的绿地景观格局。

8. 平谷新城绿地布局

以滨河绿化、道路绿化和公园建设为重点，在洳河、泃河两侧规划建设宽50～100m不等或更宽的滨河绿带；沿新城周边规划建设环城林带，沿老平谷城墙外缘护城河低洼地规划建设城市带状公园绿地；保留现人民公园及北侧的绿化广场，并结合旧城改造、新区建设，规划3块公园绿地；沿城市对外交通走廊和主干道两侧、河道两岸、高压线走廊经过的地区规划建设若干带状绿地，形成"两河、三带、五园、多轴"共同构筑的富有动感的绿色生态网络。

9. 房山新城绿地布局

沿城市主要水系、南水北调线、高压走廊和快速路两侧规划建设若干条宽度不低于20m的主要绿色生态廊道；沿组团间市道以上等级公路两侧规划若干条宽度不低于30m、区道两侧宽度不低于10m的次级绿色生态廊道；在良乡组团外围西部六环与京石高速路之间，东部小清河沿岸，南部沿六环路绿化用地，燕房组团外围南部长周路两侧、东部大石河区域、北部和西部山区，建设若干个新城外围大型生态斑块；在新城内部依托刺猬河、哑叭河绿化，规划建设两处城市"绿心"，在燕房组团南水北调线周围规划建设一处城市"绿心"，全城范围内规划建设如干不同等级的公园绿地。形成廊道与斑块相结合的绿地景观格局。

10. 大兴新城绿地布局

在清源路和永林路之间、京沪铁路绿化隔离带西侧，规划建设一处大型块状绿地；沿新城西侧的永定河和东侧的南中轴线规划建设两条绿化隔离带；沿五环路、六环路、京开高速路、京沪铁路及京沪高速铁路东侧100m规划建设4条防护绿带；全城范围内规划建设若干新城级公园、居住区级绿地及城市带状公园、游园等；沿城区主要河流规划建设五条宽度65～450m不等的滨水景观绿带，沿芦求路、兴泰街、兴业大街、兴华大街、广阳大街、北兴路、盛坊路、永源路、黄村大街、魏永路等道路两侧规划建设十多条宽度不低于20m的绿带。形成"两带、一核、四廊、多园、多轴"式绿地空间格局。

11. 昌平新城绿地布局

在新城中部京密引水渠和六环路之间规划建设以农田为主体的绿化隔离带；在北部山区规划建设片状森林绿地，沿东南部温榆河规划建设以绿化带为主体的绿楔；沿八达岭高速公路、京包高速公路两侧规划建设两条宽度100m的绿色生态廊道，沿东沙河—北沙河、虎峪沟和辛店河规划建设3条林、水结合的生态廊道；全城范围内规划建设9个大型的、以游憩功能为主的综合性公园和专类园，包括东沙河城市公园、昌平体育公园、昌平白浮泉植物园、南邵中心公园、沙河高教区中心公园、巩华城观光游园、南沙河生态公园、马池口郊外公园和埝头南部综合公园；规划建设若干满足500m服务半径要求而设置的公园绿地、沿街景观绿地等。形成1条绿隔，2面屏障，5条生态廊道，9个大型区域性公园节点为主体，辅以城市小型公园绿地的，点、线、面相结合的绿地系统。

(二)中心镇

中心镇是指北京市城市规划中的海淀区温泉镇，丰台区王佐乡，门头沟区斋堂镇、潭柘寺镇，房山区窦店镇、长沟镇、琉璃河镇、韩村河镇，通州区宋庄镇、马驹桥镇、永乐店镇，昌平区小汤山镇、北七家镇、阳坊镇，顺义区杨镇、后沙峪镇、北小营镇、高丽营镇，大兴区榆垡镇、西红门镇、庞各庄镇、采育镇，平谷区峪口镇、马坊镇，怀柔区杨宋镇、汤河口镇，密云县太师屯镇、溪翁庄镇、十里堡镇，延庆县永宁镇、康庄镇、旧县镇等33个建制镇。中心镇经济发展相对迅速，具有良好的区位优势和一定的经济规模，各中心镇由于资源、环境条件存在较大差异，因此在社会经济发展方向、资源开发方式、园林绿化功能和特点上有着很大不同，而且对周边乡镇具有良好的辐射带动作用。

园林建设应以服务中心镇经济发展和社会进步为宗旨，突出园林的生态保护和休闲、游憩的主导功能，按照统筹规划、分类指导、突出重点、示范带动的原则进行组团式布局，园林建设形式要不拘一格，彰显地方特色，突出园林景观的变化之美；重点建设道路园林网，水系园林网，一批中小型公园，公共绿地，城郊森林公园，休闲观光农业园区，滨水景观，花卉、苗木生产基地，小型广场和居住区绿地等园林形式，体现"公园下乡、森林进城"的园林布局理念，满足城镇居民生活、工作、文化娱乐以及城市居民休闲、观光的多种需求，促进城乡结合。

(三)一般乡镇

和中心镇相比，一般乡镇经济发展相对缓慢，环境受人为破坏较轻，景观的自然属性比较突出，人为干扰较少。园林建设应以服务乡镇经济，改善生态环境为主体功能。在园林建设上要采取重点保护、适度开发的策略，突出景观的原始性和自然性，以田园自然风光、农家休闲、农业观光为主要形式；园林建设要因地制宜,不拘形式,重点建设水系园林网、农田园林网、道路园林网、观光农业园区,科学规划农家休闲旅游,适度发展花卉、苗木生产基地,有计划地建设一批中小型公园绿地、滨水绿地景观,促进区域环境改善。

(四)村庄

村庄是农村人口集中分布的地方,也是农家休闲旅游、观光农业的主要场所。村庄园林功能定位要立足地方资源、环境、交通、距离中心城的距离等因素综合考虑,一般以改善居住地环境、发展农村经济或吸引游客为主题功能。园林建设上要重点营造围村林带,水系园林网、道路园林网和农田林网,适度发展农村街头绿地、小型公园,彰显田园风光,同时要依据各村庄自然、社会经济条件和地理位置优势,建设花卉生产基地、苗木生产基地、果品采摘园等,确立、发展观光农业、农家休闲等。形成"村在林中、路在绿中、房在园中、人在景中"的郊野田园型园林景观格局。

第四节　布局重点

风景名胜区、自然保护区、湿地、风沙治理区等特殊地段的绿地建设以及水源涵养林、林网、林带等核心绿地类型在整个绿地布局中起着关键作用,对于优化绿地结构、提升绿地功能发挥着举足轻重的作用,是三个园林布局的重点。

一、市域分"三地"

"三地"即林地、绿地和湿地。

(一)林地

林地特指以乔木树种为主体构成的绿地类型,主要是森林。森林是陆地生态系统的主体,有"地球之肺"之称,在净化空气、保护环境和生物多样性、提供氧源等方面具有强大的不可替代的作用,因此是建设生态园林、提升绿地生态功能的关键。布局上,在北京西部山区、北部山区等上风上水地区,城郊绿色隔离区,滨水绿带,道路绿廊,农田林网等特殊地段,要以乔木为主体,增加森林比重;在城市生态公园、浅山郊野公园、自然保护区、风景名胜区等地区要加大森林建设比重,开发森林旅游;在城市街头绿地、城市公园、城市楔形绿地、居住区、宅院等开敞绿地空间要适当增加乔木种植数量,形成复层景观结构;加快城市郊区植树造林和村镇围村林建设。

(二)绿地

绿地是指由草坪、地被、低矮灌木等为主体构成的绿地类型。这类绿地常常形成开敞的空间，具有更高的视觉美价值，是实现大地园林化的基础。这类绿地的合理布局对于提升绿地景观的观赏价值和美学价值具有重要意义。布局上以城市中心区的街头绿地、各类广场、滨水绿地、城市公园绿地、居住区绿地、房顶绿化和立体绿化为重点，在一些郊野公园、城郊生态公园、道路绿廊、城市边缘绿色隔离区等地，因地制宜穿插配置一些由草坪、地被植物、低矮灌木和稀疏乔木构成的开敞绿地，为市民游憩、休闲、娱乐提供适宜的场所；在西部、北部山区，结合荒山绿化、风景林建设、水土保持林建设，规划建设一些由藤、灌、草为主体构成的绿地；在湖泊、水库周围和河流下游湿地，适当配置一些由草坪、地被、低矮灌木为主构成的滨水绿地或稀疏草原型绿地，提高绿地的景观观赏价值；在各新城、村镇中心或周围规划建设一些开敞绿地，创建可供郊游、休闲、娱乐的场所。

（三）湿地

湿地是指水深不足 6m 的常年积水、季节性积水的地段或沼泽。北京尽管是一个相对缺水的城市，但市域内也分布着潮白河、北运河、永定河、大清河、蓟运河等众多水系和密云水库等若干湖泊。湿地素有"地球之肾"之称，在净化水体、清除污染等方面起着巨大的不可替代的作用，然而，随着农业面源污染、工业废弃物污染和生活废弃物污染的不断加剧，越来越多的水体遭受严重污染，水质下降，湿地生态系统退化，湿地生物多样性受到严重威胁，湿地的净化功能减退。因此，园林绿地结构布局上，必须把湿地保护和湿地生态系统修复放到重要位置，要以自然水系的分布为依据，把湿地保护和滨水湿地景观建设纳入到全市环境治理和生态建设的整体系统中统一考虑，并以河流中下游湿地的保护与生态修复，水库、湖泊、滨水湿地保护与景观建设为重点，切实做好通州新城的滨水绿地景观构建和永定河下游湿地的保护与湿地公园建设工作，全市范围内以潮白河及北运河水系湿地、永定河水系湿地、大清河水系湿地、蓟运河水系湿地等 4 个区域的湿地规划与保护为核心，建设和恢复汉石桥、南海子、温榆河上游、三家店、金牛湖等湿地，新建密云水库、金海湖等湿地保护区，逐步建立 1 个国家级湿地保护与合理利用示范区，6 个市级湿地保护区，使全市湿地保护区达到 12 个，力争基本形成大小结合、块状和带状结合、山区和平原结合的复合湿地生态系统，有效治理水体污染，促进湿地生态系统的恢复。

林地、绿地、湿地作为全市绿地系统布局中的 3 个核心元素，在净化空气、提供氧源、美化环境、清除污染方面起着关键作用。对其的动态管理非常重要，要大力开展"三地"结构布局和功能效应的研究，建立健全三地动态变化的监控机制，规范管理体制。

二、全市建"三区"

"三区"即风景名胜区、自然保护区和风沙治理区。

(一)风景名胜区

风景名胜区是北京市旅游资源和绿地风貌的集中体现,同时又兼有生态保护的作用。通过规划调整,建立健全风景名胜区18个,其中国家级3个,市级6个,区县级9个;规划新增温榆河与潮白河之间的风景名胜区,并结合温榆河绿色生态走廊建设,将风景名胜区范围向上游延伸。同时,以三海子、团河行宫等风景名胜资源为主,新增南苑风景名胜区;风景名胜区内适当发展森林旅游,建设一批以草坪、地被和低矮灌木为主的开敞绿地,为居民休闲、娱乐、郊游和人流集散提供场所,同时增强风景名胜区的生态保护功能。

(二)自然保护区

自然保护区是以保护野生动植物和自然生态系统为主要目的。依据北京市自然环境条件变化,拟到2020年建立各类自然保护区46个,总面积达到19.2万hm²。保护区内依据环境变化建立若干森林绿地斑块、湿地斑块、草地斑块等块状绿地,完善由水网、路网和林网构成的绿色廊道系统,形成基质—斑块—廊道有机结合的景观分布格局,以便更有效地保护野生动植物并为其迁徙、交流提供廊道基础。

(三)风沙治理区

风沙是北京市十分严重的自然灾害之一,北京市几乎每年都在遭受沙尘暴的肆虐。除境外风沙来源之外,市内"三河两滩"五大风沙区是沙尘的主要来源。绿地系统布局上要以"三河两滩"五大风沙区建设为核心,完善康庄—南口、古北口—潮白河、永定河官厅山峡河谷3条风沙入京风廊防护林带和京东南地区水生态林带,建立"三河两滩"五大风沙治理区。风沙治理区内结合滨水绿地建设,构建以藤、灌、草为主的防风固沙绿地,风沙区边缘建设乔、灌、藤、草结合的防风固沙林带,完善农田林网,提高绿地的防风固沙能力。

三、山区育"三林"

"三林"即水源涵养林、水土保持林和经济果木林。北京山区既是北京市的上风上水地区、生态旅游的中心,又是北京市果品生产的重点地区。另一方面,受地形地势的影响,土壤、水分、光照的再分配导致山区自然条件复杂多变。因此,在园林绿地整体布局中,必须依据自然条件的变化,合理布局水源涵养林、水土保持林和经济果木林。在各流域中上游的集水区内,以水源涵养林建设为重点，在山脊、山顶以及荒山裸岩地段以水土保持林为重点，在流域下游、山前冲洪积平原土壤比较深厚地段以经济果木林为主。水土保持林和水源涵养林建设要乔、灌、藤、草结合，注重选择根深叶茂植物，适当引进色叶植物和经济植物，进行立体配置，提高复层林比重；荒山裸岩地段增加藤本植物比重，植树种草；集水区内因地制宜配置若干草地、灌木林和乔木林，并以复层乔木林为主，增加林分类型和景观的多样性；经济果木林以乡土果品为主，在各果园周边结合道路、山脊等配置防护林带，增加物种的多样性。

四、平原造"三网"

"三网"即水系林网、农田林网和道路林网。"三网"是北京市园林绿化的脉络，是连接各园林景观节点的纽带，是全市园林绿地系统的骨架。根据景观生态学的理论，三网既是生物迁徙的通道，起着生物廊道作用，同时又具有景观隔离功能。在由三网构筑的绿地网格中，应以斑块状的农田、果园、绿地、公园等为主要形式，形成基质—斑块—廊道型的景观空间格局。平原地区道路密集、水系纵横。而道路和水系两侧一般都是生态系统交替地带，生态学上属于生态脆弱带。以水定林、以路定林，建设水系林网、农田林网和道路林网可以起到良好的生态防护效应。

（一）水系林网

北京是一个水资源不足的城市，但市境内也不乏众多河流、水库和湖泊，主要有永定河、潮白河、北运河、拒马河、大龙河、清水河、凤河、玉带河、萧太后河、凉水河、大石河、亮马河等近百条河流。由于工农业的发展和居住人口的增加，面源污染和生活污水排放都在增加，水体污染已经成为影响区域经济、导致景观观赏性降低、妨碍园林绿化的重要因素。

滨水地带是生态系统脆弱带，是物质循环和能量流动最频繁的地带，同时也是环境变化最敏感地带，近年来又成为景观规划设计和园林绿化的热点区域。水系纵横交错，起着廊道空间分隔和连接作用，在纵向和横向上立地条件复杂多变，在景观功能上，主要起着生物廊道、空间分隔与联结和游憩观赏作用。在城市总体规划中具有举足轻重的作用，是园林绿化布局必须重点考虑的因素。

水系林网的战略布局是以水定林，以林促水，林中有水，水边有林。水系林网建设要以保护、净化水环境为主要目的，水体保护与滨水景观构建并重，生态与艺术结合，增强生物廊道功能和景观联结功能，创建滨水游憩观赏景点。滨水绿带宽度100m至数百米甚至更宽，在一些重要节点或重要地段建设若干滨水公园、水上游乐场、湿地公园等滨水绿地，景观配置形式可以多种多样，绿地结构采取稀疏结构、半稀疏结构和紧密结构相结合，因地制宜，植物种类以本土植物或乡土植物为主，注重物种多样性选择，乔、灌、藤、草搭配，开阔草坪与复式绿地结合，在纵向和横向上充分展示森林景观的变化之美，满足生物廊道、污染物过滤、生态保护和艺术欣赏的多种功能需求。

建设重点是在保护的基础上，完善滨水植被缓冲带、生态保护带，建设适宜游憩、休闲的滨水绿地景观区，加强湿地自然保护区和湿地公园、滨水绿地建设，改造河道，形成"龙形"水系，引进人工湿地。形成点、面、带、网结合的水系林网络，改善北京湿地和水生态环境，提高湿地资源的生态服务功能。

（二）农田林网

农田林网主要分布在延庆、昌平、平谷、顺义、通州、大兴等区县的平原地区，是农田基本建设的重要内容，是防治风沙、调节农田小气候的主体，同时又对保障农作物丰产稳产、提高农产品质量、增加农民收入、提高经济效益、促进经济发展起到不可替代的作用，为城镇居民提供休闲、观光的场所。

农田林网是平原农区主要的绿地景观类型，构成了平原农区绿地景观的骨架。现有农田林网多呈方格状，以路、水定林，路、水、林一体，但林网宽度一般较窄，网格内多为农田，其景观观赏价值、休闲服务功能较低。针对农田林网建设中的不足，农田林网建设的总体布局是路、水、林一体，拓宽原有林带宽度，选择合适的林网网格，重点发展一批特色林果园、观光农田、花卉生产基地、苗木繁育基地以及若干观光、休闲旅游景点；在林带交叉处构建若干片状森林绿地，在一些高速公路、国道、铁道两侧，农田园林网与道路绿道合并、联结，形成以绿色生态走廊为骨架，点、线、面、带、网、片相结合，色彩浓重、气势浑厚的高标准防护林体系。

农田林网建设的功能定位以生态防护、观光农业和连结景点为主要目的，在植物配置上要体现植物的多样性和景观的变化性。

（三）道路林网

北京市道路纵横交错，由铁路、城市轨道交通、国道（主干线）、市道、县道和乡道构成了密集的道路网络系统。公路与城市道路的交接点在五环路上，主要道路有机场高速，八达岭高速，京石高速，京沈高速，京开高速，京哈高速，二环、三环、四环、五环、六环高速等若干条高速公路，有众多的国道、市道、县道、乡道等；北京作为中国的首都，分布有通往四面八方的铁路，如京沪铁路、京广铁路、京福铁路等，还有纵横交错的轨道交通。道路是重要的廊道，起着空间分隔与连结作用以及组织交通和人流疏散作用。

道路系统是城市的骨架，是城市中最重要的廊道绿道。由于道路呈纵向延伸，往往跨越多个行政区域，沿路立地条件复杂多变。因此，道路绿道建设能够充分体现景观的地域变化，在城市绿地景观建设中具有重要的空间分隔、联结和游赏作用。

道路林网的战略布局是以道路系统为骨架，以路定林、林路结合、路在林中，在道路两侧依据道路等级和沿路立地条件变化，构建宽窄不等的生态隔离带；在交叉路口和两侧地形开阔地带，重点构建片状游赏型绿地公园、观光游览区、商业服务区，若干主题公园、专类园、综合性公园、森林绿地、一批街头绿地等。形成以道路为轴线，两侧绿地景观交错布局，呈多个哑铃联接的绿道空间分布格局。

根据道路类型、等级和地理位置不同，设计道路两侧绿道宽度，带宽最低不低于20m。沿二环、三环、四环、五环、六环建设环城绿带，重点建设四环、五环、六环绿道，沿京石高速、京开高速、京哈高速、京沈高速等高速公路和铁路建设辐射状绿道。除重点建设好道路两侧生态隔离带外，在各道路交叉路口、城市轨道交通出入口等景观节点处，构建若干街头绿地广场、公园、商业休闲、服务景观区，以组织交通、疏散人群。形成以主城为中心，环状绿道与辐射状绿道交织的网络格局。

道路绿道建设功能定位以服务交通、隔离噪音、保护环境、联通景点为主要目的。绿地景观造景形式以规则式配置为主，形成空间有开有合，植物配置有密有疏，融交通、廊道、观光于一体的园林景观。

五、城市建"三绿"

"三绿"即绿块镶嵌、绿廊相连、绿带环绕。

块状绿地尤其是圆形块状绿地具有更强的资源保护作用，有利于生物多样性的保护，能有效消减城市热岛效应；而一些不规则式块状绿地则更有利于斑块内外物质的交流。基于这一原理，在商业区、居住区、道路交叉口、地铁站出入口、滨水地带等人口密集和集散地段，按照服务半径的需要，规划设计一批圆形、方形、不规则形等多种形状的块状绿地，如城市公园、街头绿地、休闲广场绿地、滨水景观绿地等，保护环境、净化空气、消减城市热岛效应，为居民提供休闲、娱乐的场所；在城市边缘绿色隔离区、居住区外围、各新城外围绿色隔离区、村镇附近，规划设计一批大、中型块状绿地，以创建良好的生物栖息地，有效保护生物多样性和自然环境，为市民提供郊游、观光、锻炼的场所，创建人类宜居环境；在自然保护区、风景名胜区、风沙治理区等地段，规划建设若干大型块状绿地，提升绿地的生态保护功能。

绿廊和绿带具有生物廊道功能，是物质交流的通道，联系各绿色斑块的纽带，同时也具有生物隔离作用，是绿地景观的骨架。沿各种道路、河流水系规划建设道路两侧的绿色廊道、河流滨水绿地景观带，加强各斑块之间的联系，促进物质的交流，为生物迁徙创造有利条件。

沿中心城外环路、外围绿色隔离区、各新城外围绿色隔离区，规划建设不同等级的环状绿带，有利于形成绿带环绕、绿廊相连、绿带内绿块镶嵌，粗粒景观与细粒景观结合的理想绿地景观格局。

六、城乡建"多园"

　　城乡统筹兼顾，森林进城，公园下乡，实现北京大地园林化是三园林规划布局的重要原则。在市区规划建设若干城市综合性公园、儿童公园、城市休闲公园，满足市民娱乐、休闲、周末旅游的需要；在居住区周围、商务中心，按照服务半径的需要规划设计若干居住区公园、小区游园、广场绿地和各类游憩公园，满足市民散布、休闲、游憩、娱乐、锻炼的各种需要；在城市边缘绿色隔离区附近规划建设若干城郊生态公园、浅山郊野公园，如西北郊历史公园、南郊生态公园、东郊游憩公园、北郊森林公园、滨水湿地公园、现代农业观光园等，满足市民短期郊游、观光、采摘、度假休闲、野餐、水上运动等活动的需要；在乡镇、村庄周围规划建设一批乡镇游憩公园、小游园、森林生态公园、滨水湿地公园、观光果园等，满足附近居民休闲、娱乐的需要，同时为市民提供短期旅游、郊游、野餐、度假休闲、日光浴、采摘等活动的场所。

第七章 "三个园林"的战略行动

按照建设"三个北京"和世界城市的目标，紧紧围绕"营绿增汇，构建功能化大生态景观格局；亲绿惠民，构建社会化大绿化共建格局；固绿强基，构建科学化大管理服务格局"的总体设想，通过实施"生态园林、科技园林、人文园林"战略行动，加快构建高标准生态屏障体系、高效益绿色产业体系、高水平森林安全体系、高品位园林文化体系和高效能管理服务体系，努力实现"林园一体、人文魅力的生态园林城市，山清水秀、幸福舒适的生态宜居城市，自然和谐、绿色低碳的生态文明城市"的宏伟目标。

第一节 生态园林行动

生态园林是园林绿化建设的本质属性和重要基础，也是落实"三个园林"发展战略的首要任务。当前和今后一个时期，要根据首都经济社会发展的需要，根据园林绿化建设的发展实际，科学确定生态园林建设的目标、任务，抓住重点，扎实推进。

生态园林建设的目标是：建设"三大屏障"即山区绿屏、平原绿网、城市绿景；完善"三大系统"即功能突出的森林生态系统、结构合理的绿地生态系统、发展协调的湿地生态系统；形成"四大特色"即"山地景观林、田园防护网、居民休闲地、世界林荫城"。

生态园林建设的重点是：城市景观优化升级，拓展绿色空间；环城林带健康经营，提升生态功能；山地森林提质增效，增强碳汇能力；农田林网更新改造，强化安全保障。

一、对接世界城市标准，实施城市景观环境升级计划

城市园林绿地是城市用地的重要组成部分，是城市生态系统的基本载体，其生态效益及综合功能在城市生态系统中具有不可替代性。北京作为国家首都、国际化大都市和历史文化名城，其主要发展精髓集中体现在城市中心区。中心区绿化景观环境是实现首都可持续发展的重要绿色基础设施，也是衡量北京是否具备世界城市综合竞争力的核心标志。

对接世界城市标准，在包括城市中心区、新城和小城镇在内的城区范围内大力实施景观环境升级计划具有重大意义。该计划的目标是：以规划完善格局、以生态引领建设、以科技推动发展、以统筹促进协调、以管理保障成果，通过实施"规划建绿、精品增绿、为民送绿、科学管绿"，经过5~10年的时间，建成以城市公园、公共绿地、道路水系绿化带以及单位和居住区绿地为主，点、线、面、带、环相结合的完整城市绿色空间网络体系，打造"绿块镶嵌、绿廊相连、绿带环绕、人居和谐"的绿色空间，建设"景观优美、生态优良、植物多样、和谐自然"的城市绿地系统，充分发挥绿色基础设施的环境效益、社会效益和经济效益。该计划的重点是：推动绿地布局优化，促进公共资源共享；注重科学永续发展，实施精品绿地建设；探索多元绿化方式，拓展城市绿色空间；加强绿化养护管理，建立全新长效机制。

（一）推进景观环境升级，提升城区绿化质量

城市绿地是改善城市生态环境、维持城市合理空间布局、美化城市景观的最主要因子，是居民开展游憩、休闲、文化、体育、交流、防灾避灾等活动的主要场所，也是城市居民享受绿色福利的重要空间。特别是城市中心区的绿化、美化是展示首都园林绿化形象的重点核心区，该区域的绿化美化目标是增强绿色福利，促进居民身心健康。重点是增加城区园林绿化资源数量，改善城市环境，提升景观功能。通过建立相对稳定而多样化的城市森林和绿地生态系统，能够有效控制和改善城市的大气污染、热岛效应、粉尘污染，解决城市居民游憩休闲、生态保健等实际需要，全面提高城市人居环境质量。要按照"城在林中、路在绿中、房在园中、人在景中"的布局要求，建设以公园绿地、道路绿化、河湖水系绿化和城乡居民绿色福利空间等为主体的城市森林绿地体系，初步建成以林木为主体、总量适宜、分布合理、植物多样、景观优美的城市森林生态网络，实现"天蓝、水清、地绿"的城区生态景观，逐步缩小与国际宜居城市的环境差距。

1. 缩小与世界绿色城市的绿量差距，完善市民绿色福利空间

广泛借鉴法国巴黎、瑞典斯德哥尔摩、加拿大维多利亚等世界绿色城市的建设经验，针对北京城区居民社区、单位庭院、公园绿地、停车场等居民日常生活场所，大幅度增加绿量，提高质量，逐步构建布局合理、绿量适宜、生物多样、景观优美、特色鲜明、功能完善的城市生活绿地系统，有效控制和改善城市的大气污染、热岛效应、粉尘污染，全面提高城市质量，服务城市发展和人居环境改善。

建设理念：绿荫庇护下的生活空间。增加居住区的林木覆盖率和绿地率，为人们提供走进自然、亲近自然、人与人轻松交流的场所，构建宜居、宜业的环境。通过林木遮荫降噪、释放负氧离子等功能，营造有益于居民健康的生活环境；通过林木绿地的形态、色彩、风韵等变化，营造愉悦居民身心的艺术环境；

通过布局合理、设施完备的绿地避险场所建设，营造意外灾害情况下的安全环境。

(1)推进拆迁建绿和代征建绿，提升城市景观效果。严格执行《北京市绿化条例》和《北京市绿地系统规划》，完善市、区、镇(乡)绿地系统规划体系，严格落实规划建绿和绿线管理的各项要求，通过分期制定计划、明确责任，确保规划绿地落到实处。加大拆迁建绿和代征绿地回收绿化建设，对拆迁地区按照绿地类型和标准进行建设。重点抓好城市主干道两侧代征绿地和城乡结合部代征绿地的拆迁绿化，积极配合环境整治推进城市工业废弃地的环境绿化，大力拓展城市绿化空间，营造城市绿荫，缓解城市热岛效应，提升城市景观的整体形象。到2015年，力争实现2000hm^{2}代征绿地绿化。

(2)推进老旧城区绿化环境升级，改善城市生态环境。老旧城区是历史遗迹最为丰富、最能体现古都风貌的地区，该区环境状况不仅影响北京城市发展和人民生活，而且直接影响城市形象。目前北京正在进行产业调整，城区内工厂外迁，同时，老旧城区的危房改造也正在进行中。需要抓住当前的有利时机，处理好发展经济与建立良好生态环境的关系，在老旧城区大力推进绿化环境升级行动，提高城市绿化水平。一是要科学规划和建设集中绿地。建立规模化的集中绿地，实现集中绿地的科学规划和建设，进一步发挥其综合功能，提高城市土地利用率和使用效益。二是重视绿地分布的均匀度。通过构建合理的绿地系统，使集中绿化在城市内部不同地段中相对均匀分布，提高绿地的覆盖率，增加景观连接度，提高绿化档次、提升景观效果。

(3)推进500m服务半径公园绿地建设，增强亲近自然的可达性。可达性和服务半径是城市绿色基础设施满足市民需求的重要标准和指标。根据北京市社会、经济和景观环境状况，确定以实现500m服务半径为目标，完善公园绿地建设。在城市中心区全力挖掘城市绿化用地潜力，因地制宜大力推进城市开放式休闲公园、楔型绿地和万米以上大型公共绿地建设，重点以代征绿地为依托，建设百余处较大规模服务民生精品休闲绿地，并积极建设可达性较强、不同规模服务居住区周边的中小型公共绿地，加大中心城区公共绿地公园化改造力度，提高园林景观水平，力争使全市公园绿地500m服务半径居住区覆盖率由64.6%提高到80%，着力扩大绿色空间，大幅增加城市绿地总量和人均公园绿地面积，不断满足市民日益增长的生态需要。

(4)加强社区和单位绿地建设，提高生活和工作环境质量。加强居民小区、学校、机关等主体的绿地建设。一是根据行业特点，营造幽雅、整洁、生态、美观的生活、工作环境，以高大乔木、生态保健树种和植物为主，集观花、观果、观叶、观树型为一体，大幅度增绿添彩，达到四季常青的效果。二是按照规定的绿地率、时限和审核的设计方案对新建社区和单位进行绿化建设，提高绿化设计和施工水平，不断提高景观效果，确保工程建设质量，努力建成一大批绿化精品景观小区。三是结合社区环境整治，加强对原有小区的绿化改造提高，使老旧小区旧貌换新颜。四是开展"特色胡同、街巷"绿化整治工程，结合拆除胡同街巷的违章建筑和临时建筑，见缝插绿进行绿化，形成与保护北京历史文化风貌要求相适应的街巷、胡同绿化特色。最终通过社区和单位绿地建设，为人们创造空气清新、景色宜人的优美环境，同时提供锻炼身体、修养身心、休闲、娱乐的近距离场所，增添生活乐趣，提高生活质量，进而改善城市人居环境。

（5）挖掘城市用地资源，力争停车场绿化取得新突破。将停车空间与园林绿化空间有机结合，是有效改善城市生态环境、提高城市绿化覆盖率、缓解城市热岛效应的重要措施。今后需要进一步加大停车场绿化建设投入，力争使停车场绿化特色与优美景观的协调性进一步增强。具体措施包括在停车场种植规格大、分枝点高、成荫快的树木，以落叶乔木为主，有条件的地方应做到乔、灌、草相结合，不得裸露土地，以发挥植物最大的生态效益。停车场地面可铺设网格状地砖，栽种绿草，并按照适合停车的距离种植树木。

（6）推进绿地节水和中水利用工程，建设节约型和友好型现代园林。新时期园林绿化应探讨节水绿地建设模式，研究城市绿地集水、节水技术；对大型绿地的灌溉系统实施改造，大力推广微喷、滴灌、渗灌等先进的节水设施、设备，推广各种节水技术，逐步淘汰落后的灌溉方式，建立节水灌溉型绿地和发展集雨型绿地；加快管线改造，大力推广使用符合相应标准的再生水灌溉绿地。

（7）创新管理水平，提高绿化养护质量。高效能、精细化养护有利于提高绿地的保有率，使绿化成果更为充分地体现出来。依托不同科技手段，更新观念，创新机制；健全养护资质管理，规范养护队伍，推动园林绿化高标准建设与科学化管理。随时跟踪掌握动态情况，通过法制建设、行政监督、长效管理和精心养护相结合，推动园林绿化养护管理的科学化、现代化和高效化。

2. 缩小与欧洲滨河城市的水岸绿化差距，打造城市多功能滨河森林景观

参考法国巴黎市塞纳河滨河空间整治与利用、匈牙利布达佩斯多瑙河滨河沿岸森林植被保护的实践方法，针对北京市的河流，以自然水系河岸为骨架和纽带，通过重点建设"点"（在新城建设 11 个滨河森林公园），优化"线"（改造和提升河道流域生态景观），打造具有生态、美学、休闲等多种功能的滨河森林景观带。

建设理念：潺流的绿韵水岸。一方面让城市居民亲近水岸感受潺潺的流水，在亲近自然的休闲游憩过程中缓解身体的疲惫获得健康，涤净心灵的尘埃获得内心深处平静而温暖的放松，从而真正得到身心的愉悦。另一方面保护和恢复自然河道，形成以其为依托的林水相依的绿色环境，并将这种绿韵贯穿并融入城乡，惠及每一个居民。

（1）加快 11 个新城万亩滨河森林公园建设。对河道及两侧的河滩地、荒滩地和林地进行近自然化和公园化改造，构建"以水为魂、以林为体、林水相依"的开放式带状滨河绿地，提高新城宜居质量，满足新城居民的生态环境和绿色休闲需求，促进人与自然和谐，使环境更加清洁、安全、优美，让人民生活更加舒适。随着这些森林公园的建成开放，将进一步改善北京的生态环境，改善市民休闲环境条件。新城滨河森林公园建设要遵循环境学、生态学、水文学原理，以建设良好的城市生态环境为主要内容，强调提升城市园林生态功能，完善城市园林生态设施，采取清洁能源、绿色建筑、节约园林、循环经济等新技术、新材料、新理念，努力加快城市生态景观系统建设。

（2）积极推进永定河绿色生态带"五园一带"建设，打造以水串景、水绿相间的绿色生态走廊。

（3）加快北运河、温榆河、潮白河、大石河、北拒马河等全市重点城市河流水系的彩色景观林和公园湿地建设，努力建成低碳经济发展的新空间，林水和谐相依的景观带，生态科普教育的示范区。

（4）充分利用通惠河、凉水河、亮马河、坝河、清河等城市河湖水系，加快推进水系绿廊建设，提高沿线土地资源利用效率，提升河湖水系生态治理效果，升级改造滨水绿化景观，建设滨水林带，形成各具特色的滨河绿廊、滨水绿线。

3. 缩小与美洲花园城市的沿街景观差距，构建城市多彩立体景观绿道

广泛借鉴美国芝加哥、加拿大多伦多等国际花园城市的建设经验，以交通线为骨架依托，加强道路和桥体绿化美化，打造沿街建筑外墙和临街窗台特色景观，形成城市立体森林生态景观通道网络。使人们穿梭在四通八达的交通网络体系中的每一条道路，都能体会到夏季绿色茵荫下阳光星星点点的斑驳，冬季树枝缝隙中漏过的暖暖的明媚，春季新叶萌发时砰然的欣喜，秋季色彩斑斓渐变中的朦朦凉意，每一条道路都是一道风景，都用林荫在四季的轮回中朴实而直观地反映着城乡的风景和地域风貌。

（1）加快城市景观道路绿化。进一步提升城市主干道、次干道道路绿地景观和生态功能，结合城市拆迁、环境整治、道路改扩建和代征绿地建设，在城市的重要道路和河湖水系两侧大力实施彩叶植物示范工程，增加高大乔木，丰富不同季相开花的灌木及花卉、地被植物，大幅度增绿添彩，延绿提效，使道路绿化植物结构日趋合理，形成大都市多彩景观。重点打造百条特色行道树大街、千条景观绿廊、五横两纵精品道路绿地（五横：西直门至东直门、官园桥至东四十条、阜成门至朝阳门、西便门至东便门、广安门至广渠门；两纵：志新桥至开阳桥、雍和宫至刘家窑），形成乔灌花草相结合，多树种、多层次、多结构，纵横交错的绿色通道，打造绿荫染京城、车人林下行的景观。

（2）提高"十字景观轴"绿化美化水平。在长安街及延长线东西轴线两侧，尽量增加绿地，提高绿化美化水平；南北轴线，在南北四环路之间、城市中轴线两侧尽量加宽加厚行道树与绿地林带。完善城市网状、线状、带状绿地系统，提高城市公路、铁路、河渠沿线的绿化建设水平，健全城市生态网络。

（二）强化多维空间绿化，增加城市总体绿量

随着城市化进程加快，城市绿化最大的难题是城区缺少土地，不能最大限度地满足城市居民对城市绿色空间的要求。为了解决城市居民对绿色空间日益增长的需求和城市土地资源稀缺、绿地成本攀高之间的矛盾，作为能够陶冶情操、有利于居民身心健康、推动社会进步、发挥城市多功能效应、树立良好城市形象的"多维空间绿化"成为国内外关注的焦点（陈景升、何友均，2008）。近年来，北京城市建筑物以及硬化路面不断增多，绿地面积却没有得到相应的增加，由此带来的城市热岛效应负面影响日渐突出。同时，城市绿化用地紧张，尤其是老城区和城市中心地区绿化覆盖率和人均绿地指标严重不足。因此，通过推广多维绿化，拓展绿色空间十分必要。目标是 5 年内完成 100 万～500 万 m² 城市立体绿化，现存建筑可绿化界面绿化率达到 5%，进一步拓展绿色空间，提升城市空中景观功能。重点是促进居民解决城市绿化用地与建筑用地的矛盾，发挥多维绿色空间在缓解城市热岛效应、减轻太阳辐射、吸附粉尘、降低能源消耗方面的积极作用。主要任务包括屋顶绿化和垂直绿化。

1. 健全协调管理机制，大力推广屋顶绿化

在德国、瑞典、日本、新加坡、加拿大等国家，屋顶绿化已经成为有限的城市空间提高绿地率最有效的方式。我国的屋顶绿化经过多年的研究和实践，已经在成都、深圳、上海等大中型城市进行了有益探索，取得了比较显著的效果。北京自 1984 年长城饭店首次建造屋顶绿化以来，经历 2005～2009 年的政策扶持发展，取得了与国内其他城市相当的成绩。截至 2009 年，全市已拥有屋顶绿化面积达到 100 余万 m²。但是还存在协调管理机制不健全、政策不配套、扶持力度不够等方面的问题。今后的主要任务和方向包括以下几方面。

一是加强领导，落实责任。广泛宣传屋顶绿化对于节能减排、缓解城市热岛效应、改善空气质量的重要性，以各区、县成功的示范工程为样板，培养全社会参与屋顶绿化建设的热情。把屋顶绿化完成情况纳入区县年度绩效考核范围。以集成各种最新绿色建筑理念的综合示范项目为依托，筹建具有建设"三个北京"和"三个园林"象征意义的标志性建筑，并将其塑造为具有世界性影响力的划时代工程。

二是部门联动，协同推进。屋顶绿化的推进需要联合市规划、建设、交通、水务等相关部门共同研究，协同推进全市屋顶绿化建设。加强和落实屋顶绿化规划、资金扶持、补贴和补偿等政策。

三是科学梳理，逐步实施。对全市现状建筑可绿化屋顶进行拉网式清查，摸清适合屋顶绿化的房屋数量和面积。房屋产权人作为屋顶绿化的责任主体，应通过经费自筹或申请政策补助的方式，逐步实施屋顶绿化改造。

四是科技支撑，示范带动。充分利用行业协会和首都智力资源密集的优势，

定期开展技术交流和研讨，并通过组织各种屋顶绿化新技术、新工艺项目示范，不断推动立体绿化向着更加安全、便捷、高效、美观的层次提升。

2. 实施垂直绿化，增加城市绿量

垂直绿化是多维空间绿化的又一重要形式。在丹麦、瑞典、美国等国家，垂直绿化已经成为增加城市绿量的重要途径。北京市垂直绿化要加强建筑墙体、阳台、公路和地铁向上及向下的延伸体、主干道两侧的绿化和整治，增加城市绿量，提高垂直绿化景观和生态效果。运用现代建筑和园林科技的各种手段，对建筑物和构筑物所形成的再生空间进行多层次、多形式的绿化美化。积极研究引进更为先进的垂直绿化技术和绿化形式，针对不同绿化方式筛选合适的绿化植物和更为优良的基质。构建垂直绿化的技术规程与标准，完善城市垂直绿化的管理养护技术细则。

3. 加强法规和制度建设，持续推进多维空间绿化

一是实行政府投入和社会引导相结合的机制。以政府投入公共建筑绿化、政策引导社会建筑绿化为原则，以建筑屋顶绿化、建筑墙体垂直绿化、道路立交垂直绿化等立体化、全方位、多维度的绿化方式，拓展城市绿化空间，提升城市空中景观，修复城市建筑生态，缓解城市热岛效应。

二是大力宣传多维空间绿化的理念，提高公众参与度。多维空间绿化是一项新兴的边缘科学，在短时间内难以被大多数民众所接受。需要借鉴国外经验，通过召开研讨会、培训班，建立伙伴网络、广播、电视、杂志等多种形式宣传多维空间绿化的成功案例，消除人们的思想顾虑，使发展多维空间绿化成为全社会的共识，提高公众参与度，共同推进多维空间绿化的可持续发展。

三是健全相关法律法规，为其提供法制保障。日本、韩国、美国和德国的经验和实践表明，相关的多维空间绿化法律法规是推动其可持续发展的前提条件。因此，在借鉴国外经验基础上，北京市需要制定各种法规和优惠措施来鼓励发展多维空间绿化，例如法律条款、经济补贴、减免相关审批手续等。同时，需要在市政建设规划中考虑多维空间绿化规划，为多维空间绿化建设创造前期条件。

四是加强科学研究，为多维空间绿化提供技术支持。多维空间绿化技术是多维空间绿化事业能否成功发展的关键，而科学研究则是提高多维空间绿化技术的重要途径。因此需要增加用于多维空间绿化研究的经费支持，鼓励科研人员开展创新性研究；引进、消化和吸收其他国家在多维空间绿化方面的先进技术和成功经验；加强科学技术研究的联合攻关，突破一批制约多维空间绿化的关键技术，如多维空间绿化植物配置和造景技术、多维空间防水技术、多维空间绿化介质和相关材料的研发、多维空间承重技术、多维空间排水技术和管线合理配置技术等。

五是加强监督和管理，促进多维空间绿化事业持续发展。做好多维空间绿化的植物合理配置、轻质土选择、多维空间绿化植物培育和选择，适时适量进行浇水、施肥、整形、修剪、遮荫等养护管理；对当地多维空间绿化工程进行规范管理和技术指导；成立多维空间绿化专门部门进行技术指导和监督管理。

(三)创建特色园林城镇，增添新城绿色魅力

新城绿化建设和创建特色小城镇是实现景观环境改造升级的重要内容，对于改善北京生态环境状况、促进社会经济持续发展和推动城市绿色增长具有十分重要的意义。为了实现建设世界城市的目标，加快小城镇建设是其中应有之意(陈振华、张章，2010)。

1. 大力推进新城绿化建设，让新城置于绿化带中心

北京的新城主要包括顺义、通州、亦庄、密云、怀柔、延庆、门头沟、平谷、房山、大兴和昌平 11 个新城。新城建设是有序疏解中心城区人口和功能，保持首都经济社会持续健康发展的重要战略举措，必须坚持以人为本、包容性发展、尊重城市历史和城市文化，以及保障城市安全的原则来建设和发展新城。同时，新城又为拓展中心城区绿化美化提供了重要空间。今后一段时期内，新城园林绿化的主要特点是建成环城绿化带，并在主要联络道路实施沿路绿化，让新城置身绿化带的中心。新城绿化美化过程中，要坚持新城绿色空间规划与新城总体规划同步编制、同步实施；不同新城应根据自身城市发展的需要和自然条件，形成各具特色的城市绿色空间网络；绿色空间布局、绿地总量、服务半径等各项指标要优于中心城区的相应标准，切实提高规划、建设和管理水平，力争创建"国家生态园林城市"。同时要提高城市外围生态景观绿地规模、完善城市内外生态廊道系统；补充完善城市应急避险绿地系统，根据城市防灾减灾规划要求，划定应急避险绿地和救灾通道；根据城市总体结构和合理的服务半径，划定各级各类绿地；综合运用多种植物材料进行科学配置，形成乔、灌、花、草相结合，点、线、面、环相衔接，城乡一体、内外相通的绿色空间系统。

2. 努力创建特色园林小城镇，构建和谐人居环境

近年来，随着物质生活和文化生活水平的不断提高，人们越来越多地注意周围环境的改善。小城镇建设已经成为北京推进城市化进程最具活力的组织部分和主导力量。建设和发展小城镇，不仅是实现城市化的重要途径，更是解决农业、农村、农民这一事关北京现代化建设根本问题的重大战略举措。加快城镇园林绿化步伐，特别是创建特色园林小城镇已成为构建和谐人居环境和政府在市政基础设施建设方面的重要内容。

一是坚持把小城镇绿化工作摆在突出的位置。在具体实施过程中，要抓领导、抓规划，夯实绿化工作基础；要抓重点、抓关键，全面提高城镇绿化水平，坚持街、园、区、院一起抓，努力形成以镇区广场公园为景区，以街道绿化为骨架，以住宅小区、单位庭院绿化为基础的城镇绿化体系，形成共建共享新格局；要抓管理、抓宣传，切实维护绿化建设成果，为创建特色园林小城镇打下坚实

基础。

二是打造宜居生态休闲环境。在全市范围内启动"一镇一园"工程，以全市187个乡镇中41处重点乡镇为突破口，实施园林化乡镇建设，在此基础上，向全市全面推广，最终实现"一镇一园、一园一品"的乡镇生态休闲公园绿地体系。同时要注重突出地域文化特色，全面建成富有文化特色、旅游特色和致富特色的园林化小城镇。

三是以人为本，创新绿化美化方法和手段。在绿化布局上，坚持点、线、面相结合，构建点线面相连、网带片相结、林水相依的空间结构；在绿化风格上，坚持城镇特色，突出生物多样性和景观风格多元化；在树种配置上，突出乡土树种、乔木树种和深受群众欢迎的经济树种，实现生态效益、社会效益与经济效益的紧密结合；在功能设计上，突出以人为本，着重强化城镇绿化的踏青赏花、遮荫纳凉、健身游憩等多种功能，提升城镇绿化景观效果。

二、强化森林经营管理，实施山区生态功能提升计划

北京山区约占全市面积的62%，呈扇形分布于北京市的东北部、北部和西部的7个山区区县，构成了对平原的生态屏障。加快山区绿色屏障建设，提升生态服务功能，是建设生态宜居世界城市和绿色北京的重要支撑，具有重大战略意义。北京山区现有森林资源质量相对不高，仍有部分宜林荒山尚未绿化，这些荒山多是造林剩下的硬骨头，土层瘠薄、岩石裸露、立地条件差，尤以前山脸地区的岩石裸露地造林绿化条件最差。必须大力加强山区生态建设，以实施山区森林健康经营为重点，对现有林地加强抚育管护，采取补植补造、抚育采伐等营林方式，进一步改造提升林分质量，增强森林生态系统的综合服务功能，充分发挥森林的生态效益和社会效益，以满足社会和经济发展的生态需求。

（一）加快荒山造林步伐，实现全部绿化

森林资源是林业的命脉，没有森林资源，就没有林业；没有森林资源数量的增长和质量的提升，就不是又好又快发展的林业。必须维持和发展一定的林地面积，在加大林地保护力度的同时，通过各种途径和措施恢复和发展森林资源。建设目标是对目前全市仅有的40多万亩荒山实施全面绿化，减少风沙危害和水土流失，增加森林碳汇，全面提升森林生态服务功能。

1. 开展适地适树造林

根据适地适树的原则，在山区要积极培育复层异龄林，大力发展针阔混交林，优化森林结构，提升林分质量，增强森林涵养水源、净化水质、减少水土流失的功能；提高山区森林经营自然度，建立一个稳定、优质、高效的森林生态系统，形成优美的山区自然生态景观。在高山远山地区设计栽植珍贵树种，难造林荒山以灌木和小乔木为主，在低山丘陵地区设计培育经济林和一定数量的乡土树

种，尽力实现"高山远山松柏山，低山丘陵花果山"。

2. 加强新造林地抚育管护

通过采取补植完善、扩穴除草等有效措施，加强对新造林地抚育管护。正确处理好造林、管林、育林、用材的关系，以加强生态公益林保护。在改善生态环境的同时，增加农民收入，实现经济效益、社会效益和生态效益的有机统一。

3. 保护具有地带特色的荒山景观

对于部分具有地带特色的荒山景观加以保护，进行封山育林，大力推进封山禁牧和未成林造林地的抚育和管护，显著提高造林成活率和保存率。

（二）加快低效林改造，提升森林质量

改造低效林，提高森林质量，优化森林结构，增加林地产出率和森林总量，实现森林持续、稳定、健康经营发展是推进现代林业发展的客观需要。坚持低效林改造与生态建设相结合，与特色产业发展相结合，与扶持龙头企业发展相结合，实现经济、生态、社会效益的有机统一。建设目标是力争用11年左右时间对全市300万亩低效生态公益林进行改造提升，使改造区域内健康状态的林分达到90%以上，林木蓄积量明显提高，森林碳汇能力显著增强，逐步建成多林种、多树种、多层次、多功能的稳定群落结构，生态景观美景度大幅提升，生态服务价值显著提高。

低效林改造要坚持科学规划、合理布局、创新搞活、激发动力、政策引导、规范操作的原则。按照落叶树和常绿树相结合，针叶树和阔叶树相结合，绿化、美化、生态化相结合的原则，调整树种，提高林分质量；改善疏林地、灌木林地、低产林地等低效林分结构，开发林地生产潜力，提高林分质量和效益水平，对低效林采取林地、林木结构调整，实行树种更替，以补植改造、择伐（带状）改造、综合改造为主要改造方式，选用树种为本地乡土树种，主要有侧柏、油松、山桃、山杏、紫穗槐、杨、柳及枣树、核桃、仁用杏、板栗等干果树种；改善单一树种结构，营造针阔混交林，培育生态景观林、生态经济林。同时，通过低效林改造试点，积极探索科学合理的低效林定性、定量标准。

（三）加强森林健康经营，着力固碳增汇

森林健康经营是20世纪后期首先由美国提出并发展起来的森林经营理念。所谓森林健康就是森林生态系统能够维持其多样性和稳定性同时又能持续满足人类对森林的自然、社会和经济需求的一种状态，是实现人与自然和谐相处的必要途径。根据第七次森林资源调查，北京的森林纯林多，生物多样性差；中幼林比重大，占森林总面积的81.7%，森林的生产率低。根据林木的生长发育、外观表象特征及受灾情况来综合评定森林健康的状况，林分中达到健康等级的仅为18.84%。由于受人为因素的直接作用或自然因素的影响，使林分结构和稳定性

失调，林木生长发育衰竭，系统功能退化或丧失，导致森林生态功能、林产品产量、生物量、碳汇功能显著低于同类立地条件下相同林分平均水平林分，共有350多万亩，迫切需要加强森林健康经营。通过中幼林抚育，结合低效林改造、荒山造林和农田防护林网更新改造等项目建设，构筑山区多林种、多树种、多层次、多功能的稳定健康的森林生态系统，充分发挥山区综合生态服务功能。由于一次抚育强度不能过高，同时森林抚育经营应该是贯穿林木生长过程的活动，加强森林健康经营，加快培育森林资源，将是北京市林业建设的长期工作重点。建设目标是开展长期抚育间伐 65 万 hm^2，到 2020 年抚育 5.2 万 hm^2。

1. 实施中幼林抚育工程

为保护森林结构和功能的稳定性，应运用"森林健康"的经营理念，采用"近自然"等国内外先进的森林经营技术，加强森林经营，提升林分质量，促进森林健康。特别是需要进一步调整和优化全市 600 多万亩中幼林结构，重点对 300 万亩中幼林进行抚育，促进林木生长，提升森林经营水平，提高森林质量，增强固碳能力。因地制宜、科学配置，注重乔灌花草复层结构比例，提高森林物种丰富度。采取灌溉、排水、去藤、除草、松土、间作、施肥、修枝、抚育采伐、补植下木等各项措施，开展中幼林抚育等森林经营工作，积极探索森林抚育经营新模式，建立起责任、技术、示范、监管、监测体系，力争实现森林质量提高、森林蓄积增加和森林碳汇功能增强三个目标。

2. 建立森林健康经营技术推广体系

北京市已经在西山试验林场、十三陵林场、八达岭林场和松山国家自然保护区等不同功能类型区，开展了山区森林健康经营试验示范研究，积累了丰富的森林健康经营技术成果。基于这些研究技术和森林经营模式，可在市属国有林场选择有代表性的区域开展森林健康经营试验示范工作，通过不同森林类型和不同主导功能试验示范区建设，逐步探索实现首都森林健康经营的有效途径，循序渐进地对全市处于不健康或亚健康状态的林分进行健康改造经营。

3. 研究制订森林健康长效促进机制

目前北京市林业建设已进入了由"造林"向"营林"转变的历史阶段，在这种情况下建立森林健康长效促进机制变得尤为重要。结合北京市生态公益林补偿机制，进一步加大财政支持力度，提高生态公益林建设和管护标准，将森林健康经营理念贯穿于绿化林业建设"造"和"管"的全过程，研究制订森林健康经营长效促进机制。

(四)推进废弃矿山修复，打造优美环境

长期以来的采矿、挖沙、取土，使北京市形成了大量的关停废弃矿山和砂石坑，山区的生态环境和自然景观遭到严重破坏。随着社会经济发展和人们对环境保护的意识日益增强，矿山造林绿化已经成为全市生态环境治理的重点领域之一。坚持"谁开发、谁保护，谁破坏、谁恢复"的原则，充分发挥各部门、各系统在矿山绿化中的重要作用，进一步加强与各部门的沟通、协作、宣传、发动，形成各尽其责、齐抓共管的良好局面。废弃矿山生态修复的目标是通过开展矿山造林绿化、森林抚育及生物多样性保护、优化治理模式示范等工程，力争到2020年使废弃矿山绿化覆盖率达到90%，明显恢复和改善生态环境和景观效果。

1. 废弃矿山生态修复建设

根据废弃矿山的破坏程度分别采取不同的修复模式：破坏程度较轻的矿山，直接封矿育林；破坏严重的地区，先进行矿坑回填，然后修补绿化；对位于主要公路两侧、风景区周边的矿山，实施生态景观再造。此外，要推进边坡水土保持生态恢复、废弃矿渣治理和矿区生态修复示范区建设。

2. 实施矿山植被恢复工程

遵循"修自然如自然"的理念，进行植被恢复。矿山造林以乡土树种及根系发达的乔灌木为主，遵循乔、灌、花草混植和先绿化品种后经济品种的原则，同时随坡就势设计景观，避免造成新的山体破坏和太大土石方量。采用爆破或筑石坑、回填熟土的办法进行整地，爆破造林，使用带土坨或容器苗栽植。通过大力推进裸露山地和废弃矿山生态修复，增加林草植被覆盖，改善生态景观，增强山区的生态涵养功能。

（五）强化区域生态合作，构筑环京绿带

北京与周边地区山水相连，唇齿相依。周边地区在为北京保水源、阻沙源方面发挥着重要作用。北京要强化环京区域的生态安全意识，将周边区域生态建设融入北京建设范围，进行全区域科学谋划，大尺度设计，以水源保护和防沙治沙为突破口，完善环京地区的平川和丘陵地带、京冀交界的太行山和燕山地带、内蒙古高原和辽西丘陵三道绿色生态屏障带建设，实施区域合作，有效发挥各区域的比较优势，构建区域合作新格局。加强与周边地区的生态保护协作，共同建设生态屏障；整合区域资源，推进北京及其周边省份之间的产业互补和整体发展；加强区域生态环境联合建设和流域综合治理，加强燕山、太行山山脉生态建设，建立稳定的区域生态网络。发挥北京、天津的技术及资金优势，弥补河北省林业生态及产业发展的不足，建立补偿和融资机制，理顺生态建设的管理体系。通过对现有京津周边地区采取封山育林、飞播造林、人工造林、退耕还林、沙地治理等生物措施和小流域综合治理，到2020年，使可治理的沙化土地得到基本治理，生态环境明显好转，风沙天气和沙尘暴天气明显减少，从总体上遏制沙化土地的扩展趋势，使北京周围生态环境得到明显改善。同时推进生态移民，实施节水造林工程、水源保护林工程、种苗基地建设，在加强生态环境建设的同时大力发展生态产业。

1. 京冀合作工程

河北省张家口、承德地区紧邻首都外围，以山地丘陵为主，既是典型的脆弱生态环境地带，又是官厅、密云和潘家口三大水库的水源地，因此该地区的生态稳定性直接影响到北京的生态安全和经济的发展。要积极推进首都周边跨区域生态建设合作，重点是大力实施京冀生态水源保护林建设合作项目，加大市域水源保护林工程建设力度，增强森林涵养水源、防风固沙、保持水土和美化环境的功能。通过水源保护林的建设，大力提高京冀周边流域内森林资源总量和质量，充分发挥森林对蓄水、涵养水源、减少水土流失的作用，建设区域生态屏障，提高环京生态质量。今后5年重点是加快落实《京冀生态水源保护林建设和森林保护合作项目实施方案》（2009～2011年），帮助环京的张家口、承德地区治理生态环境，在密云水库、官厅水库上游建设水源保护林86万亩；推进区域联防机制建设，提升环京周边森林火灾、林木有害生物的综合防控水平，实现资源共整合、信息共分享、技术共研发、经验共借鉴，构建联系紧密的"京津冀安全网"、"环渤海生态圈"。

2. 京冀蒙合作工程

北京处于浑善达克沙地、毛乌素沙地、库布齐沙地、内蒙古戈壁及我国西北地区沙漠等的包围之中，每年春季，随着冷空气的频繁活动，经常受到外来沙尘的侵扰。建国60年来，北京市春季浮尘、扬沙和沙尘暴以及沙尘日次总体趋势是减少的。特别是从2000年至今，没有出现过沙尘暴天气，多为浮尘和扬沙天气。但是，2006年和2010年，受外来沙尘天气影响，全市发生过两次强浮尘天气过程，最为严重的一次一日降尘30万t，可吸收颗粒物浓度最高达1500μg，平均为500μg，空气质量为V级重度污染。荒漠化作为一种自然灾害，是无国界、无区域的，只有加强与周边区域省市甚至国际间合作、共同携手、联合治沙，首都防沙治沙工作才能"外无近忧"。"十二五"期间，北京要通过实施"三圈＋三道"相结合的防沙治沙战略，全力推进跨区域合作治理。

强化"三圈"，构建紧密衔接的生态防护体系。外圈，即干旱荒漠地带，包括内蒙古锡林郭勒盟、乌兰察布盟、包头、赤峰等地，该区域自然环境恶劣，沙源分布广，主要任务是加强区域内天然植被保护，对重点破坏的区域封山育林，在各级河流、各类道路及水文网系统及有灌溉条件的地带大力营造人工林和防护林网及草地治理，合理配置水资源及配套建设，保证生态安全。中圈，包括河北坝上西部地区、内蒙古乌盟阴山南北、山西雁北地区，属于农牧交错区，生态系统旱化，具有不稳定性和脆弱性，主要任务是退牧退草，增加生物覆盖，控制土地沙化扩大。内圈，包括北京山地丘陵地区。主要任务是以营造水源涵养林为主体，兼顾建设水土保持林及防沙治沙林。下一步，要加快推进京冀合作特别是京蒙合作，有步骤、有计划地开展跨区域合作项目，综合治沙，阻滞沙尘入京，治理风沙危害。

完善"三道"，坚持山区涵养、平原治理、城市优化的生态理念。重点构造山区、平原和绿化隔离地区"三道"绿色屏障，加快形成以山区、风沙流入口建设为重点的生态保障型防护林群，以河流、农田林网为脉络网状分布，以自然保护区、森林公园、废弃矿山为斑块，城区绿化有力辅助的总体布局。

三、构建网状生态绿道，实施平原绿色空间优化计划

绿道是一种线形绿色开敞空间，通常沿着道路、河滨、溪谷、山脊、风景道路等自然和人工廊道建立，内设可供行人和骑车者进入的景观游憩线路，连接主要的公园、自然保护区、风景名胜区、历史古迹和城乡居民居住区等，具有保护生态、改善民生和发展经济等多种功能（李开然，2010）。根据研究，绿道的宽度、绿道的植被覆盖程度以及临近区域的土地利用状况等直接影响着对变化敏感的种群分布情况。绿道也具有很高的环境价值。相关研究表明，对炼油厂周围绿道3年的观察研究表明，绿道吸收空气中的粉尘率达到63%，噪声降低率达到67%。在社会学和文化景观方面，绿道能缓解人们的精神压力，并能充分展现一个地区的文化历史，增加相关设施的经济使用价值，带来周边邻近地区房产价值，同时，还能产生巨大的社会效益。在娱乐功能方面，能为周围地区市民提供良好的步行、骑自行车锻炼的活动空间与场所。

北京在绿道建设方面取得了一定成绩，但还存在规划滞后、数量不足、贯通性差、游憩性弱、可达性不强等问题。构建网状生态大绿道，实施平原绿色空间优化，不仅能够保护公路、铁路、河渠、堤坝，改善沿线生态环境，全面推进城乡绿化美化向纵深发展，而且能够促进沿线地区的产业结构调整，改善和优化沿线地区社会经济环境，加强社会主义物质文明和精神文明建设，对于促进首都经济社会可持续发展，实现山川秀美、生态良好的目标具有重要意义。建设目标是通过线形绿道将森林公园、自然保护区、湿地保护区、风景名胜区与城市公园休闲绿地、郊野公园、历史名园、人文历史遗迹等有机串联起来，形成连续而完整的贯穿城乡的森林绿道网络体系。主要任务是完成由绿化隔离带、绿色通道、滨河绿廊和平原农田防护林网组成的绿道网建设。

（一）推进绿化隔离带建设，实现提质增效目标

为落实《北京城市总体规划》，维护城市分散集团式布局，改善城市生态环境，早在2000年、2003年北京市委、市政府就分别做出了加快实施第一道和第二道绿化隔离地区绿化建设的重大决策，并取得了明显成效。今后绿化隔离带建设的目标和重点是：推进绿化隔离地区绿化建设提质增效，实现城市绿化隔离地区绿化建设水平的全面完善提高。主要任务是推进一道绿化隔离带郊野公园环建设、实施二道绿化隔离带改造提升计划、推进楔形绿地建设，加强中心城、新城和小城镇等各级绿地系统的有机联系。

1. 推进一道绿化隔离带建设，完善城市公园环格局

第一道绿化隔离地区建设即城市绿化隔离地区，是按照国务院批复的《北京城市总体规划》中确定的市区"分散集团式"布局要求，在中心区和边缘集团之间、各边缘集团（主要是四环、五环之间）之间营建成片的绿化隔离带，避免城市"摊大饼式"的发展，并为城市提供良好的生态环境和游憩场所。第一道绿化隔离带涉及朝阳、海淀、丰台、石景山、昌平、大兴 6 个区，26 个乡镇的 177 个行政村和 3 个国有农场。规划面积 241 km²，规划绿地面积 125 km²，市政府批准新纳入地区规划绿地面积 31 km²，总计规划绿地面积 156 km²。自 1986 年开始启动北京市第一道绿化隔离地区建设以来，经过各级政府和广大干部群众的不懈努力，各项建设取得了重大成就，为改善首都生态环境和推进农村城市化进程做出了历史性的贡献。在今后的发展中：

一是要明确郊野公园的功能定位。剖析各郊野公园所处的区域位置、公园类型、功能性质和服务人群，进行分类定性。对于位于规划市区范围内，需要更多承载人文休闲、健身体验、科普宣教、舒适消费功能的公园，建成后注册为城市公园，纳入城市公园管理体系，并根据城市公园养护管理办法，核定公园管理等级，确定养护标准，明确管理职责，实行公园行业专业化管理。对于位置偏远、郊野特征明显的公园，确定为郊野公园，出台相应标准进行养护管理。

二是要实现规划建绿和依法治绿。按照北京市委、市政府的安排部署，一道绿化隔离地区要依法加快推进未实现规划绿地上旧村和企业的拆迁、搬迁工作，全力腾退土地，实施绿化建设。在条件成熟的地区，积极试点探索整建制征地转居，并参照北京市整建制农转居人员参加社会保险相关办法对转非人员进行安置，加快推进绿化隔离地区地区城市化进程。建立严格的绿线管理制度，完善钉桩确界工作。进一步加大对郊野公园建设、养护、维护等环节的公共财政投入，健全管理体制，合理确定基础设施建设标准，鼓励企事业单位、社会团体和个人参与建设，逐步形成多元化的投融资机制。

三是进一步优化结构，提高绿地质量。按照"绿地为体、公园为形、自然为魂、市民为本"的建设理念，加快推进城市绿化隔离地区"郊野公园环"建设，实现第一道绿色隔离地区成果巩固，功能提升，多种效益充分发挥，营造中心城区周边快速发展区域（城乡结合部）人与自然和谐的局面，构建"整体成环、分段成片"的"链状集群式"结构，最终形成"一环、六区、百园"的公园环格局，力争把绿化隔离地区建设成为具有休闲游憩功能的景观绿化带和生态保护带，形成区域特色明显、本土气息浓厚、功能类型多样的公园绿地体系。

2. 实施二道绿化隔离带改造提升，提高绿色空间质量

为全面推进首都现代化建设，统筹城乡经济社会发展，落实《北京城市总体规划》，维护城市分散集团式布局，有效地防止城市建设用地无限制地向外扩展以及农村建设用地向市区蔓延，改善城市生态环境，加速郊区城市化进程，发展首都经济，富裕农民，2003年市委、市政府在广泛调查研究的基础上，作出了加快第二道绿化隔离地区绿化建设的重大决策。北京市第二道绿化隔离地区范围，为第一道绿化隔离地区及边缘集团外界至六环路外侧1000m，涉及朝阳、海淀、丰台、石景山、门头沟、房山、通州、顺义、大兴、昌平等10个区的49个乡镇和10个农场，包括通州、亦庄、黄村、良乡、长辛店、沙河6个卫星城及空港城，规划总面积1650km²。规划范围大部分是农村地区，规划范围内有200万人口，其中，农业人口93万人。主要目标是实现"绿化达标、生态良好、产业优化、农民增收，形成'两环、九片、五组团'格局，使第二道绿化隔离地区建设成全市的重要生态区、绿色产业区和旅游休闲区"。

一是要实施绿地提升改造计划，提高绿色空间质量。在广泛开展调查研究的基础上，科学编制林木绿地提升改造规划方案，参照第一道绿化隔离地区制定相应政策，适当提高一次性建设、占地补偿和养护补助标准，对具备一定条件的林木绿地启动实施郊野公园建设项目，建设集生态、旅游观光、休闲游憩、文化教育于一体的公园绿地，充分发挥林木绿地的多种功能和效益，服务于城镇建设、经济社会发展，满足市民需求。

二是加强绿地监管力度，推进依法治绿。贯彻执行《北京市绿化条例》，推进绿化隔离地区依法治绿，科学发展。建立健全绿地养护管理责任制，进一步完善机制，明确职责，加强绿地养护管理，定期开展绿地养护管理检查，依法查处私搭乱建、堆物堆料、违章建设等毁坏、侵占绿地的行为，确保绿地不被侵占。建立严格的绿线管理制度，尽快开展绿线勘界、确界工作，明确绿化具体地块，并向社会公布。

3. 努力推进楔形绿地建设，构建城市生态景观安全新格局

楔形绿地是指从城市外围嵌入城市中心区的绿地，是连接城市与郊野的自然通道，因反映在城市平面图上呈楔形而得名。楔形绿地属于绿道的一种类型，对改善城市与区域生态环境、保护城市生物多样性、拓展城市游憩空间、维护城市安全、防止城市过度扩张具有重要作用。

北京楔形绿地是城市中心区与郊区气流交换的重要载体，是第二道绿化隔离地区与第一道绿化隔离地区公园环之间的纽带。它是由城市中心区东南、西南、西北、北、东北方向的绿化隔离地区，生态景观绿地及河道、放射路两侧绿化带等组成，形成真正的沟通中心城与郊区的绿色通风走廊，楔入城市中心区(二环路)，将北京城市中心区与西北、北、东北方向的绿色屏障，东南方向的渤海湾，西南方向的永定河谷有机联系，有效地改善城市生态环境。

楔形绿地建设的主要任务是全面完成10条楔形绿地控制性详细规划，加快完成中心城楔形绿地的规划审批，将楔形绿地建设纳入北京市经济社会发展"十二五"规划，统筹协调，持续投入，完善北京城市生态景观安全格局。积极推动小月河、北苑、来广营等10条城市楔形绿地建设，努力打通城市生态廊道。

(二)构建城市绿道网络,满足市民休闲游憩需求

近年来,北京按照建设特色园林景观大街的总体部署,道路绿化建设以每年近百条道路绿化建设进程逐步推进。同时,结合首都机场南线、机场第二通道、京包高速、京平高速、京津第二通道、京津城际铁路等多条高速公路(铁路),对高速路两侧道路绿化进行了完善提高。2007年又对五环路内京广、京九、京包、京山、京秦、京承及城铁八通线、城铁十三号线等铁路、城铁线路,两侧30m范围内共计120余 hm² 绿地进行了建设;2008~2009年东北二环机场高速联络线绿地、通惠河庆丰公园绿地分别完成 11.4hm²,26.7hm² 绿化建设面积,使北京市城市核心区域(二环)的楔形绿地建设有了突破性进展。这些放射状绿化带,将市中心区与城近郊区、新城进行了有机连接,成为北京城市与山区的绿色生态走廊。

今后,北京市的绿色通道建设要根据道路级别、宽度、环境条件等合理确定道路两侧绿带宽度。重点任务是建设好数条观光大道,打造生态景观带,提升城市绿色通道的网络功能,完善城市步道网络,形成以道路为轴线,两侧绿地景观交错布局,融交通、廊道、观光于一体的绿色通道景观格局。

1. 高标准绿化新建道路,打造生态景观林带

着力在新建国道主干线、国道、市道和铁路、新城联络线等主要道路两侧建设一批以乔木为主,乔灌草结合,富于景色变换的绿色通道。对即将建成的京台等5条高速路、亦庄等6条轨道交通线以及京沪等5条高速铁路实施绿化,绿化总长度420km、规划面积3.5万亩。工程建设从实际出发,科学规划,合理布局,注重植被层次变化,突出景观效果,营造园林景观,达到"绿不断线、景不断链、四季常绿、景观自然"的效果。

2. 升级改造骨干道路,健全城市景观体系

加快提升改造京张、京石、京开、京津唐、京沈、京包、大秦铁路、京九铁路等主要公路、铁路沿线的生态景观带。对已建"五河十路"、市级以上重点公路道路进行升级改造,规划长度520km、面积6.5万亩,提升平原绿化网络骨架的整体水平。

3. 构建可达性森林健康景观绿道,完善城市绿道网络

针对城市绿地景观破碎化程度高、公园斑块趋于细碎的现状,按照景观廊道构建的要求,规划和建设城市社区的非机动车绿色通道,完善城市的生态健康游憩体系,用道路附属绿地和带状绿地串联公园绿地,各级各类公园通过步行道路与绿地组成的廊道相连接,成为一个完善的绿廊覆盖的步行系统,在提高景观连接度的同时,更好的服务城乡居民,使其游憩功能可以避免机动交通干扰,做到游憩性、安全性、观赏性并重。

建设理念是:走进森林,走出健康。通过建设以林荫路为主,连接主要社区

与各类郊野公园、森林公园、湿地公园等休闲景区，提供居民骑车、步行进入生态游憩区的绿道网络，使居民更加方便走入森林，享受自然，也通过行走锻炼获得身心健康。

建设目标是：方便市民进入公园林地，提升绿道沿线景观价值，努力把绿道网建成绿色生态道、景观游憩道和增收致富道。

建设原则是：按照"动脉贯通、多线辐射、点线联结"的格局，依托重点道路绿色通道、都市游憩景观道、河流水系生态廊道建设，优化城市现有林木绿地斑块布局，改造提升行人、自行车、机动车及生物迁徙道的绿化带，通过线形绿地将城市公园绿地、人文历史遗迹与全市 24 处森林公园、20 处自然保护区、6 处湿地保护区、27 处风景名胜区有机串联起来，将河岸山水、森林幽径、名胜古迹、田园风光、农家风情融为一体，与改善生态、促进发展、农民增收紧密结合，构建以"两环、八射"为骨架，独立于城市机动交通网络，链接拓展区、发展新区、生态涵养区三大城市功能区，覆盖城乡的森林健康绿道网络。该绿道是以乔木为主的林荫道，主要供远足旅行的步行、自行车骑行于林中，步道宽度2m 以上，自行车道宽度在 3m 以上。

建设重点是：

（1）环城健康绿道建设：五环路、六环路沿线的森林绿带，萦系着中心城外围的 14 处楔形绿地和 100 个郊野公园，是北京城区重要的生态屏障，也是居民休闲游憩的主要地带。在现有林带建设的基础上，在林内规划建设人行步道和自行车道，增加游憩设施，满足城市居民健身游憩需求。

（2）城乡贯通性健康绿道建设：依托具有较好绿化基础，沿线景观资源丰富，贯通城乡的主干道、河流，构建连接中心城区和近郊、远郊区的 8 条贯通性健康绿道，包括：城区—昌平—延庆、城区—昌平—怀柔、城区—顺义—密云、城区—顺义—平谷、城区—通州、城区—大兴、城区—房山和城区—门头沟。

（三）加快河滨廊道建设，提高城市绿色增长能力

滨河廊道是城市的生态绿廊，具有很高的社会、生态和休闲功能。滨水绿地建设大多利用河、湖、海等水系沿岸用地，形成城市的滨水廊道，可以明显改善城市环境，提高城市绿色增长能力。北京要充分利用城市河湖水系，提高沿线土地资源利用效率，提升河湖水系生态治理效果，升级改造滨水绿化景观，建设滨水林带，以此弥补城市自然廊道空间的不足，增强城市绿地系统、水系统的稳定性。

1. 自然河岸保护与景观提升

对于现有自然面貌保持完好，流域森林覆盖率高、森林资源在河岸两侧分布合理，森林生长和健康状况良好，滨水植物群落稳定的河流，结合近期发展规划和土地利用情况以及周边的居民日常活动行为制定保护措施，并结合一定的游憩

开发，采用适当的森林管理方式，增强生态价值，增加观赏价值。

2. 渠化河岸自然生态功能恢复

渠化河岸自然生态功能恢复：加强渠岸防护林建设，提高景观效果和防护功能；有条件和可能改造为自然驳岸的河道应尽量改两岸水泥护岸为自然滨水面貌，培育森林，恢复自然滨水植物群落。

3. 郊区河岸的绿化美化

郊区河岸作为水陆交接带是多种水生和陆生动植物的优良栖息地具有丰富的物种资源，对于保持滨水物种多样性，保证生物过程的顺利迁徙进行、维持流域水源和生态系统的能量循环物质流动平衡具有关键的作用，应该加大绿化强度，维持流域一定的森林覆盖率和带状沿河森林的宽度。同时，不以视觉观赏为首要目的，避免冗余的人工护岸，尽量自然选择乡土树种，保持河岸自然的水生植物、灌木、乔木多层次稳定的自然结构。在郊区流域两侧沿河一定宽度的自然驳岸消落带外可以进行经济林的种植，局部还可以发展一定的林下经济，开发一定的森林观光、森林人家等游憩体验项目。

4. 提高都市水源林培育水平，实现"林涵水，水养林"

针对密云水库来水量不断减少和经济林施用化肥与农药造成的污染问题，以节水、净水为主要目标，借鉴欧美的发达国家对城市水源区森林资源保护与经营的技术模式，促进库区水源林功能提升，提高水源涵养效益和水源质量。充分发挥森林涵水、净水、节水功能，建设"林水相依、林水相连，依水建林、以林涵水"的都市水源林，为城市提供充足、安全的水源供给。

(1)农林复合流域水源涵养林综合管理。针对库区内人工针阔叶林及板栗等经济林，通过林分结构模式和管理技术，以满足水源保护和兼顾当地经济发展要求为目标，进行小流域森林植被空间布局优化，减少该区域的面源污染。

(2)低效与人工水源涵养林功能提升。针对不同立地条件下的低效水源涵养林以及大面积的人工水源林，通过调整树种、林分密度等更新改造措施优化水源林结构，提高水源涵养功能。

(3)库周消落带植被恢复。密云水库水位变化形成的约10万亩库周消落带，长期以来是农田的游击区，直接影响水库的水质、水量和安全。"十二五"期间，通过实施库周消落带植被恢复工程，形成自然稳定的滨水植被带，有助于进一步提高库周植被的自净功能和水库生态系统的稳定。

(四)加快农田林网改造，提高综合生态防护功能

农田林网是防风固沙、调节农田小气候的主体，也是平原农区主要的绿地景观类型，对阻滞风沙、改善景观、保障农作物稳产丰产，增加农民收入起到不可替代的作用，还是城镇居民休闲、观光的场所之一。目前北京农田林网存在的主要问题包括：一是林网设计不合理，林带结构单调，树种单一；二是栽后管护跟不上，林木生长差，残网断带状况严重，防护功能下降，亟待更新改造。因此，加强平原农田林网建设是实现北京社会经济稳定、健康和可持续发展的需要。

1. 大力建设生态经济型防护林网，显著提高社会效益

农田林网建设要结合农村产业结构调整和满足农民致富需求，发展以生态防护、观光农业和连结景点为主要目的的生态经济型防护林林网。建设重点是发展一批特色林果园、观光农田、花卉生产基地、苗木繁育基地以及若干观光、休闲旅游景点，在林带交叉处构建若干片状森林绿地等。

2. 着力开展农田林网更新改造，明显提高生态功能

农田林网更新改造的重点是消灭残次劣质林带、低劣树种品种，对林带结构单调、树种单一、林木生长差、残网断带状况严重、防护功能下降的 20 万亩农田林网实施更新改造，实现林网化率 100%，残次、成过熟林网更新率 80% 以上，形成带、网、片、点相结合的合理布局，并集防护、景观等功能于一体的高效农林复合生态系统。片林更新改造方面，以低产片林改造为"点"，以农田林网改造为"线"，以防护林建设为"面"，结合其他工程措施，着力改造道路绿化、营造沟河林带、建设农田林网、美化城镇村庄四位一体。

其他防护林更新改造方面，为了提高防护林的生态效益和景观效果，开展水源保护林、水土保持防护林等防护林建设工程。同时要注重调整树种结构、防止水土流失、控制病虫害、实现森林防火标本兼治。

四、维护城市生态平衡，实施生物多样性保护计划

生物多样性（biodiversity）是生物及其环境形成的生态复合体以及与此相关的各种生态过程的总和，其内容包括自然界各种动物、植物、微生物和它们所拥有的基因以及它们与生存环境形成的复杂的生态系统。一般认为，生物多样性包括了 3 个主要层次：遗传多样性、物种多样性和生态系统多样性。由于人类活动的加剧对其他生物产生的不良影响，目前全球的生物多样性正在以惊人的速度衰减。自 1600 年以来已经有 83 种哺乳动物和 113 种鸟绝灭了，占哺乳动物的 2.1% 和鸟类的 1.3%。据哈佛大学的生物学家估计，由于热带雨林破坏，造成最少每年有 5 万种无脊椎动物，每天几乎有 140 种灭绝。由于毁林，每年至少有 1 种鸟和哺乳动物或植物被灭绝。

我国是世界上生物多样性最为丰富的 12 个国家之一，拥有森林、灌丛、草甸、草原、荒漠、湿地等地球陆地生态系统，以及黄海、东海、南海、黑潮流域大海洋生态系；拥有高等植物 34984 种，居世界第三位；脊椎动物 6445 种，占世界总种数的 13.7%；已查明真菌种类 1 万多种，占世界总种数的 14%。作为人口最多的发展中国家和农业大国，中国比其他国家更依赖于生物多样性。但是中国的生物多样性过去经受的破坏和当前面临的威胁是非常严重的。61% 的原生生境丧失，40% 的生态系统已严重退化，15% ～20% 的物种处于濒危状态，造成

了森林破坏、土地荒漠化、水资源枯竭、旱涝灾害频繁等一系列环境问题，对生物多样性产生严重的不利影响（陈灵芝，1993）。保护生物多样性，维护生态平衡已经成为国际社会关注的重要议题。联合国确定 2010 年为国际生物多样性年，目的是推进全球生物多样性保护，促进可持续发展。国际生物多样性年的主题是"生物多样性是生命，生物多样性就是我们的生命"。这个主题深刻地诠释了人类与生物多样性的关系和深远意义：珍惜和保护生物多样性，就是爱护我们自己。2010 年，《中国生物多样性保护战略与行动计划》（2011～2030 年）已经国务院常务会议第 126 次会议审议通过，为我国今后保护生物多样性提供了蓝图。

北京是全球生物多样性最丰富的首都城市之一。北京的生物多样性是维系首都生态安全的重要保障，其涵养水源、保持水土、净化空气、固碳释氧等一系列生态价值，是维持首都市民健康生活环境的基本要素。但是，随着北京城市化速度快速推进，生物多样性保护任重道远。人类活动的影响使生物多样性及其栖息地受到威胁，生态系统承受的压力增加。环境污染对水生和河岸生物多样性及物种栖息地造成负面影响。同时，生物多样性保护法律和政策体系尚不完善，生物物种资源家底不是十分清楚，调查和编目任务繁重，生物多样性监测和预警体系尚未建立，生物多样性保护投入不足等原因，导致部分生态系统功能退化，物种濒危程度加剧，遗传资源丧失和流失的风险增加（陈昌笃、林文棋，2006）。因此，有必要利用保护生物学的知识，实施生物多样性保护计划。目标是构建完整的生态保护网络，维护和提高物种、种群和生态系统的多样性。重点任务是结合岛屿生物地理学、集合种群生态学、种群生存力分析、缓冲区和廊道理论等，加强北京市的湿地保护和恢复、自然保护区建设与管理、野生动植物保护等工作。

（一）加强湿地保护恢复，重现古都灵秀水韵

湿地是地球上具有多种独特功能的生态系统，它不仅为人类提供大量食物、原料和水资源，而且在维持生态平衡、保持生物多样性和珍稀物种资源以及涵养水源、蓄洪防旱、降解污染调节气候、补充地下水、控制土壤侵蚀等方面均起到重要作用，享有"地球之肾"的美誉。目前，北京的湿地共有 3 类（河流湿地、沼泽湿地、人工湿地）7 型（永久性河流、季节性河流、草本沼泽、库塘、运河输水河、水产养殖场、稻田/冬水田），总面积 48071.6hm²（不包括 2008 年北京市水稻田面积 444.3hm²），占全市总面积的 2.93%。低于全国占国土面积 3.77%、世界湿地 6.0% 的比重（连友钦、宋兆民、周润海，2010）。由于气候连续干旱、人口持续增长、城市建设的迅速发展，以及人们生产生活对湿地资源的过度需求，北京的湿地目前依然面临退化和减少的威胁，导致湿地的生物多样性保护、涵养水源、储蓄洪水等生态功能逐渐下降。为了维护首都的生态安全，提升湿地生态功能，急需保护和修复重点历史河湖湿地，加强人工湿地和湿地自然保护区建设，形成大小结合、块状和带状结合，山区和平原结合的复合湿地生态系统，力

争到 2020 年，使北京湿地数量和功能下降的趋势将得到根本扭转，使全市重点湿地区域得到合理保护，全面提高湿地的保护、管理和合理利用能力，以良好环境带动周边经济社会发展。

1. 制定和实施湿地保护与发展总体规划

从 2001 年起，北京市陆续出台了《北京市湿地保护行动计划》(2001)、《北京市湿地保护工程规划(2001～2010 年)》、《关于加强北京市湿地保护管理工作的通知》、《北京市湿地保护工程实施规划(2007～2010 年)》等湿地保护行动计划和湿地保护工程规划，对指导北京市湿地保护和发展起到了重要作用。但这些行动计划和工程实施规划仅仅限制在某个区域或某块湿地，而没有对北京市湿地进行整体规划，难以起到综合指导作用。因此，制定和实施湿地保护与发展总体规划十分必要。参考《北京城市总体规划(2004～2020 年)》中关于"生态环境建设与保护"的内容，以北京市湿地分布、生物多样性、自然资源现状及生态环境特征为基础，确定北京市湿地保护发展的"三区一带多点"总体分布格局。"三区"为生态保育湿地区、水源保护湿地区和城市景观湿地区。其中生态保育湿地区位于延庆县北部和怀柔区南部，包括官厅水库、妫河流域、白河流域、汤河流域等的库塘和河流湿地。水源保护湿地区位于密云县、怀柔区南部和顺义区，包括密云水库、潮河、怀柔水库、怀沙河、怀九河、潮白河等库塘和河流湿地。城市景观湿地区包括海淀区、朝阳区、石景山区、东城区、西城区、丰台区内的景观河道和人工湖泊，主要为市民提供景观欣赏和休闲娱乐的场所。"一带"为滨河公园湿地带。滨河公园湿地带包括门头沟区、昌平区、通州区的主要河流湿地，主要由永定河、南沙河、北沙河、温榆河、北运河等水系构成。"多点"则是位于"三区一带"之外的重要湿地区域，这些湿地分布比较零散，但在湿地生态系统、湿地珍稀水鸟、濒危植物和湿地景观等方面具有很高的保护价值，主要包括顺义区、房山区、平谷区和昌平区境内的湿地。

2. 加强湿地保护与恢复体系建设，提升湿地整体功能

一是努力完善湿地自然保护区体系建设。①完善和升级湿地自然保护区体系建设。目前，北京市尚没有国家级湿地自然保护区，市级湿地自然保护区数量也有限，迫切需要进一步完善和提高具有代表性的现有湿地自然保护区保护管理水平，全面加强自然保护区保护设施和保护能力建设，努力保护湿地的自然特性和生态特征，使其具备晋升成国家级和市级湿地自然保护区的条件，从而发挥湿地自然保护区的示范带领作用。②新建湿地自然保护区。在已经形成了典型的永久性河流生态系统，能够为多种珍稀水禽提供栖息地，或者作为重要饮用水水源地以及具有重要的保护和科研价值的湿地区域新建保护区，例如可规划新建北京市永定河湿地自然保护区和北京市潮河湿地自然保护区。③因地制宜建立湿地自然保护小区。对于湿地自然保护区、湿地公园以外的一些面积较小，但有典型性和代表性的湿地，要因地制宜划定和建设湿地保护小区，保护并逐渐恢复提升湿地功能。例如可在上庄水库、北沙河中上游、南口沟谷湿地、潮白河俸伯桥、河南闸区域、怀柔汤河中上游、金海湖西滩湿地、龙庆峡水库上游入水口和妫河小面积典型湿地建立湿地自然保护小区。

二是积极推进湿地公园建设。湿地公园是湿地保护体系的重要组成部分，是适宜湿地保护管理实际情况的一项策略措施。按照相关要求和规范，统筹规划，加强指导，选择适宜的地点或区域，开展湿地公园建设。根据北京市的实际情况，在现有湿地公园基础上，在永定河、北运河、潮白河流域新建湿地公园20处，重点推进野鸭湖、汉石桥、翠湖、长沟等湿地公园和自然保护区建设。湿地公园的建设任务是加强干流水资源的管理及中游地区的湿地保护，对所有水库进行改造，使死水变活，水质提高，水库之水得到利用。加强全市河流疏道清淤，疏通河道，清理淤积，净化水源；利用南水北调工程尝试性地开展湿地恢复的示范，在一些典型和重要的湿地区域优先安排保护、治理和恢复示范项目，进行重点建设。

三是着力实施退化湿地恢复工程。在资源调查和研究的基础上，对全市湿地资源萎缩、功能减弱及其成因进行全面分析与评估，揭示各类湿地退化及其逆转的过程与机理，并对各类退化湿地有计划地开展恢复示范工程。积极实施退耕还林(湖、泽、滩、草)工程，有计划地恢复天然湿地面积，改善湿地生态环境状况，恢复湿地生态系统功能。对富营养化程度严重的湖泊湿地、泥沙淤积严重的水库湿地进行治理和恢复，通过湿地植被的重建和恢复，改善湿地的生态环境。

四是大力实施退化湿地补水工程。由于北京生态条件脆弱，降水总量不充足，湿地对气候变化非常敏感。修坝、筑堤、分洪和抽取地下水等活动，改变了湿地水位的正常波动过程、淹水频率和淹水周期等湿地水文状况，阻断了河流与湿地的水分补给，导致湿地缺水性退化。因此，生态补水成为退化湿地恢复的一项重要内容。例如北京市可以利用再生水厂的水作为部分湿地公园、小型河流的生态环境用水，以便维护和提高湿地的生态功能。

3. 强化湿地保护与恢复的能力建设，持续发挥湿地功能

一是大力推进基础设施建设。目前，北京湿地自然保护区的基础设施投入严重不足，影响了湿地保护与恢复工作的正常运转。根据目前湿地自然保护区建设实际情况，参照《自然保护区工程项目建设标准》《国家湿地公园总体规划导则》和《湿地恢复工程项目建设标准》，北京市湿地自然保护区基础设施建设的主要内容包括保护设施、区界设施、道路设施、水电设施、办公设施、交通设施、科研设施、通讯设施、防火设施和回收设施等。

二是加强湿地周边生态环境建设。由于湿地生态系统的特殊性，容易受到周边生态环境的干扰，从而对生态系统的结构和功能产生负面影响。为了使不同类型的湿地免受点源和面源污染，需要在河岸滩涂两侧建立缓冲草带，建设水源涵养林。同时，加强湿地的社区共管机制十分必要，一方面可使社区积极参与湿地

资源的共同管理，缓和与社区的关系，调动社区居民保护湿地的积极性，实现湿地保护与社区经济的协调与可持续发展。

三是推进管理体系建设。明确各部门以及各级人民政府在湿地保护和合理利用方面的管理职权和责任。健全法律法规体系，加快立法进程，加强湿地执法和监督体系。健全湿地保护区（站）等管理机构，完善管理制度，将保护湿地和治理城市内流河水污染结合起来，规范工业生产及废水、废气排放。坚持湿地保护管理联席会议制度，明确各部门的责任。把湿地保护列入各级部门的重要议事日程，在政策、任务、措施、和资金投入等方面予以保障，确保湿地保护与管理的资金投入。

四是科研监测体系建设。建立湿地科研组织，或与大专院校合作，进一步加强湿地调查、监测、保护、恢复等的科学研究和科技支撑工作，对北京湿地类型、特征、功能、价值、动态变化及其演变规律进行深入研究。加强湿地监测站点建设，建立湿地资源数据库和湿地监测网络。定期提供动态监测数据，全面掌握全市重要湿地的动态变化。

五是宣传教育体系建设。加强宣传，提高广大人民对湿地的认识，增强全民保护意识。让人们了解湿地保护的意义，了解湿地的各种功能与效益，认识到保护湿地与人类自身生存、发展的关系。增强全社会保护湿地的责任感和使命感，增强社会公众积极参与湿地保护的意识。

4. 开展湿地生态补偿试点工作

为保护湿地的生态功能，限制和规范生活在湿地区域或周边人们的生产生活方式，必然使其收入和生活水平受到一定影响，或者需要采取湿地生态移民方式推进湿地保护和恢复。因此需要建立湿地生态补偿制度，通过政策给予一定支持和补偿，并对其生产、生活做出妥善安排。

（二）加强自然保护区建设，促进生物和谐栖息

北京市复杂多样的地形地貌和植被类型孕育了丰富的动植物物种资源，是世界上物种多样性最丰富的大都市之一。自然保护区是生物多样性就地保护的主要形式和重要措施。实践表明，建立自然保护区是自然保护最直接、最有效的手段之一。自然保护区不仅是生物多样性保护的重要基地，是开展自然科学研究和环境教育培训的主要平台，还是拥有重要生态服务功能和社会经济功能的载体，是维护首都国土生态安全的主战场（邢韶华等，2009）。今后要进一步提高自然保护区基础设施、有效管理能力和水平，改善社会经济条件，提高自然保护区的生态服务功能和科学研究示范区建设，努力构建由国家级、市级、区县级自然保护区和各类保护小区组成的布局合理、覆盖全面的自然保护区体系。

1. 统筹实施和完善自然保护区规划，提升整体保护能力

北京市自然保护区自 1985 年以来，经过 25 年的建设，形成了一定的规模，

但是始终缺乏一个系统的、科学的总体规划。导致北京市自然保护区的建设管理工作缺乏重点，投资建设存在盲目和不均衡性，阻碍了北京市自然保护区整体建设水平的提高。这十分不利于自然保护区主管部门的有效管理，更不利于北京市自然保护区的科学发展。针对北京市自然保护区建设现状和社会、经济条件，为了进一步加强自然保护区的建设和管理，更好地发挥自然保护区的多种功能，明确今后一段时期内全市林业系统自然保护区建设和管理的目标任务、工作思路和工作重点，需要从以下几方面规划自然保护区体系：①新建、扩建和晋级一批自然保护区；②在人口密集，具有保护价值而被分割成面积较小的区域，建立自然保护小区；③分层次和重点规划建设关键自然保护区、重要保护区和一般保护区；④在保护对象相近、生态功能相似且距离较近的自然保护区之间，利用保护区之间的自然植被或人工植被创建生物廊道，为野生动植物的迁徙和扩散提供通道，提高自然保护区间的联通性和整体保护能力。

2. 确定生物多样性保护关键地区，优化自然保护区重点区域布局

一是确定生物多样性保护关键地区。从保护的效率上考虑，保护行动应有明确的目标或重点的对象（地区或类群等）。确定生物多样性保护关键地区对于生物多样性保护策略的制订包括自然保护区的合理布局等具有重要的参考价值。在继续完善生物多样性资源本底调查、编目的基础上，分析物种受威胁程度和优先保护级别，同时根据特有种分布情况，合理确定生物多样性保护关键地区。

二是合理优化自然保护区重点区域布局。自 2011～2030 年，通过 20 年的建设和发展，根据北京市地形地貌、野生动植物分布、河流水库的分布等自然资源现状及生态环境特点，将北京市林业系统自然保护区发展定位为重点建设"三区两带多点"的重点区域分布格局。"三区"为京西南自然保护区域、京西北自然保护区域、京东北自然保护区域；"两带"为连接京西北自然保护区域和京西南自然保护区域以及京西北自然保护区域和京东保护区区域之间的东、西两条生物走廊带，其中东部走廊带位于密云县东北部，西部走廊带位于太行山系和燕山交界处；"多点"为喇叭沟门自然保护区、四座楼自然保护区、汉石桥自然保护区和上方山自然保护区。"三区两带多点"的重点区域分布格局形成后，自然保护区在市域范围内布局将更加合理，能够涵盖北京市 95% 的生物多样性关键地区，能够保护北京 85% 的野生动物种群、90% 的野生植物种群，保护北京市 90% 陆地生态系统类型。

3. 开展自然保护区规范化建设，提高有效管理能力

一是制定管理计划，提高管理效率。保护自然资源、生态环境、生物多样性的一项重要措施是建立自然保护区。然而，建立自然保护区仅仅是保护资源和环境的第一步，采取何种模式、如何有效地管理好保护区，则是摆在我们面前的一个更加重要的问题。开展全市自然保护区管理现状调查，建立自然保护区遥感监测体系和管理信息系统，并制定相应管理计划是提高有效管理的重要措施；研究和评估不同管理模式自然保护区的管理基础、管理机制和管理行为对管理成效的影响，将相关结果反馈给自然保护区决策者、管理人员和技术人员，优化管理模式，提高管理效率；切实开展各种培训活动，提高管理人员的管理能力和业务水平。

二是加强基础设施和能力建设，切实加强自然保护区管理。完善现有国家级自然保护区以及规划中将成为国家级自然保护区的基础设施建设，健全管理机构，完善各种规章制度，较大程度地提高自然保护区的管理、宣教和合理利用能力，使其成为北京市的示范自然保护区。最终达到北京市所有级别自然保护区，包括自然保护小区均有明确的区域和专职人员管理，使保护区的基础设施、管理能力和管理水平达到国际先进、国内领先水平，将北京建成生物多样性保护最成功的国际大都市的典范。

三是探索社区共管模式，促进社区和谐发展。社区共管也称为"共同管理"、"协作管理"等，是一种程度较高的社区参与，被认为是保护区与社区和谐发展的一种全新的管理模式。在确保自然保护区保护功能的前提下，调查北京市社区共管机构的设置及共管活动的开展状况；研究和建立保护区与周边社区的伙伴关系及共管机制，提出促进保护区周边社区经济社会发展的措施，并开展自然保护区周边地区社区发展示范工程。

4. 开展自然保护区生态补偿试点，推进体制机制改革

构建生态补偿机制是目前改善生态环境质量，协调环境保护与经济发展矛盾的重要手段。自然保护区的建立和发展必然影响地区和区域的社会、经济和环境状况，甚至需要生态移民。运用生态系统服务功能价值理论、市场理论和半市场理论，开展自然保护区生态补偿试点是自然保护区自身发展的需要，是维护公平与社会和谐的重要举措。

一是探索自然保护区差异化补偿模式。由于自然保护区在类型、级别、管理模式和综合成效方面存在差异，因此需要探索不同建设时段、不同类型和级别自然保护区的补偿模式，尤其需要制定不同生态补偿模式的补偿标准、资金来源和补偿方法。从形式上看，生态补偿方式可以是资金补偿，也可以是政策优惠、税收减免、生态产品认证等方式。补偿资金的来源可考虑4种方式：①国际组织和非政府组织对具有国际重要意义的保护区的支持；②依靠社会力量筹措资金，建立自然保护区生态补偿专项基金；③国家财政转移支付；④以项目形式补偿，如天然林保护工程和退耕还林还草工程等。

二是优化自然保护区生态补偿的管理体制和机制。针对北京市自然保护区在管理体制和机制方面存在的问题，建立以生态区域为主体的多方协调管理体制，推进和完善权力制约机制、民主管理机制和监督管理机制。建立以生态保护为核心资金使用机制，提高资金使用率，加强保护区后期建设和管理。建立以生态政绩观为核心的考核机制，切实协调和平衡保护与开发之间的矛盾。

三是适度增强自然保护区的自我补偿能力。自然保护区不仅具有保护生物多样性的功能，同时还具有宣传教育和愉悦身心的功能。为了增强自然保护区的自身造血功能，需要充分利用首都得天独厚的地缘优势和窗口展示作用，在不破坏生态保护功能的前提下，适度开展自然保护区生态旅游。通过旅游业和相关产业的开发，给当地居民创造就业机会，缓解自然保护区和周边居民与当地政府的关系，从而带动地方经济发展和提高当地居民的生活水平。

（三）加强野生动植物保护，维护城市生物安全

野生动植物保护是生物多样性保护的核心保护对象，对于维持生态系统平衡，提供生态服务功能和社会经济功能具有重要作用。大力加强野生动植物种植资源迁地保护、珍稀濒危物种的抢救性保护，加强应急监管体系、完善监测预警体系和数据平台建设是野生动植物保护的重点任务。

1. 加强野生动植物资源迁地保护体系建设

迁地保护是挽救濒危野生动植物资源的重要手段之一，对于一些数量特别稀少，仅仅依靠自然保护已经不足以保证本种延续的，处境非常危险的珍稀野生动植物，只有利用植物园、动物园、饲养场、水族馆等通过各种人工技术方法，进行繁殖和繁育，逐渐重新恢复和扩大野外种群。为了保护濒危野生动植物资源，在北京市开展动物、植物、微生物和水生生物（包括海洋生物）等迁地保护物种的调查、整理、收集和编目工作，合理规划迁地保护设施的数量、分布及规模，建立数据库和动态监测系统，构建迁地保护野生动植物资源体系。同时，全面保护和利用迁地保护的重要生物物种资源，加强其物种基因库的功能。

2. 实施珍稀濒危野生动植物物种拯救和驯养繁殖

濒危物种是指在短时间内灭绝率较高的物种，种群数量已达到存活极限，其种群大小进一步减小将导致物种灭绝。近年来，随着北京市人口的增加，经济活动的不断加剧，野生动植物物种资源及其栖息地受到了一定影响，种群数量逐渐减少，迫切需要实施珍稀濒危野生动植物物种拯救和驯养繁殖工程。就珍稀濒危野生动物而言，需要选择《国家重点保护野生动物名录》和北京市市级珍稀濒危野生动物及其栖息地为保护对象，采取就地保护和人工繁育措施，实施珍稀濒危野生动物物种拯救工程，扩大其栖息地，确保其生存和繁衍。例如，可以利用北京市野生动物救护中心的现有基础设施，逐步繁育褐马鸡（*Crossoptilon mantchuricum*）等一批珍稀野生动物，不断扩大种群数量。采取科学步骤，逐步在野外实施释放，扩大褐马鸡等一批珍稀野生动物的种群数量，恢复和发展森林生态系统的生物多样性。就珍稀濒危野生植物而言，选择列入《国家重点保护野生植物名录》、《中国植物红皮书》中的野生植物物种，近年来通过调查明确的小种群植物以及北京市市级植物物种及其栖息地为保护对象，通过建设自然保护区等就地保护措施，实施珍稀濒危野生植物物种拯救工程，扩大其栖息地，确保其生存和

繁衍。

3. 着力开展野生动植物资源及其栖息地保护

栖息地是野生动植物赖以生存的基础，加强保护空缺研究，力争将更多的重点野生动植物种及栖息地纳入保护范围。强化对本地区各级各类自然保护区、森林公园和野生动植物特别是珍稀濒危野生动植物重要分布区、天然集中分布区、迁徙物种停歇地、物种多样性丰富地区、自然保护区之间的生境走廊带、破碎化的野生动植物栖息地、原生地等区域的保护，防止野生动植物栖息地被割裂和破碎化。同时应用"3S"技术等手段宏观掌握各类重要野生动物栖息地的现状及其变化规律，为进一步科学管护栖息地以及保护野生动物提供依据。强化野生动物保护项目实施能力，在城区、近郊区和远郊区利用生物措施和工程措施，按照野生动物的习性，对北京市部分区域的野生动物栖息地实施改造，提升野生动物的生存环境质量，提高野生动物的生存质量。

4. 强化物种资源出入境监管体系和外来入侵物种监测预警系统建设

一是强化生物物种资源出入境管理制度和监管体系。我国是世界上生物遗传资源最丰富的国家之一，也是发达国家搜取生物遗传资源的重要地区。北京市作为中国的首都，国内外贸易频繁，各种形式的交流量大，存在物种及其遗传资源被国外研究人员和商业机构搜集引出的风险。为了防止北京市的物种及遗传资源通过非正常途径流入国外，需要进一步加强进出境管理制度和监管体系建设。制定生物物种资源输出和引入的风险评估、许可制度以及出入境查验管理措施。以各类保护物种目录为基础，研究确定出入境查验对象和要求，建立生物物种资源出入境监管体系。加强生物物种资源远程鉴定技术研究和外来物种快速鉴定及监测技术研究等监管技术体系建设，提高口岸查验设施的配置，加强生物物种资源出入境检验鉴定实验室建设。

二是外来入侵物种监测预警系统建设。目前，外来物种特别是外来有害物种对北京生态环境造成负面影响已成为不争的事实。根据北京师范大学生命科学学院刘全儒教授的野外调查研究和对大量文献资料的整理，表明入侵北京的外来植物种类约在 36 种以上，分属 13 科，包括 6 种被列为我国检疫杂草的恶性入侵植物，分别是：假高粱（*Sorghum halepense*）、豚草（*Ambrosia artemisiifolia*）、三裂叶豚草（*Ambrosia trifida*）、意大利苍耳（*Xanthium italicum*）、毒麦（*Lolium temulentum*）与刺萼龙葵（*Solanum rostratum*）。同时，也有研究表明北京地区的外来入侵动物物种已达到 20 种以上，大多数为昆虫，如美洲大蠊（*Periplaneta americana*）、烟粉虱（*Bemisia tabaci*）等。因此，加强外来入侵物种的监测、预警系统建设已成为保护北京生物多样性和改善首都生态环境的重要举措。需要进一步开发外来物种环境风险评估技术，建立外来物种环境风险评估制度；建立和完善口岸检疫设施，按地区、行业部门的需求建设引种隔离检疫圃与基地、隔离试验场与检疫中心；研究外来入侵物种危害机理，提出有效的监测预警机制和应急防治技术；建立外来入侵物种监测预警及应急中心与野外监测台站，形成全市性的监测预警及应急系统。

5. 加强野生动植物资源数据平台建设

为了掌握全市野生动植物资源的现状和分布规律，掌握野生动物疫源疫病、野生动物伤病、环境因素的现状，以及对野生动物疫源疫病实施有效防控和科学预警，加强野生动植物资源数据平台建设意义重大。当前乃至今后一段时期内，需要编制全市生物物种资源数据管理规划和计划，建设和完善生物物种资源信息网络系统；建立和完善各类生物物种资源数据库体系，建立市级生物物种资源公共信息网络和基础数据平台。例如可以利用野生动物救护中心救护的各类野生动物，建立野生动物样本库及野生植物数据库，同时与在京的相关单位建立长期有效的合作机制，对保存的野生动植物样本进行相关数据分析，从而用于指导野生动植物保护和疫源疫病监测工作。

第二节 科技园林行动

科技是园林绿化发展的重要支撑。推进"科技园林"建设，要充分体现创新的理念，把知识创新、技术创新、应用创新和管理创新贯穿于园林绿化规划、建设、经营、管理的全过程，充分发挥创新在园林绿化发展中的重要驱动作用。广泛借鉴国际国内城市园林绿化建设的新理念、新方法、新技术，推进北京园林绿化建设生态化、人文化、现代化和国际化。

科技园林建设的目标是：围绕建设资源节约型、环境友好型社会，以提高改革创新能力和强化质量效益为中心，坚持高标准规划、高起点设计、高质量建设、高效能管理，着力向成本控制、工程管理、内部挖潜、资源节约要效益，加快转变发展方式和管理模式。处理好"四大关系"，即重点与常规、速度与质量、外延与内涵、粗放与集约的关系；实现"三个转变"，即从重建设向强管理、从重规模向创精品、从重质量向出效益转变，提升"四大效益"即生态效益、社会效益、文化效益、经济效益；形成"五大系统"即一流自主创新系统、严密安全监管系统、现代基础设施系统、科学资源管理系统、高效集约发展系统。

科技园林建设的重点是：推进科技研发攻关，提升创新能力；保障森林资源安全，提升应急能力；强化技术装备建设，提升保障能力；加强绿化资源管理，提升控制能力。

一、加强科技研发，实施科技创新应用计划

科技创新是实现园林绿化事业科学发展的关键因素和动力源泉，是推进首都园林绿化向更高层次、更高水平迈进的重要支撑。推进科技创新，应紧紧围绕首都"世界城市"和"绿色北京、科技北京、人文北京"战略目标，充分依靠和发挥

首都科技、智力资源优势，整合资源、突出自主创新、强化应用、支撑生态、升级产业、服务文化，建立符合时代发展要求的园林绿化科技创新、科技应用和科技服务三大体系，为"生态园林、科技园林、人文园林"建设提供强有力的科技支撑。把科技创新贯穿到园林绿化规划、建设、管理的全过程，争取到2020年使科技进步贡献率达到50%以上。

（一）加强科技创新体系建设

科技创新体系建设，要大力推进原始创新，积极开展集成创新，认真抓好引进消化吸收再创新。

一是原始创新。要瞄准行业科技发展前沿和热点，超前部署部分应用基础理论和前沿技术研究，坚持基础理论、高新技术与常规技术多种研发并举，狠抓重点环节、重点技术瓶颈的科学研究与技术开发，着力开展抗旱节水园林、退化生态系统修复、公园绿地应急避险、森林健康与可持续经营、城市绿地营造及其结构功能优化、湿地恢复与生物多样性保育、森林碳汇及多功能林业、园林文化创意产业培育与开发等基础理论、关键技术的攻关，努力掌握一批具有自主知识产权的科技成果。

二是集成创新。要围绕北京园林绿化面临的新情况、新问题，瞄准重点环节和重点技术瓶颈，进行技术配套、成果集成、示范带动，将国内外先进的园林绿化科技成果、发展理念、实用技术进行有机整合，提高成果的集聚效应，增强科技成果的针对性、实用性、系统性，拉动资源保护、森林培育、园林建设、综合利用的高效化和集约化。

三是引进消化吸收再创新。要坚持世界眼光、国际标准，充分引进纽约、伦敦、东京等世界城市园林绿化规划、建设、经营、管理的新理念、新方法、新技术、新成果，结合北京实际和"三个园林"发展的需求，大力开展消化吸收、综合创新，提高北京园林绿化科技实力。

（二）加强技术推广应用体系建设

加快园林绿化新技术、新材料、新方法的应用和示范。坚持示范带动、产学研结合的科技推广模式，围绕建设低碳城市和发展循环经济，着力推进节约型园林、低碳园林、碳汇林业、园林废弃物资源化利用和林业生物质能源等新技术、新成果的推广示范，建设园林科技试验示范区（园）；进一步完善市、区（县）、乡（镇）、村四级科技推广与服务体系建设，加快推进科技成果转化为现实生产力。

加快园林绿化科技成果转化与推广。深入开展园林绿化科技下乡活动，举办科技成果推介会，加强林农、果农、花农、蜂农等人员的技术培训，实现"村村都有带头人，处处都有示范户，户户都有明白人"的科技推广目标，最大限度地将园林绿化科技成果转化为现实生产力。探索建立科技特派员制度，推进科研院所与企业、乡村等生产部门的技术交流与效益共享，促进园林绿化效益提升、产业升级和发展方式转变。建立促进科技成果转化的内部动力机制，制定实施成果转化的激励政策，积极探索科技成果入股、有偿使用等生产要素参与分配的形式。

(三)加强科技服务体系建设

推进园林绿化标准化建设。加大国家标准、行业标准的推广与实施力度，不断完善北京市地方标准，强化标准实施和检查督导，不断规范和指导行业发展。加强与国内外森林认证、园林鉴定等机构的交流合作，推动首都园林绿化认证、认可工作。加快推进种苗、造林和森林经营标准化建设，从全市园林绿化重点工程建设着手，重点推广适合首都园林绿化建设的国家标准、行业标准、北京市地方标准、企业标准，提高标准化工作水平，不断完善首都园林绿化标准化体系。积极推行造林绿化工程招投标制、全过程监理制，发挥园林建设专业队伍的优势，提升营造林质量。

推进园林绿化科技服务信息化建设。充分运用信息、网络等现代技术，加快园林绿化科技信息共享条件平台建设，对科技基础条件资源进行战略重组和系统优化，以促进首都园林绿化建设的科技资源高效配置共享和综合利用，提高科技创新能力。

推进园林绿化科技投入长效机制建设。深入落实《国家林业局关于进一步加强林业科技工作的决定》(2005年)，按照"在林业重点工程中安排不少于3%的经费用于科技支撑"的规定，结合北京经济社会发展的实际，探索园林绿化科技项目长周期持续性支持机制，力争达到科技投入比例不低于园林绿化建设总投入的3%的目标。

二、打造森林绿盾，实施资源安全保障计划

巩固园林绿化建设成果是新时期园林绿化建设的重点任务。通过实施森林防火、林木有害生物防控、自然保护区、湿地和城市绿地建设等工程，加强野生动物疫源疫病防控、沙尘暴应急管理、城市绿地防灾减灾能力建设，以及组织开展"森林绿盾"等依法治林专项行动，严厉打击各种破坏森林资源的违法犯罪行为，逐步建立起高水平的资源安全保障体系，为北京的"三个园林"现代化建设奠定坚实的资源安全保障。

(一)提升森林火灾综合防控能力

森林火灾对森林资源保护构成重要威胁，森林防火是保护森林资源的重要途径。随着北京市森林资源总量的持续增加，可燃物总量积聚持续增多，以及防火

区人为活动的日益频繁，使野外火源的管理难度日益加大，加之气温偏高、极端火险天气增多等多种情况的变化，导致北京的森林防火形势极为严峻。

要按照完善航空护林、市级联防、长效保障和生态管护"四个机制"，加强预警监测、应急通讯、消防队伍和机具装备"四项建设"的总体思路，继续加大引进国际和国内森林防火先进手段和技术措施，进一步健全和完善森林火险监测预报系统、火情瞭望监测系统、防火阻隔系统、林火信息及指挥系统、林火扑救系统等六大系统，构筑全方位、立体化的森林火灾防控体系和扑救体系，全面提升北京市森林火灾综合预防能力和打赢能力，实现森林火灾防控现代化、基础管理规范化、队伍建设专业化、组织扑救科学化。

1. 强化森林火险预警监测系统建设

建立健全市预警中心、森林火险要素监测站和可燃物因子采集站、自动气象站，加强火险天气、火险等级和林火行为等预测预报，使采集和收集到的各类数据，能够通过预测预报模型，及时准确地预报森林火险等级和林火行为，并对社会发布。按照"广覆盖、高密度、全方位"的目标要求，合理布局和完善地面瞭望设施，增加可视和红外探火等林火自动监测与报警设备，逐步完善卫星监测、空中巡护、高山瞭望、地面巡护"四位一体"的林火监测系统。新建一批瞭望塔、视频监测系统，使全市重点森林防火区瞭望覆盖率达到100%，全市平均瞭望覆盖率达到85%，视频监测实现全天候探火，切实提高森林火情的发现率和报告率，将森林火灾受害率控制在0.2‰以内。

2. 强化林火阻隔系统建设

重点加强市属林场和区县防火公路和引水上山等工程建设，在重点地区建设防火护栏，加大人工割除隔离带、清理重点地区林下可燃物及培育生物隔离带建设力度。新建防火道路1000km，使全市森林防火道路路网密度由2010年的5.26m/hm² 提高到"十二五"的7m/hm²。

3. 加强应急通讯建设

完善应急移动通讯系统建设，重点建设全市400M超短波数字无线通讯网络，完成基础通信网络由模拟到数字的转变，使全市森林防火通讯覆盖率达到85%；加强应急通讯指挥系统建设，使火场到前指的语音通信平均覆盖率提高到95%以上；构建完善市级指挥系统和应急指挥系统，建设区县级指挥室和指挥系统，确保市、区县两级应急指挥系统互联互通。

4. 森林火灾扑救系统建设

加快推进北京市森林防火航空护林站建设，确定飞机灭火的水源，建设和完善直升飞机机降点，充分发挥航空护林在北京市森林防火中的重要作用。按照30分钟到达火场的要求，优化专业森林消防队布局，强化专业森林消防队伍营房设施的建设和改造，健全完善队伍建设的制度规范，从经费、组织、训练和设施等方面大力加强消防队伍正规化建设。在具备条件的重点森林防火区，建设机井和输水管道,提高灭火能力。按照"突出重点、辐射周边、就近增援、分级保障"的原则,合理布局各级物资储备库,加快市级和区县级物资储备库建设,着力提升全市森林防火物资保障能力。

5. 森林防火宣教工程建设

强化各级森林防火指挥机构的宣传教育职能,协调宣传、新闻、教育、旅游、公安等部门组成宣传教育网络体系,进一步开展"进林区、进村庄、进单位、进学校、进社区、进风景旅游区"的森林防火宣传教育活动,加强北京市森林防火宣传教育基地建设,以及电子语音宣传牌和大型图文宣传牌建设。条件成熟地区可建设森林防火展览馆。

6. 森林火灾损失评估和火案勘查系统建设

应用高新技术手段,开展对灾后森林资源损失、生态环境影响评估,并建立森林植被恢复模拟和森林火灾损失档案系统。同时加快火灾损失评估标准系统的研究,并规范评估程序和方法。

7. 森林防火培训和野外演练基地建设

建设北京市森林防火培训基地,主要培训对象为各区县、各乡镇森林防火管理人员,各级专业森林消防队和生态林管护员骨干。开展森林防火基本专业知识和指挥自救能力的培训。野外演练基地建设主要用于各级指挥员和专业消防队员进行实战演练,提高指挥员实战指挥技能和专业消防队员实战扑救能力。结合森林防火宣传基地,建设全市森林防火教育训练基地。

8. 京冀交界区域重点火险区综合治理

在京冀森林防火合作项目实施的基础上,加强监测、指挥和扑救三大系统的建设,加强联防机制建设,提升项目建设区森林火灾综合防控水平。

(二)提升林木有害生物防控能力

首都经济的迅速发展和贸易往来的日益频繁,为外来有害生物的入侵创造了便利条件,美国白蛾、红脂大小蠹、橘小实蝇、苹果绵蚜等检疫性林业有害生物相继入侵北京市。据 2003～2005 年北京市林业有害生物普查结果统计,全市共有虫害 10 目 132 科 849 属 1346 种,病害 213 种 53 寄主,有害植物 24 科 53 属 66 种,天敌昆虫 10 目 43 科 150 属 219 种。从 1982 年第一次全国林木有害生物普查以来,新传入北京的林木有害生物达 39 种;已发现的国内林业检疫性有害生物 8 种;已发现的北京市补充林业检疫性有害生物 4 种。外来有害生物的入侵形势日趋严峻。林木有害生物防治是保护森林资源,促进林木健康生长,维护生态平衡的重要手段。要切实加强以监测预警、检疫御灾、应急防治和公共保障为重点的林木有害生物防控体系建设,推动林木有害生物防治工作从被动救灾防治为主向主动预防为主转变,从治标为主和一般防治为主向标本兼治、以工程治理和项目管理为主转变,从单一的化学防治为主向综合的生物防治为主转变,从专业部门防治为主向专群结合、社会化参与转变，努力实现林业有害生物防治工作科学化、法制化、现代化，打造国际领先、国内一流的林木病虫害防治检疫体系。

1. 完善森林生物灾害的预测预报体系

完善国家、市和区县三级林木病虫害监测预报网络，利用遥感技术、飞机监控调查技术、计算机技术，对主要病虫害发生趋势和危害程度定期进行预测预报，为病虫害防治提供依据；建设预测预报网络信息接收、处理、发布平台，对常发性森林有害生物的常发区、偶发区和监控区及危险性病虫害的除治区、预防区和监控区分类建点进行地面监测；加入全国有害生物防治网，广泛地进行信息、技术等方面的合作与交流，提高预测预报的科学性和准确性，实现北京市森林有害生物的实时监测和预警，为灾害的科学防治和领导宏观决策提供依据。

2. 重视园林植物检疫工作

建立苗木花卉有害生物数据库，掌握国内外有害生物名单，加强对进入北京市的苗木花卉病虫害的检疫控制。健全检疫联网制度，提高检疫的准确性，防范外来有害生物入侵。

3. 加大林木有害生物防治的研究

进一步发挥首都科技人才集中的优势，不断提高全市林木病虫害防治工作的科技含量，加强对主要林业有害生物的生物学特性研究；生态性园林绿化灾害发生机理研究；外来有害生物的预警、扩散与传播机制研究；主要林业有害生物天敌资源的收集、鉴定、保存和功能评价等相关专题进行研究。

4. 加强对突发性林木有害生物灾害的应急物资储备

积极推行森林健康理念，采取营林性防治或生物防治等措施促进森林健康，提高森林自身抵御生物灾害的能力，实现持续控灾，保护森林资源。进一步完善与首都周边地区的联防联治机制，确保在北京不出现林木有害生物灾害；采取整合资源、购买服务等多种形式，积极探索林木有害生物社会化防治的新途径，重点研究解决社区和社会单位的林木有害生物防治问题。继续做好以美国白蛾为重点的危险性林木有害生物防控工作，加大动态监测力度。

（三）提升野生动物疫源疫病防控能力

北京人口密度大，地理位置重要，处于内蒙古高原山区与华北平原的交接地，是重要的陆生野生动物和候鸟的栖息地、繁殖地和迁徙通道。作为《全国动物防疫体系建设规划》和《北京市动物防疫体系建设规划》的重要组成部分，加强北京市的陆生野生动物疫源疫病监测和控制重大动物疫情的传播工作，对于保障首都公共卫生安全、保护陆生野生动物种群安全和促进经济社会可持续发展具有十分重要的意义。

1. 加强野生动物疫源疫病防控组织体系建设

野生动物疫源疫病监测与防控工作是国家法律赋予林业主管部门的职责，园林绿化部门要建立长效的管理机制，理顺组织管理体系，成立独立的管理机构。同时，与农业、水利和畜牧兽医等相关部门以及动物疫病防治指挥部和防控专家顾问组加强协作，整合资源，在全市建立完善的野生动物疫源疫病监测防控组织体系，真正从人、财、物上保证野生动物疫源疫病工作高效有序地开展。另外，根据《北京市突发陆生野生动物疫情应急预案》，进一步加强应急组织体系建设和应急预备队伍建设，认真准备必要的警戒、消毒、安全防护等应急物资，积极开展应对突发野生动物疫情的培训与演练，提高北京针对突发陆生野生动物疫情的应急处置能力。

2. 强化和完善野生动物疫源疫病监测体系建设

要在《北京市野生动物疫源疫病监测体系建设规划》的基础上，加强覆盖北京市主要区域的野生动物疫源疫病监测网络体系建设。重点在野生动物分布的主要水系、湿地、自然保护区和森林公园科学合理布局监测站点，增加监测站数量，扩大监测范围，逐步消灭监测盲区。除鸟类外，要适当兼顾其他野生动物疫病监测站建设，短期内形成完善的以候鸟疫源疫病监测为重点的，由国家级、市级、区县级监测站组成的野生动物疫源疫病监测网络体系。同时，严格按照《国家陆生野生动物疫源疫病监测技术规范》和有关要求开展监测工作，逐步在全市实行监测信息日报制度。

3. 建立完善的野生动物疫源疫病科技支撑体系

继续强化与北京科研院校的科技合作，充分利用北京专家工作团队的优势，建立长期的科研合作机制，重点开展野生动物本底调查研究和疫源疫病监测管理系统等研究工作，摸清野生动物分布情况、活动范围和迁徙规律等，确定野生动物疫源疫病监测与防控工作的重点对象和区域范围，以野生鸟类疫病为切入点，摸清野生鸟类带毒情况、高致病性传染病病原体传播途径和传播规律，并在此基础上建立基础数据平台，对野生动物疫情发生和发展趋势进行科学分析和预警，为野生动物疫源疫病监测和科学防控提供科学依据。另外，组建由动物学、生态学、生物学、病毒学和畜牧兽医等多学科、多领域专家组成的野生动物疫源疫病监测与防控专家咨询委员会，为北京市野生动物疫情疫病监测与防控工作提供专业技术咨询与决策咨询，以及强有力的科技支撑。

4. 加强对管理与技术人员的专业技术培训

野生动物疫情疫病监测与防控是一项专业技术性强的工作，必需通过协作研究、专门培训等形式，强化野生动物疫情疫病监测与防控相关的管理、科研及基层一线人员的业务培训，大力推进专业队伍建设，保证野生动物疫情疫病的监测与防控水平。

5. 加强野生动物防疫体系基础设施建设

按照《北京市野生动物防疫体系基础设施建设规划》，尽快编制实施方案，重点区县应设立专门临时机构，负责规划的实施。建设范围要求涵盖动物（畜禽）、水生动物和陆生野生动物防疫体系基础设施建设，重点加强陆生野生动物防疫体系基础建设，优先建立和完善北京市陆生野生动物疫源疫病监测中心、北京市陆生野生动物疫情与指挥系统和北京市野生动物救护中心国家级陆生野生动物疫源疫病监测站建设，以提高北京市动物疫病防控整体水平。

6. 加强野生动物保护管理，防范疫病传播

把强化野生动物保护管理与野生动物疫源疫病监测的工作有机结合起来，保护好野生动物的栖息地，严格制止畜禽、无关人员进入保护区域与野生动物直接接触或从事其他干扰活动。适时开展对非法猎捕、经营野生动物的专项打击，遏止非法来源的野生动物及其产品流入市场，阻断疫病传播扩散途径。另外，加强野生动物驯养繁殖和经营利用单位的疫源疫病监测工作，督促辖区内野生动物驯养繁殖和经营利用单位，积极与农业、卫生等部门配合做好预防接种和以防控禽流感为主的野生动物疫源疫病监测工作。

（四）提升沙尘暴应急处理能力

沙尘暴作为一种自然灾害，对首都经济社会发展和人民群众身心健康、生命财产安全会造成严重威胁。因此，加强沙尘暴灾害应急管理工作意义重大。沙尘暴灾害应急管理是国务院赋予林业行政主管部门的一项重要职责，是国家总体应急工作的重要组成部分。为了及时、有效地应对和防范沙尘暴灾害，最大限度地减轻灾害造成的损失，依照《北京市沙尘暴灾害应急预案》的要求，应具体做好以下工作。

1. 健全沙尘暴应急管理组织机构建设

进一步加强北京市沙尘暴工作协调小组（市沙尘暴灾害临时应急指挥部）对沙尘暴灾害应急工作的指挥、协调、决策与督促检查工作。健全市沙尘暴灾害办、赴现场工作组和专家顾问组以及各区县的沙尘暴灾害应急管理机构和信息员的建设，提高沙尘暴的预测、预警、信息上报、防灾、减灾、抗灾的协调能力。

2. 加强沙尘暴应急管理机制建设

进一步健全沙尘暴灾害管理的应急机制、协调机制、社会动员机制、信息共享机制和监督督察机制，重点是要充分发挥抗灾救灾综合协调作用，强化各部门间的信息沟通和协调工作，健全部门间应对灾害的联动工作机制，明确各部门的工作职责、时限要求和工作措施，形成灾害管理的合力，更好地开展救灾工作。

3. 强化沙化土地和沙尘暴灾害监测工作

在第四次北京市荒漠化和沙化土地监测成果的基础上，加强土地沙化、沙尘暴灾害应急的宏观监测和固定样地监测工作，继续强化北京市沙化土地变化过程和沙尘暴的发生、发展过程的全面监测，尽快建立起宏观大尺度监测、敏感地区重点监测和典型样地定位监测相结合、覆盖全市的沙化土地监测与评价体系。编制《北京市防沙治沙工程建设状况年报》、《北京市沙化土地监测年报》、《北京市

沙尘暴灾害应急监测年报》和《北京周边荒漠化土地监测年报》，为全市沙尘暴灾害应急管理提供依据。

4. 建立统一的应急管理信息平台

要加大沙尘暴应急平台和信息网络建设力度，积极整合林业、气象、民政等专业信息系统资源，形成统一、高效的应急决策指挥网络，实现"统一接报、分类分级处置"，提高沙尘暴灾害应急处置效率和水平。重点建立和完善北京市沙化土地农田信息管理系统，特别是沙尘源区的沙化土地信息管理系统，为沙尘暴预测、预报、预警提供基础数据。同时，建立和完善北京市沙化危害区社会经济状况数据库，为沙尘暴灾害评估提供服务。

5. 完善沙尘暴灾害应急管理的财政保障体系

要构建政府沙尘暴应急管理的财政保障体系，以适应现代灾害管理的需要。重点需要加强政府对沙尘暴灾害防灾减灾工作的投入和管理，把防灾减灾经费纳入各级政府财政预算，随着经济的发展逐步增加其比重。另外，在条件允许下还可以建立市沙尘暴防灾减灾应急基金和灾害保险制度。

6. 加强沙尘暴应急科普知识宣传、培训与演练

各级政府要通过新闻媒体、互联网、现场宣传、设置应急标识等宣传形式深入开展沙尘暴应急知识宣传活动，制定《沙尘暴灾害公众应急手册》并免费发放。另外，要定期组织对各级沙尘暴工作的主管领导、管理人员、监测和信息人员等进行培训；要加强应急预案的演练，经常性地开展多层次、多形式的应急培训，使广大群众正确认识沙尘暴，提高公众灾害防范意识，增强群众灾害避险和自救互救能力。

（五）提升城市绿地防灾避险能力

随着城市化进程的日益加快，使防御和控制城市灾害，增强城市综合减灾、抗灾、救灾能力成为当今国内外防灾减灾工作的重点。城市绿地系统是城市规划和建设的重要组成部分，它不仅具有美化城市环境、净化空气、平衡城市生态系统、为城市居民提供休憩游乐场所等多方面的作用，同时还对火灾、地震、地面沉降、城市热岛效应等灾害具有重要的防灾减灾功能。因此在城市综合防灾减灾体系中，城市绿地系统占有十分重要的位置。

1. 加快编制城市绿地防灾避险规划

要充分考虑经济、社会、自然、城市建设等实际情况，依据城市防灾减灾总体要求，确定北京市绿地系统防灾避险规划建设指标。要按照以人为本、因地制宜、合理布局、平灾结合的原则，科学设置防灾公园、临时避险绿地、紧急避险绿地、隔离缓冲绿带、绿色疏散通道，形成一个防灾避险综合能力强、各项功能完备的城市绿地系统。

2. 强化防灾植被的规划

植物是城市应急避难系统中重要的防灾、抗灾组成元素。北京的城市绿地植物群落配置应更多地注重乔、灌、草、搭配，形成生态性强、富有层次感的植被景观。复层结构林带要比单层结构林带的防灾性能好，乔、灌、草的结合能够有效地蓄积水分，保持水土，保持局部的小环境。植物选择原则为：着重从防灾角度考虑，并兼顾生态性和观赏性。树种选择以乡土树种为主，适当引进外来树种。

3. 加强绿地内避难救援设施建设

北京目前绿地内的避难救援基础设施建设薄弱，防灾减灾系统不健全。因此，在改造普通公园和建造防灾公园时加强绿地内避难救援设施的建设十分必要。要根据因地制宜的原则，为不同的地域配置包括应急水装置、能源与照明设施、消防治安设施、情报通讯设施等避难基础设施及应急指挥中心、应急物资储备用房、应急直升机停机坪、应急卫生防疫用房等其他救援设施。

4. 加强城市绿地防灾减灾的基本理念和防灾意识建设

必须把防灾理念注入城市规划和建设之中，市各级领导者要形成一种安全文化意识，使城市防灾责任重于泰山的警钟长鸣。另外，对公众和普通市民要加强城市绿地防灾减灾功能的宣传和忧患意识教育，要加强市民防灾减灾应急素质教育，同时还要求全社会成员都关注安全自护及紧急状态的危机能力培养。

5. 建立城市防灾减灾绿地建设的补偿与激励机制

在北京的城市绿地系统规划中应建立城市绿地的经济补偿机制，作为防灾绿地面积相对稳定的保障措施。新建公园绿地和对现有绿地进行防灾减灾功能建设都需要大量投入，在解决资金方面，可以建立城市防灾减灾绿地建设的激励机制。通过政府的引导，政府在防灾绿地建设上给予资金上的支持，同时吸纳民间资金进入绿地建设，以此引导和带动北京市整体防灾减灾绿地的建设。

(六)提升园林绿化资源管理能力

加强园林绿化资源管理，提高园林绿化资源管理水平，实现园林绿化资源管理的现代化，是巩固北京市园林绿化成果，推进园林绿化事业发展的基础保障。"十一五"期间，北京市的森林资源、古树名木、湿地、野生动植物保护和自然保护区、风景名胜区保护与城市绿地建设得到全面加强，取得了显著的成效，但与建设"世界城市"的要求相比还存在着一定的差距，在"十二五"时期将着手从以下几方面来加快园林绿化资源管理能力建设。

1. 积极推进林地和绿地保护利用规划的编制

按照《全国林地保护利用规划纲要》(2010～2020年)的要求，编制完善市、区两级林地保护利用规划，其中，林地指标要能保障达到北京市城市总体规划中关于园林绿化指标的要求，即森林覆盖率达到38%，林木绿化率达到55%，具体森林覆盖率中平原地区不低于22%，山区不低于49%。另外，按照《北京市绿地系统规划》的要求，加快推进绿线划定、绿地确权和钉桩绿地建档立卡等工作，启动新城和乡镇绿地系统规划的编制工作。

2. 积极推进林木采伐管理改革试点及推广工作

从采伐范围、管理内容和方式、保障措施等方面对森林采伐试点工作进行改革，完善森林采伐限额管理办法、实行森林采伐分类管理、简化森林采伐管理环节、推行森林采伐公示制度、促进森林可持续经营管理体系建设5个方面内容，并及时发现问题、总结经验，把采伐改革试点中的成功经验逐步在全市推广。

3. 建立和完善资源管理行政许可的信息化管理

积极推进森林和绿地资源管理相关行政许可的信息化建设，做到城市树木移动、征占用林地、林木采伐移植等实现网上办理，林政资源管理程序进一步规范。

4. 进一步完善绿化资源管理、监测体系建设

应用"3S"技术等完善绿化资源管理、监测工作，建立信息采集、发布、动态监测、分析、管理与决策为一体绿化资源管理信息系统。

5. 进一步加强行政执法力度

加快地方园林绿化立法，制定和完善林地保护、林地承包管理、林木和林地使用权流转管理、出境木材运输等方面的法规规章，对现有法规进行修订，从法律上保障园林绿化的有序发展。同时，加大园林绿化执法力度，严格林木、林地及城市园林绿化资源保护管理，严厉打击擅自移伐城市树木、采挖移植林木、乱砍滥伐林木、乱垦滥占林地等违法犯罪行为。加强园林绿化执法监管体系，完善执法监督机制，充实执法监督力量，改善执法监督条件，提高执法监督队伍素质。

同时，加强自然保护区和湿地管理，积极新建和完善已建的自然保护区和湿地自然保护区。着力提高绿地养护管理水平，对全市绿地质量进行分类，施行科学、有效地管护。对全市古树名木进行GPS定位，统一核查挂牌，制定详细复壮计划。

三、强化基础设施，实施装备现代化计划

基础设施建设是保障园林绿化建设顺利开展的重要基础，也是维护和巩固园林绿化和生态建设成果的保障；而技术装备的现代化程度则是衡量园林绿化现代化水平的重要标志之一。园林绿化基础设施建设中，重点解决林区道路、水电供给等基础设施建设问题，特别是重点营林区、自然保护区和国家森林公园中的林区道路，加强林区水资源开发利用力度，着力解决林区用水安全问题；在北京园林绿化技术装备建设中，应不断提高资源监测体系建设，加强园林绿化的机械化和信息化建设。

（一）加强基础设施建设

水电气路基础设施既是提升园林绿化现代化水平的重要内容，也是提高管理效率的重要支撑。要大力加强以"山区林业生态用水"为重点的林区基础设施建设，按照"充分利用地上水、合理使用地下水、用足用好再生水"的原则，水、电、路统筹规划，山、林、地集约开发，努力做到与发展山区沟域经济相结合，促进农民增收；与提升森林防火能力相结合，保障生态安全；与加强林木管护相结合，巩固绿化成果；与森林健康经营相结合，提高林木蓄积。同时，为保障园林绿化的建设质量，还要加强林木种苗基地（重点苗圃、良种基地等）建设，提高种苗科技含量，实现主要造林树种良种化。

针对北京山区土层薄、水资源较为贫乏的现状，为确保森林防火、造林抚育、林果灌溉和森林旅游，把改善山区用水作为工作重点，努力改善山上缺水这一山区园林绿化发展的瓶颈，积极实施"引水上山"工程。合理规划布局引水上山的工程布局，尽量合理运用自然水源渠道，充分利用天然降水，规划建设集水池和水窖，辅助以平原池塘及地下水源，设计主管和支管路线，开挖主、次坑道，铺设主、次管道，建成山区地下"水网、管带"，推行新型微灌、滴灌等节水灌溉技术。重点景区、重要山峰、登山公路旁边都有消防接口，重点造林地、重点低效林改造区设立灌溉接口，重点待开发森林旅游区设计高规格上水管，在高大山脉设中转泵站。同时制定引水上山管道管理办法，建立管理机构，落实管护责任，建立应急预案，充分发挥引水上山管道的功能，力争到2020年，实现重点景区、重点沟峪和重点山峰通水。

为了提高森林资源安全保障能力和生态经营管理水平，要加快林区防火公路、公园道路建设，建立养路补助经费长效投入机制，构建以森林公园、自然保护区、国有林场和重点林区为骨干的林业公路网络，力争达到每公顷林地有林道10m目标。改造基层办公场所的自来水及用电设施，完善电路传输设备，安装专用互联网光纤，改造国有林场危旧房，在森林公园及保护区安装燃气设备，确保饮水安全，使国有林区通讯无盲区、职工的工作环境、生活质量得到迅速提高，有效提高管理的效率。

（二）加强基层林业站所建设

基层林业工作站所是最基层园林绿化管理机构，直接肩负着政策宣传、资源管理、林政执法、生产组织、科技推广和社会化服务等多项职能，既是基层园林绿化建设的组织者和实施者，也是直接面向农村、服务于广大农民群众的基层公益性组织。要实现城乡绿化资源统筹，充分发挥园林绿化的多种功能和作用，必须完善现有的林业站、森林公安派出所、林保站、监测站和公园景区管理机构，切实提高园林绿化的基层能力。

加强基层林业工作站的基础设施建设，要稳定林业站机构队伍，使林业站的职能作用得到充分发挥，加大乡镇林业站危房改造、配备交通设施和改善办公条件等的投资，使全部林业站拥有独立业务用房、机动交通工具、必要的办公、通讯设备和工作器械，逐步实现办公自动化。合理配置森林公安派出所的布局及警力配置，加强森林公安的防控能力和装备建设，以提高森林公安派出所的防范、控制和打击能力。加大民警教育培训力度，提高民警业务能力和军事技能；加大交通、通讯、办公、刑侦等设施设备配备，确保科学有效、及时有力地打击违法犯罪。

（三）加强资源监测体系建设

建设城市林木绿地生态监测站、山地森林生态监测站、湿地生态监测站、碳通量监测站等不同类型的生态定位监测站。及时收集整理林木生长、森林结构、森林健康等影像数据资料；并建立档案员岗位责任制和档案管理制度。保存好原始记录，为生态经营积累数据，提供有力的决策依据。

加强国家森林资源连续清查体系建设，积极做好生物量调查建模和森林生态功能评价参数测定，加快构建实物度量、效益计量和经营评价的林业数表体系，增加对森林质量、生物多样性等调查，完善造林核查、采伐限额检查、征占用林地检查、公益林核查等专项核查技术方法，完善城区园林绿地资源综合监测体系和区县森林资源监测体系技术方法，加强监测指标、方法、分析、评价等方面的技术标准体系。引进现代调查设备和仪器装备，改进数据采集和实验测定手段，利用现代科技手段，对森林和绿地资源实行动态监测、保护和管理，特别是加强基层林业站资源动态监测体系建设，提升生态状况监测能力。

加强资源综合监测机构和队伍建设，加大技能培训，推进产学研联合，打造一支素质高、技术精、业务尖的现代专业调查队伍。按照"科学高效、统一规划、分步实施、共建共享、实用真用"的原则，推进北京园林绿化资源数据库试点示范建设，加快制定园林绿化资源管理信息系统建设标准体系，加强对地理信息系统的应用，整合信息资源，建立资源综合数据库，搭建资源基础信息服务平台，建成"上下一体、互联共享、功能完善、安全可靠"的资源管理信息系统，提升园林绿化监测和管理的现代化水平，为首都生态建设提供基础保障。

（四）加强园林绿化机械化、信息化建设

国外林业发达国家目前的林业生产已全面实现了机械化，国外林业技术装备的总体发展趋势是：吸收和应用电子信息科学技术的成果，向智能、高效、多功能化方向发展；重视资源节约、生态保护和降低林产品生产作业成本的应用技术的研究；林业装备中将更多地融合液压技术、微电子技术和信息技术；许多智能化的林业装备研究成果已开始应用，使得林业生产作业正在向高效率、高质量、

低成本和提高操作者的舒适性、安全性的方向发展。

园林绿化装备水平的高低是园林绿化现代化发展程度的重要标志。北京的园林绿化机械化程度比较低，要发展园林绿化，提高产出效益，必须尽快提高现有装备水平，提升园林绿化机械化程度。国外在林业现代装备的研发中，非常注重将机械设计与制造技术、电子技术、信息技术等多学科的先进科技成果进行集成组装，应用效果非常显著。北京在提升园林绿化机械化水平的过程中，应注重提高生产作业机械的技术性能，实现生产全过程的监视、控制、诊断、通信，使装备的技术性能得到进一步拓展和提升。不断加快防火机械、造林机械、抚育机械、加工机械、运输机械、修剪机械等传统机具及高压喷雾器、喷洒机、滴灌设备、诱捕器等现代机具的购置与推广应用，全面提升机械化的保障能力。对园林机械购置要参考农业机械给予补贴政策，特别是育苗、造林、抚育等林业机械，努力突破园林机械生产研发品种结构与需求结构不协调的矛盾，突破园林机械推广难度大的困局，突破简易、便携、低廉的机械少的困境。加大政策扶持与宣传培训力度，拉动林农林机消费积极性，推动园林机械装备研发，促进现代园林机械的可持续发展。到 2020 年，机械造林率达到 80%，重点公园绿地滴灌覆盖率达到 80% 以上。

加快园林绿化信息平台建设，全面推进电子政务应用与推广，加强信息资源共享，加快市、区县园林信息平台建设和网络建设，开发电子政务核心平台，实现用户管理、后台管理、数字证书管理、电子印章管理、公文管理、信息发布、行政审批、信息交换、项目管理、资金管理、统计汇总、电子邮件等业务管理数字化。加强管理信息系统建设，确保到 2020 年，所有基层林业站所均建立网页，重点景区建立基于网络的三维地理信息系统，所有区县均建立全面的园林绿化管理数据库，实现全系统无纸化办公。建设和完善园林绿化数据中心，全面提升信息资源共享交换能力，实现业务协同管理；建立与国家林业局和建设部连接的信息交换体系和市级数据中心，开发电子政务办公数据库，建立资源管理数据库和遥感影像数据库同步更新的镜像交换数据库。加强移动办公平台建设，实现办公环境的无差异化，提高工作效率。同时，搭建城市绿地管理平台，合理布局公共绿地；利用电子信息手段，建设数字化公园、风景区；加强园林绿化物联网应用平台及外网门户建设。

四、应对气候变化，实施绿色减排增汇计划

全球气候变暖受到国际社会的高度关注，林地、绿地、湿地等具有固碳减排的巨大潜力，通过植树造林、植被恢复、湿地保护、森林经营和林地管理等途径能有效地应对气候变化，为创新园林绿化发展机制、创建都市型低碳园林提供了新思路。建设目标是，加强林地、绿地、湿地建设与保护，改进经营管理水平，提高园林绿化固碳减排的总量和能力。到 2020 年，将北京森林植被的碳储量由

当前的每公顷 21t 提高到全国平均水平（目前全球为每公顷 71.5t、全国为每公顷 44.9t）。建设内容包括，加强碳汇林建设、大幅提升北京园林的碳汇功能；加快林业低碳社区和产业园建设；结合北京正在实施的困难立地造林工程、精品工程等，大力发展生物质能源林。

（一）森林减排增汇关键技术研究与示范

借鉴国际社会林业碳汇发展的先进经验，充分利用北京资源与智力优势，积极组织相关力量，以全面提高北京地区现有森林绿地资源的碳汇功能为目标，联合开展包括高碳汇森林树种筛选技术、森林增汇经营调控技术、森林保护与湿地管理增汇技术、城市绿地增汇技术、植被恢复与荒漠化防治增汇技术等增汇调控关键技术研究工作。

1. 加强林业减排增汇技术研究

发展现代林业是应对气候变化、减排增汇的重要途径。今后的研究应突出两个方面：一方面是林业生态系统的基础研究，重点研究森林、湿地、荒漠等生态系统过程与服务功能，揭示陆地生态系统的维护与调控机理，探索气候变化条件下森林与湿地可持续管理生态学机制和固碳减排增汇机制。另一方面是林业碳汇技术研究，重点研究林业碳汇的增汇、适应机制、计量监测、造林再造林等关键技术等。

2. 开展森林减排增汇调控技术示范

稳步开展各项技术模式的试验与示范，建立研究示范推广区，增强展示作用，加大推广力度，为全面提升首都森林绿地生态系统的碳汇功能提供模式与经验借鉴。

（二）森林绿地碳汇能力监测网络体系建设

碳汇林业的最大特点是将森林的碳汇功能量化后转化为货币形式。以经济手段来促使人们保护森林资源、提高森林质量、增加森林面积来应对全球气候变暖。如何通过土地利用方式的改变（造林、营林）提高森林资源的碳汇能力并且对可交易的碳汇量进行有效地核查认证是林业碳汇工作的核心内容，也是北京地区林业碳汇工作需要解决的主要问题。建设重点是建立健全森林碳汇监测网络体系、开展碳汇造林计量监测两项工作。

1. 建设森林碳汇监测网络体系

充分利用样地清查、遥感信息、碳通量及模型模拟等多种途径，在不同区域尺度上开展研究实践工作，探索完成覆盖全市的森林绿地生态系统碳汇监测网络体系建设，形成 33 个长期固定监测样地和 5 个定点即时通量塔监测为主，以遥感监测为补充和验证的碳汇监测网络体系。形成科学监测结果，实现对北京森林绿地生态系统碳储量及碳汇动态的定时监测与预测模拟，为评价森林绿地生态系统对全市温室气体的吸收能力，预测未来区域气候变化趋势提供可靠依据。同时，也可为完善北京生态效益补偿促进发展机制提供决策依据，为编制北京林业碳汇中长期发展规划提供数据支持。

2. 开展碳汇造林计量监测

在现有造林规划的基础上，开展碳汇造林试点。碳汇造林即在设定了基线的土地上，对造林和森林经营以及林木生长的全过程都进行碳汇计量和监测的营造林活动，探索具有中国特色并与国际规则接轨的营造林模式。建立与"三可"——可测量、可报告、可核查相匹配的碳汇计量监测技术体系，为中国森林生态系统增汇固碳和中国温室气体减排开展"三可"奠定基础。

（三）加强园林绿化增汇减排示范区建设

1. 碳汇林示范区

扩大林业碳汇项目范围，加强碳汇林建设。从政策、机制、技术、宣传、工程等方面大力推动林业碳汇发展，在继续增加碳汇总量的基础上，不断增强其生态功能和固碳能力，充分发挥首都园林在应对气候变化中的特殊作用。

在政策方面，按照应对气候变化国家方案和林业行动计划，结合北京低碳城市建设和园林绿化中长期发展规划，研究制定北京林业碳汇的相关政策，以支持推进首都林业碳汇的工作途径。

在机制方面，全面启动林业碳汇行动计划，开辟渠道，鼓励公民或企业、组织向中国绿色碳汇基金会北京专项捐资，向绿色碳基金购买碳汇，用于大规模植树造林。逐步完善现行森林生态效益补偿体系，以森林碳汇效益为切入点进一步完善山区生态效益促进发展机制。创建碳汇交易平台，培育和发展林业碳交易市场。

在技术方面，依靠科技进步，整合国内外智力资源，加强相关技术基础工作，制定林业碳汇生产、计量、评估及交易等相关技术标准和指南。充分利用现有固定样地和碳通量监测技术尝试建立本地区的森林碳汇监测网络体系，为今后顺利开展工作提供技术指导和管理咨询。

在宣传方面，要广泛普及林业碳汇知识，进一步提高公众的碳汇意识，积极倡导"碳中和"与"碳补偿"理念，树立绿色形象，落实绿色行动，引领绿色消费，从而带动更多的社会力量积极参与到林业碳汇行动中来。

在工程方面，依托已经启动的"中国绿色碳基金中国石油北京市房山区碳汇项目"以及"北京市八达岭林场碳汇造林示范项目"，大力开展林业碳汇项目的试验示范，实施林业固碳增汇技术示范工程，发展林业碳汇工程，加强森林、湿地与绿地的保护与管理。

2. 能源林示范基地

重点是建设能源林栽培示范基地及能源树种种苗示范基地，在此基础上，与退耕还林、荒山造林、废弃矿山修复、防沙治沙等生态建设工程相结合，规模化培育能源林。与此同时，推进林业生物质能源的开发利用。

开展能源优树选育和遗传改良，并建立种质资源圃、采穗圃等。积极稳妥地引进外来能源树种，进行良种驯化栽培。采取"林能一体化"模式，以市场为导向，以经济效益为中心，结合集体林权制度改革，探索"企业＋农户、企业＋基地＋农户"的能源林建设模式，以扩大能源林建设规模。

北京市还有41.2万亩宜林荒山、7.6万亩废弃矿山、165万亩沙化和潜在沙化土地和10万多亩沙坑等土地需要进行绿化。结合生物质能源树种耐寒、耐旱、耐贫瘠，适合山区发展种植的特点，综合考虑北京正在实施的困难立地造林工程、精品工程等，推进生物质能源林建设。这既能实现绿化美化目的，又能解决能源短缺问题，增加山区农民收入。在保护生态环境的前提下，充分挖掘荒地及不适宜粮食种植的土地资源的生产潜力；以利用低质地或荒山荒坡种植能源植物为主。

以盘活基地、提升生产能力为目标，对大兴、昌平、房山、平谷和延庆5个林业生物质固体成型燃料生产示范基地进行升级改造。在门头沟区以及密云、怀柔和顺义三区交界地，建设两座林业生物质固体成型燃料生产基地。每个基地设计生产能力1万 t/年。每年在全市选择5个农林剩余物资源较丰富的行政村，以生物质固体成型燃料替代燃煤为目标，开展绿色能源村镇示范工程建设。每年在全市选择2个城市居民小区，利用生物质固体成型燃料进行冬季供暖示范。从解决民生的角度出发，制定明确的促进生物质能开发与利用的政策和措施，重点在设备制造和生物质能利用市场开拓方面予以大力支持。

3. 园林绿化废弃物资源化利用示范

园林废弃物是指在园林绿化中被丢弃的各种有机类物质，主要包括树枝修剪物、草坪修剪物、枯枝落叶、杂草等。随着城市园林绿化的快速发展，园林废弃物的量越来越大。然而，这些废弃物的主要处置方式是填埋或焚烧。这一方面造成了环境的污染和资源的浪费；另一方面，园林有机废弃物含有大量从土壤中吸收的养分，把这些废弃物填埋或焚烧会使园林绿地生态系统的物质循环和能量流动断裂，土壤肥力得不到自我维持，园林植物生态功能的发挥受到制约。因此，需要加快园林废弃物资源化利用的步伐，以促进循环经济的发展和宜居城市的建设。按照城区以生物有机肥、有机基质和土壤改良添加物为主，郊区以林业生物质能源、食用菌菌棒为主的发展方向，以循环经济理念为指导，推动全市园林绿化废弃物资源集运体系网络建设，建设一批现代化生产应用示范项目，强化试验示范带动效应。引导、整合和利用社会力量广泛参与，努力培植产业发展龙头企业。大力提升生产技术水平，努力降低生产成本，走出一条具有首都地域特色的园林绿化废弃物资源化利用之路。

建设园林绿化废弃物集运体系。以绿化队和街道办为基本单元，构建覆盖全区、便捷高效的园林绿化废弃物收集网络。城区全部建成园林绿化废弃物集运体系。到2015年，实现城六区园林绿化废弃物100%专业分类收集和运输。郊区要在林业废弃物资源丰富、政府积极性较高的区县建设"村收集、镇运输、区县处理"、覆盖全区(县)、便捷高效的林业废弃物集运体系。

升级改造园林绿化废弃物处理基地。以提升废弃物消纳能力、改善生产条件、降低生产成本为目标，对现有西城、朝阳、丰台和顺义4个园林绿化废弃物处理基地进行升级改造，提高现有园林绿化废弃物集中消纳基地处理能力，提高有机肥、基质等产品生产能力。

综合开发利用园林绿化废弃物。建设重点包括：①加强园林绿化废弃物的堆肥化利用。园林有机废弃物含有丰富的N、P、K等养分，经过堆肥等处理后可以作为肥料施用在土壤中，能还原土壤有效养分，增加土壤有机质含量，刺激土壤微生物的活性，改善土壤的物理结构和化学组成，增大土壤孔隙度，增强土壤的保水保肥能力。园林有机废弃物堆肥产品可以作为土壤改良剂、高效营养栽培基质或者立体绿化基质应用于园林绿化。②将园林绿化废弃物作为绿地覆盖物。主要是推广园林废弃物资源化利用新技术，利用废弃的树皮、核鳞、树叶、松针、椰糠、水苔等植物材料，经过一定的加工处理制成，可用于树池覆盖、花坛覆盖和庭院绿化覆盖。③促进园林废弃物的其他产品开发可以制造木醋液、生产食用菌培养原料、生产饲料和收集药用材料等。

4. 林业低碳社区示范

因地制宜发展林业低碳社区。林业纳入低碳经济有多方面的内容：植树造林增加碳汇，改善人居环境，促进生态文明；加强森林经营，提高森林质量，促进碳吸收和固碳；保护森林，控制森林火灾和病虫害，减少林地的征占用，减少碳排放；森林作为生态游憩资源，为人们提供了低碳的休闲娱乐场所；使用木质林产品，延长其使用寿命，可储存大量二氧化碳；保护湿地和林地土壤，减少碳排放。结合北京实际，可通过参与式林业低碳社区规划制定、发展以提高森林质量和增加碳汇能力为导向的森林综合经营、以森林经营剩余物能源化利用为途径的低碳社区建设，加强林业低碳经济能力建设。

林业低碳社区示范推广。着力建设林业园林低碳社区示范点。积极创建"绿化模范县"、"园林式单位"、"园林式小区"、"园林式村庄"，并结合林业产业发展，在全市建立林业园林低碳社区示范点，示范带动全民参与低碳经济发展。北京"十二五"规划低碳建设重点项目，石景山五里坨生态社区建设已经正式启动，融汇了低密度住宅、人工湿地、太阳能供暖照明、风能发电等低碳理念，成为北京首个低碳生态社区，为建设林业低碳社区提供了有益的经验借鉴。

引导全社会参与低碳发展。森林在维护气候安全、生态安全、物种安全、木材安全、淡水安全、粮食安全等方面具有特殊作用，在全球高度关注气候变化的背景下，林业被提到了事关人类生存与发展、前途与命运的战略高度。建设重点是广泛宣传林业在发展低碳经济中的优势，充分调动企业、公众参与植树造林、保护森林等活动的积极性，通过林业措施，实践低碳生产和低碳生活。

第三节 人文园林行动

文化是世界城市发展的灵魂，是衡量一个城市国际化、现代化程度的重要标志，也是北京建设世界城市的独特优势。园林绿化作为彰显首都先进文化的重要载体，大力推进人文园林建设意义重大。

人文园林建设的目标是：以传承园林文化、建设生态文明为着眼点，以尊重公众意愿、满足市民需求为出发点，以发挥游憩功能、丰富文化内涵为侧重点，以推出文化产品、倡导生态道德为落脚点。着力提升"四大功能"即经济促进功能、文化凝聚功能、绿色休闲功能、社会教化功能。实现"四大目标"即通过产业富民、文化惠民、绿色娱民，打造低碳宜居之城、魅力园林之城、生态文明之城、绿色幸福之城。

人文园林建设的重点是：推进绿色产业发展，提质增效；打造精品园林景观，惠及民生；构建生态文化体系，培育新风；共建绿色幸福城市，全民尽责。

一、推动兴绿富民，实施绿色产业增效计划

发展绿色产业，实现经济增长的绿色化已成为中国和国际社会追求的长远目标。随着北京经济社会快速发展和资源环境承载力的逐渐饱和，唯有建立一个资源环境低负荷的社会消费体系，走循环经济道路，发展绿色产业才能实现首都生态文明的目标。林业产业本身就是绿色产业的重要组成部分，是一个涉及国民经济第一、第二和第三产业多个门类，涵盖范围广、产业链条长、产品种类多的复合产业群体，不仅为国家建设和人民生活提供了包括木材、竹材、人造板、木浆、林化产品、木本粮油、食用菌、花卉、药材、森林旅游服务等在内的大量物质和产品服务，而且对促进农村产业结构调整，解决山区农民脱贫致富，提供社会就业机会等方面都具有极为重要的意义。随着北京经济社会快速发展和园林绿化事业的快速推进，北京的林业产业已初具规模，在促进农民增收致富方面发挥了重要作用，但是还没有形成完整的现代林业产业体系，产业结构不尽合理、产业链条有待延伸、规模化水平有待提高，特别是在北京市沟域经济发展中的突出作用还不明显。

该项计划的目标是：从首都地位的高度认识园林、从发展"三农"的高度拓展园林、从生态文明的高度提升园林、从以人为本的高度延伸园林，以面向市场为导向，以提质增效为核心，以转换机制为关键，整合资源，优化结构，突出特色，打造品牌，着力提高绿色产业的规模化、专业化、标准化水平，努力打造集生产、生活、生态等多种功能于一体，具有鲜明绿色精品特征、满足高端消费需

求特点、体现大都市发展特性的"都市型现代产业、服务型高效产业、人文型功能产业"。重点是依托园林绿化资源优势，加快传统林业产业结构调整，大力提升产业功能，发展优质、安全、绿色、高效绿色产业，实现专业化布局、标准化生产、规模化经营、集约化发展，使绿色产业真正成为北京郊区发展的优势产业、山区经济的支柱产业、农民增收的致富产业。力争到 2015 年，全市林业产业总产值突破 100 亿元。主要任务是推动结构调整，延长产业链条，推进资源整合，发展沟域产业，强化政策支撑。

（一）推动结构调整，着力提质增效

产业结构调整升级就是推动产业结构合理化和高级化发展，实现产业结构与资源供给结构、技术结构、需求结构的相适应。在政府产业政策的指导下，通过优化生产要素在不同产业的构成比例关系，能够提高资源配置效益，从而提高产业的产出。根据北京市绿色产业发展状况，重点需要加强果品、花卉、种苗、蜂业等传统产业的结构调整，着力提质增效，增强市场竞争力。

1. 着力加快特色果品产业提质增效

提升北京果品产业化水平，以科技为产业支撑，市场需求为发展核心，培育和引进名、优、特、新品种，建设优质种质资源库，加快品种结构调整。完善果园基础设施建设工程，加快设施果业发展步伐，实施观光采摘园改造升级工程，推动果园有机化栽培，提高果品风味品质，使京郊果树产业向生态友好、休闲观光、优质高效、健康生活、富民增收型产业转变。打造"北京名果"品牌，提高整个果品品牌知名度，树立"北京名果"顶级形象，增强市场竞争力，推进高效特色精品果业建设。建设连锁化"北京果品特色店"，打造"北京名果"高档果品专营终端，形成专一化和专业化的经营实体，形成区域优势果品连锁流通品牌，建设电子商务交易平台，完善果品流通体系。建立健全相关规范和加强质量安全控制体系建设，确保果品质量安全。

2. 积极推进花卉产业品种结构升级

基于国内外市场需求，发挥首都综合优势，统筹国内、国际两种资源，以现代设施装备和科学技术为支撑，以新型农民为主体，以产业化经营为龙头，实施"创新驱动、投资推动、贸易带动、消费拉动、政策调动"五大战略，着眼于优新品种研发、生产技术创新和成果转化示范，加快花卉产业园区建设，打造全国创新辐射中心、高端生产中心和市场消费中心。根据城市化发展水平和城乡土地利用规划，在全市范围内形成各具特色的专业化、规模化花卉生产区域，为满足绿色消费市场提供绿色生产。根据市场需求和区域特点，大力推进产业升级，紧抓新品种培育、无性繁殖、温室种植等核心关键技术，丰富花卉品种，提高产品质量，提高自主产权的花卉品种市场占有率，使之真正成为"都市型农业"的重要支柱。

3. 大力提升种苗产业规模效益

林木种苗工作是一项带有全局性、超前性、战略性的基础工作，实施花卉林木种苗工程，推进北京种苗生产的良种化、规范化、规模化和集约化，对加快北京现代园林发展，实现农民增收，服务城市园林建设具有重要的战略意义。种苗发展要以最大限度地满足园林绿化对苗木数量、质量、品种多样化的需求，以国家级林木种苗示范基地、标准化苗木基地和林木良种基地为龙头，建设一批骨干苗圃，培育名特优新树种、乡土树种、抗逆性树种和园林景观树种等种苗生产基地，带动周边地区产业结构的调整。同时需要提升种苗执法能力，完善种苗执法体系和社会化服务体系。到 2020 年，使种苗体系更加规范、完善，使整体水平达到或接近世界发达林业国家水平。使 1 级苗供应率达到 95%，苗木自给率达到 95%，林木良种使用率 80%，使苗木受检率达到 90%。

4. 持续提高养蜂产业经营水平

系统普查蜜粉源植物本底，加强蜜源植物更新保护。引进和培育适合北京地区蜂业生产的新优良品种，提高良种率。保护北京地区特有的中华蜜蜂种质资源，加大华北地区中华蜜蜂濒危物种拯救工程力度。着力建设标准化蜜蜂饲养基地，开拓有机蜂产品生产基地。更新升级蜂产品加工生产线，研究开发高附加值的创新产品，提高市场竞争力。建立严格的蜂药监督管理制度和产品溯源监控制度，完善服务保障体系和技术支持体系。

（二）延长产业链条，着力拓展功能

产业发展水平和竞争力实际上是产业链的综合协同力的真实反映。产业链实质是产业间及产业内的供给与需求、投入与产出的关系。从供应链角度来看，绿色产业是一条在上、下游企业间形成贯穿原料供应（林木培育、种植）、生产制造（林产品加工）、销售（林产品营销）及满足最终用户的需求链条。要延长绿色产业链，拓展园林产业功能，一方面要继续发挥原有的优势产业，另一方面要不断寻找新的经济增长点，拓展产业领域和应用范围。根据北京市园林产业的状况和社会经济发展的需求，重点是挖掘文化内涵，发展森林旅游、生态疗养、森林食品、林产加工业等，切实提升绿色产业功能。

1. 大力推动森林休闲和生态疗养产业

森林休闲和生态疗养产业是以森林旅游休闲、文化休闲、体育休闲、康体休闲为主导的综合性产业，以生态和环境的维护与改善为宗旨，具有较强的产业依托性、较强的地理性特征，并体现了产业集群化、融合化、生态化的现代产业发展趋势。北京市的森林休闲和生态疗养产业发展应以现有森林公园、湿地公园、风景名胜区和自然保护区为资源依托，加大对基础设施建设的投入，提升景观质量和生态文化内涵。引入健康管理模式、医疗旅游模式、康体俱乐部模式等多种新型休闲和疗养开发经营模式。提高休闲和疗养地的游客接待服务能力和社会影响力；创新设计理念、选择立足资源基础的生态休闲和疗养产业开发模式，进而实现产业升级。打造自然景观、人文景观、历史古迹各异的精品森林生态休闲线路，丰富休闲产品；充分利用森林的自然生态环境，开发攀岩、狩猎、音乐森林、童话森林、户外运动拓展、森林浴场等情景化体验设计的康体游乐项目。根据各区域独具魅力的文化内涵，结合各种特色林果产品，开展林下观光园建设，建立集旅游、餐饮、住宿、科普教育等为一体的精品观光示范园。

2. 深度开发森林食品和林下林上经济

深度开发森林食品和林下林上经济产业，不仅有利于发展循环经济，提高森林资源的保护和利用水平，而且对于优化林业产业结构，促进农民致富奔小康具有现实而深远的意义。要根据区域分异和资源条件，整合优势资源，以基地建设为载体，以政策补贴为支撑，大力推动发展森林食品和以种植业、养殖业、非木质产品采集业为主的林下经济，以养蜂、观蝶、观鸟为主的林上经济产业发展，突出绿色无污染、野生有营养、规模有特色的发展模式。实施品牌战略，提升产品品质，增加品牌的市场冲击力，提高国内外市场占有率和回报率。科技先导，开拓创新，提高森林食品精深加工水平，由原料型利用向开发功能性森林食品转变。通过实施森林食品标准化生产、认证、检测，加强监管，从生产源头上严把质量安全关，实现"从源头到餐桌"全过程的质量控制，使北京市森林食品基地建设和产品认定工作与国际接轨。

3. 着力提高林产加工业水平

林产品加工是延长园林产业化链条、增加林产品附加值的关键环节。以调整产业结构、优化产业布局为主线，以创新产业运行机制为手段，以提升产业整体水平为目的，提高林产加工业水平。大力发展农村中小林产品加工企业，建成苹果、枣、板栗、核桃、柿子加工为主导产品的企业集群。鼓励和扶持林下经济深加工企业，延长产业链条。鼓励和扶持一批具有创造能力的科技企业，建立以玫瑰油、芳香油类、中草药、食用菌、沙地桑等为主的林下经济产业园，延长产业链，增加产品附加值。探索园林经营剩余物的加工利用、森林食品包装、贮藏加工的规模化发展。高起点引进林产品深加工核心技术和关键设备，促进引进技术的消化吸收再创新，以提高生产能力、监控检测、自动化控制水平为重点，促进林产品深加工及资源综合利用的装备业发展。

(三)推进资源整合，着力扩大规模

面对北京市林业产业规模小、品牌弱、资源零散、收益少的特点，推进资源整合，扩大规模是北京市实现绿色产业增效计划的必由之路。绿色产业要形成大市场的格局，关键是要有主导产品和规模生产作保证。要按照产业化经营的思路，创新经营模式，在抓好产业结构调整的同时，重点向规模化、集团化方向推进。

1. 大力培育具有区域特色和竞争优势的主导产业和"拳头"产品

具有地方特色的主导产业和"拳头"产品是增强市场竞争力的重要基础,在产业持续发展中具有重要引领作用。因此要鼓励和支持企业间强强联合,优化资源配置,形成绿色产业带和产业集群,培育一批具有北京原产地特色、竞争力明显的产业和知名产品,扩大主导产品的生产规模和市场占有率。

2. 整合资源,组建大型龙头企业或产业集团

对于经济规模小、生产技术落后、处于产品生命周期末端的园林绿化和林业企业,鼓励企业以市场为导向,以资本、技术为纽带进行联合重组,通过股份出售、转让等多种形式,使资源向有利于产业结构升级的方向转移,从而推进产权结构的调整和优化。以项目包装为载体,以政策机制为牵引,以优质服务为保障,不断加大招商引资力度,重点扶持培育一批有市场竞争力、产业关联度大、带动力强的大中型林业产业龙头企业,通过多种形式培育产业集团,并积极鼓励上市融资,着力增强其核心竞争力,逐步形成政府引导、协会组织、企业运作、农户参与的林业产业发展格局。

3. 发挥产业集团的示范、辐射和带动作用

真正发挥龙头企业或产业集团在技术带动、规模生产推动、市场流通拉动方面的效果,提高标准化程度,加强企业之间在技术开发、市场营销、教育培训、法律咨询等领域的合作,不断增强绿色产业在国内外市场中的竞争能力。

(四)发展沟域经济,着力兴绿富民

北京山区幅员辽阔,在行政上包括怀柔、密云、平谷、延庆、昌平、门头沟、房山等7个山区(县)的83个山区和半山区乡镇,面积为1.04万 km^2,占北京市总面积的62%,共有1669个村委会、61.8万户、161.8万人,占北京市人口总数的14%。随着首都城乡统筹一体化发展战略格局的逐步形成,山区作为首都"生态涵养发展区"的功能定位进一步明确。作为首都的绿色生态屏障、重要的水源涵养和供给地、绿色安全食品的生产基地、都市居民的休闲旅游度假胜地,以及首都发展的可持续战略空间,山区经济社会建设发展直接关系到首都的可持续发展和"人文北京、科技北京、绿色北京"的建设。

"沟域经济"是北京近年来探索出来的一种新的山区发展模式,于2008年北京市第二次山区工作会议正式提出,属于区域经济范畴,是一种经济形态。沟域经济就是以山区自然沟域为单元,充分发掘沟域范围内的自然景观、历史文化遗迹和产业资源基础,打破行政区域界限,对山、水、林、田、路、村和产业发展进行整体科学规划,统一打造,集成生态涵养、旅游观光、民俗欣赏、高新技术、文化创意、科普教育等产业内容,建成绿色生态、产业融合、高端高效、特色鲜明的沟域产业经济带,最终达到服务首都和致富农民的目标。到2009年,北京累计投入3.5亿元建设沟域经济项目,164条具有一定规模可以连片开发沟域中，已有 70 条沟域完成或正在进行规划，17 条沟域完成了整体开发，涉及生态环境建设、农业、产业园、休闲娱乐、民俗户改等上百个项目，建成 241 个旅游景点、319 个旅游度假村、639 个观光采摘园、267 个民俗旅游接待村和 8668 户民俗旅游接待户。园林绿化作为生态环境保护的重要事业和推动山区农民增收致富的重要产业，在北京发展沟域经济过程中大有作为，是打造绿色沟域经济的基石。

1. 高起点规划沟域绿色产业

明确林业产业在沟域经济发展中的功能、地位和作用。摸清山区、沟域绿色资源和产业发展本底，高标准、高起点规划和认真谋划林业产业在沟域经济发展中的整体布局和发展思路。按照"诗画山水、魅力栖谷"的建设理念，选择 100 个生态环境和景观资源基础比较好的沟域，进一步提高森林资源质量，提高森林景观效果，开发林下资源和发展林业经济，结合农业、旅游产业发展，打造各具特色的生态游憩主题沟域，把这些沟域建设成为"赏自然景，喝山泉水，吃林家饭，洗森林浴"的生态优美新山区。

2. 推动山区林业产业由单一型发展向生态综合型发展

改变和突破传统"靠山吃山"的思想和单一发展种养殖业的模式，充分发挥山区资源优势，将沟域生态治理与发展特色生态旅游、休闲度假、观光采摘、绿色产业文化创意结合起来，走出一条生态良好、生活富裕、乡风文明的沟域经济发展模式，向绿色、文明、低碳等综合性生态产业转变。特别是要在现有沟域森林资源的基础上，针对低效林开展林分结构调整，提升生态功能和景观效果；针对裸地、荒地等按照整体规划开展造林绿化建设，为沟域绿色产业发展营造良好的生态环境，使之成为具有不同诗画意境和特色魅力的生态游憩胜地。

3. 推动实现山区林业产业差异化发展，形成各具特色的产业带

针对沟域间的差异和不同沟域现有的景观特色，以沟域内的自然景观、文化历史遗迹和产业资源为基础，以特色旅游观光、民俗文化、科普教育、养生休闲、健身娱乐等为内容，突出沟域的自然环境特点和景观资源潜力，营造具有独特魅力的植物景观特色沟域（如红叶、山花）、水产养殖特色沟域（如虹鳟鱼）、果品采摘特色沟域（如苹果、柿子）等不同类型沟域，因地制宜包装开发沟域绿色产业，建成内容多样、形式各异、产业融合、特色鲜明，具有一定规模的沟域绿色产业带，形成"一沟一业、一沟一品、沟沟有特色"的发展格局。

二、培育国际品牌，实施精品园林打造计划

公园是指市域范围内向公众开放的，具备改善生态、休闲游憩、科普教育、美化环境和应急避险等功能，具有良好的园林环境和相应配套设施的场所。公园是城市绿地系统的重要组成部分，是有机融入城市骨架的绿色生命，是城市重要的公益性事业和基础设施建设，同时也是反映一个城市文化发展历史，体现一个

城市社会文明程度的重要标志，历来是各级领导关注、人民群众关心的焦点。风景名胜区是指具有观赏、文化或者科学价值，自然景观、人文景观比较集中，环境优美，可供人们游览或者进行科学、文化活动的区域，包括国家级风景名胜区和市级风景名胜区。风景名胜区事业的发展，对维护生态环境、国土风貌和保护自然文化遗产资源，发展地区经济，扩大对外开放，建设物质文明、精神文明和生态文明，满足人民群众日益增长的物质文化生活需要，具有十分重要的意义。要围绕推进世界城市建设，大力加强全市公园、风景名胜区基础设施建设，强化环境综合整治，提升规划、建设、管理和服务水平，使之真正成为传承北京厚重历史文化底蕴的重要载体，满足市民旅游健身和休闲娱乐需求的理想空间，展示中华文明和首都形象的示范窗口，着力打造具有国际影响力的大都市精品园林品牌。

（一）加强历史名园保护，提升园林文化国际影响力

历史名园是国家重点公园中的奇葩，是历史文化名城重要元素之一。它反映历史发展特定阶段的文化、艺术、科学等价值，是以往社会发展、城乡变迁以及人类思维形态的直观物证，代表着城市或地域的历史和尊严。北京是世界历史文化名城，而北京历史文化名城中最重要的组成部分就是北京公园中的历史名园。它们是北京 3000 年建城史、850 年建都史的物质载体，也是北京公园中永葆文化活力、熠熠生辉的历史瑰宝，是北京城市的魅力所在。2003 年，原北京市园林局与市规划委员会确定了北京 21 家历史名园。作为首都最核心的对外窗口之一，历史名园在助推"人文北京、科技北京、绿色北京"建设中显示出不可替代的国内与国际影响力。据市旅游局统计，2009 年北京市全年接待旅游总数 1.67 亿人次，其中历史名园接待购票游客 1.2 亿人次（该数字不包括持年月票游园人数），约占全市旅游接待总人数的 70%。北京历史名园已成为国内外游人感知北京、感悟北京、体验北京的窗口。

当前北京正处于一个新的发展阶段，改善生态环境，保护宝贵的自然和文化资源，创造优美舒适的人居环境，努力建设宜居城市，实现城市可持续发展，是社会发展的客观需求和历史进步的必然选择。保护和继承好历史名园这一园林文化标本，对继承和发展公园事业，繁荣新时代的公园文化、提升城乡居民生活品质、建设生态文明城市具有重要意义。至 2015 年，完成中心城区各历史名园的修缮保护和改造提升，逐步将其从承担的综合公园的功能中剥离。历史名园应成为国家重点公园，在条件成熟时申报世界文化遗产。

1. 加强历史名园硬件升级

北京历史名园作为一种资源，其承载力是有一定限度的，目前已暴露出园内游览空间不足，许多遗迹需要修缮或复建；部分历史遗留问题需要逐步加以解决，同时也暴露出周边配套空间不足、配套服务短缺、安全隐患显现等现象。建

设重点是加强硬件升级，扩容游览和服务空间，提高资源承载能力。

历史名园建设应本着对历史、对人民高度负责的精神，遵循历史名园保护的相关法律法规和《世界遗产公约》的精神，制定相应的政策和管理制度，科学有效地保护历史名园这批珍贵的资源。在历史名园的保护和利用中，要维护历史名园本体价值的历史真实性和完整性，实行最小干预原则，最大限度地避免建设性破坏和维护性损毁，最大程度地传承名园的历史信息和物质遗存。重点推进建设国内一流的植物园、动物园，复建香山静宜园二十八景等一批历史名园内的历史建筑群，修缮景山寿皇殿等一批文物古建筑，实现天坛医院搬迁后天坛公园规划绿地，加强香山、颐和园、动物园等公园周边环境治理，加强北京皇家园林文化的挖掘、弘扬，举办一批高水平的公园文化活动，满足人民群众文化娱乐需求。

2. 加快历史名园的软件升级

历史名园在服务市民过程中，职工的服务素质、能力显著提升，但服务的国际化和个性化水平还有待提高。建设重点是加快软件升级，提高服务水平，营造和谐游园氛围。历史名园要积极吸纳当代社会科技和管理的先进成果，重视借鉴文化、服务、经营等行业的先进模式和经验，树立规划立园、人才兴园、科技管园、文化建园的理念，创新发展，发挥历史名园的地域中心作用，提高历史名园在现代社会生活中的影响力，在经济发展中的推动力，为全面建设小康社会，构建和谐社会做出我们的贡献。

3. 加强历史名园的管理建设

重点加强对于历史名园内部及周边用地情况的深入调研，进一步掌握游客构成特点及其对游览空间需求的变化，联合有关部门和相关区县、组织专家学者深入调研和研讨，详细编制历史名园扩容规划，加大周边环境改造和配套服务设施建设力度，优化游览路网与疏散节点建设，逐步推进各历史名园周边改造等工作，为优质服务民生、为传播北京历史文化，为国际国内交往，为建设世界城市做出更大贡献。同时，积极探索北京历史名园体制、机制建设。从目前看，北京的21个历史名园的管理各自为政，缺少整体性，无法形成合力；没有统一和规范的管理标准。历史名园的保护和发展需要给予更多的政策支持，在坚持"政府主导、部门联动、社会参与"的原则基础上，建议进一步整合资源、理顺体制、健全机制、集成优势，强化政府园林绿化主管部门对历史名园的集中统一管理，切实提升北京历史名园服务首都世界城市建设的综合能力和服务水平。

（二）完善公园绿地体系，提升园林成果共享力

公园绿地是营造城市宜居环境、缓解城市"热岛"效应的重要环节。加快大型公园绿地建设，是显著提升北京城市绿量、扩大绿色空间的重要举措，也是首都建设世界城市和绿色北京、构建和谐社会首善之区的迫切需要。在今后一个时期，要按照"科学规划，合理布局，形成网络，改善生态，方便居民"的原则，

进一步加快各级各类公园绿地建设步伐，努力做到高水平规划、高质量建设、高效能管理，实现同国际接轨，达到一流水平，不断提升城乡人民的精神文化生活品质。

1. 加快推进公园绿地建设，强化生态服务功能

公园的发展建设要认真落实新修编的《北京城市总体规划》，服从服务于北京的城市功能地位，进一步加大公园绿地建设力度，继续推进城市绿地建设，增加城市绿地总量，全面提高首都的城市景观、生态质量和人居环境，逐步实现居民出行500m见公园绿地的目标。

(1)城市中心区，以城市休闲公园、社区公园建设为主，结合旧城改造、搬迁等新建和扩建公园；在海淀、朝阳、丰台和石景山四区，在增加公园总量的同时，注重综合公园与社区公园的同步推进，形成布局合理、功能健全的公园系统；在边缘集团，按服务半径要求配建综合公园和社区公园。结合文物古迹保护、城市水系改造以及道路建设，建设遗址公园、滨水公园等专类公园。

(2)完善"城市公园环"。按照"一环、六区、百园"的布局，继续推进一道城市绿化隔离地区公园环建设，加强街旁绿地的改造提升等，实现绿色隔离地区成果巩固，多种效益充分发挥，营造城乡结合部地区人与自然和谐发展的局面，使城乡人民共享绿化成果，并启动二道绿隔功能提升工程。在保证新建公园的高水准建设的同时，注重原有公园的改造提升，挖掘森林公园深厚的文化内涵，提升森林公园的内在品质，充分发挥森林公园在保护自然生态景观多样性和为公众提供良好游憩服务以及开展科普与生态文化教育等方面的功能。

(3)建设四大生态公园，提升城市品质。按照《城市绿地系统规划》，在全市中心区外围四个方位按照不同的主题布局四大生态公园，成为区域地带性标志，营造多中心强大绿肺。完成以三海子、南苑为中心的南郊生态公园建设，形成南中轴核心绿地；强化以奥林匹克森林公园为主体的北郊森林公园的完善，向北跨清河与北七家郊野公园连接，扩建成北部绿色中轴带，成为北部大型居住区的休闲游憩的主要区域；推进东部大型休闲游憩公园、西北郊区大型历史公园建设。树立区域生态环境新地标，引导绿色低碳生活方式，集生态、景观、休闲、教育示范于一体，构筑人与自然和谐的生态文明社会。建设过程中，对四大公园用地范围内所涉及的河湖湿地、自然保护、水源保护等生态限制性要素应给予充分考虑。另外，结合中心城区"楔形绿地"建设规模在 $500 \sim 1000 hm^2$ 的郊野公园，为郊野公园环的形成奠定基础。

(4)高标准、高质量建成11个新城万亩滨河森林公园。宏观上要将这些公园作为水陆连接点，把新城城区与滨河水域相连，形成自然水域与新城人居环境的相互渗透的城市景观。公园自身建设要以居民对于生态环境和绿色休闲空间的需求为出发点，以亲近自然、感受自然，在自然中寻求身心的宁静和放松为主题，以对自然最少的干扰、破坏和最大维护恢复最佳自然生态状态为建设手段，以更加生态的景观规划设计手法，如亲水平台、栈道、林中步道等处理人的游憩行为，使人更亲近水滨，贴近森林。另外也需要对公园周边河道及两侧的河滩地、荒漠地和林地进行近自然化和公园化的改造，构建"以水为魂、以林为体、林水相依"的开放式带状滨河绿地，提高新城宜居质量。根据测算，11座新城滨河森林公园建成后，北京市新城绿化覆盖率将提高5%，绿地中城市森林比重从目前的35%提高到50%。全市将新增城市森林公园10.2万亩，全市公园绿地总量将达到近30万亩。

(5)建设浅山区生态景观带。将跨11个区县(除四城区和朝阳、大兴、通州)60余乡镇、蔓延230km、总面积6万余 hm^2 的北京前山脸建成第二道绿化隔离地区外围的一条大型生态景观带，带中分三区，分别是"西部历史文化区"、"北部风景名胜区"、"东部生态休闲区"，各区由不同的主题园组成，以廊道连接成带；在景观带带来大量人流的基础上，山前平原开展休闲旅游配套经济发展带建设，带动山前平原带的发展。构成"一带三区百园"的景观格局，实现"一带盘活两带"的经济发展格局。

(6)加大森林公园建设力度。重点建设中心城区和11个新城周边交通区位条件较好的森林公园。以现有的15个国家级森林公园为试点，加大对森林公园生态文化基础设施建设投入，有效保护森林风景资源，提高森林公园的游客接待服务能力和社会影响力。同时，规划新建设54个森林公园，侧重东南部森林公园的建设，弥补东南部公园绿地的不足。到2020年，实现森林公园总数达到100个，总面积达14万 hm^2 的目标。

打造绿色北京森林走廊工程。打造东北以云蒙山、雾灵山为代表的自然景观森林游；西南以百花山、上方山为代表的植物景观森林游；西北以八达岭、十三陵为代表的人文古迹景观森林游。最终形成森林旅游线路丰富，森林旅游产品构成合理，充分满足市民需求的全市森林游格局。

2. 加强公园环境建设及设施维护，强化景观协调功能

(1)要加强公园绿化养护。严格按照《北京市公园管理工作规范》的要求，主要游览区执行特级标准，非主要游览区不低于一级标准，杜绝出现黄土露天现象。植物病虫害防治要以环保为前提，采取科学手段，协调使用化学防治和物理防治方法，努力达到园林植物病虫害的可持续控制，维护园林绿地生态系统平衡和良性循环。不能因病虫害防治中使用非环保化学制剂而对环境造成破坏。

(2)抓好重大活动期间的公园环境布置，选择应季花卉，精心设计花坛、花带、花境，以达到烘托气氛、形成景观的效果。

(3)加强公园设施维护。公园设施是为游人服务的，要充分体现"以人为本"的发展理念。设施的设置要合理布局，与景观相协调，在数量和功能上不断满足游客的需求。如园内提示牌要有双语标识，无障碍设施要完善，至少有一条闭合无障碍化游览路线可达公园内主要景点。严格限制公园配套服务建筑的外租外包行为。

3. 深入挖掘公园的历史内涵，强化文化涵养功能

园林是中国几千年传统文化的积淀和艺术的凝结。融合了古典与现代的北京园林，文化是其立身之本。以文化为依托，公园才能可持续发展。要深入挖掘各类公园的文化内涵，彰显古典园林深厚的文化积淀，努力打造园林精品。

（1）历史名园的建设要坚持保护为主、突出特色。对文物古建的修缮要坚持修旧如旧，始终保持古典园林的风貌和神韵；不断丰富展览展陈的内容，提高中外文讲解水平；及时搜集整理与公园有关的历史文化资料，不断加大宣传力度，弘扬皇家园林文化。

（2）现代公园的发展要提升标准、体现品位。找准各自的发展定位，有针对性地提升游园环境、提升发展特色、提升文化品位，努力形成一园一意境、一园一景观、一园一精品的发展格局；要充分利用公园的文化资源优势，坚持高品位、高水平、高档次，组织开展丰富多彩、积极向上、群众喜闻乐见的文化活动，充分体现知识性、艺术性、参与性，着力推动生态文明建设。

（三）强化全市公园管理，提升首都园林公信力

加强各类公园的规范管理是一项长期性、综合性、社会性很强的工作，其艰巨程度甚至超过公园建设。建设是基础，管理是关键，建成的公园如果没有法制化、规范化、科学化、长期化的管理保障，公园就难以发挥其社会和生态效益。公园管理是一个动态管理的过程，要积极吸收和借鉴国内外先进的园林服务管理理念、管理方法、管理机制，结合北京实际，加快建立一套科学的管理体系，高度重视高科技手段在管理中的应用，不断提高公园工作的科学化、规范化水平。

1. 切实提高公园的服务水平

公园姓"公"，体现的是为公众服务，追求的是公众的满意度。这个"度"是个乘数，满意的人越多，这个乘数就越大，满意度就越高。游客的满意来自于亲身感受，绿色景观环境、水质、厕所卫生、设施维护、游览秩序等等都能以小见大，反映出公园整体的管理服务水平。因此，公园管理既是一项系统化工程，同时又是一项高度关注细节的工作，细节体现工作的质量和水平，细节决定工作的成败。

（1）要满足游客群体的多样化需求。充分考虑不同层次游客的多样性，提供全方位、全时段的规范服务，提倡个性化服务，重视特殊时段、特殊岗位、特殊人群的服务要求，始终把游客满意作为第一标准，切实做到服务到家、管理到位，寓管理于服务之中。

（2）要下力解决突出问题。管理在很大程度上是通过对实际问题的解决来不断提高水平的。要围绕人民群众和社会各界反映突出的园容园貌、基础设施、商业活动等突出问题，有针对性地加大监督检查和管理力度，发现问题，快捷处

理，消除负面影响。同时对带有共性的问题，进行归纳和总结，制定措施，完善制度，调整管理的方式方法。

2. 不断推进公园管理创新

（1）建立全市公园统一监管体系。健全市、区县、乡镇等各级公园管理机制，实现城乡公园行业监管全面覆盖。加强与相关行政主管部门的沟通与协同，实现资源整合、有效保护、合理利用、有序发展。研究确定全市主要公园名单，明确公园的执法主体，建立"区域联合、部门联动"的高效监管机制，保证公园和谐有序的环境秩序。理顺全市历史名园管理体制，强化政府主管部门对历史名园的统一规划、建设和管理。

（2）建立健全相关法规与标准。围绕世界城市建设，按照"生态建园、科技强园、文化兴园、服务立园"的思路，制定出台《北京市公园事业发展规划》，从全市公园的空间布局、功能定位及不同公园的管理模式等方面确定公园事业发展方向。结合实际，有针对性地研究制定和细化公园管理相关地方法规和标准体系，逐步把公园管理工作纳入规范化、制度化、法制化轨道。适时修订《北京市公园条例》，研究制定《北京市公园绿地养护管理标准》，解决长期困扰公园的因资金不足导致养护不到位、有钱建无钱养等问题，将公园养护费用纳入同级财政固定的预算范围。

（3）实行分级分类管理。尽快出台《北京市公园管理办法》，依法实行公园注册制度。对全市公园要实行分级分类管理，公园的等级、类别由市园林绿化行政主管部门按照有关规定确定并公布。针对各专类公园的管理需求，研究制定《北京历史名园管理条例》、《北京绿化隔离地区"公园环"公园管理办法》等相关管理办法。根据各类公园的性质、功能，制定相应的政策措施，保证公园服务能力。

（四）加强风景名胜区建设，提升园林文化凝聚力

北京市现有风景名胜区总面积 2200km²，占北京国土面积的 13.1%，主要位于北京的东北、西北和西南，分布在北京市 9 个区、县，形成了北京良好的生态屏障，同时对开展科研和文化教育活动、保护生物多样性、丰富首都人民的精神生活等都具有重要的作用。

1. 加强现有风景名胜区建设

通过促进景观改造、配套服务设施建设和管理水平的完善提高，充分发挥北京的自然景观、人文景观、历史遗址和动植物资源等优势，切实提高风景名胜区的"环境效益、社会效益和经济效益"。按照"优美环境、优秀文化、优良秩序、优质服务"目标，立足目前基础，以加强景观改造、配套服务设施建设、提升从业人员素质、提高管理和服务水平为重点，完善提高包括八达岭长城、十三陵风景名胜区、石花洞、慕田峪长城和东灵山、百花山等各级风景名胜区的建设水平。

2. 扩大风景名胜区范围

新增温榆河与潮白河之间的风景名胜区，并结合温榆河绿色生态走廊建设，将风景名胜区范围向上游延伸。另外，以三海子、团河行宫等风景名胜资源为主，新增南苑风景名胜区。为市民旅游健身休闲提供理想场所，提高当地经济收入水平，促进人与自然、人与社会的和谐共处。到 2015 年，国家级风景名胜区达到 3～4 处，市级风景名胜区达到 8～9 处；风景名胜区面积占国土面积的比例达 15% 左右；70% 的风景名胜区设置专职管理机构和配备必要管理人员，70% 风景名胜区具备基本的保护管理设施。到 2020 年，通过规划调整，实现北京市风景名胜区总面积共 5481.5km^2 的目标，从而占到市域面积的 33.4%，是现有风景名胜区总面积的 2.5 倍。

3. 加强全市风景名胜区管理

正确处理好风景名胜区资源保护与合理利用的关系，克服短期行为和局部利益，防止景区建设城市化、人工化、商业化。要按照国务院《风景名胜区条例》的要求，依据资源类型和等级标准，对现有核心景区和重点保护对象进行严格核定，既不无条件扩大，也不无原则缩小。凡核心景区，不能建设与景区无关的建筑物和各种经营服务设施，绝不能以破坏风景名胜资源为代价换取暂时的利益和发展。要把主要精力放在资源保护、强化管理和合理利用上来，使风景名胜区建设逐步走上以保护促发展、以发展实现永续利用的轨道。严格履行风景名胜区内重大建设项目的行政许可审核审批手续，对非核心景区建设的各种配套服务设施及重大建设项目（包括水、电、路、气、通讯等），要严格履行相关审核审批手续。

三、坚持以人为本，实施生态文化促进计划

生态文化是人与自然和谐相处、协同发展的文化，是伴随着经济社会发展的历史进程形成的新的文化形态。发展生态文化，有利于贯彻落实科学发展观，推动经济社会又好又快发展；有利于建设生态文明，推动形成节约能源资源和保护生态环境的产业结构、增长方式、消费模式；有利于增强文化发展活力，推动社会主义文化大发展、大繁荣。

在落实科学发展观，大力推进生态文明建设的新形势下，加强首都的生态文化建设，实施生态文化助推计划，不断完善高品位的生态文化体系，对于提高市民的生态文明意识、形成全民参与生态建设的良好局面、活跃群众文化生活、发挥窗口和示范作用均具有重要意义。北京建设世界城市，要秉承"历史与现实的和谐统一、人和自然的和谐统一"的发展理念，深入挖掘和开发首都园林绿化文化资源，完善生态文化基础设施，建设专群结合的生态文化队伍，健全高效的生态文化工作机制，构建覆盖广泛的传播教育网络，培育具有民族特色和首都特色的生态园林文化创意产业，推出一大批具有广泛影响力和示范作用的生态文化作

品和生态文化建设示范基地，全面提升首都生态园林文化在体现人文关怀、彰显文明色彩、传承历史文化的凝聚力、影响力。此项行动计划，主要包括成立组织队伍、推进文化创意与传播、丰富节庆文化、建设教育示范基地、提升公园景区文化品位、拓展产业文化、保护古树名木等方面内容。

（一）完善生态文化组织体系

1. 成立生态文化协会

中国生态文化协会在北京成立于 2008 年 10 月 8 日。协会的成立，符合发展生态文化、建设生态文明的需要，是生态文明建设进程中的一件大事。成立两年来，协会秉持"弘扬生态文化，倡导绿色生活，建设生态文明"的宗旨，深入挖掘我国人与自然和谐相处的民族文化资源，大力宣传生态文明观念，举办生态文化高层论坛，开展全国生态文化村、生态文化基地、生态文化企业评选活动，对于宣传和繁荣生态文化，推动社会主义文化的发展和繁荣发挥了积极作用。

北京市可借鉴国家生态文化协会的经验和做法，筹备成立北京生态文化协会，以更好地推动生态文化建设。同时，应充分发挥园林绿化专业协会、学会服务作用。建立健全果树产业协会、花卉产业协会、蜂业产业协会、野生动物保护协会、野生植物保护协会、爱鸟养鸟协会、林木种苗协会、林业工程建设协会、治沙产业协会、园林绿化企业协会等各种园林绿化专业协会，为农民和园林绿化工作者提供技术支持和信息服务。发展园林绿化中介服务组织，逐步推行和规范森林认证、工程咨询、项目评估。

2. 组建志愿者队伍

生态建设是一项重要的公益事业，需要依靠社会力量，组织动员一大批志愿者发扬奉献精神共同努力。在举办奥运会期间，北京（也包括青岛等奥运会协办城市）成功地通过组织大批志愿者开展奥运服务活动。其中，为贯彻"绿色奥运"理念，曾组织"做绿色奥运志愿者"活动，开展植树造林、护绿播绿、奉献爱心。不仅传播了绿色奥运的理念，也使这一理念发挥了很好的实际效果。

在后奥运时代，北京仍然需要继承奥运举办的成功经验，尤其是围绕"三个北京"和"三个园林"建设，在生态文化协会等社会团体的组织下，组建和发展志愿者队伍，通过开展义务植树、绿地认养、低碳环保等形式多样的活动，提高广大市民，尤其是广大青年的参与程度，进一步提升北京的生态文明水平，早日实现世界城市的建设目标。

（二）推进生态文化创意传播

生态文化需要在继承传统文化的基础上，结合时代发展、地域特点、民族特色不断地有所创新、有所进步。同时又要运用多种人民群众喜闻乐见的形式，进行广泛传播，使之在社会上产生积极影响，满足人民群众的多样化需求。因此，北京在新时期大力推进生态文化创意与传播，对于全社会牢固树立生态文明观念具有重要意义。

通过实施生态文化创意与传播工程，使北京市生态文化产品进一步丰富，反映首都生态文明建设的时代特色更加鲜明，内容更加进步，生态文化传播渠道更加多样化、传播效果更好，更贴近和符合广大市民群众的精神文化需求。

1. 生态文化创意

生态文化产品的原始创作过程及其原创作品，即生态文化创意。它凝结着创作者的辛勤劳动和聪明智慧。原创的生态文化产品是以生态文化为主要内容的第一物品(或活动)，根据物(载体、活动)的不同，它有许多形式，如书法、绘画、音乐、舞蹈、影片、电视剧、视频、动漫、图书、演出、文字、图片等。

生态文化的内容，是生态文化产品的灵魂，也是其核心文化价值所在。"十二五"期间，北京要组织生态文化创作家和爱好者，深入生态建设、生态保护第一线，以新时期丰富多彩、真实感人的生态建设为题材，集体组织进行生态文化创作，或者将零散的创作产品进行集中评选。组织若干次生态摄影、生态绘画、生态书法、生态节目、生态影视创作活动。

同时，鼓励以林场、苗圃、湿地、自然保护区等各类林木绿地资源和园林绿化企事业单位及人物为创作对象，加强传媒、影视、动漫、文艺联合互动，深入挖掘郊野田园文化、游园休闲文化、森林康体文化的内涵，推进生态文化创意产业发展。使更多市民享受生态文化，引导全社会牢固树立生态道德观、生态价值观和生态消费观。

2. 生态文化传播

生态文化传播是通过对生态文化原创产品的批量化复制生产、商业化开发、公益性展示等活动，进而扩大生态文化产品的受众群体和影响范围。生态文化传播的渠道，依产品的形式而有所区别。如生态文化书法作品，可以采取展览的形式、图片的形式进行传播。电影、电视作品，可以采取放映、播放、网络等传媒形式进行传播。

一是积极推进公益性生态文化传播。免费向社会提供各种生态文化产品，开放(或限期开放)生态文化宣传场馆。充分利用现有的博物馆、展览馆(室)，定期组织举办各类以生态文化为题材的展览活动。如生态美学作品展，生态建设事迹展，生态建设成就展。组织以生态保护、生态建设为题材的公益性文艺演出。增加林业建设、园林绿化、生态保护方面的电影电视节目、网站。以政府权威渠道，及时向市民发布北京市园林绿化建设的进展和成就，各区县的生态资源、生态质量状况，各项园林生态工程建设的情况。

二是大力扶持商业化生态文化传播。鼓励各种生态文化产品，如书画作品、艺术作品、影视作品的商业化开发。出台扶持政策，倡导以生态保护、生态建设为题材的商业化文艺演出、播放电影和电视节目。

3. 丰富节庆会展文化

节庆会展经济是作为现代服务业建设的重要组成部分，拉动相关产业发展作用斐然，节庆会展在交通运输、城市建设、宾馆餐饮、休闲旅游等方面的具有集聚效应，放大了节庆会展的边际效应、叠加效应，实现了经济和社会效益的最大化。北京的生态文化相关的节庆会展是伴随经济发展，人民生活水平提高和社会经济与文化的发展而成长起来的。已经形成了节日庙会、花卉展览、季相展览、游园活动、林果采收活动等几大类别，初步形成了一园一品，节庆会展相互交织，体现出一派繁荣的文化景象，对首都经济与文化发展有巨大的促进作用。进一步挖掘生态节庆会展资源，统一规划、合理布局，开展节庆会展工程，对于首都节庆会展活动的有序开展，提升首都文化品位和经济实力具有重大意义。

建立与市场经济相适应，政府调控市场，市场引导企业的节庆会展运行管理机制，形成一批具有规模、品牌、经济效应和地方性、互动性、开放性、国际性的生态文化节庆会展精品项目，办好第九届中国国际园林博览会，继续开展"一园一品"活动，加大节庆会展的宣传力度，培育一批具有国内外重大影响的精品节庆会展。努力将生态节庆会展打造成为首都人民休闲娱乐的重要方式和经济社会发展的新增长点，促进生态文化节庆会展的发展，丰富人民的文化生活，为首都经济发展注入活力，为社会安定团结提供文化支撑。到2015年，成功举办第九届中国国际园林博览会，全市公园基本实现"一园一品"，发行生态节庆宣传手册20期，遴选生态文化展演精品节目20台。

（1）办好第九届中国国际园林博览会。积极筹备召开以"绿色永定、盛世园林"为主题的第九届国际园林博览会，采用节能环保的新材料、新技术、新工艺，利用低碳新技术，在垃圾填埋场上建设中国国家园林艺术博物馆和国际园林博览园建设，以"一谷、二区、三带、六园"为总体布局，推进各个国家、省、市、部门的园林展区建设。开展学术研讨、花卉邮展、花卉诗词楹联书画展、花车巡游表演等文化交流活动，开展园林种子苗木、园林设计、园林建设、园林机械、园林新材料等展销会及洽谈会。以园博园为核心，整合周边资源，发展文化创意产业和休闲旅游业，使园博园成为休闲、旅游胜地和园林创意、设计中心。服务首都建设世界城市大局，增进中国园林艺术与世界园林艺术的交流与合作，推动我国园林花卉产业走向世界。

（2）开展"一园一品"活动。深化"一园一品"活动，继续扶持北京植物园桃花节、香山红叶文化节等已形成一定品牌效应的公园文化活动。提升玉渊潭樱花文化展、北京植物园桃花节、景山公园牡丹芍药展、中山公园兰花展、天坛公园月季展、紫竹院公园竹荷文化节、陶然亭公园菊科植物展示、北京动物园生肖动物文化展、颐和园桂花文化展、北海公园菊花展、香山红叶文化节的文化内涵。注重各公园间的交流，学习借鉴其他行业开展节庆会展活动的经验。突出自身特色，有所创新，结合时事，不断提升"一园一品"的内涵，重点突出生态文明与和谐社会主题；使"一园一品"活动成为提升公园的城市服务功能的重要载体，为市民搭建一个相互交流、共享文化的平台。增大科研和技术的含量，加强对历史文化的挖掘，努力把"一园一品"活动办出成效，不断提升整个城市的文化品位。

（3）提升节庆会展宣传水平。明确宣传主题，对当前的生态节庆会展的时间进行合理安排，按照季节划分，全方位宣传春季踏青赏花、夏季避暑休闲、秋季观叶采摘、冬季滑雪庙会等活动内容，突出生态、娱乐、健康、文化的主题，向群众传播旅游信息、吸引社会关注。明确宣传重点，对市属公园的重点节庆会展重点宣传，配合各个区的节庆会展活动的开展，进行积极地宣传。拓展宣传渠道，收集节庆活动发展的基础资料并调研有关情况，建立节庆会展信息网站，进行有关信息、先进管理方式和应用技术的采集、分析和交流工作；出版发行刊物；充分利用报纸、杂志、电台、电视台等媒体，印制宣传册（单），积极开展推介会议，拓展对外省市及国外的宣传。运用宣传策略，节庆会展前营造声势，在节庆会展期间注重宣传其特色，在节庆会展会结束后，注重回顾、总结性宣传。

（4）规范节庆会展期间文化展演活动。把握主题方向，研讨形式创新，论证运营策略。整合节庆会展人文自然资源，规范节庆会展活动秩序，因地制宜，发展和培育具有鲜明首都文化特色的大型节庆展演节目，着力打造区域品牌特色展会，借此辐射带动商贸服务业的发展。把公园景区常年不用或用于出租经营的房屋，有计划地开辟成展览会议的场所。加大对园区历史文化的挖掘研究，不断将研究成果向社会展示，充分体现公园作为"窗口、精品、平台"的作用。制定和建立行业规则、节庆会展资质认证制度、节庆会展等级认证制度、节庆会展安全卫生问责制度、节庆会展服务评估制度、节庆会展统计体系等规章制度。认真制定安全方案和处理突发事件的预案，保证活动绝对安全。

（三）强化生态文化载体建设

随着时代的发展，生态文化的表现形式日趋多元、丰富和开放。构建鲜活生动而又自然体验趣味浓厚的生态文化载体，是传承首都生态文化丰富内涵的重要途径，也是展现生态文化亲和力、凝聚力和生命力的灵魂所在。按照政府引导、社会参与、典型示范、政策支持的原则，整合现有精品生态资源，挖掘文化内涵，加快建设一批品位高、立意深的超大型综合生态文化精品服务基地，构建森林文化综合体、湿地文化综合体、自然教育园区三大载体，打造具有国际影响力的首都生态文化知名品牌，弘扬人与自然和谐相处的生态价值观，让生态融入生活、用文化凝聚力量。

1. 构建京西北森林休闲综合体，打造都市"森林中央商务区"（F-CBD）

以北京西、北部山区景观特色突出、区位较好、品位较高的森林生态区为龙头，全面整合周边可开发性生态资源，通过丰富的文化、科普、运动、疗养等载体建设和林道网络、集散中心等配套基础设施建设，在以生态涵养为主导功能的京西、北部区县打造多处集森林运功、森林疗养、游憩休闲、自然教育、影视创作和户外活动于一体的大型森林休闲综合服务基地。使其成为居民体验自然、放松身心和郊外游憩的首选场所，成为城市举办各类生态休闲盛会的理想场所，成为展示首都森林生态文化的首要阵地。

（1）京西（门头沟）森林休闲综合体建设。以京西大峡谷为中心，形成集奇峰探险、山村民宿、生态养生和休闲采摘于一体的京西森林休闲综合基地。

（2）京西北（延庆）森林休闲综合体建设。以八达岭国家森林公园、京北百里山水画廊为中心，结合周边高山流水、林涧飞瀑和湖波泛舟等景观组团，形成集雄关巍岭体验、山地自行车运动、绿色文化创意、康体疗养和赏花休闲于一体的京西北森林休闲综合基地。

（3）京北（怀柔）森林休闲综合体建设。以雁栖湖生态发展示范区和慕田峪森林旅游区为中心，形成集会展休闲、康体运动、军事文化体验和登山体验于一体的京北森林休闲综合基地。

（4）京东北（密云）森林休闲综合体建设。以云蒙山森林生态区和密云水库西部山地生态区为中心，形成集山水奇观体验、森林疗养和户外探险于一体的森林休闲综合基地。

2. 构建京东、京南湿地休闲综合体，打造都市"湿地中央商务区"（W-CBD）

北京东、京南部曾是湿地资源丰富的地区，孕育了绵长的运河文化。在京东、京南地区，依托现有湿地水网建设大型湿地休闲综合体可以为该区域湿地的恢复和保护做出样板，促进京东、京南地区重现"水韵京城"的自然风貌。以京东、京南河流湿地为核心，通过湿地文化长廊、科普园地、观鸟基地、苇荡垂钓、泛舟体验等载体建设，在京东、京南城市发展新区打造4处集自然教育、运功休闲和水上体验为一体的大型湿地综合休闲服务基地。使其成为城市居民体验湿地水文化，感受湿地自然魅力和进行野趣休闲的重要场所。

（1）京东北（顺义）运动休闲湿地综合体建设。形成以汉石桥湿地和奥林匹克水上公园为中心，以潮白河为妆点，辐射周边，具有国际品质，风光秀丽，集水上运动、野趣体验和观光休闲于一体的京东北万亩湿地运动休闲基地。

（2）京东（通州）运河湿地休闲综合体建设。以西集镇为中心，全面整合北运河、潮白河沿线湿地资源，形成以运河文化、水上乡韵和游憩体验于一体的京东万亩运河湿地休闲基地。

（3）京南（大兴）湿地休闲综合体建设。以麋鹿苑为中心，在亦庄、旧宫、瀛海三镇相交的三海子地区，形成以湿地科普、郊野休闲、农耕体验于一体的京南万亩湿地休闲基地。

（4）京西南（房山）泉水湿地休闲综合体建设。以长沟地区众多泉水湿地为中心，结合泉水河、龙泉湖、稻田等多种湿地类型。形成集科普科研、环境教育、生态游览和自然体验等多种功能于一体的京西南万亩泉水湿地休闲基地。

3. 构建都市生态自然教育园区，打造"大自然里的假日学校"

借鉴我国台湾溪头、凤凰等自然教育园区模式，结合北京生态文化建设的现实需求，以京郊现有自然保护区、森林公园、湿地公园和生态旅游区为基础，融合山水与文化、运动与休闲、科普与教育、保健与理疗，建立自然生态、环境保护、科普教育等功能于一体的科普教育示范基地。寓科普教育于休闲游憩之中，使人们在假日休闲游憩之中获得心灵的净化。

（1）森林教育园区。选择怀柔喇叭沟门等基础条件较好的国家森林公园和自然保护区，规划建设原始森林科普体验区、森林理疗体验区、森林生态博物馆等。重点活动区域标注植物名称、主要用途、花期等基本特征，定期或不定期举办野外生态文化知识讲座，普及植物学知识，使生态环保意识深入人心。

（2）湿地教育园区。选择大兴区南海子等等基础条件较好的国家湿地公园和自然保护区，规划建设自然湿地科普体验区、湿地修复展示区、湿地生态博物馆等。搭建亲水平台、观鸟平台和木栈道，展现湿地自然气息，普及湿地知识，激发人们保护湿地、爱护湿地的热情。

4. 构建远郊区绿色休闲基地，打造"百个百亩自然体验休闲园"

立足远郊区县丰富的森林、湿地资源，依托现有交通网络，建设沿路发散分布的百个较大规模的更具郊野气息的开放性主题休闲体验园区。建设 25 个以野餐、烧烤、户外探险为主要内容的"自助游憩"型主题休闲基地；建设 25 个以骑马、赛车、球类运动为主要内容的"郊野运动"型主题休闲基地；建设 25 个以拓展训练、草地婚礼、森林音乐会为主要内容的"绿色庆典"型主题休闲基地；建设 25 个以森林探奇、荒野探险、湿地探索为主要内容的"野趣探险"型主题休闲基地。

5. 建设数字园林博物馆

数字园林博物馆作为一种全新的博物馆理念，是运用数字化高科技手段对自然环境、人文环境、园林建筑等有形和无形文化遗产进行原地或异地保护，从而较完善地保留和展示众多区域独特的自然人文风貌、生产生活习俗、园林建设艺术等文化因素。博物馆的工作和无形文化遗产的保护自然而有机地融合在了一起。随着信息技术与网络教育的发展，用数字化手段对生态博物馆进行数字化改造，建成基于网络的数字化博物馆系统对于实现资源共享，保护珍贵的博物馆资源具有极其重要意义。数字园林博物馆的建成将突破传统博物馆的局限性，弥补传统博物馆的缺陷，实现园林博物馆信息实体虚拟化、信息资源数字化、信息传递网络化、信息利用共享化、信息提供智能化、信息展示多样化等数字化新理念。

6. 建设生态文化教育示范基地

森林公园、湿地公园、自然保护区、风景名胜区、自然博物馆、学校、青少年教育活动中心等是开展生态文明教育的重要领域，在开发生态良好的景观资源和丰富的教育资源，建设一批有深刻文化内涵的生态文化教育基地，开展丰富多彩的生态文化教育活动，吸引更多的公众受教育，不断提升生态文明教育的质量。建立社会公众参与机制，在生态文明教育基地开展有计划、有组织的社会公众参与生态文化教育的活动。切实把生态文明观的理念渗透到生产、生活的各个层面，不断增强社会公众的生态忧患意识、参与意识和责任意识，牢固树立生态文明观，为建设生态文明，全面建设小康社会提供强有力的思想保证。

"十二五"期间，可选择具备条件的公园、风景名胜区、自然保护区、湿地、博物馆等，联合有关部门加快建设一批有特色、有意义的生态文明教育基地。重点在森林公园和风景名胜区内建设森林动植物科普和生态科普宣传教育中心20个，展现森林文化、生态文明。积极推动建设中国生态博物馆、中国园林博物馆、园博园、数字化园林博物馆等一批有影响的标志性重大生态文化建设项目。在城市各区、县均应建成一片有文化保存价值的纪念林，使之成为各城市标志性的文化传承林。

在北京八达岭地区建立一座森林体验中心和生态教育园区，开展以提高公众关爱森林、保护环境为主要目的的宣传教育活动。针对社会不同群体，项目主要就森林与人类的关系、中国和世界林业发展现状、八达岭地区森林资源特点等内容进行宣传教育，同时，为游人提供游憩、健身、观鸟、野营等丰富多样的森林体验活动。

通过策划开展一批形式新、影响大的大型生态文化系列宣传教育活动，吸引更多公众受教育，不断提升生态文明教育的质量。大力弘扬人与自然和谐相处的生态价值观，让生态融入生活、用文化凝聚力量，形成尊重自然、保护自然、合理利用自然的绿色生产生活方式。切实把生态文明观的理念渗透到生产、生活的各个层面，不断增强社会公众的生态忧患意识、参与意识和责任意识，引导全社会牢固树立生态道德观、生态价值观、生态政绩观、生态消费观等生态文明观念。

7. 加强古树名木保护

古树是指树龄在百年以上的树木。其中，300年以上的为一级，其余的为二级。名木是指珍贵、稀有的树木和具有历史价值、纪念意义的树木。古树名木是一座城市文化的重要表现形式之一，对古树名木进行保护是城市生态文化建设的重要内容。北京是一座举世闻名的文化古都，人文荟萃，有着丰富的文物古迹，其中有很多"活的文物"，那就是遍布京城的苍老遒劲、嵯峨挺拔的古树名木。北京的古树名木和长城、故宫一样，是十分珍贵的"国之瑰宝"。保护好北京的古树名木，对于弘扬首都生态文化具有重要意义。通过开展古树名木保护，进一步加强对古树名木的保护与宣传，开展个人、企业与单位对古树名木的认养等活动，改善古树名木的生长状况，提升古树名木在北京的历史、文化、民俗、考古、园林、旅游等方面的重要地位。

（1）提升古树名木资源信息化管理水平。北京古树名木资源丰富。目前，全市共有古树名木40449株，其中一级古树5896株，二级古树34553株。名木1000余株，古树群100余群。这些古树大多种植在辽金至明清时期，最早可以追溯到汉唐以前。树种主要是常绿的柏树，包括侧柏、桧柏以及油松、白皮松和落叶的银杏、国槐、枣树等。北京城八区的古树大约有22000余株。京郊有18235株（涉及29科45属51种），其中长势优良的14442株，一般的3324株，较差的441株，濒危的28株。为了加强古树名木的保护管理，维护古都风貌，需要在1998年6月5日北京市第十一届人民代表大会常务委员会第三次会议通过的《北京市古树名木保护管理条例》基础上，进一步加强资源信息化管理水平。

建立古树名木和古树后备资源信息库。对市域内的古树名木和古树后备资源（树龄在80年以上100年以下的树木）进行登记造册，建立资源档案，并按规定进行统一编号：标明树名、学名、科属、等级、树龄、管理单位、树木编号等。对有特殊历史、文化、科研价值和纪念意义的古树名木及古树后备资源，应当有文字说明。建立科学完善的数据系统。

（2）加强对古树名木的科学养护。北京古树生长主要面临干旱天气、大规模的城市改造影响生存环境两大威胁。尤其是由于古树根部土壤表层以大量混凝土、砖石覆盖，导致地表和土壤保水性差，土质贫瘠，使一些古树出现树冠萎缩，部分树干腐烂。针对古树衰弱的问题，加强养护管理。制定古树名木养护管理技术规范。清除古树周围的违章建筑。重设古树名木保护围栏与铭牌。抢救长势衰弱的古树，从改善土壤、叶面施肥、生物除虫、修补腐朽树洞、树体支撑等方面进行养护。

（3）发掘并传播古树名木文化。采取古树名木与绿地建设、文物古迹开发等结合的办法，挖掘古树的价值资源、改善古树的生长环境、建设古树保护示范区。建立广大市民和单位对古树名木进行认捐认养的机制，使广大市民参与到古树名木保护中来。采取多种途径，加强古树名木的宣传、科研、科普工作。充分挖掘古树名木的历史价值、学术价值和文化内涵，使之发挥更大的效益。

（四）提升公园景区文化品位

公园景区是园林文化的重要阵地，提升公园、旅游景区的文化内涵、文化创新能力、文化平台建设是北京园林文化建设的重要内容。对于满足市民生产、生活需求，增加林木绿地的社会、经济服务功能具有重要的意义。对于主城区公园重点挖掘文化内涵，规划文化展演，推荐文化产品标准化；对于前期建设速度较快的郊野公园，重点完善文化产品，提升品位；对于山区森林公园及旅游区重点加强文化宣传，提升文化形象。

按照"优美环境、优良秩序、优质服务、优秀文化"的要求，深入挖掘首都园林深厚的文化底蕴，整合景区文化资源，办好文化活动，加强文化遗产保护，优化景区文化设施，着力打响精品园林文化品牌。让中外游人充分领略历史古都博大精深的皇家园林特色，尽情体验文化名城深厚悠远的自然人文风情，努力使首都园林成为展示中华文明的重要窗口、代表首都形象的重要舞台、具有国际影响的行业典范。到 2015 年，建立 100 个主题文化园，推出一批文化精品园林。

1. 塑造公园景区文化主题

整合历史名园和风景名胜区，提出游览线路，出版相关旅游休闲手册和宣传单，向国内外群众免费发放，召开园林景区推介会，与各旅行社联合开展旅游路线研究，并建立较为长期的战略伙伴关系，加强园林旅游的社会化合专业化水平，重点宣传中心城区古典皇家园林和西部北部山区休闲旅游。结合公园春节、春游、国庆，围绕公园活动、服务、管理、规划建设、安全保障等工作，有效地指导公园新闻宣传工作，电视、报刊等各类媒体报道中心相关工作。大力发展山野森林文化。以林场、苗圃、湿地、自然保护区和各类林木绿地资源为载体，加强民俗旅游文化园、果品观光采摘园、观花赏花休闲园等 100 个主题文化园建设。

对郊野公园及周边文化进行挖掘吸收，根据各个郊野公园的文化特点开展各种主题活动，编撰北京郊野公园游园宣传手册，健全郊野公园的标识，组织各类游园文化活动，大力宣传郊野公园的生态游憩理念，建立一系列以物种文化、生态文化、历史文化为主题的郊野科普公园。将郊野公园打造成为林园一体的规范园林。

重点研究北京公园历史、公园文艺形式，推出一批优秀的文化项目。以天坛文化管理创新为试点，探索公园文化开发的新途径。进一步完善文化研究机制，建设文化研究队伍。进一步加强公园文化挖掘工作，筹划一批有特色、高水平的文化活动项目，出版一批公园文化宣传丛书，编辑系列公园年鉴和期刊。进一步加强非物质文化遗产保护，继续整理并推进一批非物质文化遗产的申报、升级工作。进一步加强学术研究，积极倡议、主动协调北京公园绿地协会、风景名胜区协会、北京颐和园学会、坛庙研究会、圆明园学会等学术性组织，发动社会广泛参与公园文化建设，加大对景区历史文化的挖掘研究，不断将研究成果向社会展示。

2. 开发公园景区文化产品

积极开展文化创意，开发公园特色纪念品，参加旅游博览会；改进公园餐饮文化内涵，推广标准化的公园文化餐饮。拓展公园文化创意空间，在公园文化活动、纪念品研发、餐饮、绿化美化等领域进行文化包装、创意和提升，开发一批具有自主知识产权的公园文化创意精品，开展公园景区文化产品质量的监督检查，开展文化产品标准化及特色化建设，带动地区旅游经济发展，强化思维方式的转变，增强公园景区文化自主创新能力。

3. 开展公园景区文化活动

全力以赴组织好首都各界重大游园活动和各区县市民游园观光活动，通过精心策划和推出一批重大文化展演活动及群众自发演出，为首都各项事业的发展搭建科技、教育、展示、文化、信息 5 个服务平台。常年的演出、展览要加强管理，适时调整，充实内容，要把常年不用或用于出租经营的房屋，有计划地开辟成展览、展陈的场所。

4. 强化公园景区文物保护

加强公园景区历史文物保护工作，积极探索文物保护与利用的新途径和新方法。谨慎实施文物维修，反对在原有文物上进行涂改，对损害文物原貌的加以追究。以颐和园可移动文物保护与展陈示范为试点，完善文物保护体系，建立逐级管理机制，设立专项保护经费，积极开展文物鉴定、分级、修复、保藏、管理等工作，逐步实现文物管理电子化；严格遵守国家文物法律法规，坚持合理利用，积极探索文物利用的有效途径和方法，传承历史文化、拉动经济增长。

（五）拓展生态产业文化空间

推进生态产业的文化建设对于提高产业的效益，满足人民群众日益增长的文化需求具有重要作用，促进产业在满足人民物质生活需要的同时提供更多的精神财富，园林生态产业所承载的物种文化、休闲文化、旅游文化、花卉文化、森林食品文化、历史文化等内容丰富、形式多样，是生态文化传播的鲜活平台，充分发挥生态产业的文化功能来传播文化，充分发挥文化的产业功能来提升产业，这对于提升产业发展空间和公民文明素养，使更多市民享受生态文化，让更多农民依托秀美山川增收致富，不断提高北京文化软实力具有重要的意义。

深入挖掘果品生产、采摘、休闲游憩、森林旅游、花卉博览、蜂产业等生态文化产业的文化内涵，突出文化带动发展的产业发展新理念，推动生态、休闲等产业转型升级，建立乡村生态产业的文化标准，促进生态产业文化交流，打造具有影响力的生态产业品牌，开创出文化、产业、生态相结合的发展新模式。到2015 年，建立起 100 个林果采摘重点村镇、100 个生态旅游精品沟，发行 4 版生态文化宣传手册，建设蜂产业博览园 1 处。

1. 推动生态旅游文化标准化

遵照"立足保护、适度开发、引资共建、突出特色"的方针，大力发展森林旅游业。按照近郊公园农业休闲旅游文化区，中郊平原观光农业与生态农业休闲旅游文化区，山前丘陵观光采摘、民俗文化村、度假村旅游文化区，远郊山区自然观光、生态旅游、滑雪运动旅游文化区的总体布局，对旅游景区的设施采取标准化管理。充分发掘和利用民族文化的丰厚资源，借鉴世界文明的优秀成果，大力推进乡村森林旅游文化产品创新。整合资源，重点开展100个生态旅游精品沟宣传活动，提升100个生态旅游沟的文化品位，加强沟域生态旅游文化研究，整理民间传说，拓展沟域旅游形式。突出重点，积极推介森林旅游线路，宣传京密公路、顺平公路、京兰公路、京石公路、京开公路以及北京—八达岭高速公路、京丰公路、环西山公路等8条黄金森林旅游线路。加强监督，推进乡村生态旅游产业标准化，着力开发生态旅游、特色旅游、专题旅游和乡情旅游等多种旅游产品，实施旅游文化精品战略，扶持原创性作品，着力打造一批代表国家形象、具有生态特色的文学、戏剧、音乐、美术、书法、摄影、舞蹈、广播、影视、动漫等文化艺术精品。

2. 普及提升花卉欣赏文化

重视花文化研究，收集整理花卉物种文化和历史文化，支持北京市花卉文化相关书籍出版。开展花卉评选活动，优先宣传展览传统名花、宿根花卉、野生花卉，对花卉育种改良、品种培育和商品化生产进行科普宣传；建立花卉文化体系，充分利用群众对花卉的热爱，引导群众赏花、爱花，完善市场和信息服务体系；根据市场需求和区域特点，不断将花卉产业融进文化与生活的内容，形成与花卉相关的区域文化现象和以花卉为中心的区域特色文化；重视花卉文化宣传，认识到花卉在人民生活和生产中的重要性，吸引更多的投资，促进花卉事业的进一步发展。

3. 弘扬林果特色精品文化

以宣传推介优质高效园、特色果品园和无污染无公害的绿色果品为重点，将林果生产与采摘休闲相结合，推介精品采摘线路，提供丰富、优质的林果产品，大力发展旅游观光果园；突出特色、培育精品，加快桃、苹果、梨、柿子、板栗等果品产业带的宣传，编撰北京林果宣传手册，开展果品评选活动，促进一批高经济价值果品的开发利用，推出重点区域的林果特色品牌，开展果品的原产地认证、精品果品认证，提高优质果品的市场信誉，促进健全果品营销体系。逐步形成北京林果产业区域化、良种化、标准化和产销一体化的新格局，实现北京林果产业由数量型向质量效益型的转变。

4. 拓展蜂产业体验文化

充分利用北京丰富的蜜源植物，大力发展蜜蜂养殖和相关产品的开发；推进生态蜂场、有机蜂场建设，召开蜜蜂与蜂产品研讨会，大力宣传传统优秀的蜜蜂文化。建立示范推广、科普教育、生态旅游、休闲度假为一体的国际性的主题公园，建设蜂博物馆、蜂产品质量监控中心和蜂产品营销中心。评选优质蜂产品，倡导蜜蜂精神，传播蜜蜂文化，通过开展一系列的宣传文化活动，来创立蜂产品的品牌；走蜂业产业化之路，注重生产、销售、文化的结合。

四、推进共建共享，实施全民尽责增绿计划

园林绿化既是一项公共事业，也是一项社会工程。不仅需要政府的投入，更需要全社会乃至全体市民的共同参与。首都的园林绿化事业，必须做到发展为了人民，发展依靠人民，发展成果由人民共享。引导广大市民参与园林绿化建设，对于增强公民生态意识、生态道德和生态责任，推动人与自然和谐的生态文明建设，发挥园林绿化的窗口和示范作用具有重要意义。

（一）大力促进全民义务植树尽责

开展全民义务植树活动是每个公民应尽的法定责任和义务。随着经济社会持续快速发展和人民生活水平的提高，公民生态意识和社会责任显著增强，参与义务植树，建绿护绿的尽责意愿、尽责能力和尽责热情日趋高涨。但从总体来看，义务植树尽责率仍有很大的提升潜力。据首都绿化委员会办公室的调查结果，中央、市属单位和学校尽责率高，郊区尽责率高，城区居民尽责率相对较低。因此，进一步加大工作力度，大力提高全民义务植树的尽责率。

一是加大宣传力度。要充分利用电视、广播、报纸、网络等新闻媒体，采取多种形式深入持久地开展"绿化祖国，人人有责"、"多栽几棵树，消除碳足迹"和"保护生态环境，共建美好家园"的公益性宣传活动。尤其要结合"应对气候变化、推动科学发展"这个主题，增强公民履约尽责的自觉性和积极性。宣传绿化美化在推动生态文明、构建和谐社会、建设宜居城市中的重要地位和作用，宣传义务植树的法定性、义务性、公益性和社会性，把关心绿化、爱护绿化、支持绿化、参与绿化为内容的绿化意识教育深入到学校、机关、部队、企业事业等各类单位，进一步提高全民的绿化意识和生态意识，使更多的市民关心、支持和参与首都绿化美化建设，努力营造一个"全民参与种绿护绿，生态文明共建共享"的良好氛围。

二是落实考评制度。各级政府和主管部门、各级各类机关、学校、团体、厂矿和街道社区，要深入贯彻全国人大开展义务植树运动的决议，切实采取措施，负起责任，努力提高开展全民义务植树活动的宣传普及率、公民参与率和尽责率。组织相关专业部门开展好重要地区公路、铁路、矿山、河渠的绿化建设。要进一步落实《北京市绿化条例》、《首都义务植树登记考核管理办法》、《首都义务植树验收办法》和《首都义务植树基地和责任区管理办法》等一系列义务植树的法规和办法，建立多级联动的考评制度和责任制，市、区、县绿化委员会办公室要对义务植树情况进行调研和检查，对未完成任务或质量达不到要求的单位给予通报批评，对好的经验做法要及时进行总结和推广，使全民义务植树活动扎实深入持久地开展下去。

三是提高服务水平。义务植树重在务实，不搞花架子，一切以质量为本。各

级业务技术部门都派出技术人员，对义务植树活动进行指导，确保栽一片、活一片、绿一片，同时安排专人负责管护工作。要将开展全民义务植树活动纳入国民经济与社会发展规划之中，选好义务植树基地，满足义务植树需求，维护义务植树成果，尊重民意，创新思路，广开言路，强化科学经营，落实管护责任。各级政府和主管部门要在组织开展全民义务植树活动中，进一步转变政府职能，改善服务方式，扩大试验示范样板和先进典型的宣传，运用榜样的力量激发公民参与的热情，建立尊重公民意愿、维护公民权益、政策引导激励、完善配套服务的长效机制。各级园林绿化管理部门，要搞好各类植树活动的组织协调和服务工作，巩固好已有的义务植树责任区和义务植树基地。

(二)不断创新全民义务植树方式

随着北京市园林绿化事业的快速发展，宜林荒地逐渐减少，仅靠栽树的尽责形式已不能满足市民参与绿化美化建设的热情。因此，要不断赋予全民义务植树新的内涵，创新义务植树方式，活跃义务植树形式，丰富义务植树内容，激发新的活力。

要鼓励单位和个人通过植树造林、购买碳汇、认建认养树木绿地、认建屋顶绿化、参与养护管理、病虫防害防治、参与绿化宣传咨询、以资代劳等多种形式履行植树义务。对于个人要提倡立足本职履行义务，中小学生和社区居民可以开展绿地保洁、绿化养护，学校可以办主题班会、自然课等形式加以引导，大学生可以利用社会实践培训生态林管护员，歌手可以创作、演唱一首绿化公益歌曲，作家、记者可以写一篇绿化文章等，转换劳动的形式履行义务；建立政策激励机制，大力推进身边增绿行动，鼓励社会单位和市民、农民以各种方式大力推进单位庭院和屋顶绿化、阳台居室和院落村落绿化美化等，拆墙透绿、见缝插绿、立体挂绿、全民播绿，自觉履行植树义务，传播绿色理念，共建绿色家园。

要深入推进林业碳汇行动计划，把林业碳汇作为义务植树的重要尽责形式，加大宣传力度，普及碳汇知识，广泛发动企事业单位和各界群众通过认建、认养树木绿地、栽植纪念树纪念林、庭院"四旁"绿化、购买碳汇等多种形式参与碳补偿，推动身边增绿，努力形成政府倡导、广泛宣传、社会参与、自觉自愿的两性发展机制。做好首都全民义务植树活动的组织协调工作，巩固已有的义务植树责任区和义务植树基地。制定和完善义务植树登记卡制度实施办法，不断提高尽责率和参与面。

在全面建设"人文北京、科技北京、绿色北京"的新形势下，做好义务植树工作必须做到与社会主义新农村建设相结合，与重点绿化美化建设工程相结合，与农民就业增收致富相结合，与社区绿化建设相结合，广泛发动，精心组织，开拓创新，积极开展身边增绿活动，大力推进首都全民义务植树尽责方式的转变和尽责率的提高。要深入开展创建国家生态园林城市(区县)、国家森林城市(区县）、全国绿化模范城市（区县）和园林小城镇、花园式单位、绿色社区、绿色村庄等活动，使绿色发展成为各级政府的自觉行动。继续组织开展营造"劳模林"活动，广泛开展"首都绿化美化花园式单位"创建活动，积极开展"绿色生活宣传周"活动，继续开展好"创绿色家园、建富裕新村"和"城乡手拉手、共建新农村"等群众性创建活动。

要加快推进新农村绿化美化建设，以实现"村镇周边森林化、村镇道路林荫化、居住庭院花果化"为总体目标，在巩固原有绿化的基础上，结合自身实际与特点，突显乡村特色，以庭院、村中道路（河渠）、围村林带为绿化重点，采用乔、灌、藤、花相搭配方式进行立体式绿化美化。

（三）全力推进园林绿化共建共享

北京的城市性质和功能，决定了首都园林绿化事业必须要走城乡人民共建共享的道路。在园林绿化的规划、建设过程中，要充分发挥其生态功能、景观功能、游憩功能和服务功能，让群众分享园林绿化建设和管理成果，让社会资源参与到园林绿化的规划、建设和保护过程中来，实现共建共享。同时，发挥产业带动和经济拉动作用，特别是在新农村建设中的重要作用，促进生态惠农，产业富民；注重资金使用效益，用有限的资金创造最大限度的效益。对园林绿化的规划、建设、管理和保护，要认真听取群众意见，贴近群众需求，方便群众共享，达到群众"进得去，有得看，留得住，还想来"的效果。为此，需要健全"三个机制"：

一是健全服务群众的工作导向机制。真正把工作重点转移到宣传群众、发动群众、组织群众和服务群众上，不断提高各级领导班子和领导干部管理社会事务、协调利益关系、开展群众工作、激发社会创造活力、处理人民内部矛盾、维护社会稳定的本领，确保中央的方针政策和市委、市政府的工作部署落到实处。

二是健全服务群众的科学决策机制。制定政策、作出决策时始终把群众的呼声作为指导工作的第一信号，把关心和服务群众作为应该承担的第一职责，把群众的评价和意见作为衡量工作政绩的第一尺度，真正做到群众利益无小事。在安排资金、布置项目时，始终把促进社会和谐作为优先考虑，把实现城乡统筹作为首要前提，把推动均衡发展作为基本目标。

三是健全服务群众的政策支持机制。从人民群众最关心、最直接、最现实的利益问题入手，抓紧开展以完善生态林补偿机制为核心的一系列政策调研工作，不断完善以生态补偿为核心、以政策扶持为支撑、以产业发展为重点的园林绿化惠民富民机制，逐步建立真正意义上的生态环境补偿机制，努力使城乡人民都能分享首都园林绿化成果。

第八章 "三个园林"的战略保障

为实现北京市建设"生态园林、科技园林、人文园林"的发展目标，围绕北京园林绿化建设的战略布局和重点任务，进一步结合北京现实条件，制定并落实各项战略保障措施，努力形成有利于北京"三个园林"建设的支撑体系。

第一节 规划与资源保障

一般来说，行业或专项规划是根据经济社会发展需要和资源状况，从长远和全局出发，对一定时期内该项事业发展所做出的综合协调和统筹安排。科学、合理的规划是推动首都园林绿化建设的重要基础保障，同时，科学的规划必须以现有的资源基础为依据。从目前的资源状况来看，土地和水资源是国家重要的自然资源和战略资源，也是森林和绿地赖以生存发展的根基。因此，必须充分、高效地利用北京有限而宝贵的土地和水资源，提高首都园林绿化建设的质量和水平。

一、完善发展规划体系

从规划层次的从属关系而言，城市绿地系统规划是城市总体规划的一个重要组成部分，它属于城市总体规划的专业规划，是对城市总体规划的深化和细化。城市绿地系统规划，就是在城市规划用地范围内，根据各种不同功能用途的园林绿地，进行合理布置，使园林绿地能够改善城市小气候条件，改善人们的生产、生活环境条件。绿地系统规划是首都园林绿化和生态文明建设的重要组成部分。完整的城市绿地系统是人与自然和谐的主要纽带，是城市空间布局结构中不可或缺的构成要素，是建设生态健全、可持续发展且宜于居住城市的最基本要求，是保护自然资源、保护生物多样性的物质载体，是历史文化名城的延伸与发展。

《北京市绿地系统规划》是在充分利用自然山水构架的基础上，提出的构建城市绿地系统的合理结构，明确北京城市绿地发展方向的重要规划。规划通过对不同空间层次（包括市域、中心城、新城）、不同类型（包括城市绿地，农田、林地、水系、风景名胜区、自然保护区、湿地、风沙治理区、森林公园、绿色隔离地区、水源保护地、各类防护林带等）的绿地进行定性、定量、定位，达到建立合理的城市绿色空间的目的。因此，在北京园林绿化建设中，应按照《北京市绿地系统规划》的要求，加快推进绿线划定、绿地确权和钉桩绿地建档立卡等工作，尽快完成各区县、新城和乡镇绿地系统规划的编制工作。

认真落实《北京市公园条例》，颁布出台《北京市公园事业发展规划》，科学研究确定全市主要公园和历史名园名单；根据国家《林业产业振兴规划（2010~2012 年）》，制定《北京市园林绿化产业规划》；尽快编制有关风景名胜区发展、森林防火、森林健康经营、低效林改造、碳汇林业、应对气候变化、废弃物资源化利用等一批专项规划，着力夯实基础管理。以《北京市绿地系统规划》为基础的各类园林绿化规划，将为北京园林绿化建设提供正确的指导方向和明确的发展目标。

认真落实《全国林地保护利用规划纲要（2010~2020 年）》，完善规划体系。一是分级编制林地保护利用规划。分级编制市级、区县级两个层次的林地保护利用规划，下一级规划应根据上一级规划编制，并与同级土地利用总体规划相衔接，层层落实林地保护利用各项目标、任务、措施和管理政策。市级林地保护利用规划要强化战略性和政策性，重点确定本行政区域林地保护利用的目标、指标、任务和政策措施；县级林地保护利用规划要划定林地范围，进行功能区划，突出空间性、结构性和操作性，制定林地保护利用的具体措施。二是维护规划的严肃性和权威性。各级林地保护利用规划由同级人民政府组织编制、颁布实施和监督管理。各地区、各部门编制的城乡、交通、水利、能源、旅游、工业、农业、环保和生态建设等相关规划，应与林地保护利用规划相衔接，符合林地保护利用的方向和要求，切实落实各项林地保护利用制度和政策。规划的衔接工作由各级人民政府负责统筹落实。三是严格规范林地保护利用规划修订。严禁擅自修改林地保护利用规划。确需对规划进行修改和完善的，在实施评价的基础上进行修改，报原批准机关批准后颁布实施。四是强化对规划实施的监管。建立健全监督检查制度，实行专项检查与经常性检查相结合，及时发现、制止违反林地保护利用规划的行为，定期公布检查结果。加大执法力度，对擅自修改林地保护利用规划的行为要严肃查处，追究责任；对违反规划使用林地的行为，依法查处，限期整改。要根据《全国林地保护利用规划纲要（2010~2020 年）》的相关指导要求，制定出台《北京市林地保护利用规划》，全面地保护林地、合理地利用林地和统筹区域管理。

二、加强生态用地供给

在"生态优先"发展理念指引下，要保障北京市的园林绿化和生态建设，土地是首先要解决的关键问题之一。依据首都社会经济发展的区域功能定位要求，《北京市土地利用总体规划（2006~2020 年）》中将北京市划分为四大土地利用区域：首都功能核心区、城市功能拓展区、城市发展新区和生态涵养发展区，其中生态涵养发展区占总面积的66.23%。生态涵养发展区的土地利用以农用地为主，林果种植业比较发达，是北京林地和园地面积最大的地区，这也将为北京园林绿化建设提供了广阔的土地资源保障。规划中还提出了构筑"三圈、九田、多中心"的土地利用空间格局。其中"三圈"指完善围绕城市中心区的三个"绿圈"，即以第二道绿化隔离带为主体的城市绿化隔离圈，这也为园林绿化建设提供了发展空间。

要进一步深化土地使用制度改革，制定园林绿化用地保障政策。针对北京生态环境现状，把生态建设摆放到重要位置，制定北京园林绿化用地保障办法，优先保障园林绿化用地；加强园林绿化用地的保护，遵循与土地总体规划、水土保持规划相协调的原则，编制园林绿化土地利用和保护规划，为满足生态用地提供基础保障。《北京市土地利用总体规划（2006～2020 年）》中也提出了要重点保护山地、河湖湿地、天然林、自然保护区、风景名胜区、森林公园等生态敏感区。严格控制具有重要生态功能的未利用地开发，尽量减少对湿地、河湖水面、古树名木保护范围的占用，逐步降低开发补充耕地的比重。规划期内，确保具有改善生态环境作用的耕地、园地、林地、牧草地、水域水面等地类面积占国土总面积的比例控制在 76% 以上。在确保耕地和基本农田的前提下，逐步提高各类生态用地比重，适当扩大林地规模。强化环中心城绿色空间和城市绿色廊道的建设，推进首都和谐、安全、高效的土地生态安全系统建设。

三、大力推进代征绿地收缴

（一）立足提升绿量，切实提高认识

代征绿地也称绿化代征地，是指"由城市规划行政部门确定范围，由建设单位代替城市政府征用集体所有土地或办理国有土地使用权划拨手续，并负责拆迁现状地上物，安置现状居民和单位后，交由市、区园林绿化行政部门进行管理（包括公园绿地、河湖绿地、文物绿地、绿化隔离区绿地、交通防护绿地等）的规划城市公共绿地"。据有关部门统计，2001～2006 年全市共审批代征绿地 8060hm²，但实际执行中回收管理情况普遍很低，收缴率仅占审批代征绿地总数的 9.01%。代征绿地是规划绿地的主要实现形式，约占到规划绿地的 60% 左右，是"十二五"期间城市绿化绿量的主要增长点。代征绿地绝大部分是在城乡结合部，表现为城中村，对城市形象影响很大；代征绿地直接关系到建立 500m 服务半径的科学绿地体系，关系到市民工作生活环境的改善和幸福指数的提高。因此，要按照建设"三个北京"和世界城市的要求，进一步加大代征绿地的收缴力度，为大幅度增加城市绿量创造条件。

（二）贯彻落实法规，加大收缴力度

1. 尽快完善具体管理办法

新的《北京市绿化条例》对于代征绿地收缴明确了建设项目规划验收合格后30日内的时限，由此界定了规划验收前的责任。规划部门应当按照北京市人民政府第86号令《北京市建设工程规划监督若干规定》第八条规定对于代征绿地的拆迁腾退情况进行核验，未做到的为规划验收不合格。规划验收合格，代征绿地就必须拆迁腾地，为代征绿地的收缴奠定的基础。在规划验收合格之日起30日内移交给区县园林绿化部门的视为合法。超出30日未移交的应当按照《北京市绿化条例》第七十二条规定，责令限期交回，并处每日每平方米0.5元的罚款。但是这一条款只是针对由开发商代征绿地的情况而言，对于土地实行一级开发和招拍挂制度以后产生的代征绿地的新形式的责任主体则没有进行规定，产生了新的法制空白。因此必须与市规划、国土部门联合出台相应文件进行规范。

2. 切实加大行政执法力度

认真按照新的《北京市绿化条例》相关条款加强执法。一是制订统一格式的"责令书"，将法规依据和限期交出代征绿地的要件进行明确。二是凡规划验收合格后30日未将代征绿地移交给区县园林绿化局的，由区县园林绿化部门的执法人员向该代征绿地的责任单位送达"责令书"。三是同时对责任单位处以应该移交代征绿地面积每日每平方米0.5元的罚款。四是在"责令书"规定期限之内仍逾期未交的，向法院提起诉讼。

3. 严格落实执法监督责任

建议北京市人大应进一步明确有关部门对代征绿地违法行为的执法责任。市有关部门应当按照职责分工，认真执行北京市人民政府第44号令《＜北京市城市规划条例＞行政处罚办法》第四条、第六条规定，北京市人民政府第86号令《北京市建设工程规划监督若干规定》第八条、第九条规定和京政办发68号文件《北京市人民政府办公厅关于进一步加强代征城市绿化用地管理的通知》第七条规定，大力加强执法监督。

4. 不断健全完善责任分工

应就代征绿地执法明确市、区两级应当执法的范围和责任。市园林绿化部门负责制订相关规定、办法，指导依法行政和执法监督；区县园林绿化部门应当具体负起案件的执法责任。

（三）密切协调配合，建立信息制度

1. 建立数据统计信息系统

为了摸清楚代征绿地的底数，必须进行一次现有未收缴的代征绿地的普查，建立代征绿地基础数据信息共享系统。市、区两级园林绿化部门都应结合建设项

目绿地率的审查，对于所有新产生的代征绿地进行动态性的统计，形成准确的代征绿地数据库，为收缴工作创造基本的数据支撑。

2. 建立审批文件共享制度

经过多年的努力，市规划部门已经将市级代征绿地的信息通过建设项目用地规划许可证复印件的形式提供给了市园林绿化局，但是各区规划与园林部门之间并没有建立良好的信息共享渠道。为此，要协调各区规划部门将含有代征绿地的审批文件提供给各区县园林绿化局，加强代征绿地审批文件的共享制度。

3. 建立规划验收通报制度

目前，市规划部门与北京市园林绿化部门已经就贯彻《北京市绿化条例》达成了含有代征绿地相关内容的会议纪要，其中第十一条规定："……凡有代征城市绿化用地的，在建设工程规划核（验收）意见（合格告知书）上加注标准用语：建设单位应当在规划核验合格之日起 30 日内将已完成代征的城市绿化用地移交区县绿化行政主管部门组织绿化。"今后要按照会议纪要的精神，进一步建立和完善规划验收通报制度。

（四）加大资金投入，确保绿化到位

代征绿地收回后必须及时进行绿化，否则一是容易形成新的城中村和垃圾场，二是不能尽快发挥生态、景观、游览服务价值，三是容易被违法侵占；四是必然会影响城市形象。如全部收回 8060hm² 代征绿地，按照每平方米 250 元的较低标准则需要 201.5 亿元绿化建设资金。"十二五"期间，应当制订分年度收缴和建设计划，列入各级政府的投资计划，特别是市级有关部门应当对代征绿地建设给予重点投入。

四、把生态用水放在突出位置

水资源的供给和利用问题一直是北京城市发展面临的重要问题，随着城市经济的快速发展和人口的不断增加，水资源的供需矛盾也不断加剧。2009 年北京市地表水资源量为 6.76 亿 m³，地下水资源量为 15.08 亿 m³，水资源总量为 21.84 亿 m³，比多年平均 37.39 亿 m³ 少 42%。全市平均降水量 448mm，比 2008 年降水量 638mm 少 30%，比多年平均值 585mm 少 23%。近 5 年以来，水资源供给能力基本呈下降趋势（除 2008 年外），而水资源的使用量却呈现上升趋势，特别是生活用水和环境用水上升势头明显，但工业用水和农业用水却呈下降趋势。

北京市水资源的供需不平衡也将对园林绿化建设产生重要影响，需要市政府不断采取有效措施保护水资源和水环境的安全。只有不断维护并强化区域水系格局的连续性和完整性，保护或恢复河流、湿地、坑塘和自然灌溉系统；构建由河道、湖泊、水库、滞水湿地等构成的多层次湿地系统，保护浅山区和山前洪积扇地带的地下水补给区以及密云水库、怀柔水库、京密引水渠、南水北调中线等重

要的地表水源地、地下水源地和水利工程用地，才能为首都园林绿化建设提供水资源保障。

第二节　投入与融资保障

北京园林绿化建设得到了国家、市、区县及乡镇等各级政府部门的高度重视，资金投入力度相比其他省市有着一定的优势，除了国家拨款和北京市政府的财政投资以外，各区县基本上能做到足额配套，并且在利用金融、信贷手段以及吸引社会资金等方面也做出了一些有益的尝试。但是，面对建设世界城市、推进城乡一体化、转变经济增长方式等新形势、新任务、新要求，北京园林绿化建设的投入保障机制，仍需不断完善和创新。

一、建立持续稳定的公共财政投入保障机制

园林绿化建设作为社会公益性事业，其质量水平的大幅提升关键取决于政府公共财政的大力投入，这也是国际性世界城市的普遍做法和基本经验。国家拨款和北京市政府的直接财政投资是首都园林绿化建设的最主要投入来源。要保证园林绿化建设的投入稳步增加，必须进一步加大各级财政对园林绿化建设的投入力度，建立与社会主义市场经济体制相一致的生态建设投入保障制度，确保公共财政投入有一定的增长幅度，实现对园林绿化建设的资金投入与北京市财政收入和GDP 的同步或更快增长，使首都园林绿化建设有长期稳定的公共财政投入保障。

要积极争取各级财政对园林绿化建设的投入。充分利用市政府的各类专项资金，如《"绿色北京"行动计划(2010～2012 年)》对园林绿化建设的资金投入，并增加相关配套资金，特别是加大对郊区各区县园林绿化建设的资金支持。进一步提高和规范一、二道绿化隔离地区绿化带、滨河森林公园、屋顶绿化、重点绿色通道、废弃矿山生态修复、低效林改造等重大绿化项目的建设养护投资标准，特别是对郊野公园、滨河森林公园等新建的大型公园绿地要争取办理土地征地手续，建立相关管理机构，健全后期管护体制，完善配套服务设施，全面纳入公园绿地管理体系，尽快与国际标准接轨。明确市区财政对园林绿化建设的补贴标准和总投入，实行林业机具购置补贴和生产资料价格综合补贴。加大财政对绿色产业的扶持力度，研究出台推进都市型现代林业产业发展的政策，设立财政专项资金，建立林业机械、林木种苗财政补贴政策，建立和完善林业改革特别是林权制度改革的补贴政策。进一步完善现有政策的扶持范围，把林业产业明确纳入现行的农业产业扶持政策，如设施补助政策，土壤改良有机肥补助政策，生物农药、农机补助政策、安全检测设备配套补助等。

二、完善山区公益林生态效益促进发展机制

2010 年 6 月，北京市政府已经印发了《关于建立山区生态公益林生态效益促进发展机制的通知》，市财政将设立"生态补偿资金"和"森林健康经营管理资金"，加大对公益林的财政补贴。其中：生态补偿资金主要用于集体经济组织成员生态补偿；森林健康经营管理资金主要用于生态公益林林木抚育、资源保护、生态用水保障、作业道路修建等林业建设。实施范围是经区划界定的山区集体所有的生态公益林，总面积约为 67.4 万 hm^2（1010.95 万亩）。从 2010 年开始，北京建立了山区生态公益林生态效益促进发展资金，按照 600 元/年·hm^2（40 元/年·亩）的标准执行，其中包括 360 元/年·hm^2（24 元/年·亩）的生态补偿资金和 240 元/年·hm^2（16 元/年·亩）的森林健康经营管理资金。今后，根据山区生态公益林的资源总量、生态服务价值、碳汇量的增长情况和全市国民经济社会发展水平，合理核定生态效益促进发展资金增加额度，每 5 年调整 1 次。

随着集体林权制度改革在北京的开展，市政府应根据财力情况逐步提高补偿标准，力争将山区公益林生态效益补偿标准在 2010 年的每年 40 元/亩的基础上，提高到 2020 年的 120 元/亩。强化生态效益补偿落实机制，要明确各级各部门的责任，特别是协调好市级园林绿化与财政、农村管理等有关部门之间的关系，制定和完善与生态效益补偿有关的规章制度；探索建立湿地和自然保护区生态效益补偿制度，开展补偿试点工作。进一步完善山区生态护林员管理机制，增强财政支持力度，提高护林员管理费用，加强护林员队伍建设，充分发挥生态护林员在山区森林可持续经营管理中的作用。要创新公益林补偿基金管理模式，逐步建立市、区县二级森林生态效益补偿机制，根据财力情况逐步提高补偿标准；研究制定出台国有生态公益林、平原集体生态公益林的补偿政策，实现城乡一体化发展；探索建立城市绿地生态效益补偿制度，逐步建立与国际标准接轨、覆盖广泛、综合配套的森林、林木、绿地、湿地等大生态补偿机制。逐步探索生态林购买机制，通过政府采购的形式，从林农手中购买生长到一定程度的森林，并可由政府投资采用委托经营的方式对森林进行更新和可持续经营。

三、建立金融扶持园林绿化建设发展机制

协调市财政和有关金融机构加大对北京园林绿化建设的贴息贷款投入力度，尤其是财政贴息资金投入力度。完善园林绿化贷款财政贴息政策，合理提高各级财政补贴比例，增加贴息规模，延长贴息年限，积极推进建立公平、普惠的贴息贷款扶持长效机制，充分发挥贴息在金融支持园林绿化建设中的杠杆作用。加大对各类林业企业的种植业、养殖业以及林产品加工业贷款项目、山区综合开发贷款项目、林场（苗圃）企业多种经营贷款项目、林农和林业职工林业资源开发贷款项目的财政贴息力度，促进林业产业的快速发展。

为进一步推动集体林权制度改革的步伐，应制定适合北京实际的林权抵押贷款办法，规范抵押贷款行为，扩大抵押贷款规模。着力推进农户小额林权抵押贷款，通过将农户所有的林权资产进行评估集中登记，实现农户林业产权的抵押，结合农户信用授信情况，核定并增加农户授信额度，从而简化贷款程序，促进林权抵押贷款的实行。研究建立面向林业中小企业和林农的小额贷款扶持机制，适当放宽贷款条件，与有关金融机构合作，积极开展多种信贷模式的融资业务，发挥信用担保机构的作用，探索建立多种形式的信贷担保机制。进一步明确对园林产业的税收扶持政策，加强对园林绿化建设中的综合利用产品实行优惠税收政策，推动低碳经济和劳动密集型企业发展。

加快建立政策性森林保险制度，以财税支持为引导，提高财政在森林保险保费中的补贴比例，营造有利于森林保险支持林业发展的政策环境。尽快制定财政补贴资金管理办法，依法优化和规范政策性森林保险补贴发放程序，确保补贴资金的及时、足额到位。进一步优化财政补贴资金投入结构，增加对区域性特色产业的保费补贴。鼓励金融机构开发与园林绿化多种功能相适应的金融产品。

四、建立和完善碳汇融资机制

从目前的国际发展形势看，欧洲碳交易已发展到商品市场层次，而美国更已演进到碳金融衍生品层次，发达国家已形成包括直接投资融资、银行贷款、碳排放权交易、碳期权期货等一系列金融工具为支撑的投融资体系，森林碳汇市场的融资以及实行碳税等经济激励措施，以此引导私人部门投资于有利于减缓和适应气候变化的重点领域。2008年，中国绿色碳基金北京专项——八达岭碳汇造林项目正式启动，北京开始建立以增加碳汇、应对气候变化为目的的公益性专项基金，探索实施碳汇融资机制。今后需要进一步借鉴发达国家的发展经验，通过发展绿色碳基金等非市场机制，建立和完善林业碳汇融资机制，按照"谁受益，谁补偿"的原则，大力开展碳汇捐资活动，通过鼓励党政机关、大型能耗企业和广大市民购买碳汇、开辟网络和公共场所购买渠道、健全政策法规引导机制等多种形式壮大充实绿色碳基金。同时，积极拓展市场机制，依托中国林权交易所、北京环境交易所等机构稳步开展碳交易、碳信用等多方面新型碳汇融资方式，探索建立林业碳汇志愿者市场机制，鼓励企业、单位、个人等主体志愿参与造林绿化，增加森林碳汇，应对气候变化的社会责任感，推动全社会参与碳补偿，消除碳足迹，实现碳中和，为发展碳汇林业注入新的活力和动力。

五、建立生态彩票融资新机制

发行生态彩票，既有利于生态建设，也有助于引导全民关注生态建设、筹集园林绿化建设资金。目前，我国的彩票市场已经成型，体彩和福彩每年都有很好的发行量，成为一个很大且有潜力的消费市场，这也将为发行生态彩票提供一定的经验借鉴。北京市园林绿化建设正在得到社会各界的关注和支持，因此，发行生态彩票也可以为社会公众提供一个支持首都生态建设的参与方式。北京市应按照 2009 年 7 月 1 日起施行的《彩票管理条例》（国务院令第 554 号），参照体育彩票和福利彩票的运行管理机制，探索发行北京市生态彩票，利用彩票发行的合法收益，推动首都园林绿化建设。

六、建立多元化的社会投入机制

鼓励民营企业、社会团体和个人投资造林绿化，鼓励社会各界以股份制、股份合作制、个体承包等灵活多样的形式参与园林绿化建设。加强园林绿化国际合作外援项目的资金引进，通过外国政府贷款、国际金融组织贷款、外商直接投资和无偿援助等形式，进一步扩大外资利用规模，充分发挥外资在促进首都园林绿化建设中的积极作用。不断创新全民义务植树的形式与内容，通过开展绿色社区、绿色学校、绿色企业、绿色家庭等群众性创建活动，鼓励和引导公众和社会团体参与首都生态建设。

第三节　科技与人才保障

科技兴绿和人才强绿是实现园林绿化事业永续发展的不竭动力。科技水平与人才素质也成为影响园林绿化建设的关键因素，是推进首都园林绿化向更高层次、更高水平迈进的重要决定因素和核心保障。

一、加强自主创新能力建设

科学技术已成为经济发展、社会进步的重要因素，科技创新也成为加快园林绿化发展的决定因素，广泛覆盖到林木培育、绿地建设、森林经营、产业发展、生态保护等园林绿化发展的各个领域。在北京园林绿化建设中，必须不断提升自主创新能力，强化科技支撑的作用。

1. 加大园林绿化科技投入，不断提升自主创新能力

根据 2005 年《国家林业局关于进一步加强林业科技工作的决定》中提出的"在林业重点工程中安排不少于 3% 的经费用于科技支撑"的要求，在实施"生态园林、科技园林、人文园林"战略中，要确保科技投入比例不低于园林绿化建设总投入的 3%。同时，要加强科研基础设施建设投入，坚持把科技创新贯穿到园林绿化规划、建设、管理的全过程，争取到 2020 年使科技进步贡献率达到 50%以上。加大对森林健康经营、湿地恢复、绿地和沙化生态系统、生物多样性保护、林业碳汇技术和园林绿化废弃物资源化利用等重大基础性课题的研究试验，强化关键技术的科技攻关。大力推进节约型园林建设，强调对节约型新技术、新材料、新方法的应用和推广。推动以企业为主体，产、学、研结合的方式，发展共性技术和关键技术，提升产业技术创新能力。

2. 加大园林绿化技术创新与成果推广，不断完善科技产业链

完善科技特派员制度，每年向区县园林绿化部门派驻科技特派员，广泛开展园林绿化的科技培训活动，加快培养科技示范户和科技致富带头人，争取每年培训林农、果农、花农、蜂农等达到 10 万人次以上，努力实现"村村都有带头人，处处都有示范户，户户都有明白人"的科技推广目标，最大限度地将林业科技成果转化为现实生产力。扶持产业发展需要的技术开发、成果转化和推广，创建产业技术创新战略联盟，推动科技产业链的建立；支持高新技术发展，鼓励以生物产业、低碳产业为主的高新技术产业的发展，促进企业科技创新、绿色产业升级和经济增长方式转变。

3. 加大园林绿化标准化、信息化建设，不断提升科学化管理水平

加快推进种苗、造林和森林经营标准化建设，从全市园林绿化重点工程建设着手，重点推广适合首都园林绿化建设的国家标准、行业标准、北京市地方标准、企业标准，提高标准化工作水平，不断完善首都园林绿化标准化体系。积极推行造林绿化工程招投标制、全过程监理制，发挥园林建设专业队伍的优势，提升营造林质量。充分运用信息、网络等现代技术，加快园林绿化科技信息共享条件平台建设，对科技基础条件资源进行战略重组和系统优化，以促进首都园林绿化建设的科技资源高效配置共享和综合利用，提高科技创新能力。

4. 完善科技激励政策

建立促进科技成果转化的内部动力机制，制定实施成果转化的激励政策，积极探索科技成果入股、有偿使用等生产要素参与分配的形式，鼓励科技人员参与首都园林绿化建设。

二、加强人力资源优化配置

当前，北京市园林绿化工作还面临着人才队伍总量不足、结构不合理、高级人才缺乏、整体素质不高等突出问题。随着世界城市建设步伐的加快，北京市对园林绿化中高级复合型人才的需求将更加突出。必须进一步加强北京园林绿化的各层次人才队伍建设，加强专业化技术人才培养，加强后备人才培养，为首都园林绿化建设提供强大的智力支持。

1. 坚持"人才强绿"发展战略

充分发挥人才的基础性、战略性作用，做到人才资源优先开发、人才结构优先调整、人才建设优先保证、用人制度优先创新。大力加强人才队伍建设，着眼于培养高素质园林绿化人才，抓紧编制与北京建设世界城市相适应的中长期人才发展规划，着力抓好党政干部人才、高级专家人才、专业技术人才和经营管理人才 4 支队伍建设。继续利用"百千万人才工程"、"高层次人才库工程"等国家人才库工程，充分发挥北京各类人才密集的独特优势，建立和不断完善各级各类专家库和科学技术委员会，积极为园林绿化重大规划、重大决策提供高层次人才和专家智力支持。加强园林绿化领域各类行业学会、协会、研究会建设，充分发挥社团组织在技术研究、学术交流、人才培养、智力支持等方面的独特优势，努力建成精英荟萃、门类齐全、面向世界的首都园林绿化"智囊团"、"思想库"和技术创新平台、政策研究基地。

2. 加强科技研发和人才培养教育基地建设

按照"大园林、大绿化"的要求，全面整合目前分散在市公园、农业等有关部门的园林、林业教育资源，成立统一的职业教育机构，建立北京市园林绿化职业教育学院；统筹全市园林绿化科研资源，成立统一的北京市园林绿化科学研究机构，设立北京市园林绿化科学研究院，打造国际水平的"人才基地"、"创新平台"，为北京园林绿化建设提供科技支撑，同时也有利于培养复合型专业人才。鼓励以多种形式增设与园林绿化相关的专业，以及园林绿化生产一线急需的热点、重点专业，加强对园林绿化专业人才的培养，强化对北京园林绿化后备人才的培养和输送。

3. 强化人才培养与引进

围绕世界城市标准，加快引进一批顶尖专家人才，充分发挥首都在国家级、市级科研机构和高等院校人才培育方面的资源优势，培养一批先进适用人才，储备一批独特专长人才。围绕用好、用活人才，建立不同学历层次与教育培养方式协调配套的灵活人才培养机制，积极为各类人才干事创业和实现自身价值提供机会和条件，充分发挥高层次人才在推动园林绿化事业发展中的引领作用。建立完善现代园林绿化人才开发体系，重点推进创新型科技人才、重点领域专门人才、基层人才、人才开发能力建设等计划；积极筹备建立园林绿化人才基金，积极开展园林绿化创新创业大赛和各级各类职业技能竞赛活动，以创新创业带动就业，以技能竞赛推进技术创新；加强对专业技术骨干的培训，推进技师考评制度改革，实现科技人才在研究开发、推广应用、产业化三个层面上的有效配置和综合集成；加强继续教育，适应农村经济发展需要，继续推动"农村实用人才1521培训计划"。加强园林绿化后备人才的培养，根据园林绿化建设的需要，协调发展首都高等农林业教育，大力发展园林、林业职业教育，为园林绿化发展输送大批管理、技术和技能人才。

三、加强对外交流与合作

以促进现代园林绿化建设为宗旨，顺应全球化发展趋势，紧紧围绕"三个园林"建设的发展目标，不断拓展首都园林绿化建设的国际交流与合作。

1. 扩大园林绿化的外资利用规模

结合国际生态环境领域的热点和重点问题，通过外国政府贷款、国际金融组织贷款、外商直接投资和无偿援助等形式，进一步扩大园林绿化的外资利用规模，充分发挥外资在促进首都园林绿化建设中的积极作用。资金使用重点应从引进资金优先转向引进智力和技术优先，继续推进同美国、德国、韩国、日本以及国际组织的技术交流与合作，扩大资金利用规模。

2. 引进园林绿化先进技术和管理经验

利用好国际科技合作、财政合作和商务合作渠道，着力引进园林绿化的先进技术和管理经验。充分利用各种吸引外资形式，争取国外资金投入首都园林绿化建设，并结合北京园林绿化的实际需要，开拓新的合作领域和方式，以项目合作带动技术引进，引进的重点包括生物技术、森林资源检测技术、森林资源信息化管理技术等。同时，引进发达国家先进的园林绿化管理经验，特别是结合北京"三个园林"建设的工作重点，积极引进和推广多功能林业、低碳林业、碳汇交易和森林碳汇技术、生物质能源等现代园林绿化的技术和管理经验。关注国际林业发展的热点问题，积极参与应对全球气候变化、荒漠化防治、湿地保护、生物多样性保护等国际热点问题的交流活动，把握国际林业发展的最新动态和发展形势，为拓展北京园林绿化国际科技合作与交流的领域和渠道提供平台。同时，要密切关注国际园林绿化科技前沿，追踪世界园林科技研究的走向，建立引进、消化、吸收、创新和推广的有效机制。

3. 加强园林绿化人才的国际国内交流与培训

建立全方位、多层次的国内外交流合作机制，利用好双边部门间合作渠道，重点开展人员交流和双边合作研究，培训园林绿化管理人员和科技队伍。通过向国际机构派遣人员、海外学习、长短期培训、合作研究和参与国际合作项目等方式，推动国际型人才的培养，提高首都园林绿化专家的国际竞争力；深入挖掘国内外智力潜力，建立国际科技合作与交流的人才培训机制，保障国际科技合作与交流发挥更大效益；搭建北京园林绿化国际科技交流网络平台，建立国际相关专家为本行业工作的长效机制。建立北京与中央有关部委更紧密的合作关系，建立与国际组织之间、与世界各国首都之间、与亚洲国际城市之间的大都市园林绿化部门高层会晤、研讨交流等机制，积极争取世界林业大会、国际风景园林师联合会世界大会等全球性、国际性林业园林大会在北京召开，争取林业、园林、绿化方面的国际组织在北京落户，着力提升首都园林绿化的国际化水平和影响力、号召力，使中国首都的园林绿化更深层次地拥抱世界、融入世界、引领世界。

第四节 法规与政策保障

北京园林绿化的法制建设应当牢固树立符合科学发展观要求的立法理念，立足于首都经济社会发展和园林绿化建设的实际，紧紧围绕"三个园林"建设的需要，不断健全完善北京园林绿化政策法规体系，理清现有的法律法规，引导和规范园林绿化建设的立法行为，提高执法水平，完善政策研究和普法机制，更好地为首都园林绿化建设提供有力保障。

一、建立健全园林绿化法规

近年来，北京市在园林绿化建设先后制定出台了《北京市林业植物检疫办法》、《北京市重点保护陆生野生动物造成损失补偿办法》和《北京市实施〈中华人民共和国种子法〉办法》、《北京市绿化条例》等一批法规政策，有力推进了首都的生态建设，保障了园林绿化各项事业的科学发展。特别是新修订的《北京市绿化条例》已于2010年3月正式实施，标志着北京的园林绿化规划、建设和管理不仅在体制机制，而且在政策法规层面实现了城乡统筹。但相关法规体系仍需进一步完善，为首都园林绿化提供有力的法制保障。

结合北京市的实际情况，以《北京市绿化条例》为基础，建立健全园林绿化法规体系，尽快制订或修订《北京市湿地保护条例》、《北京市生态公益林建设条例》、《北京市林地保护管理条例》、《北京市野生植物保护条例》、《北京市森林防火办法》、《北京市实施〈风景名胜区条例〉办法》等一批地方性法规，出台《北京市森林公园管理办法》、《北京市湿地公园管理办法》、《北京市古树名木和古树后续资源保护管理条例》、《北京市实施〈森林病虫害防治条例〉若干规定》、《北京市林木良种培育及推广补偿办法》、《北京市保护林木种质资源补偿办法》、《北京市绿化工程管理办法》等一批行政规章。同时，根据首都园林绿化发展的新形势和新情况，对现行不适宜的法律法规进行修改完善。

二、强化法律法规的执行力度

严格依法行政，建立权责明确、行为规范、监督有效、保障有力的园林绿化行政执法体系。加强全市林权林地管理和城市绿地、公园的科学管护，严格森林资源和野生动植物资源保护管理，加大园林绿化行政执法力度，严厉打击侵占毁坏林木绿地、乱捕滥猎野生动物等违法行为。依法做好各项行政许可和执法监督工作，加强事后监管力度和行政执法监察力度。继续深入推行执法责任制，加强规范性文件合法性审核、执法人员资质考核管理和行政处罚文书审核等行政执法监督工作；切实履行行政复议和行政诉讼职责。加强执法机构、执法队伍和普法建设，建立完善定期执法通报、案情分析研究、联合检查等执法制度。加强对执法人员的专业性和经常性培训，完善资格评审制度，提高执法队伍的执法水平。逐步推进综合行政执法，组织开展规范行政执法行为示范点建设。

严格执行和落实法规规划，加大《北京市绿化条例》、《北京市绿地系统规划》等执行力度，积极借鉴伦敦、纽约、东京等世界城市的绿地规划管理经验，进一步规范和加强对市政项目、建设项目涉及园林绿化方面的监督管理，确保楔形绿地、环状绿地、廊道、林网等城市生态用地与经济建设、城乡建设同步规划，同步实施，同步发展，把绿线划定控制落到实处，促进城市绿化建设良性循环。

三、深入开展普法教育和宣传活动

加强对社会公众的园林绿化普法教育和社会宣传工作，组织、协调社会参与首都园林绿化的相关普法活动。切实加大对社会大众传媒法制宣传的力度，高度重视运用《中国绿色时报》、《绿化与生活》等传媒载体进行法制宣传教育，丰富栏目内容，创新宣传形式，进一步发挥法制公益广告、法制宣传片等的作用，增强法制宣传教育的针对性、实用性，以人民群众喜闻乐见的形式，提高园林绿化法制宣传教育的实际效果。积极开展论坛、知识问答、知识竞赛、博客等网上法制宣传活动，发挥媒体和公众监督作用，宣传普及园林绿化法律法规，努力推动依法治绿。

加强园林绿化法制教育和生态道德教育。要深入基层开展调查研究，把握法制宣传教育发展规律，创新法制宣传教育理论，指导工作实践。加强队伍建设，最广泛地动员和组织社会力量参与园林绿化法制宣传教育。发挥专职法制宣传教育工作者的主导作用，组织开展法制宣传教育工作者培训，积极倡导和推进园林绿化法制宣传志愿者活动。同时，要将园林绿化法制宣传教育与立法工作紧密结合起来，在宣传普及相关法律法规过程中，注意收集、总结和归纳普法受众对现行法律法规的意见和建议，通过分析和研究促进园林绿化建设的立法工作。

四、加强园林绿化政策研究

坚持政策推动，研究制订关于加快多维空间绿化、加快第二道绿化隔离地区提升改造、加强林木绿地管理和公园养护、促进园林绿化废弃资源综合利用等一批重大政策。特别是要积极适应园林绿化从建设向管理转变的需要，把生态体系经营上升为市级战略，制订出台规划纲要和政策意见，全力推动全市森林和林木绿地资源结构优化、质量提升。选取具有代表性、典型性的区县，建立园林绿化政策的固定监测点，设定监测指标体系，对监测点进行长期、连续、系统监测，为首都园林绿化建设的科学决策提供实时的、可评价的、可对比的参考依据。同时，开展重大政策的前瞻性研究，探索建立园林绿化政策后评估制度，提高政策制定的民主化、科学化水平。

高度重视对重大政策的调研工作，站在发展全局的高度，不断完善调查研究制度，健全调研工作机构，集成各种资源，形成研究合力。紧紧围绕推进"三个园林"建设，集中开展局级重大课题的调研，力争每年形成一批有分量、有影响、有重大指导意义的高质量研究成果。整合资源，创新机制，成立北京园林绿化发展研究中心，承担重要发展战略研究、重要规划编制、重大政策制订等任务，为推动首都园林绿化实现更高水平科学发展提供强有力的智力支撑。

第五节　体制与机制保障

深化体制机制改革，是推进现代园林绿化建设、释放发展活力的关键所在。机构改革有利于提高管理部门的运行效能和服务水平。"十一五"期间，北京园林绿化部门在组织机构建设上进行了重大改革，实现了园林与林业管理部门的机构重组，成为省级园林绿化管理机构改革的先行者，也为我国城乡"大园林、大绿化"的统筹发展提供了示范。但组织机构改革中仍存在管理职能不协调、管理权力受限等诸多问题，创新体制机制对加快园林绿化发展意义重大。

一、加强政府职能转变

紧紧围绕转变政府职能、转变发展方式，深入推进行政管理体制改革，坚决破除制约首都园林绿化持续发展的体制性障碍，充分发挥市场在资源配置中的基础性作用，形成有利于转变经济增长方式、有利于加强资源统一管理、有利于提升综合竞争能力的体制机制。继续推进政企分开、政资分开、政事分开、政府与市场中介组织分开，坚决有序地从微观管理、市场经营中退出来，着力强化园林绿化部门在政策研究、决策管理、标准制定、执法监督、公共服务方面的核心职能，真正做到不"越位"、不"缺位"、不"错位"；继续深化行政审批制度改革，加快网上审批，减少审批环节，简化审批手续，强化审批监督和对失察、失管、失责行为的责任追究。

进一步完善园林绿化行政运行机制，细化处室职责，明确各自分工，优化组织结构，理顺业务关系，着力解决职责不清、合力不够的问题。各区县园林绿化主管部门也要积极适应新体制的要求，理顺职责关系，创新工作机制，强化行政效能，切实把工作重点转移到政策研究、规划发展、综合协调、执法监管和提供服务上来，进一步健全以管理、执法、服务为主的工作运行机制。围绕建设"学习型、创新型、节约型、服务型、法制型"机关，切实转变作风，深入实际，调查研究，坚持问政于民、问需于民、问计于民，不断健全沟通群众的民意联系机制、服务群众的科学决策机制、惠及群众的政策保障机制，始终把优质高效服务作为园林绿化工作的出发点和落脚点。同时，要进一步加强廉政建设，不断完善对关键岗位和重点环节的监督制约机制，从源头上预防和治理腐败。

二、加强园林绿化管理体制创新

园林绿化的生态属性和公益属性特点，客观上要求其行政管理必须高度集中、强力有效。要积极探索建立运行高效的"大部门"、"大绿化"管理体制，借鉴伦敦、纽约和上海、广州等国内外发达城市的经验，按照"城乡统筹、林园一体"的原则，进一步将与园林绿化有关的历史名园管理和全市公园管理、生态资源管理和规划执法管理等分散的职能有机整合起来，以北京市园林绿化局为主体，成立"北京市绿化委员会"，挂首都绿化委员会办公室的牌子，履行全市范围内所有涉林、涉绿、涉园方面的全部监管职能，切实解决市属公园管理和风景名胜区、湿地、城市绿地等生态资源在建设管理执法中存在的条块分割、职能交叉、权责脱节等突出问题，不断提高政府绿化主管部门在推动公益事业发展、维护社会公众利益、制定绿化公共政策中的权威性和影响力。

强化北京市绿化委员会在全市园林绿化和生态建设中的管理主导和政策指导作用，确保园林绿化建设组织领导到位、工作部署到位、责任落实到位、政策保障到位，真正形成党委统一领导、部门密切协作的工作格局。进一步明确各级部门管理和服务的重点，不断完善层级管理部门的职责运行协调机制，推进管理部门权责划分制度化。强化沟通协调，进一步健全部门之间和行业系统之间的协调联动机制；发动社会参与，进一步健全政府主导、部门协作、社会参与、全民尽责的绿化美化统筹推进机制，努力形成齐抓共管的强大合力。

三、加快国有林场改革

北京市共有国有林场 34 个，干部职工 2185 人（在职干部职工 1297 人，离退休职工人数 888 人）。林场总面积 60864.78hm^2，有林地面积 42462.29hm^2，林木蓄积 564053.27m^3。其中，中央单位所属林场 2 个（中国林业科学研究院所属九龙山林场、北京林业大学所属妙峰山林场），总面积 3216.04hm^2；市属林场 7 个（其中市水务局所属密云水库林场、京煤集团所属林场各 1 个；局属西山、八达岭、十三陵、共青和松山共 5 个林场），总面积 36826hm^2；区县属林场 25 个，总面积 20822.74hm^2。目前全市国有林场的发展还不平衡，尤其是区县林场基础设施建设严重陈旧落后，水电气路等基本的设施得不到保障，62 个护林站 108 户林场职工看不到电视，40% 以上的危旧房屋长期得不到改造维修，林场职工收入和待遇明显偏低。特别是北京的国有林场全部为国家公益林地，但自北京市实施生态林管护制度以来，国有林场一直没有被列入补偿范围之内，使国有林场的发展被政策边缘化，呈萎缩态势。

深入推进国有林场改革，围绕解决长期以来制约发展的深层次矛盾，着力理顺管理体制，创新经营机制。要坚持整合资源，按照"抓大并小"的思路，对全市范围内规模小、效益低下的林场全面进行资源整合、合并重组，提升林场的规模效益。要明确功能，按照分类经营、分类管理的思路，明确不同类型林场和苗圃的公益属性或经营属性，分类管理，分类施策。凡是属于生态型林场的，要按规定纳入全额拨款公益事业单位进行管理，所需的各方面经费全额纳入同级政府财政预算；各项造林、营林等生产性开支，纳入同级投资计划，生产和生活基础设施建设、改造和专用设备更新购置纳入同级基本建设和财政投资预算计划。国有林场所需经费全额纳入预算后，各项事业收入和经营性收入应同时纳入同级财政，实行收支统管。要坚持惠及民生，按照以人为本的原则，切实加强林场水电气路和危旧房改造等基础设施建设，完善职工社会保险和知识更新培训等制度，着重解决国有林场职工生活困难问题，提高干部职工队伍素质，确保国有林场稳定发展。要坚持生态优先，按照"场园一体"的思路，不断改善国有林场发展环境，转变经营方式，实行林业分类经营管理制度，对全市国有林场90多万亩生态公益林要纳入森林生态效益补偿基金范围进行管理，建立合理的补偿标准和补偿机制，着力提高国有林场的森林资源整体质量，促进国有林场快速、健康、持续发展。

四、加强园林绿化执法体系建设

强化园林绿化执法机构的职能建设，严格依法行政，加强全市林权林地管理和城市绿地、公园的科学管护。按照权责统一原则，理顺全市园林绿化行政执法体制，一方面要建立与城管、规划、建设等部门的行政执法协作配合机制，确保形成执法合力；另一方面要强化北京市林政稽查大队对林业生态建设和城市园林绿化的综合行政执法职能，并健全完善各区县园林绿化行政执法机构，确保全市各类公园和林木绿地执法到位，杜绝执法真空现象，推进世界城市建设。借鉴地方公安机关"条块结合、以条为主"的管理体制，对首都森林公安机构实行垂直行政执法体制，强化对区县森林公安队伍的集中统一管理，切实提升森林公安保护森林资源、维护生态安全、打击违法犯罪的能力，构建上下畅通、管理高效、执法监管有力的执法体制。按照转变政府职能的原则，强化区县主管部门在政策调研、执法服务、资源管理等方面的机构建设。结合集体林权制度改革，积极借鉴其他省成立林改处、林权登记服务中心、森林资源资产评估机构的经验，进一步加快森林资源管理服务机构建设，着力提高依法履职尽责能力。

第六节　组织与领导保障

面对首都发展的新形势、新任务，北京市园林绿化事业必须进一步完善组织机构，提升园林绿化管理部门的执政能力，树立绿色政绩观，各级领导要高度重视首都园林绿化工作，要有高度的政治责任感和紧迫感，切实为首都园林绿化事业提供强有力的组织管理保障。

一、建立全社会广泛参与的新机制

强化舆论宣传，充分利用广播、电视、报纸和网络等媒体，开展形式多样、内容丰富的绿化宣传活动，提高全民参与生态建设的认识，做好参与首都园林绿化的全市动员工作。通过多渠道、多形式大力宣传园林绿化在建设绿色北京、构建和谐社会、建设世界城市中的重要地位和作用，大力宣传首都园林绿化建设成果，使广大群众不断增强生态意识，树立生态理念，弘扬生态文化。做好首都全民义务植树的组织协调工作，巩固已有的义务植树责任区和义务植树基地。深入推进林业碳汇行动计划，把林业碳汇作为义务植树的重要尽责形式，加大宣传力度，普及碳汇知识，通过认建认养树木绿地、栽植纪念树纪念林、购买碳汇等多种形式参与碳补偿，推动身边增绿，努力形成政府倡导、广泛宣传、社会参与、自觉自愿的良性发展机制。开展群众性创建活动，创建花园式单位、花园式社区、园林小城镇、首都绿色村庄等。积极探索新形势下的全民素质教育机制，从中小学抓起，规定学校每学期有 3～5 天由老师带领学生到野外森林和公园绿地进行文化素质教育，逐步建立起政府主导、全民广泛参与、共建共享的首都园林绿化建设长效机制。

二、建立绿色政绩考核制度

改变传统思维模式和发展模式，将绿色发展视为发展的基本取向，使之体现在制度设计和工作安排中。建立体现科学发展观要求的绿色政绩考核制度，参考世界银行提出的绿色 GDP 核算方法，积极探索符合北京实际的绿色政绩考核体系，出台《北京市绿色政绩考核管理办法》，尽快将城市绿化覆盖率、城区绿地率、人均公园绿地面积、森林覆盖率、林木绿化率、森林火灾发生率等主要绿化指标纳入各级政府的任期考核目标，对园林绿化建设的各项指标实行目标管理，促进绩效提升，生态改善。通过建立绿色政绩考核制度，引导各级领导干部、各级政府及其他部门实现园林绿化发展观念的更新，体现科学发展观和正确政绩观的统一，从促进首都经济、社会可持续发展高度认识北京园林绿化建设，加快城乡园林绿化全面发展。

三、加强领导干部队伍建设

加强首都园林绿化干部队伍的正规化、制度化建设，不断提高各级领导班子的执政能力和领导水平。进一步推进干部教育培训规范化、信息化、组织化；加快干部人事制度改革，加大干部竞争上岗和轮岗交流工作力度；优化园林绿化管理部门干部队伍结构，调动干部工作积极性。加强领导干部工作作风建设，围绕建设"学习型、创新型、节约型、服务型、法制型"园林绿化管理机关，转变领导干部工作作风，始终把优质高效服务作为领导干部工作的出发点和落脚点；加强领导干部的廉政建设，不断完善对关键岗位和重点环节的监督制约机制，努力从源头上预防和治理腐败。同时，对重大园林绿化建设项目要坚持科学决策、民主决策的程序和方法，提高领导决策及实施水平。

四、实行任期目标责任制

各级党委政府，要把园林绿化建设目标责任落实情况作为对各级领导班子和领导干部综合考核的重要依据，完善园林绿化建设任期目标责任制。各级政府对本地区园林绿化建设工作全面负责，政府主要负责同志是园林绿化建设的第一责任人，分管负责同志是主要责任人，对园林绿化建设的各项指标实行任期目标管理。各级政府园林绿化建设目标责任考核工作由园林绿化主管部门牵头，会同各相关部门组成任期目标责任考核工作组，全面负责本区域范围目标责任考核工作。将考核结果与干部奖惩任免直接挂钩，对于在园林绿化建设中业绩突出的予以一定奖励，对于建设措施不力、工作滑坡的施行适当约束，确保制度执行力。实施干部离任评价机制，要将任职期间推进园林绿化工作的情况作为主要评价内容。

五、建立公共监督机制

各级政府园林绿化部门要及时向同级人大、政协和纪检监察机关通报园林绿化建设情况，并向公众定期公开园林绿化建设的进展情况。建立《首都园林绿化公报》制度，每年定期发布主要绿化指标完成情况、园林绿化资源消长、健康程度和重点工程建设等情况，及时公开信息，接受公众监督。同时，向公众公开政府部门绿色政绩考核管理信息，公布各级政府和领导干部的任期目标考核结果，保障公众的知情权、参与权和监督权，建立公平、科学、合理的公共监督机制，努力使"绿色政绩观"成为各级领导干部的自觉追求、自觉行动。

第七节　管理与服务保障

建设服务型政府已成为北京市政府提高行政能力的发展方向和目标，北京市园林绿化部门也应以此为指导，不断提高首都园林绿化建设的服务型管理水平。同时，加快构建公益性和经营性服务相结合、专业服务和综合服务相协调的新型园林绿化社会化服务体系，发展服务型现代园林绿化建设，为推动北京园林绿化建设提供重要保障。

一、加强林木绿地资源管理

进一步建立健全林木绿地资源管理制度，明确责任主体，把管护责任落实到人、落实到地块；建立管护考核制度，定期开展绿地养护管理检查，对没有落实管护责任，造成林木绿地资源毁坏、质量水平下降的，按照相应规定给予处理；依法惩处毁坏、侵占绿地的行为，确保绿地不被侵占；推进全市园林绿化资源、植物种质资源、湿地资源调查和森林资源价值评估等工作；鼓励区县、乡村建立以农民为主体的生态林管护专业队伍，具备条件的行政村，应逐步建立村级务林组织；加强对城市园林绿地的专业化养护管理，按照"政企分开、管办分离"的原则，采取组建园林养护集团或对外招标等多种方式，逐步推进林木绿地资源养护管理的市场化、社会化。

认真落实《国家林业局关于开展森林采伐管理改革试点工作的通知》要求，积极开展森林采伐管理试点工作，着重总结商品林采伐管理的经验，规范森林采伐分类管理，完善森林采伐限额管理办法。加强林政资源管理，探索进一步规范林地、权属管理、林地征占用管理和集体林采伐管理的新机制，提出加强林政资源管理的思路和措施，为保障北京市森林资源安全提供政策支持。

二、加强社会化服务组织建设

发展专业合作社、股份合作制等林业合作组织，为农民经营林业、创业致富创造更好的条件，提供更好的服务，促进农民分散经营转向规模经营，提高生产经营效率，不断增强园林绿化建设和林业改革发展的活力。扶持发展农民园林绿化专业合作社，发挥专业合作社对外为农民销售、加工、运输、贮藏林产品，对内为农民采购生产资料和提供技术、信息等服务功能。

充分发挥园林绿化专业协会的服务作用。建立健全果树产业协会、花卉产业协会、蜂业产业协会、野生动物保护协会、野生植物保护协会、爱鸟养鸟协会、林木种苗协会、林业工程建设协会、治沙产业协会、园林绿化企业协会等各种园林绿化专业协会组织，为农民和园林绿化工作者提供技术支持和信息服务。根据新形势、新任务的需要，在现有基础上，新建立一批园林绿化政策理论研究、生态文化宣传推广、森林防火防害、科技法律服务等方面的群众性社团组织，充分发挥协会在园林绿化事业发展中的桥梁和纽带作用。

发展园林绿化中介服务组织，重点建设园林绿化发展研究中心、规划设计中心、科技服务中心、森林与绿地资源资产评估中心、木材检验检疫中心等新型行业服务机构。通过积极引导和规范管理，促进这些组织更好地为全市园林绿化规划、建设、管理服务。逐步推行和规范森林认证、工程咨询、项目评估等工作。

三、加快林业产权交易服务平台建设

加快建设林业服务平台、产权交易中心是集体林权制度改革的一项重要内容。《中共中央、国务院关于全面推进集体林权制度改革的意见》明确要求，"加快林地、林木流转制度建设，建立健全产权交易平台，加强流转管理，依法规范流转，保障公平交易"。2009 年，在北京成立的中国林业产权交易所定位为中国唯一林业要素全国性权益市场，中国唯一森林碳汇交易平台，国内原木和木材交易中心市场，国际间森林资源与林产品大宗交易平台以及国内林业要素金融产品、衍生品创新研发中心。北京市应以中国林业产权交易所为参照，成立市、区县二级林权服务中心，充分发挥首都特有的地缘和政策优势、发挥全国林权交易市场的资源信息优势、发挥公司化运作的体制优势，促进首都园林绿化的健康发展。同时，应进一步优化金融发展环境，从政策支持、资金引导、人才聚集等方面不断提升金融产业发展的各项政策，凭借北京市高端金融产业资源聚集的优势，为北京林业产权交易市场的发展提供更大的支持。

四、加强科技服务体系建设

加强对森林健康经营、立体绿化等成熟技术的组装集成和推广应用，建设试验示范区，有针对性地遴选部分较为先进、成熟的科技成果和实用技术到生产第一线进行组装配套和推广应用，加速科技成果的转化。鼓励支持各单位组织开展形式多样、内容丰富的促进科技成果转化的推介活动。加强科技示范区、示范点、示范基地建设，通过人才、技术、资金等资源的优化配置与聚集，强化技术的优势集成和生产应用。

加强市、区县、乡镇园林绿化科技推广与服务体系建设，构建面向行业、基层的信息互动、技术交流平台。培养乡土专家，促进科技成果在农村生产第一线的推广应用。积极鼓励和倡导产、学、研联合，调动科研单位、企业和各级学会、协会参与科技推广的积极性，探索技术交易市场和中介机构发展机制，拓展科技成果转化与技术推广渠道，形成市、区县、乡镇各方面力量共同参与，政府扶持和市场引导、无偿服务与有偿帮扶、专业性队伍与社会化服务组织相结合的新型园林绿化科技推广网络。

五、完善信息化服务平台建设

大力推广应用网络化管理信息系统，进一步加强"首都园林绿化政务网站"建设，继续完善行业电子政务系统，提高管理服务水平。第一，建设和完善园林绿化数据中心，全面提升信息资源共享交换能力，实现业务协同管理。建立和完善果品、花卉、种苗、蜂业、生态旅游等基础数据库和产业信息系统，及时提供政策服务、技术服务、市场服务。同时，依据园林绿化目录体系及标准规范，实现园林绿化信息资源的统一存储和发布管理。第二，依据《城市绿地管理办法》，搭建城市绿线规划监管系统，合理布局公共绿地，确定防护绿地、大型公共绿地等绿线，辅助监管擅自改变城市绿线内土地用途、占用或者破坏城市绿地的行为。第三，利用视频监控、电子门禁、自动流量分析等信息手段，促进公园及风景区优化管理流程，减低耗损，提升服务质量，降低营运成本，保障游览安全，建立数字化公园、风景区。第四，建立在无线、有线网上的门户，形成"一站式"园林绿化应用和信息服务窗口，整合以首都园林绿化政务网为基础的网站群，实现外网资源、服务的统一管理和维护。

参考文献

［1］Bowes M. D. ， Krutilla J. V. 1989. Multiple use management：the economics of public forestlands［M］. Washington，DC：Resources for the Future.

［2］FAO. 2009. state of the world's forests 2009，［2010-05-08］. http：//www. fao. org/

［3］FAO. 2006. 2005 年全球森林资源评估——实现可持续森林管理的进展情况［R］. （147）：21.

［4］FAO. 2007. 世界森林状况 2007［M］. 罗马：联合国粮农组织.

［5］Franklin J. F. 1989. The "new forestry"［J］. Journal of Soil and Water Conservation，44（6）：549.

［6］［美］I. L 迈克哈格. 1992. 芮经纬译. 设计结合自然［M］. 北京：中国建筑工业出版社.

［7］IPCC. 2007. Climate change 2007-mitigation of climate change［M］. Cambridge University Press，Cambridge.

［8］Keith M. Reynolds，K. Norman Johnsonb and Sean N. Gordon. 2003. The science/policy interface in logic-based evaluation of forest ecosystem sustainability［J］. Forest Policy and Economics Volume，（5）：433 –446.

［9］北京市区绿地系统规划（2002 年）.

［10］陈昌笃，林文棋. 2006. 北京的珍贵自然遗产——植物多样性［J］. 生态学报，4（26）：969 –979.

［11］陈景升，何友均. 2008. 国外屋顶绿化现状与基本经验［J］. 中国城市林业，6（1）：74 –76.

［12］陈灵芝. 1993. 中国的生物多样性——现状及保护对策［M］. 北京：科学出版社.

［13］陈向远. 2008. 城市大园林［M］. 北京：中国林业出版社.

［14］陈振华，张章. 2010. 世界城市郊区小城镇发展对北京的启示——以伦敦、东京和纽约为例［J］. 北京规划建设，4：68 –73.

［15］董瑜. 2009. 彼得·沃克及其极简主义园林的产生［J］. 山东林业科技，39（3）：136 –138.

［16］董智勇. 1990. 发展林业的新途径［J］. 林业资源管理，（6）：1 –3.

［17］段进. 2006. 城市空间发展论［M］. 南京：江苏科学技术出版社.

[18]樊宝敏,李智勇.2005.夏商周时期的森林生态思想简析[J].林业科学,41
(5):144-148.

[19]樊宝敏,张钧成.2002.中国林业政策思想的历史渊源——论先秦诸子学说中
的林业思想[J].世界林业研究,(2):56-62.

[20]樊宝敏.2009.中国林业思想与政策史(1644~2008年)[M].北京:科学出
版社.

[21]国家林业局.2009.中国森林资源报告——第七次全国森林资源清查[M].北
京:中国林业出版社.

[22]胡洁.2010.从园林设计角度谈将北京建设成为山水城市[R].世界城市建设
外国专家座谈会报告,6-24.

[23]江晨.2010.对西方立体主义的解读[J].文艺生活,10:49.

[24]江泽慧.2007.中国可持续发展总纲——中国森林资源与可持续发展[M].北
京:科学出版社.

[25]江泽慧.2008.中国现代林业[M].北京:中国林业出版社.

[26]李飞.2005.1960年以来的当代园林流派[J].城市规划学刊,(3):95-102.

[27]李静.2009.园林概述[M].南京:东南大学出版社.

[28]李开然.2010.绿道网络的生态廊道功能及其规划原则[J].中国园林,3:24
-27.

[29]李团胜,石玉琼.2009.景观生态学[M].北京:化学工业出版社.

[30]李颖琴.2004.浅谈中国园林的发展历程[J].广东建筑装饰,(5):36.

[31]李永雄.1991.试论中国园林创作传统的继承与革新[J].广东园林,(2):23
-26.

[32]李育材.2007.实现新时期又快又好发展的蓝图——全国林业发展"十一五"和
中长期规划汇编[M].北京:中国林业出版社.

[33]连友钦,宋兆民,周润海.2010.北京湿地资源及其修复整治对策的探讨[J].
湿地科学与管理,6(1):42-44.

[34]刘淇.2010.把建设三个北京作为科学发展观战略任务[N].北京日报.

[35]刘庭风.2005.民国园林特征[J].建筑师,2(13):42-47.

[36]刘赟硕,刘海源.2008.20世纪结构主义哲学的流变以及对建筑和景观设计的
影响[J].山西农业科学,(4):74-76.

[37]陆楣.2007.现代风景园林概论[M].西安:西安交通大学出版社.

[38]罗枫,王晓俊.2005.西方现代园林中的现代主义渊源[J].山西建筑,31(2):
202-203.

[39]马浩雷,赵利国.2010.中西方园林局限性对中国现代园林艺术的启示[J].吉
林农业,(6):96.

[40]毛巧丽.1999.执领风骚——对世界园林历史演变的分析与展望[J].中国园
林,15(5):21-23.

[41]毛学农.2002.试论中国现代园林理论的构建——大园林理论的思考[J].中国

园林，（6）：14－16.

[42]彭镇华.2007.北京林业发展战略[M].北京：中国林业出版社.

[43]彭镇华等.2007.北京林业发展战略[M].北京：中国林业出版社.

[44]琼·希利尔，曹康.2010.面向中国战略空间规划的后结构主义理论与方法论[J].国际城市规划，（5）：88－95.

[45]申明.2010.科技创新是建设世界城市的驱动力.http：//www.qianlong.com,千龙网.

[46]沈玉麟.1989.外国城市建设史[M].北京：中国建筑工业出版社.

[47]斯皮罗·科斯托夫.2005.单皓译.城市的形成——历史进程中的城市模式和城市意义[M].北京：中国建筑工业出版社.

[48]斯震.2009.生态主义视野下的园林设计策略分析[J].浙江林学院学报，26（3）：421－426.

[49]王登举，徐斌.2011.顺应低碳时代需求 林业概念正在重构——世界林业发展热点与趋势综述[N].中国绿色时报.

[50]王登举.2006.日本的林业科技创新体系[J].世界林业研究，Vol.19，SUP.1（4）.

[51]王登举.2005.日本的森林生态效益补偿制度及最新实践[J].世界林业研究，18（6）.

[52]王登举.2004.日本的私有林经济扶持政策及其借鉴[J].世界林业研究，17（5）.

[53]王登举.2009.日本私有林合作化实践与借鉴[J].世界林业研究，Vol.22 No.1，（2）：1－5.

[54]王全德.1997.现代世界园林发展的探索[J].天津大学学报，30（6）：790－793.

[55]王占伟.2009.从文化差异看中西方园林发展[J].科技信息，（34）：I0151，I0153.

[56]邢韶华，林大影，鲜冬娅，等.2009.北京山地植物多样性优先保护地区评价[J].生态学报，29（10）：5299－5312.

[57]徐有芳.1995.建立比较完备的林业生态体系和比较发达的林业产业体系而努力奋斗[J].林业经济，（1）：1－10.

[58]许新桥.2006.近自然林业理论概述[J].世界林业研究，19（1）：10－13.

[59]俞浩萍.2010.浅谈低碳园林建设[J].中国科技博览，（13）：105.

[60]占磊.2010.中国园林的发展历史与方向[J].知识经济，（14）：164.

[61]张德成，王登举.2011.多功能森林经营：老话题新热点[N].中国绿色时报.

[62]张健.2009.中外造园史[M].武汉：华中科技大学出版社.

[63]张丽军，谢洁.2004.哈普林和野口勇——美国现代园林中的西方精神和东方精神[J].规划师，（11）：109－112.

[64]张云，王国梁.2004.世界园林的发展趋势—走向自然——评张祖刚先生《世界

园林发展概论》[J]. 建筑学报，（6）：84－85.

[65]赵纪军.2009. 新中国园林政策与建设60年回眸（三）——绿化祖国[J]. 风景园林，（3）：91－95.

[66]赵纪军.2009. 新中国园林政策与建设60年回眸（一）——"中而新"[J]. 风景园林，（1）：102－105.

[67]赵士洞，张永民.2004. 生态系统评估的概念、内涵及挑战——介绍《生态系统与人类福利：评估框架》[J]. 地球科学进展，19（4）：650－657.

[68]郑小贤.2001. 森林文化、森林美学与森林经营管理[J]. 北京林业大学学报，23（2）：93－95.

[69]中国森林生态服务功能评估项目组.2010. 中国森林生态服务功能评估[M]. 北京：中国林业出版社.

[70]周维权.1999. 中国古典园林史[M]. 北京：清华大学出版社.

附录

北京"三个园林"的评价体系

　　林业和园林评价有利于正确认识森林资源与环境、经济的协调发展，也有利于正确测度生产者和消费者的行为成本和收益以及督促人们经济行为的改变；可以增强人们对森林的保护意识，这也是政府的需要。在园林评价中主要包括园林发展水平评价、园林效益与价值评价、园林价值评价三类。对园林发展水平的评价的特点是建立指标较为全面，有园林发展的数量指标，也有园林发展的质量指标，是对园林发展进行全面综合的评价，根据评价的目的和方法不同可以分为园林发展的综合标准、综合指数、单项发展水平评价。利用系统工程与系统评价的方法对它进行定量评价，指标的类型从性质上主要可以分为两种，一种是客观性指标和主观性指标，一种是描述性指标和评价性指标。林业评价的标准与指标方面出现了许多专门的研究，侧重在某些现代林业特征方面的指标研究。目前对林业评价指标主要分为森林经营水平评价、林业发展水平评价、森林价值核算评价指标等。根据对园林和林业评价指标体系的综合分析，认为目前国内外对现代园林和林业统筹管理条件下的"大园林"定量测度的研究缺乏，在理论和方法上还存在一定的不足，就现有的研究而言，尚没有标准且实用的体系方法，评价带有较大的主观性，生态社会效益的物理量的计量较难。

　　针对城市园林绿化这一复杂的系统工程所面对的新问题，北京迫切需要建立集林业和园林评价于一体的大园林评价指标体系，使参与北京"三个园林"建设的多层次合作者形成共识，可以定期评价建设效果，认识发展现状，找出差距加以弥补。开展"三个园林"评价研究，是一项具有创新性的科学探索工作，也是一项关系到"三个园林"发展指标设定、发展态势分析、发展阶段性定位、发展规划制定等各方面的一项基础性工作，覆盖面广、系统性强、工作复杂、任务艰巨。本书结合了整个国家林业和园林评价体系，制定北京"三个园林"评价指标体系。确定重点指标，这对加快北京现代园林建设，积极推进"三个北京"发展和世界城市建设具有重要的意义。

一、"三个园林"评价指标体系的构建

（一）"三个园林"评价指标体系的基本要求

　　"三个园林"发展标准涉及经济、社会、科技、文化、政策等多方面，是一个巨大的复杂系统。在设计指标体系的过程中，总体上必须把握指标体系的特点，有一个明确的原则作为构建该体系的依据。经过对国内外园林和林业发展评价指标的分析，结合"三个园林"建设的实际，认为"三个园林"评价指标体系需

要具有体系全面性、评价指标针对性、评价模型动态性、评价结果可比性的特点。

1. 评价体系全面性

"三个园林"是复杂的系统，要综合园林和林业的指标，针对原有的两个部分的工作，依据关联性的程度将其分门别类，划分层次，以便于分析研究。层次越往上，指标越综合，层次越往下指标越具体。设置指标体系和选用指标应当通盘考虑，评价指标的选择必须能够反映现代林业的内涵、特征。

2. 评价指标针对性

评价的目的不是单纯评出名次及优劣的程度，更重要的是引导和鼓励被评价对象向正确的方向和目标发展，应该把科学性与现实性统一起来，避免脱离实际。此外由于不同区域的自然条件、经济状况各异，评价指标应具有针对性，1个指标说明1个实际问题，其针对性要强，对于针对性较差的指标，不纳入评价指标体系中。

3. 评价模型动态性

园林发展是一个动态的历史概念，是一个动态的发展过程，随着时间的推移、经济的发展，现代园林的内涵会发生变化，其评价指标也应当反映这种发展变化。在进行评价指标设定时，要选取一些在时间和空间上较敏感的指标，在时间和空间上的敏感性决定着跟踪现代园林变化动态的准确性和及时性，因此，评价指标对经济、环境和相关人类活动的变化反应灵敏。设计评价指标时应照顾到客观条件的可能性，指标体系应力求简明、便于测评，通过一定的途径、一定的方法可以得到。无论是定性指标还是定量指标都要标准化、规范化，使所设计的指标能够在实践中较为准确地进行评价。时间维度上的持续性是资源可持续利用的主要特征之一，而资源的空间分布是自然、人类经济活动的综合结果，并且林业自然资源在数量、质量等方面都随着时间和空间的变化而发生动态变化。因此，在设置和选择指标体系时，必须选择相应的指标来标度系统的动态，将时间和空间显性或隐性地包含在体系之中，使评价模型具有"活性"。

4. 评价结果可比性

通用可比性指的是不同时期以及不同对象间的比较，即纵向比较和横向比较。纵向比较指同一对象这个时期与另一个时期作比。横向比较是指不同对象之间的比较，找出共同点，按共同点设计评价指标体系。对于各种具体情况，采取调整权重的办法，综合评价各对象的状况再加以比较。

(二)"三个园林"评价指标体系的总体框架

"三个园林"包含的因素极多，它的一个重要特征是具有层次性。根据生态城市的基本内涵和评价设计思路，我们将生态城市的评价指标体系划分为3个层次。最高一个层次是目标层，以城市生态综合发展度作为综合指标，用来衡量城市生态发展水平、系统发展能力与协调化程度。第二层次是指数层，由反映目标层的相关指标构成，是为了达到经济、社会、生态环境全面协调发展目的而设立的子目标层，分别由人口生态指标、自然生态指标、社会生态指标和经济生态指标来反映。第三层为指标层，用来反映指数层的具体内容，是由数量众多的单项评价因子来体现。

指标体系的设计以园林和林业发展建设活动为主线，根据"三个园林"的内涵、特征，可以不受条件的限制，凡是能够描述该系统各层次状态的所有指标尽可能全面地一一列出。这样做的目的是全方位地考虑问题，防止重要指标的遗漏。采用频度统计法对目前的研究报告论文进行统计，选用使用频度较高的指标。将国家林业局《国家森林城市评价指标》、住房和城乡建设部《国家园林城市评价标准》、《城市绿化评价标准指标》的相关指标列出，初设指标往往存在指标过多、指标间意义上有交叉重复的问题，需要对指标进行选择或重组。通过独立性分析，排除相关密切的指标，选用相互独立的指标，方能获得科学的评价结果。各个指标分类整理，按照"三个园林"3 个方面的内容将整个系统分成 3 个子系统，加之保障系统，共计设 4 个一级指标：生态园林发展指数、科技园林发展指数、人文园林发展指数、基础保障能力指数指标。如图 1 所示，每一级又可包含其内部的二级指标，生态园林发展指数下设资源数量、资源质量、生态管理、生态效益指数；科技园林指数下设科技实力、科技效益指数；人文园林下设文化建设、文化惠民、产业惠民指数；基础保障能力指数下设政策组织、人力资源、资金投入、基础设施保障指数。二级指标下建有三级指标。

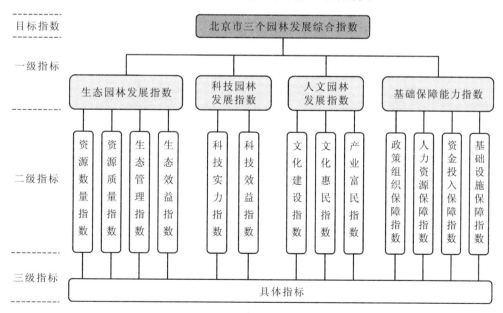

图 1　北京"三个园林"评价体系框架图

（三）指标分析与选择

根据国家林业局《国家森林城市评价指标》、住房和城乡建设部《国家园林城市评价标准》、《城市绿化评价标准指标》、《中国生态文化村建设标准》、《国家生态城市建设标准》、《绿色北京行动计划》的相关指标，参考针对北京市现有的数据统计情况，选取三级指标。对指标进行调整，最终确立北京"三个园林"发展指标体系。

表 1　生态园林发展评价指标表

二级指标	三级指标	三级指标解释
园林绿化资源数量指数	森林覆盖率(%)	森林面积/国土面积×100%
	林木绿化率(%)	绿地面积/国土面积×100%
	城市绿化覆盖率(%)	城市绿地总面积/土地总面积×100%
	人均绿地面积(m^2/人)	公共游憩绿地总面积/人口数量
	山区绿化覆盖率(%)	山区绿地总面积/山区土地总面积×100%
	平原绿化覆盖率(%)	达到国家农田林网化标准的农田面积/农田总面积×100%
	河道绿化普及率(%)	河道绿化普及率(%)=(单侧绿地宽度大于等于12m的河道滨河绿带长度/河道岸线总长度)×100%
	屋顶绿化率(%)	屋顶绿化面积/屋顶面积×100%
	道路绿化达标率(%)	城市道路绿地达标率(%)=(绿地达标的城市道路长度/城市道路总长度)×100%
	受损弃置地生态与景观恢复率(%)	受损弃置地生态与景观恢复率(%)=(经过生态与景观恢复的受损弃置地面积/受损弃置地总面积)×100%
园林绿化资源质量指数	单位面积森林蓄积量(m^3/hm^2)	活立木蓄积量/绿地总面积×100%
	乡土树种数量占绿化树种比例(%)	乡土树种面积/绿化面积×100%
	林龄结构面积比(%)	各龄级面积比的平均值×100%
	森林平均郁闭度(%)	林冠的投影面积/林地面积×100%
	单位面积森林蓄积生长量(m^3/hm^2)	森林年生长量/森林面积×100%
	建成区绿化覆盖面积中乔、灌木所占比率(%)	建成区绿化覆盖面积中乔、灌木面积/建成区绿化面积×100%
	天然林比例(%)	天然林面积/森林面积×100%
	混交林比例(%)	混交林面积/森林面积×100%
园林绿化生态管理指数	生态公益林比例(%)	生态公益林面积/森林面积×100%
	自然保护区面积比例(%)	自然保护区面积/国土面积×100%
	水土流失治理率(%)	每年水土流失治理面积/整个水土流失面积×100%
	自然湿地保护率(%)	受保护湿地面积/湿地总面积×100%
	林木有害生物防治率(%)	防护面积/林木有害生物灾害面积×100%
	林火防控率(%)	未成灾火情/林火次数×100%
	种苗产地检疫率(%)	检疫种苗数量/种苗总数量×100%
	野生动植物保护率(%)	得到保护的国家重点野生动植物种类/已知国家重点野生动植物、物种类×100%

（续）

二级指标	三级指标	三级指标解释
园林绿化生态效益指数	森林碳密度（t/hm²）	碳总储量/森林面积
	单位面积森林碳汇量（t/hm²）	年碳汇量/森林面积
	单位面积森林年释放氧气（t/hm²）	森林释放氧气量/森林面积
	年空气污染指数小于或等于 100 的天数比例（%）	年空气污染指数小于或等于 100 的天数/365×100%
	河流源头水质达标率（%）	监测达标样本数量/总检测数量×100%
	多功能管理森林比例（%）	多功能管理森林面积/林木总面积×100%
	城市热岛强度降低比例（%）	城乡温差/3×100%

表 2　科技园林发展评价指标表

二级指标	三级指标	三级指标解释
科技实力指数	组织国家级和市级科技项目数量（个）	组织国家级和市级科技项目数量
	科研经费占园林绿化经费比例（%）	科研经费/林业财政投入×100%
	万人拥有园林绿化科研人员比例（人/万人）	林业科技创新人员数/（林业就业人数×10000）
	科技成果推广利用率（%）	推广利用成果数/科技成果总数×100%
	对外交流合作科研项目数量（个）	对外交流合作的科研项目数量
科技效益指数	中水灌溉总面积比率（%）	中水灌溉面积/绿地总面积×100%
	绿化苗木良种使用率（%）	良种种子使用量/种子消耗总量×100%
	有害生物测报准确率（%）	生物灾情次数/测报次数×100%
	有害生物无公害防治率（%）	无公害防治面积/受灾森林面积×100%
	生物防治率（%）	生物防治面积/防治总面积×100%
	森林视频监测覆盖率（%）	视频监测区域面积/森林面积×100%
	森林通讯覆盖率（%）	通讯覆盖区域面积/森林面积×100%
	园林绿化科技进步贡献率（%）	用索洛余值法计算

表 3　人文园林发展评价指标表

二级指标	三级指标	三级指标解释
生态文化建设指数	各级主流媒体宣传报道数（篇/年）	宣传报道稿件数/林业从业人员×10000
	义务植树尽责率（%）	实际参加义务植树的人数/有义务参加植树的总人数×100%
	古树名木保护率（%）	古树名木保存数量/记录建档总数量×100%
	公园绿地应急避险场所实施率（%）	公园绿地应急避险场所数量/公园绿地数量×100%
	精品公园创建比例（%）	精品公园数量/所有公园数量×100%
	历史名园周边整治率（%）	历史名园周边整治面积/历史名园周边总面积×100%
	小区绿化达标率（%）	绿化达标小区数量/小区总数
	国家生态文明科普教育基地（个）	国家生态文明教育基地数量

（续）

二级指标	三级指标	三级指标解释
文化惠民指数	森林公园面积比例（%）	森林公园面积/土地面积×100%
	人均公共绿地面积（m²）	公园绿地面积/人口
	全国生态文化村数量（个）	根据全国生态文化村的实际数量
	园林景观大街数量（条）	园林景观大街数量
	低碳社区比率（%）	低碳社区数量/社区数量×100%
	花园式单位比例（‰）	花园式单位数量/单位数量×1000‰
	到郊区森林公园旅游人数（万人次）	到郊区森林公园旅游人数
	休闲绿地服务半径（km）	根据实际服务半径
	市民对园林绿化满意率（%）	调查为满意人员/受调查总人数×100%
产业富民指数	单位面积森林绿地产值（元/hm²）	林业总产值/绿地面积
	园林绿化产值占 GDP 比例（%）	园林绿化总产值/GDP×100%
	商品林面积比例（%）	用材林、果用林面积/林木总面积×100%
	农民人均林业纯收入（元/人）	林业产值/农业人口数
	林业带动就业人口数（万人）	林业就业人数/各产业从业总人数

表4　基础保障能力评价指标表

二级指标	三级指标	三级指标解释
政策组织保障能力指数	政府高度重视园林绿化工作	根据程度打分：最差0—1 最好
	园林绿化法规和管理制度配套齐全，认真编制园林绿化工作总体规划，并纳入城市总体规划予以实施	根据程度打分：最差0—1 最好
	严格执行国家和地方有关林业、园林绿化的方针、政策、法规	根据程度打分：最差0—1 最好
	组织机构健全	根据程度打分：最差0—1 最好
	创造出富有特色的建设模式和成功经验，对全国有示范、推动作用	根据程度打分：最差0—1 最好
人力资源保障能力指数	本科以上园林绿化管理人员比例（%）	本科以上林业管理人员数/林业管理人员总数×100%
	大专以上学历园林绿化从业人员比例（%）	大专以上学历林业从业人员数量/林业从业人员×100%
	园林绿化从业人员年培训次数（次）	林业从业人员年培训次数
	园林绿化系统高级职称职工比例（%）	林业系统高级职称职工人数/林业系统从业人员×100%
资金投入保障能力指数	园林绿化经费占 GDP 比例（%）	林业经费额度/GDP×100%
	园林绿化从业人员人均财政经费（元/人）	根据实际数量
	单位面积生态建设投入（元/hm²）	生态建设总投入/（生态公益林面积 + 森林公园面积 + 自然保护区面积）×100%
	生态建设财政投入比重（%）	生态建设财政投入/全市财政支出×100%
基础设施保障能力指数	园林绿化政务信息化率（%）	网上办公单位/林业系统内单位总数×100%
	苗圃面积比例（%）	苗圃面积/绿地面积×100%
	单位面积防火公路建设里程（m/hm²）	防火公里里程/绿地面积
	森林瞭望监测率（%）	森林瞭望面积/森林总面积×100%

二、"三个园林"的评价方法

(一)评价指数的计算方法

常用的系统评价方法主要有经验评估法、综合分级评分法、标准指数加权综合模型评价法以及评价信息系统等,这些方法在处理与分析生态信息方面具有重要作用,它为决策者提供了实施区域生态管理的必要手段和决策工具。本指标评价体系采取指数方法,采取逐级的综合指数运算,综合发展指数计算公式为:

$$y = \sum y_i = \sum y_{ij} \sum z_{ij} t_{ij}$$

式中：y 为综合发展指数

　　　y_i 为第 i 个一级指标的发展指数

　　　y_{ij} 为第 i 个一级指标的发展指数第 j 个二级发展指数

　　　z_{ij} 为第 i 个指数第 j 个指标经标准化处理后的数据

　　　t_{ij} 为第 i 个指数的第 j 个指标的权重值

(二)指标的无量纲化方法

数据同趋化处理主要解决不同性质数据问题,对不同性质指标直接加总不能正确反映不同作用力的综合结果,须先考虑改变逆指标数据性质,使所有指标对测算方案的作用力同趋化,再加总才能得出正确结果。数据无量纲化处理主要解决数据的可比性,数据无量纲化方法主要有直线型无量纲化方法：又包括阈值法、指数法、标准化方法、比重法;折线型无量纲化方法：凸折线型法、凹折线型法、三折线型法极值化、均值化以及标准差化方法,曲线型无量纲化方法,而最常使用的是标准化方法。标准化方法处理后的各指标均值都为 0,标准差都为1,它反映了各指标之间的相互影响,而经过均值化方法处理的各指标数据构成的协方差矩阵既可以反映原始数据中各指标变异程度上的差异,也包含各指标相互影响程度差异的信息。标准化处理方法是无量纲化处理的一种方法。除此之外,还有相对化处理方法(包括初值比处理)、函数化(功效系数)方法,由于标准化处理方法可以与分布函数结合,所以应用比较广泛。

确定指标的标准值是建立生态城市指标体系的核心内容。在众多指标中,有些已经有了国家的、国际的或经过研究确定的标准,这些指标可以直接使用现有规定的标准进行评价;但是有些指标、比重等并没有一定的标准,此类指标评价标准的确定就比较困难,一般采取数学方法确定标准值。从北京三个园林建设出发,标准的价值准则是在始终保持园林自然生产能力的生态体系和大力促进科技手段和人文发展的基础上,推动资源节约型的林业产业发展体系,推进社会公平化的社会体系,使包括社会效益和生态效益在内的园林发展水平的不断提升。

1. 均值标准差法

主要照均值标准差的方法来进行标准化处理，也叫 Z-score 法，如果有 n 个样本，每个样本有 m 个数据，则每个变量可记为 $X_{i,j}$，其中 $i=1，2，\cdots，n$；$j=1，2，\cdots，m$。标准化后的变量为 $X'_{i,j}$，则：

$$X'_{i,j} = \frac{X_{i,j} - \overline{X}_j}{S_j}$$

式中：$\overline{X}_j$ 为第 j 个变量的平均数；

S_j 为第 j 个变量的标准差。

在制图数据处理中，常用 S 代表标准差。当用样本标准差对总体标准差进行估算时，则采用无偏估计值，即：

$$S = \left[\sum_{i-1}^{n} (X_i - \overline{X})^2 / (n - 1) \right]^{\frac{1}{2}}$$

经过标准差标准化后，每种变量的平均值为 0，方差为 1。

为了避免计算标准差，并把变量变换到 0 和 1 的范围内，也可采用极差标准化。这时可采用下面公式：

$$X'_{i,j} = \frac{X_{i,j} - \overline{X}_j}{X_{j\max} - X_{j\min}}$$

式中：$X_{j\max}$ 和 $X_{j\min}$ 为第 j 组变量的最大和最小值。用此公式标准化后的变量范围在 ±1 之间。

2. 极差法

在此我们采用指数化处理方法。指数化处理以指标的最大值和最小值的差距进行数学计算，其结果介于 0~1 之间。具体计算公式如下：

$$z_i = x_i - x_{\min} / x_{\max} - x_{\min}$$

式中：z_i 为指标的标准分数；

x_i 为 i 指标的指标值；

$x_{\max}$ 为 i 指标的最大值；

$x_{\min}$ 为 i 指标的最小值。

经过上述标准化处理，原始数据均转换为无量纲化指标测算值，即各指标值都处于同一个数量级别上，可以进行综合测算分析。

3. 初值法

最常用的无量纲化方法为初值法，也是最为简单的方法，其计算公式分别为：

$$X_i(k) = \frac{X'_i(k)}{X'_i(1)},$$

式中：$i = 0，1，\cdots，n$；

$k = 1，2，\cdots，m$。

$X(1)$为该项指标的最大值、最小值或最初值，本文采取的是目标值。

（三）指标权重值的确定方法

权重是表征下层子准则相对于上层某个准则（或总准则）作用大小的量化值，使用标准化处理后的数据进行综合测算，还必须对各项指标做出较为科学的权数调整，合理反映各测算指标的影响和作用程度，可以对之赋予不同的解释，如"重要性"、"信息量"、"肯定度"和"可能性"等等，以便得出科学合理的综合测算结果。权重确定方法的选择直接影响建模与仿真的可行性及质量，甚至会对仿真的结果产生决定性的影响。目前权重的确定方法可分为主观赋权法和客观赋权法两类，主观赋权法是由决策分析者根据各指标的主观重视程度而赋权的一类方法，主要有专家调查法、相邻比较法（环比评分法）、两两赋值法、二项系数法、最小二乘法、层次分析法（AHP）等，由于引进了人为干预，这些方法都难以摆脱人为因素及模糊随机性的影响；客观赋权法一般是根据所选择指标的实际信息形成决策矩阵，在此矩阵基础上通过客观运算形成权重，该方法尽量避免了主观赋权法的人为因素，但权值的求取相对却有一定难度，常用的如熵值法等。

1. 群体决策法

群体决策的一般结构为：设$X = (x_1，x_2，\cdots，x_n)$为有限策略集，$\forall x_i \in X$，$\mu_B(x_i) \in (0，1)$表示x_i的关联程度，即策略x_i与决策B的相关性（有时也表示可行性程度）；成员集为$D = (d_1，d_2，\cdots，d_m)$，$\forall d_i \in D$，$\gamma_{ij}(d_k) \in (0，1)$表示第$k$个成员认为$x_i$比$x_j$偏好的程度。群中成员的权威性是不同的，因而其个体偏好对群偏好作用的重要性也各不相同，例如项目总负责人就比项目一般成员的意见更具有权威性，本行专家比其他行业专家更有发言权等。这样，我们可根据个人的权威性程度$\mu(d_k)$形成权系数：

$$W_k = \frac{\mu(d_k)}{\sum \mu(d_k)}，\quad (k = 1,2,\cdots,m)。$$

另外，对指标有偏好信息的权重确定还可通过另外一种方法，在文献 2 所采用的多指标赋权方法中，介绍了一种方便而有效的五级标度赋值法，设指标G_j对G_k的五级标度赋值为d_{jk}，按下述方法进行：

G_j与G_k同等偏好，取$d_{jk} = d_{kj} = 4$；

G_j比G_k稍微偏好，取$d_{jk} = 4 + 1$，$d_{kj} = 4 - 1$；

G_j比G_k明显偏好，取$d_{jk} = 4 + 2$，$d_{kj} = 4 - 2$；

G_j比G_k更加偏好，取$d_{jk} = 4 + 3$，$d_{kj} = 4 - 3$；

G_j比G_k极端偏好，取$d_{jk} = 4 + 4$，$d_{kj} = 4 - 4$。

从而得赋值矩阵$D = (d_{ij})_{m \times m}$。

再计算各个指标的五级标度优序数$s_j = \sum_{k=1}^{m} d_{jk} \quad j = 1,2,\cdots,m$

并取：$\omega_j = s_j / \sum_{k=1}^{m} s_k \quad j = 1, 2, \cdots, m$

则可得对指标 G_j 的主观偏好权重，即所有指标的主观偏好权重向量为：

$$\omega = (\omega_1, \omega_2, \cdots, \omega_m)^T$$

2. 层次分析法

计算单一准则下元素的相对权重。在准则 C_k 下，对于 $A_1, A_2, \cdots, A_n$ 通过利用 1—9 标度法构造两两比较判断矩阵 A，根据和法、根法或特征根方法计算权重向量[1]，如解特征根问题 $A_w = \lambda_{\max} W$ 可得 W。所得到的 W 经正规化后作为元素 $A_1, A_2, \cdots, A_n$ 在准则 C_k 下的排序权重，在判断矩阵的构造中，并不要求判断具有一致性，这是由客观事物的复杂性与人的认识多样性所决定的，但当判断偏离一致性过大时，排序权向量计算结果作为决策依据将出现某些问题，因此得到 $\lambda_{\max}$ 后需进行一致性检验，其步骤为：

第一步：首先计算一致性指标 $C.I.$ 　　　$C.I. = (\lambda_{\max} - n)/(n-1)$

第二步：计算平均随机一致性指标 $R.I.$

这是多次(500 次以上)重复进行随机判断矩阵特征值的计算后取算术平均值得到的。

第三步：计算一致性比例 $C.R.$ 　　　$C.R. = C.I./R.I.$

当 $C.R. < 0.1$ 时，一般认为判断矩阵是一致性的，是可以接受的。

计算各层元素的组合权重，假设已知第 $k-1$ 层上 m 个元素相对总目标的组合权重向量为：

$$A^{k-1} = (A_1^{k-1}, A_2^{k-1}, \cdots, A_m^{k-1})$$

第 k 层上 n 个元素对第 $k-1$ 层上以第 i 个元素为准则的排序权重向量为：

$$W_i^k = (W_{1i}^k, W_{2i}^k, \cdots, W_{ni}^k)$$

其中，将不受第 i 个元素支配的元素权重设为零。则第 k 层上 n 个元素对第 $k-1$ 层上各元素为准则分别排序形成的权重向量矩阵为：

$$W^k = \begin{pmatrix} W_{11}^k, W_{12}^k, \cdots, W_{1n}^k \\ W_{21}^k, W_{22}^k, \cdots, W_{2n}^k \\ \vdots \quad \vdots \quad \vdots \\ W_{m1}^k, W_{m1}^k, \cdots, W_{mn}^k \end{pmatrix}$$

则第 k 层上元素对总目标的组合权重为：$A^k = A^{k-1} \times W^k$

如果 k 层为指标体系的最底层，则 A^k 即为最终的组合权重矩阵 A。

对组合权重进行一致性检验。若已知以第 $k-1$ 层上元素 i 为准则的一致性指标为 $C.I._i^k$，平均随机一致性指标为 $R.I._i^k$，则 k 层的综合指标 $C.I.^k$，$R.I.^k$，$C.R.^k$ 分别为：

$$C.I.^k = A^{k-1} \times (C.I._1^k, C.I._2^k, \cdots, C.I._m^k)^T$$

$$R.I.^k = A^{k-1} \times (R.I._1^k, R.I._2^k, \cdots, R.I._m^k)^T$$

$$C.R.^k = \frac{C.I.^k}{R.I.^k}$$

当 $C.R.^k < 0.1$ 时，k 层以上的所有判断满足整体一致性检验。

3. 模糊赋权法

运用三角形（梯形）模糊数法，在多指标权重确定问题中，难以摆脱人为因素及模糊随机性的影响，根据这一特点，可以采用模糊加权的方法。即：

$$\widetilde{A} = \frac{\alpha_1}{X_1} + \cdots + \frac{\alpha_n}{X_n} \quad （扎德表示法）$$

式中： $\widetilde{A}$ 为模糊集合；

$\alpha_i(i = 1, 2, \cdots, n)$ 为因素 X_i 在模糊集合 $\widetilde{A}$ 中的隶属度，即 α_i 的权数，可用三角形模糊数或梯形模糊数表示。例如，假设存在四个变量 D、θ、V 和 α，运用模糊加权的方法，可用三角模糊数表示如下：

$$\widetilde{W}_D = (W_{D1}, W_{D2}, W_{D3}) \qquad 0 \leq W_{D1} \leq W_{D2} \leq W_{D3} \leq 1;$$

$$\widetilde{W}_\theta = (W_{\theta1}, W_{\theta2}, W_{\theta3}) \qquad 0 \leq W_{\theta1} \leq W_{\theta2} \leq W_{\theta3} \leq 1;$$

$$\widetilde{W}_V = (W_{V1}, W_{V2}, W_{V3}) \qquad 0 \leq W_{V1} \leq W_{V2} \leq W_{V3} \leq 1;$$

$$\widetilde{W}_\alpha = (W_{\alpha1}, W_{\alpha2}, W_{\alpha3}) \qquad 0 \leq W_{\alpha1} \leq W_{\alpha2} \leq W_{\alpha3} \leq 1;$$

且 $W_{D2} + W_{\theta2} + W_{V2} + W_{\alpha2} = 1$；$\widetilde{W} = \widetilde{W}_D + \widetilde{W}_\theta + \widetilde{W}_V + \widetilde{W}_\alpha$。

其中，W_{D2}、$W_{\theta2}$、W_{V2} 和 $W_{\alpha2}$ 可结合专家意见，由其他赋权法得到，W_{D1}、$W_{\theta1}$、W_{V1}、$W_{\alpha1}$、W_{D3}、$W_{\theta3}$、W_{V3} 和 $W_{\alpha3}$ 由它们分别和 W_{D2}、$W_{\theta2}$、W_{V2} 和 $W_{\alpha2}$ 的偏差得到；使 $W_{D2} + W_{\theta2} + W_{V2} + W_{\alpha2} = 1$，进行了归一化处理。

运用非结构性决策中模糊赋权法，对重要性定性排序。设存在因素集 $C = (c_1, c_2, \cdots, c_m)$，在 c_k 与 c_l 间作重要性二元比较，以 f_{kl} 表示重要性排序指标标度。

若 c_k 比 c_l 重要，取 $f_{kl} = 1, f_{lk} = 0$；

若 c_l 比 c_k 重要，取 $f_{kl} = 0, f_{lk} = 1$；

若 c_k 与 c_l 同样重要，取 $f_{kl} = f_{lk} = 0.5$；

且有：$0 \leq f_{kl}, f_{lk} \leq 1$，$f_{kl} + f_{lk} = 1$，$f_{kk} = f_{ll} = 0.5$。

则可根据因素集构成其重要性的二元对比一致性标度矩阵为：

$$F = \begin{pmatrix} f_{11} & f_{12} & \cdots & f_{1m} \\ f_{21} & f_{22} & \cdots & f_{2m} \\ \vdots & \vdots & & \vdots \\ f_{m1} & f_{m2} & \cdots & f_{mm} \end{pmatrix} = (f_{kl}) \quad k, l = 1, 2, \cdots, m$$

重要性定性排序一致性标度矩阵 F 各行和数由大到小的排列，给出因素集在满足排序一致性条件下的重要性定性排序。其中，标度为 0.5 的两个元素，对应行的和数相等排序相同。

还可以根据因素集权重定量确定，根据语气算子进行计算（表5）。

表5　语气算子与定量标度的关系

语气算子	同样	稍稍	略为	较为	明显	显著	十分	非常	极其	极端	无可比拟
定量标度	0.50	0.55	0.60	0.65	0.70	0.75	0.80	0.85	0.90	0.95	1
	0.525	0.575	0.625	0.675	0.725	0.775	0.825	0.875	0.925	0.975	1

根据重要性排序一致性标度矩阵 F，按最重要、次重要……最不重要的顺序，依次记以序号 1、2……m，则因素集对重要性按 F 给出的定性排序作二元比较，则因素集对重要性的有序二元比较矩阵为：

$$G = \begin{pmatrix} g_{11} & g_{12} & \cdots & g_{1m} \\ g_{21} & g_{22} & \cdots & g_{2m} \\ \vdots & \vdots & & \vdots \\ g_{m1} & g_{m2} & \cdots & g_{mm} \end{pmatrix} = (g_{ik})$$

式中：g_{ik} 为因素 c_i 对 c_k 就重要性作二元比较时，因素 c_i 对 c_k 的重要性定量标度；g_{ki} 为因素 c_k 对 c_i 就重要性作二元比较时，因素 c_k 对 c_i 的重要性定量标度；i,k 为排序下标，$i,k = 1,2,\cdots,m$；序号根据矩阵 F 各行和数由大到小的次序排列。

满足条件：$0 \leqslant g_{ik} \leqslant 1$，$g_{ik} + g_{ki} = 1$，$g_{kk} = g_{ii} = 0.5$

再经运算，可得权重为：$W = (\omega_1, \omega_2, \cdots, \omega_m)^T$，且有 $\sum_{i=1}^{m} \omega_i = 1$，其中：

$$\omega_i = \frac{1 - g_{1i}}{g_{1i}} / \sum_{i=1}^{m} \frac{1 - g_{1i}}{g_{1i}}, \quad 0.5 \leqslant g_{1i} \leqslant 1, \quad i = 1,2,\cdots,m$$

根据模糊相对隶属度赋权法，该方法的核心依据是模糊数学中可将隶属度定义为权重的概念。假设存在 m 个样本和 n 个指标，其中样本 $j(j = 1,2,\cdots,m)$ 对模糊概念 η 的指标相对隶属度公式为 γ_{ij}，γ_{ij} 为样本 j 指标 $i(i = 1,2,\cdots,n)$ 特征值 x_{ij} 对 η 的相对隶属度，并假设对模糊概念 η 的级别越大（即越模糊）越不好，则指标相对隶属度越大，表明权重越大。则样本集指标 i 的相对隶属度向量 $r_i = (r_{i1}, r_{i2}, \cdots, r_{in})$，$i = 1,2,\cdots,m$，考虑对模糊概念 η 影响的整体性，将样本集指标 i 的平均相对隶属度 $\bar{r_i} = \sum_{j=1}^{n} r_{ij}/n$，$(i = 1,2,\cdots,m)$ 定义为指标 i 的权重，并经归一化后得指标权向量为：

$$W = \left(\sum_{j=1}^{n} r_{1j} / \sum_{i=1}^{m} \sum_{j=1}^{n} r_{ij}, \sum_{j=1}^{n} r_{2j} / \sum_{i=1}^{m} \sum_{j=1}^{n} r_{ij}, \cdots, \sum_{j=1}^{n} r_{mj} / \sum_{i=1}^{m} \sum_{j=1}^{n} r_{ij} \right)$$

4. 基于 BP 神经网络的可学习赋权法

人工神经网络是由大量的被称为神经元的节点构成的系统，可利用神经网络的可学习算法进行加权。如：

$$S_j = \sum W_{ji} \times X_i (X_0 = \theta_j, W_{j0} = -1)$$

$$Y_j = f(S_j)$$

式中：θ_j 称为阈值；

　　　W_{ji} 称为连接权系数；

　　　$f(\cdot)$ 为变换函数。

第一层为输入层，对于"权"而言，这一层，是输入由其他方法求得的各因素参数的权重；第二层为隐节点层，隐节点数没有统一的规则，根据具体对象而定；通过神经网络学习和调整，进行加权变换；第三层为输出层，只有一个节点，通过在该层不断调整权重，使得 W 对一切样本均保持稳定不变，从而求得最终权值以及各参数相对效用值，经过相乘等运算得到第 i 个被评对象的总评价指标 J_i，学习过程也由此结束。

必须指出的是输入输出必须具有权威性，它通常是依据综合评价总指标，由专家组反复斟酌而定的。已经证明，三层 BP 网络可以实现多维单位立方体 R^m 到 R^n 的映射，故只要给定的样本集是真正科学的，具有很强的权威性，就能很好地克服人为确定权重的困难及模糊性和随机性的影响。

5. 熵信息输出求取权重法

对标准化的决策矩阵 $Z = (z_{ij})_{n \times m}$，令：

$$p_{ij} = z_{ij} / \sum_{i=1}^{n} z_{ij} \quad i = 1, 2, \cdots, n; j = 1, 2, \cdots, m$$

由信息论知，指标 G_j 输出的信息熵为：

$$E_j = -(\ln n)^{-1} \sum_{i=1}^{n} p_{ij} \ln p_{ij} \quad j = 1, 2, \cdots, m$$

式中：当 $p_{ij} = 0$ 时，规定 $p_{ij} \ln p_{ij} = 0$。则：

$$\mu_j = (1 - E_j) / \sum_{k=1}^{m} 1 - E_k \quad j = 1, 2, \cdots, m$$

为指标 G_j 的客观权重，从而所有指标的客观权重向量为：

$$\mu = (\mu_1, \mu_2, \cdots, \mu_m)^T$$

另外对于综合权重的求取，当用两种以上的权重确定方法时，就存在一个如何求取综合权重的问题，可以有乘法和加法两种，乘法公式如下：

$$\omega_j = \prod_{k=1}^{m} \omega_j^k / \sum_{j=1}^{n} \prod_{k=1}^{m} \omega_j^k \quad (j = 1, 2, \cdots, n)$$

其特点是对各种确定方法求得的权重一视同仁，其中 m 为采用的权重确定方法的数量。

加法公式如下：

$$\omega_j = \sum_{k=1}^{m} \lambda_k \omega_j^k \Big/ \sum_{j=1}^{n} \sum_{k=1}^{m} \lambda_k \omega_j^k \quad (j = 1, 2, \cdots, n)$$

其特点是各种权重之间有线性补偿作用。其中 λ_k 为各种权重求取方法确定的权的"重要性"系数，有 $\sum_{k=1}^{m} \lambda_k = 1$。

如果有 n 个样本，每个样本有 m 个数据，则每个变量可记为 $X_{i,j}$ 其中 $i = 1$，2，$\cdots$，n；$j = 1$，2，$\cdots$，m。

标准化后的变量为 $X'_{i,j}$，则：

$$X'_{i,j} = \frac{X_{i,j} - \overline{X}_j}{S_j}$$

式中：$\overline{X}_j$ 为第 j 个变量的平均数；

S_j 为第 j 个变量的标准差。

在制图数据处理中，常用 S 代表标准差。当用样本标准差对总体标准差进行估算时，则采用无偏估计值，即：

$$S = \left[\sum_{i-1}^{n} (X_i - \overline{X})^2 / (n - 1) \right]^{\frac{1}{2}}$$

经过标准差标准化后，每种变量的平均值为 0，方差为 1。

为了避免计算标准差，并把变量变换到 0 和 1 的范围内，也可采用极差标准化。这时可采用下面公式：

$$X'_{i,j} = \frac{X_{i,j} - \overline{X}_j}{X_{j\max} - X_{j\min}}$$

式中：$X_{j\max}$ 和 $X_{j\min}$ 为第 j 组变量的最大和最小值。用此公式标准化后的变量范围在 ±1 之间。

三、"三个园林"发展的重点指标

根据国家林业局及住房与城乡建设部对于林业和园林发展的相关指标，根据北京市园林绿化发展的现状，确定重点指标采取两种途径。一是重点的统计指标，这些指标是社会广泛关注的指标，另外是北京市差距较大的园林建设指标，通过标准值和现在只的比例来确定，比例差异越大，表明这些是在未来工作中需要提高的弱项。

根据北京市现有三级指标与国内外的林业和园林发展的目标性指标。包括：《国家森林城市评价指标》、《城市园林绿化评价标准》、《国家园林城市评价标准》、《国家生态城市标准》、《北京城市总体规划》、《世界森林状况 2009》、《第七次全国森林清查报告》、《国家林业"十一五"规划及中长期规划》、《中国现代林业》、《2005 全球森林资源评估》等规定的指标进行对比，计算各个指标的差距，计算出北京市在如下指标中相对滞后，生态园林发展的重点在园林质量和效益方面。具体指标包括多功能管理森林比例(%)、屋顶绿化率(%)、森林碳密度(t/hm^2)、单位面积森林蓄积量(m^3/hm^2)、单位面积森林蓄积生长量(m^3/hm^2)、单位面积森林碳汇量(t/hm^2)、单位面积森林年释放氧气(t/hm^2)、林龄结构面积比(%)、混交林比例(%)、天然林比例(%)、城市热岛强度降低比例(%)。科技园林发展方面主要在科技能力建设上，具体指标包括科研经费占林业经费比例(%)、中水灌溉总面积比率(%)、生物防治率(%)、森林视频监测覆盖率(%)、万人拥有林业科研人员比例(人/万人)、森林通讯覆盖率(%)、组织国家级和市级科技项目数量(个)、对外交流合作科研项目数量(个)。人文园林主要在文化惠民方面，指标包括低碳社区比率(%)、全国生态文化村数量(个)、林业产值占 GDP 比例、国家生态文明科普教育基地(个)、园林景观大街数量(条)、农民人均林业纯收入(元/人)、花园式单位比例(‰)、到郊区森林公园旅游人数(万人次)、各级主流媒体宣传报道数(篇/年)、义务植树尽责率(%)、小区绿化达标率(%)。基础保障方面主要在林业经费占 GDP 比例(%)、单位面积防火公路建设里程(m/hm^2)、林业政务信息化率(%)、重点林区视频监测率(%)、森林瞭望监测率(%)、林业从业人员人均财政经费(元/人)。鉴于以上指标为北京"三个园林"发展中的弱项，因此确定这些指标为北京"三个园林"发展的关键指标。

在以上指标基础上，添加园林统计中的社会关注重点指标，重点指标主要是城市发展中受到各界普遍关注的指标，确定了北京市"三个园林"发展的重点指标共计42项，(表6)，其中生态园林重点指标15项，科技园林重点指标10项，人文园林重点指标14项，基础保障重点指标4项。

表6　北京市"三个园林"建设重点指标

编号	重点指标
	生态园林
1	林木绿化覆盖率(%)
2	森林覆盖率(%)
3	城市绿化覆盖率(%)
4	森林防火控制率(%)
5	林木有害生物防治率(%)
6	多功能管理森林比例(%)
7	屋顶绿化率(%)
8	森林碳密度(t/hm^2)
9	单位面积森林蓄积量(m^3/hm^2)
10	单位面积森林蓄积生长量(m^3/hm^2)
11	单位面积森林碳汇量(t/hm^2)
12	单位面积森林年释放氧气(t/hm^2)

（续）

编号	重点指标
13	林龄结构面积比（%）
14	混交林比例（%）
15	城市热岛强度降低比例（%）
科技园林	
1	科技成果推广利用率（%）
2	园林绿化科技进步贡献率（%）
3	科研经费占园林绿化经费比例（%）
4	中水灌溉总面积比率（%）
5	生物防治率（%）
6	森林视频监测覆盖率（%）
7	万人拥有园林绿化科研人员比例（人／万人）
8	森林通讯覆盖率（%）
9	组织国家级和市级科技项目数量（个）
10	对外交流合作科研项目数量（个）
人文园林	
1	森林公园面积比例（%）
2	人均公共绿地面积（m^2）
3	古树名木保护率（%）
4	低碳社区比率（%）
5	全国生态文化村数量（个）
6	园林绿化产值占 GDP 比例
7	国家生态文明科普教育基地（个）
8	园林景观大街数量（条）
9	农民人均林业纯收入（元／人）
10	花园式单位比例（‰）
11	到郊区森林公园旅游人数（万人次）
12	各级主流媒体宣传报道数（篇／年）
13	义务植树尽责率（%）
14	小区绿化达标率（%）
基础保障	
1	园林绿化经费占 GDP 比例（%）
2	单位面积防火公路建设里程（m／hm^2）
3	园林绿化政务信息化率（%）
4	园林绿化从业人员人均财政经费（元／人）

　　园林绿化工作评价是一项基础性工作，技术性强、影响广泛、指导作用明显。以上提出了北京市"三个园林"建设的评价体系框架、评价计算方法及重点指标，但对于相关的标准值及权重参数并未明确提出，仅列出了数据无量纲化和确定权重的方法，供在评价工作中进行选择。实际上，在"三个园林"建设实践中，对单一指标的目标化管理更为重要，因为总的"三个园林"发展水平评价结果的提高也必须由每一项指标的不断完善作为支撑。以上已提出了北京"三个园林"发展中的弱项和重点，各个部门可以根据实际工作，选择本部门相关的指标，

提出发展的目标，并且制定具体计划，按照基于目标的管理方法组织实施。随着我国林业和园林的发展，以及北京"三个园林"建设的不断突破，北京"三个园林"发展的重点指标也将不断调整更新。

参考文献

［1］　FAO. 2009. State of the world's forests 2009. （2005-05-08）. ［2011-02-20］. FAO. 2009. State of the world's forests. http：//www. fao. org/docrep/011/i0350e/i0350e00. htm.

［2］北京市发展和改革委员会 . 北京城市总体规划 . （2004-2020）［EB/OL］. ［2011-09-15］. http：//www. bjpc. gov. cn/fzgh_ 1/csztgh/200710/t195452. htm.

［3］北京市发展和改革委员会 . 2009. 绿色北京行动计划（2010-2012）［N］. 北京日报 .

［4］国家林业局 . 国家森林城市评价指标 . ［EB/OL］. ［2010-09-15］. http：//www. bjslyj. gov. cn/Show Data. aspx？SysID＝814

［5］江泽慧 . 2008. 中国现代林业［M］. 北京：中国林业出版社 .

［6］李育材 . 2007. 实现新时期又快又好发展的蓝图——全国林业发展"十一五"和中长期规划汇编［M］. 北京：中国林业出版社 .

［7］中国生态文化协会 . 2008. 中国生态文化村建设标准［S］. 12.

［8］中华人民共和国住房和城乡建设部 . 2010. 城市园林绿化评价标准［S］. 北京：中国建筑工业出版社，8.

［9］中华人民共和国住房和城乡建设部 . 国家园林城市标准［EB/OL］. ［2010-09-15］. http：//www. mohurd. gov. cn/lswj/tz/201012502. doc.

北京市"生态园林、科技园林、人文园林"
发展战略研究专家评审意见

2011年1月19日，北京市园林绿化局在北京主持召开了"北京市生态园林、科技园林、人文园林发展战略研究"项目成果评审会。来自中国林业科学研究院、北京林业大学、国家林业局林业经济发展研究中心、北京市园林绿化局的评审组专家认真审阅了项目文本，听取了项目汇报并经讨论，形成评审意见如下：

一、项目立足首都经济社会可持续发展全局，着眼于北京园林绿化实现城乡统筹的新形势，开展北京市"生态园林、科技园林、人文园林"发展战略研究。这是深入实践科学发展观、贯彻党的十七大关于加强生态文明建设和中央林业工作会议各项精神的重大举措，是推动北京城乡园林绿化一体化发展的重要理论指导，也是我国第一次系统研究城乡园林绿化一体化发展的战略研究成果，对指导城市园林绿化事业发展具有重要示范引领作用。

二、项目以"世界眼光、国际标准、全国一流、首都特色"为取向，在深入分析总结北京园林绿化现状、经验的基础上，全面分析了北京园林绿化发展中所存在的问题，以及面临的机遇和挑战，充分借鉴国内外园林和林业发展的理念和实践经验，对建设"人文北京、科技北京、绿色北京"，推动城乡园林绿化一体化发展具有十分重要的理论意义和实践指导价值。

三、项目全面深入分析了"生态园林、科技园林、人文园林"理念所包含的丰富内涵，指出三者的有机融合、和谐统一是实现北京园林绿化事业又好又快科学发展的重要保障。项目研究提出的大力实施"营绿增汇、亲绿惠民、固绿强基"三大战略，推动城乡绿化向生态保障、宜居环境、景观美化、集约经营方向发展，努力构建高标准生态体系、高水平安全体系、高效益产业体系、高品位文化体系和高效率服务体系，把北京建设成为"绿色低碳之都、东方园林之都、生态文明之都"的北京市园林绿化发展总体思路，具有前瞻性、创新性和可行性。

四、项目明确了首都园林绿化发展建设的战略定位，符合北京市经济社会可持续发展的战略需求。项目提出的战略框架、评价指标体系，以及实施生态园林、科技园林、人文园林三大战略行动计划，12个子计划和保障体系，具有针对性和可操作性。

评审专家组认为，该项研究在理论上有创新、有发展，在以大都市为单元进行园林绿化城乡一体化建设发展方面为国内首创，提出的园林绿化实现生态、科技、人文有机结合、和谐统一的发展思路达到国际先进水平。

评审专家组建议，北京市委、市政府继续加强对园林绿化工作的领导，在制定北京市"十二五"和中长期发展规划中充分吸纳项目研究成果。同时建议国家相关部门把北京园林绿化纳入国家重点工程建设并作为城市生态文明建设示范区予以重点支持。

主任委员：

2011 年 1 月 19 日

彩图1　北京市行政区划图

密云县

平谷区

怀柔区

顺义区

通州区

昌平区

海淀区

北京市　大兴区

延庆县

房山区

门头沟区

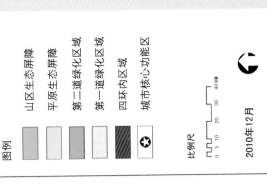

图例

山区生态屏障
平原生态屏障
第二道绿化区域
第一道绿化区域
四环内区域
城市核心功能区

比例尺
0 5 10 20 30 40 KM

2010年12月

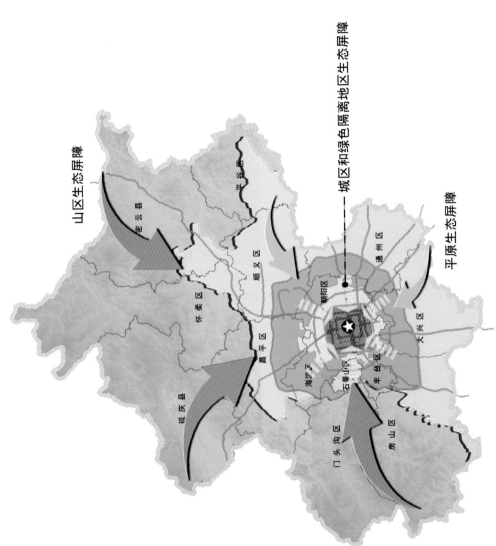

山区生态屏障

城区和绿色隔离地区生态屏障

平原生态屏障

密云县

平谷区

顺义区

通州区

怀柔区

朝阳区

昌平区

延庆县

海淀区

大兴区

石景山区

丰台区

门头沟区

房山区

彩图2 北京市三道绿色生态屏障分布示意图

图例

区 界

城区环路

综合公园

社区公园

专类公园

其他公园

生产绿地

防护绿地

道路（河岸）绿地

其他附属绿地

彩图3 北京市城市绿地空间分布示意图

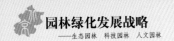
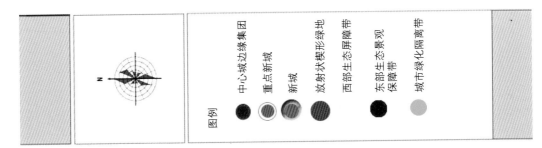

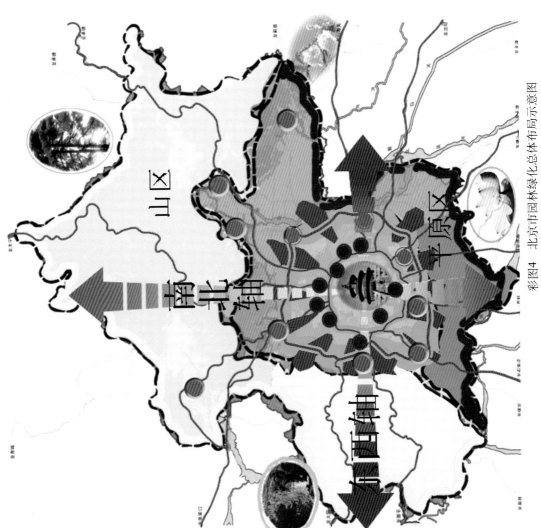

图例
中心城边缘集团 重点新城 新城 放射状楔形绿地 西部生态屏障带 东部生态景观保障带 城市绿化隔离带

山区

平原区

南北轴

东西轴

彩图4 北京市园林绿化总体布局示意图

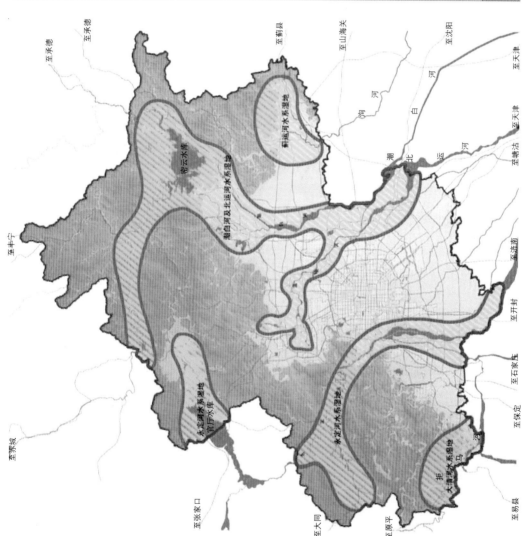

彩图5 北京市市域湿地系统分布示意图（摘自北京市绿地系统规划，2002）

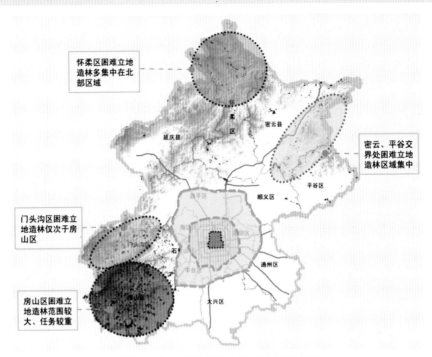

彩图6 北京市宜林荒山造林规划示意图

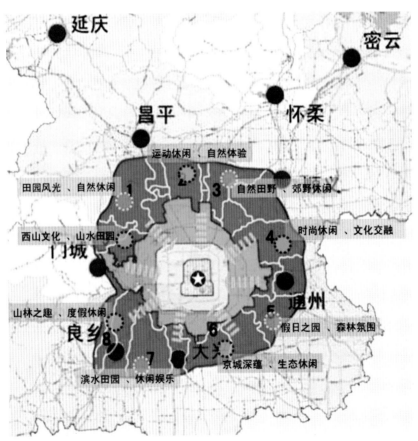

彩图7 北京市二道绿隔功能提升规划示意图

彩图8　北京市生物多样性保护分布示意图

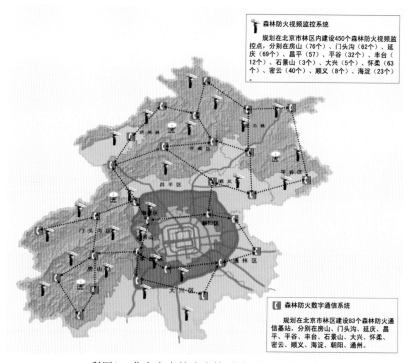

彩图9　北京市森林防火体系建设规划示意图

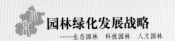

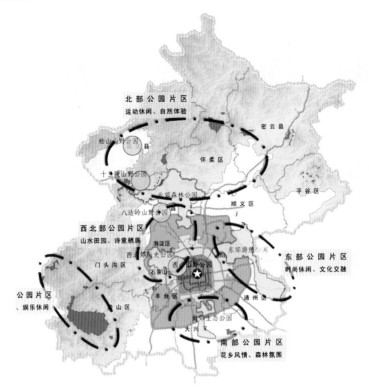

彩图10 北京市城郊公园建设规划示意图

彩图11 北京市公园风景名胜区分布示意图